U0380529

“十三五”普通高等教育规划教材

现代交换原理与技术

马忠贵　李新宇　王丽娜　编著

机 械 工 业 出 版 社

交换技术是现代通信网的核心技术之一，交换技术的发展决定了整个通信网的发展。本书全面、系统地介绍了通信网中各种交换技术的基本概念、特点及工作原理，以循序渐进的方式和对比分析的观点阐述了交换原理、方法和系统结构及其相互之间的有机联系，并对推动通信网演进和融合的新技术进行了讨论。全书共分为10章，主要内容包括：交换技术及通信网概述、电路交换、分组交换、信令系统、ATM交换、IP交换与MPLS交换、光交换、移动交换、软交换，以及IMS技术。本书既注重基本概念、基本原理的阐述和交换技术的最新发展，又注重技术、原理与应用的结合。本书每章都配有内容简介、知识点小结和综合性习题，便于读者理解和自测。为便于教学，本书提供了授课用电子课件，需要的教师可登录www.cmpedu.com免费注册、审核通过后下载，或联系编辑索取（QQ：6142415，电话010-88379753）。

本书可作为通信专业、电子信息类专业的教材或教学参考书，也可供从事相关专业的工程技术人员和科研人员用作参考书。

图书在版编目(CIP)数据

现代交换原理与技术/马忠贵等编著.—北京：机械工业出版社，2017.3
(2024.7重印)
“十三五”普通高等教育规划教材
ISBN 978-7-111-56306-8

Ⅰ.①现… Ⅱ.①马… Ⅲ.①通信交换-高等学校-教材 Ⅳ.①TN91

中国版本图书馆CIP数据核字(2017)第050414号

机械工业出版社(北京市百万庄大街22号 邮政编码 100037)
责任编辑：李馨馨 责任校对：张艳霞
责任印制：常天培

北京中科印刷有限公司印刷

2024年7月第1版·第9次印刷
184mm×260mm·21.25印张·509千字
标准书号：ISBN 978-7-111-56306-8
定价：55.00元

凡购本书，如有缺页、倒页、脱页，由本社发行部调换
电话服务
服务咨询热线：(010)88379833
读者购书热线：(010)88379649

网络服务
机 工 官 网：www.cmpbook.com
机 工 官 博：weibo.com/cmp1952
教育服务网：www.cmpedu.com
金 书 网：www.golden-book.com

前　　言

通信网是现代信息社会的基础设施，交换设备是通信网的重要组成部分，交换技术是现代通信网的核心技术之一，交换技术的发展决定了整个通信网的发展。随着通信网向数字化、智能化、综合化、宽带化、个人化方向的快速发展，各种新型交换技术，如多协议标记交换、移动交换、光交换、下一代网络与软交换、IMS 技术等不断涌现，并将按下一代网络的框架在传送、控制、业务等层面进行融合。为此，本书围绕电信网、计算机网络、移动通信网以及下一代网络等，从通信网的全视角系统地阐述各类交换技术的基本概念和工作原理，知识体系科学合理。

本书编者自 2006 年为通信工程专业学生开设“现代交换技术”课程以来，在教学中一直秉承“厚基础、宽口径、强能力、高素质、富有创新意识”的培养目标，力图使学生具备现代通信技术、通信系统和通信网络等基础理论知识和应用技能以及通信软件编程设计能力，并有意识地跟踪专业领域内新理论、新技术的发展，培养具有一定创新能力的创造性人才，注重将学生所学的基础知识与其动手能力联系起来。随着交换技术的迅猛发展，课程讲述内容也不断地进行调整，除了构建电路交换、分组交换、ATM 交换、信令系统等基础深厚的平台知识，更注重 IP 交换（多协议标记交换）、移动交换、光交换、下一代网络与软交换、IMS 等新技术的掌握，与现代通信网技术有机结合。

本书在内容上进行了精心设计，对各种交换原理与技术进行了系统梳理和全面概括，把它们有机地联系在一起，形成一个较为完整的体系。全书共 10 章。第 1 章从交换的产生和发展入手，介绍了目前广泛使用的各种交换技术的基本原理和特点，并指出未来交换技术的演进方向。同时，介绍了相关通信网的一些基本概念，以及通信网的三要素、类型和基本结构。第 2 章介绍了电路交换技术的特点和工作原理，数字程控交换系统的基本结构、软硬件组成和工作原理，以及构成程控交换系统的交换网络和基本交换单元的工作原理和连接特性。第 3 章介绍了分组交换技术的基本原理，数据报和虚电路两种交换方式的工作原理，X. 25 协议以及帧中继技术的基本原理和相关通信协议。第 4 章介绍了信令的基本概念、信令分类、信令方式和信令的工作原理，No. 1 信令系统和 No. 7 信令系统的体系结构、信令单元格式和信令点编码，以及电话通信网的本地电话网和长途电话网的基本结构。第 5 章介绍了 ISDN 和 B-ISDN 的产生背景、基本概念、特点、标准等相关技术，重点讲述 B-ISDN 的核心技术——异步传送模式（ATM）。第 6 章介绍了 IP 交换技术的产生背景、IP 技术和 ATM 技术的融合模型以及产生的一系列新的网络互联技术方法、标签交换的基本原理和体系结构，并重点讲述了多协议标记交换（MPLS）的工作原理。第 7 章介绍了光交换的优点、光交换的原理和分类、光交换的基本器件、光交换网络和光交换系统，以及自动交换光网络。第 8 章介绍了移动交换的基本原理，包括接入阶段、鉴权加密阶段、位置登记与更新、越区切换与漫游等移动通信系统中典型的处理流程。同时，介绍了移动交换的接口与信令系统的结构。第 9 章介绍了基于软交换的下一代网络的体系结构、基本原理和技术、主要特点和协议，以及软交换的功能与应用。第 10 章介绍了 IMS 核心网的标准化进程、IMS 的网络架构、IMS 用户编号方案和 IMS 的典型流程。本书较好地把握了成熟、实用的技术与技术发展热点之间的关系，把飞速发展的具体技术同基本原理较好地结合起来。全书层次清晰、内容深入浅出、可读性好。在注重理论性、系统性、科学性的同时，还能兼顾培养学生的自主创新学习能力。

本书由马忠贵统稿，并编写第1、9、10章，李新宇编写第2、3、4、6章，王丽娜编写第5、7、8章。参编人员长期从事现代交换技术与通信网领域的教学与科研工作，具有丰富的实践经验，对通信网与各类交换技术的理论与实践问题具有深刻理解。在编写过程中，注重基本概念和基本原理的剖析，理论联系实际，将该领域最本质的原理与技术呈现给读者。

本书在编写过程中，参考了大量现代交换技术相关的技术资料，在此向资料的作者表示感谢。由于笔者水平有限，书中不妥之处在所难免，恳请同行专家和广大读者批评指正。

在本书的撰写过程中，曾得到北京科技大学的相关领导、同事、朋友以及家人的大力支持与帮助，在此一并表示诚挚的感谢！本书的编写得到了“十二五”期间高等学校本科教学质量与教学改革工程建设项目和北京科技大学教材建设经费资助，特此致谢！同时感谢机械工业出版社责任编辑李馨馨的支持与帮助。

马忠贵

2016年9月于北京

目　　录

第1章　交换技术及通信网概述

交换技术是现代通信网的核心技术之一。本章首先从扩展通信系统规模的需求出发，说明采用交换技术的必要性。其次，从交换的产生和发展入手，介绍目前广泛使用的各种交换技术的基本原理和特点，并指出未来交换技术的演进方向。然后，介绍交换系统的基本结构和关键技术。最后，介绍相关通信网的一些基本概念、通信网的三要素、类型和基本结构。通过本章的学习，读者可掌握通信网络中的多种交换技术（电路交换、分组交换、帧中继、ATM交换、IP交换、光交换、软交换、IP多媒体子系统等）、通信网中的一些重要的概念（如交换、面向连接方式、面向无连接方式、同步时分复用、异步时分复用等），为后续章节的学习打下基础。

1.1　交换的引入

通信就是在信息的发送端和接收端之间进行信息传送的过程。通信的目的就是完成人类日常活动中相关信息的相互交换和传送。实现信息传送的设备及设施称为通信系统。在通信系统中，信息是以电信号或光信号的形式进行传输的。一个最简单的通信系统是只有两个用户终端和连接这两个终端的传输线路所构成的通信系统，这种通信系统所实现的通信方式称为点到点（Point to Point，P2P）通信方式，如图1-1所示。终端（例如电话机、计算机、传真机、电视机等）的主要功能是发送端将消息（如语音、数据、图像、视频等）转换成适合传输媒介传送的信号形式，接收端将来自传输媒介的信号还原成原始消息。传输媒介包括架空明线、同轴电缆、双绞线、光缆、无线电波等，主要功能是将携带信息的信号从一点传送到另一点。

点到点通信方式仅能满足与一个用户终端进行通信的需求。交换技术是随着电话通信的发展和使用而出现的通信技术。1876年，贝尔发明了电话。人类的声音第一次转换为电信号，并通过电话线实现了远距离传输。电话刚开始使用时，只能实现固定的两个人之间的通话，通信双方各自拿一个电话机，用一条双绞线将两个电话机连接起来，即可实现语音通信，如图1-2所示。

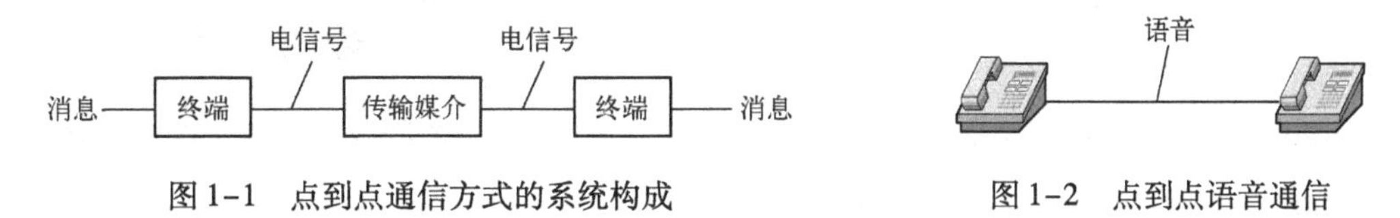

图1-1　点到点通信方式的系统构成　　图1-2　点到点语音通信

然而，现实的通信需求则是要求在一群用户之间能够实现相互通信，而不是只能与一个用户进行通信。随着用户的增加，人们开始研究如何构建连接多个用户的电话网络，以实现任意两个用户之间的通信。那么要想实现多个用户终端之间的相互通话，最直接的方法就是用通信线路将多个用户终端两两全互连，如图 1-3 所示，这种方式称为多个终端间全互连的通信方式。

在图 1-3 中，6 个电话终端通过传输线路两两互连，从而实现了任意终端之间的相互通话。由图 1-3 可知，采用这种全互连方式进行通信，当用户终端数为 6 个时，每个用户需要使用 5 条通信线路，将自己的电话机分别与另外的 5 个电话机相连。不仅如此，每个电话机还应配有一个 5 选 1 的多路选择开关，它可根据通话的需要，选择与不同电话机相连，从而实现两两通话。若不采用这种多路选择开关，则每个用户就要使用 5 个电话终端，来实现与任意终端的通话。

这种两两全互连的通信方式的特点为：

1）若用户终端数为 N，则两两相连所需的线对数为 $N(N-1)/2$，所以这种结构所需的线对数将按 N^2 增加，当 N 很大时，其复杂度是不能接受的。

2）每个用户终端需要配置一个 $N-1$ 路的选择开关。

例如，有 100 个用户要实现任意两个用户之间相互通话，采用两两全互连的方式，此时终端数 $N=100$，则需要的线对数 $=N(N-1)/2=100\times(100-1)/2=4950$（条），而且每个用户终端需要配置一个 99 选 1 的多路选择开关。显而易见，这种方式的缺点是：

1）两两互连所需的线对数的数量很大，线路浪费大、成本高。

2）要配置多路选择开关，且在主、被叫终端之间需要复杂的开关控制及选择协调。

3）增加一个用户终端的操作很复杂。当增加第 $N+1$ 个终端时，必须增设 N 条线路，安装维护困难。

因此，在实际应用中，全互连方式仅适用于终端数目少、地理位置集中、可靠性要求很高的场合。当用户终端数 N 较大时，采用这种方式来实现多个用户之间的通信是不现实的，根本无法实用化，如图 1-4 所示。

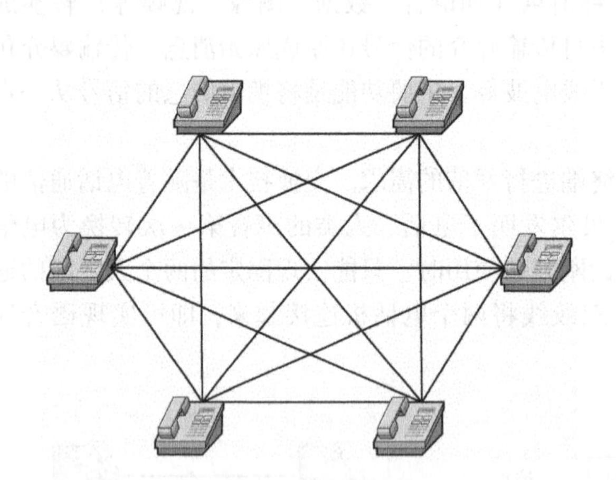

图 1-3　多个终端间两两全互连的电话通信

图 1-4　多个终端间两两全互连的通信

如果在用户分布密集的中心安装一个设备——交换节点（也称为交换机），每个用户的终端设备不再是两两互连，而是分别经由各自的一条专用通信线路连接到交换节点上，如图 1-5所示，就可以克服两两全互连方式连接所存在的问题。

这时 N 个用户只需要 N 条电话线，用户终端无需使用多路选择开关；当增加新终端时，只需增加一条通信线路。根据电子与电气工程师协会（Institute of Electrical and Electronics Engineers，IEEE）的定义，交换节点的作用是负责监测各个用户状态，需要时在任意两个用户之间建立或释放一条通信线路。交换节点和电话之间构成了星形连接，在这种结构中，用户想与电话网内的其他用户通信，需要由交换节点完成电话的连接，从而实现网内任意两个用户之间的通信，通信结束后由交换节点断开连接，从而由交换节点完成了交换的功能。在通信网中，交换就是在通信的源和目的终端之间建立通信信道，实现通信信息传送的过程。引入交换节点后，用户终端只需要一对线对与交换节点相连，节省了线路投资，组网灵活方便。用户间通过交换节点连接方式使多个终端的通信成为可能。

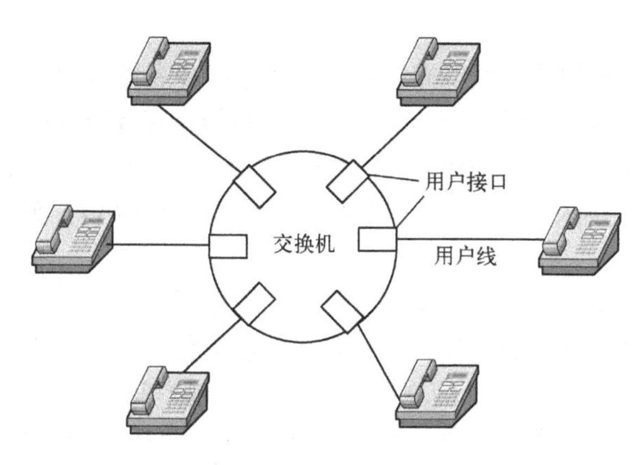

图 1-5　引入交换节点的多终端通信

交换节点必须具备的基本功能包括：能正确接收和分析从用户线或中继线发来的呼叫信号、地址信号；能按目的地址正确地进行选路并在中继线上转发信号；能控制连接的建立与释放。

一个交换节点覆盖和管理的用户数目始终是有限的。随着用户数量的增加和使用范围的扩大，需要有多个交换节点来覆盖更大的范围，管理更多的用户。如图 1-6 所示，每台交换节点管理若干个用户，而交换节点之间通过通信线路连接，这种通信线路称为中继线。使用合理的拓扑结构将多个用户有机地连接在一起，并定义标准的通信协议，以使它们能协同工作，这样就形成了一个通信网。

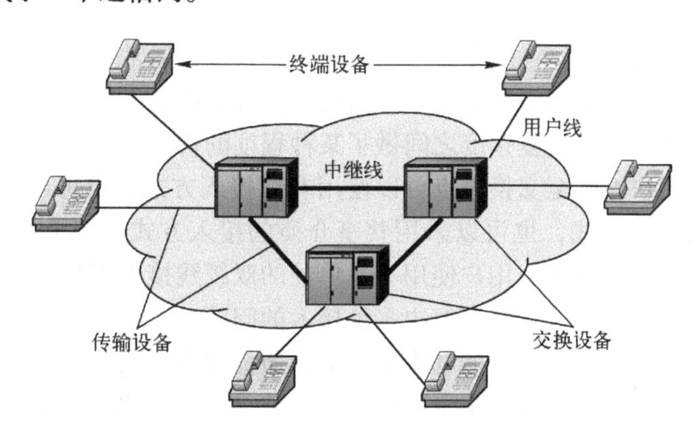

图 1-6　多个交换节点组成的通信网

电话网构成了现代通信网的基础，在这种情景下，通信网是指由终端设备、交换设备和传输设备，结合信令过程、协议和支撑运行系统组成的网络。并将用户终端设备、交换设备、传输设备通称为通信网的三要素。当引入了交换设备之后，用户之间的通信方式就由点到点通信转变为通信网，或称为交换式网络。通信网是通信系统的一种形式。

终端设备直接面向用户，是信息的产生者和使用者。其主要功能是完成将需要传送的信息转换为线路上可以传输的信号以及完成相反的工作，终端设备包括电话机、计算机、传真机、电视机等。终端设备提供给用户所需的各种业务通常分为话音业务和非语音业务，语音业务就是电话通信，而非语音业务包括的种类非常多，目前常用的有传真业务、数据业务、多媒体业务等。

传输设备主要由传输媒介以及线路接口、交叉连接设备等构成。用户终端与交换节点之间的连接线路叫做用户线，交换节点与交换节点之间的连接线路叫做中继线，是信息的传送通路，包括 PCM 数字时分系统、微波、光纤等传输系统。其主要目标是提高物理线路的利用率，可采用频分多址接入（FDMA）、时分多址接入（TDMA）、码分多址接入（CDMA）等多址接入技术。

交换设备是整个通信网的核心设备，最常见的有电话交换机、分组交换机、路由器、转发器等。它的基本功能是实现将连接到交换设备的所有信号进行汇集、转发和分配，从而完成信息的交换。在通信网中，信息的交换可以在两个用户间进行，在两个计算机进程间进行，还可以在一个用户和一个设备间进行。交换的信息包括用户信息（如语音、数据、图像、视频等）、控制信息（如信令信息、路由信息等）和网络管理信息 3 类。由于各种信息对于网络的要求又各不相同，因此，根据信息种类的不同而使交换设备采用了不同的交换技术。常用的交换技术有电路交换、分组交换、帧中继、ATM 交换、多协议标记交换（MPLS）、软交换、光交换等。

“交换”概念背后的思想是：让网络根据用户实际的需求为其分配通信所需的网络资源，即用户有通信需求时，网络为其分配资源，通信结束后，网络再回收分配给用户的资源，让其他用户使用，从而达到网络资源共享，降低通信成本的目的。其中，网络负责管理和分配的最重要资源就是通信线路上的带宽资源，而网络为此付出的代价是，需要一套复杂的控制机制来实现这种“按需分配”。因此从资源分配的角度来看，不同的网络技术之间的差异，主要体现在分配、管理网络资源策略上的差异，它们直接决定了网络中交换、传输、控制等具体技术的实现方式。一般来讲，简单的控制策略，通常资源利用率不高，若要提高资源利用率，则需要以提高网络控制复杂度为代价。现有的各类交换技术，都根据实际业务的需求，在资源利用率和控制复杂度之间做了某种程度的折中。

在通信网中，用户终端至交换节点可以使用有线接入方式，也可以采用无线接入方式；可以采用点到点的接入方式，也可以采用共享介质的接入方式。传统有线电话网中使用有线、点到点的接入方式，即每个用户使用一条单独的双绞线接入交换节点。如果多个用户采用共享介质方式接入交换节点，则需解决多址接入的问题。

另一方面，为了提高中继线路的利用率，降低通信成本，通信网常采用复用技术，即将一条物理线路的全部带宽资源分成多个逻辑信道，让多个用户共享一条物理线路。实际上，在广域通信网上，任意用户间的通信，通常占用的都是一个逻辑信道，极少有独占一条物理线路的情况。

复用技术大致可分为静态复用和动态复用两大类。静态复用技术包括频分多路复用和同步时分复用两类；动态复用主要指统计时分复用或异步时分复用技术。实际上，在多址接入时也涉及复用问题，相关的内容将在后续的章节中详细介绍。

通信网的主要优点如下：

1）大量的用户可以通过交换节点连接到骨干通信网上，由于大多数用户并不是全天候需要通信服务，因此骨干网上交换节点间可以用少量的中继线路以共享的方式为大量用户服务，这样极大地降低了骨干网的建设成本。

2）交换节点的引入也增加了网络扩容的方便性，便于网络的控制与管理。

实际中的大型通信网都是由多级复合型网络构成的，为用户建立的通信连接往往涉及多段线路、多个交换节点。

1.2 交换技术

在通信网中，交换设备的任务是完成任意两个用户之间的信息交换。不同的通信网络由于所支持业务的特性不同，其交换设备所采用的交换技术也各不相同，目前在通信网中所采用的或曾出现的交换技术主要有以下几种：电路交换、多速率电路交换、快速电路交换、报文交换、分组交换、帧交换、帧中继、ATM 交换、IP 交换、光交换、软交换、IP 多媒体子系统。

由于电话通信具有传输速率恒定、时延低等特性，电路交换技术较好地满足了电话通信的要求。随着计算机技术的发展，数据业务越来越多，数据业务具有突发性强、可靠性要求高、实时性要求较低等特点，但电路交换技术由于对于数据业务的支持不好，已经不能满足这些要求，因此，分组交换技术应运而生，它较好地满足了数据业务的要求，并获得了快速的发展。可以说，分组交换技术是现代计算机网络的基础通信技术。由于分组交换技术传输速率较低，实时性较差，不能满足视频通信和实时通信的要求，因此人们对于分组交换技术进一步改进，相继提出了帧交换、帧中继技术，直到异步传送模式（ATM）交换技术。ATM 技术采用了面向连接的通信方式，具有高带宽、实时性好、服务质量高等特性，但存在通信效率较低、管理复杂等问题。计算机网络中使用的 IP 技术采用了面向无连接的通信方式，具有灵活高效等优点，但服务质量较差是它的主要问题之一。人们经过研究，将这两种技术融合到一起，吸收了两种技术的优点而克服其缺点，获得了一种新的交换技术，称为 IP 交换。IP 交换中比较实用的技术是多协议标记交换（MPLS）。MPLS 技术既有 ATM 的高速性能，又有 IP 技术的灵活性和可扩充性，可以在同一网络中同时提供 IP 和 ATM 服务。随着技术的不断进步，网络的融合成为网络发展的大趋势，下一代网络（NGN）在兼容了目前的各类通信网的基础上为用户提供更加灵活的新型业务，软交换是 NGN 的核心技术，负责呼叫控制、承载控制、资源分配、协议处理等功能，软交换技术是一种分布式的软件系统，可以为采用不同协议的网络之间提供无缝的互操作功能。

对于上述各种交换技术，若按照信息传送模式的不同，可将交换技术分为电路传送模式（CTM）、分组传送模式（PTM）和异步传送模式（ATM）三大类，如电路交换、多速率电路交换、快速电路交换属于 CTM；报文交换、分组交换、帧交换、帧中继属于 PTM；而 ATM 交换则属于异步传送模式。所谓“传送模式”是指网络所采用的复用、传输和交换技术，即信息从一点“传送”到另一点所采用的传送方式。图 1-7 表示了这种分类下的各种交换技术，图的左边是属于 CTM 的交换技术，图的右边是属于 PTM 的交换技术，ATM 在图的中间。ATM 可以看成是 CTM 与 PTM 的结合，兼具两者的特点。ATM 下方的箭头表明在 ATM 之后又出现的一些新的交换技术，它们是 IP 交换、光交换和软交换。

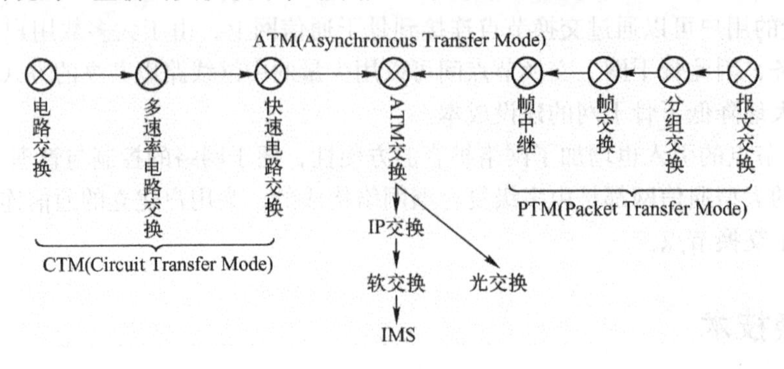

图 1-7　各种交换技术

1.2.1　电路交换

电路是指承载用户信息的物理层媒介，可以是一对同轴电缆、一个频段或时分复用电路的一个时隙。电路交换是通信网中最早出现的一种交换技术，也是应用最普遍的一种交换技术，主要应用于电话通信网中，完成电话交换，如图 1-8 所示，已有 100 多年的历史。当图 1-8 中的用户 A 呼叫用户 B 时，本地的交换机收到一个呼叫后，就在网络中寻找一条临时通路供两端的用户通话，这条临时通路可能要经过若干个交换局的转接，并且一旦建立就成为这一对用户之间的临时专用通路，别的用户不能打断，直到通话结束才释放连接，如图 1-8 粗黑线所示的就是为用户 A 和用户 B 建立的一条临时专用线路。当临时专用线路建立后，用户 A 和用户 B 即可在此话路上进行语音传输。在传输期间，该临时专用线路始终保持连接，不对语音数据流的速率和形式作任何解释、变换和存储等处理，完全是直通的透明传输。通话结束后，由其中一个用户向交换局发出“释放连接请求”信令。该信令沿通路各交换节点传送，指示这些交换节点拆除各段链路，以释放信道资源供其他用户使用。

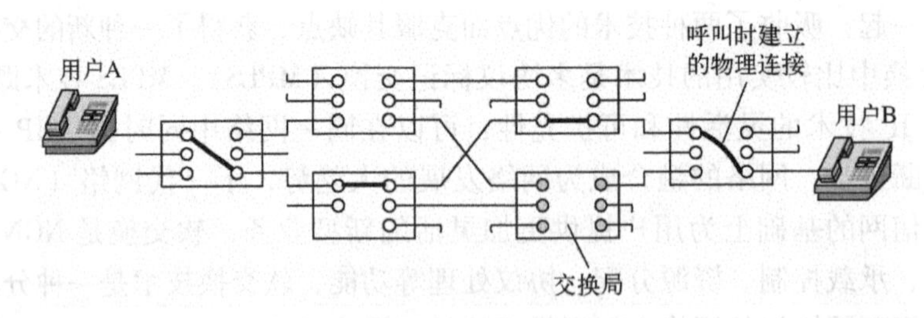

图 1-8　电话网络中的电路交换

1. 电路交换的工作原理

电路交换分为 3 个阶段：连接建立、信息传送（通话）和连接释放，因此称为“面向连接”的交换技术，其基本过程如图 1-9 所示，其中连接建立和连接释放阶段传送的是控制信息，用户信息则在信息传送阶段传输。在双方开始通信之前，发起通信的一方（通常称为主叫方）通过一定的方式（如拨号）将被叫方的地址通知网络，网络根据地址在主叫方和被叫方之间建立一条电路，这个过程称为呼叫建立（或称连接建立）。然后主叫和被叫可以进行通信，通信过程中双方所占用的通道将不为其他用户使用。完成通信后，主叫或被叫通知网络释放通信信道，这个过程称为呼叫释放（或连接释放）。本次通信过程所占用的相关电路释放后，可以为其他用户通信所用。这种交换技术就称为电路交换技术。直至 20 世纪 90 年代 IP 电话出现前，包括最早应用的人工电话在内的电话交换通常都采用电路交换技术。

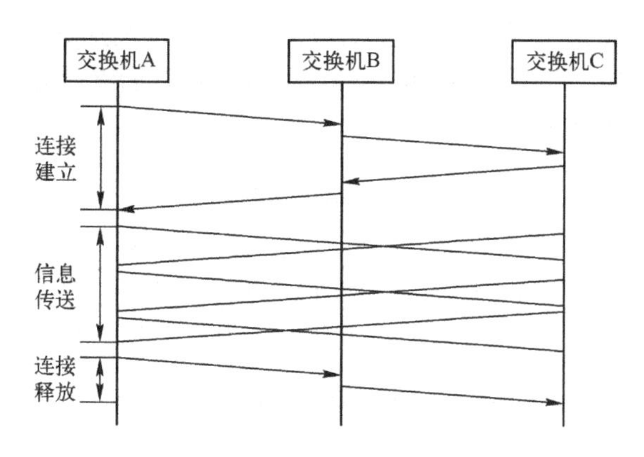

图 1-9　电路交换的基本过程

由上述过程可以看出，电路交换是一种实时性交换，当任一用户呼叫另一用户时，应立即在两个用户之间建立电路连接；如果没有空闲的电路，则呼叫就不能建立而遭受损失，称为呼损。此时到来的新呼叫不是采用排队等待的方式，而是直接呼损掉，从而达到流量控制的目的，但不影响已建立的呼叫。因此，对于电路交换而言，应配备足够的连接电路，使呼叫损失率不超过规定值，采用这种基于呼损的流量控制方法，符合它所支持的实时业务特性。

电路交换采用的是固定比特率交换，固定分配带宽（物理信道），在通信前要先建立连接，在通信过程中将一直维持这一物理连接，只要用户不发出释放信号，即使通信暂时停顿，物理连接仍然保持。即连接建立后，即使没有信息传送也占用电路，因而电路利用率低。由于通信前要预先建立连接，故有一定的连接建立时延；但在连接建立后可实时传送信息，传输时延一般可忽略不计。电路交换通常采用基于呼损的方法进行流量控制，过负荷时呼损率增加，但不影响已建立的呼叫。在电路交换中为减少语音信息的时延，对所传送的语音信息没有 CRC 校验、重发等差错控制机制，以满足业务特性的需求。由于没有差错控制措施，用于数据交换时可靠性不高。

2. 电路交换的特点

（1）面向连接的传输方式（物理连接）

电路交换的基本过程可分为连接建立、信息传送和连接释放三个阶段。即在呼叫建立时向网络申请资源，建立一条主叫到被叫之间信息通路的连接，它是一条物理连接通路，只要连接成功就不会发生冲突，数据传送可靠、时延小，且保持传输的顺序。呼叫结束时释放该连接通路。如果申请不到资源，则发生呼损。

（2）同步时分复用

同步时分复用的基本原理是基于 PCM 传输系统，把时间划分为等长的基本单位，一般称为帧，每个帧再划分为更小的单位叫作时隙（TS）。时隙依据其在帧中的位置编号，假设一帧划分为 n 个时隙，编号可以顺序记为 0，1，2，…，$n-1$。对一条同步时分复用的高速数字信道，采用这种时间分割的办法，可以把不同帧中各个编号相同的时隙组成一个恒定速率的数字子信道，那么这条高速的同步时分复用数字信道上就存在 n 条子信道，每个子信道也可以对应编号为 0，1，2，…，$n-1$。这些子信道有一个共同的特征，就是依据数字信号在每一帧中的时间位置来确定它是第几路子信道，因此，这些子信道又可以称为位置化信道，即通过时间位置来识别每路通信。这条同步时分复用的高速数字信道也称为同步时分复用线，其基本原理如图 1-10 所示。通信过程中，每个用户始终占有同一个子信道，保证数据快速传送，但线路利用率低。

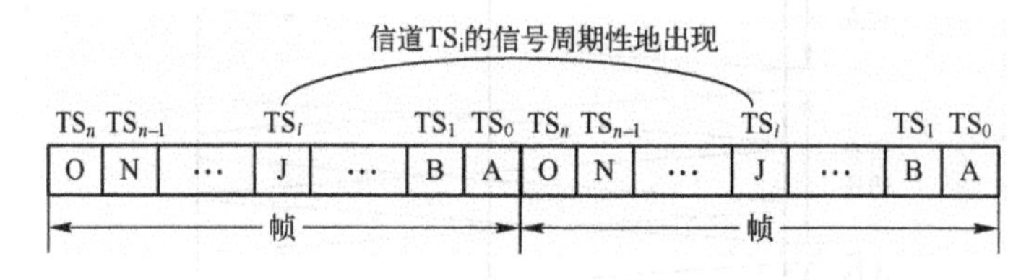

图 1-10　同步时分复用的基本原理

（3）固定分配带宽

电路交换基于 PCM 30/32 路同步时分复用系统，每秒传送 8000 帧，每帧 32 个时隙，每个时隙为 8 bit，每路通信子信道的速率为 64 kbit/s，如图 1-11 所示。时隙是电路交换传输、复用和交换的最小单位，且长度固定，为恒定速率。电路交换是固定带宽分配，在通信的全部时间内，通信的双方始终占用端到端的固定传输带宽。电路交换适合于实时且带宽固定的通信。

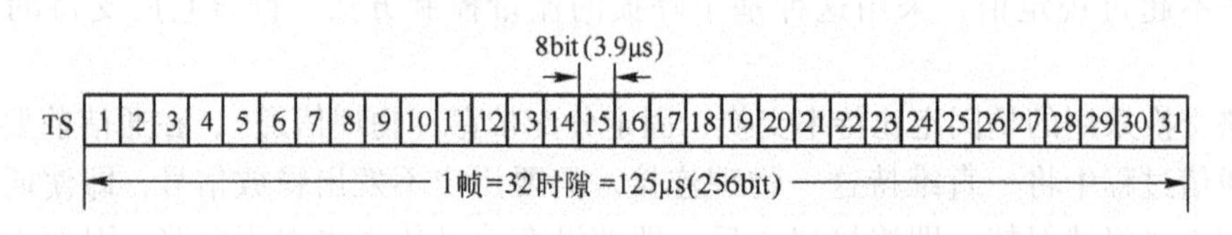

图 1-11　PCM 30/32 路同步时分复用系统

（4）对信息进行透明传输

为满足语音业务的实时性要求，快速传送语音信息，电路交换对所传送的语音信息不做任何处理（信令除外），而是原封不动地传送，即透明传输。当用于低速数据传送时也不进行速率、码型的变换。

（5）适用于语音业务

在电路交换中，信息传送的最小单位是时隙，它采用面向连接的工作方式，并且它所建立的连接是物理的连接。电路交换采用同步时分复用方式，固定分配带宽，对所传送的信息无差错控制，并且透明传输，其流量控制是基于呼叫损失制的。电路交换的特点决定了电路交换技术不适合差错敏感的数据业务和突发性业务，它适合实时性、恒定速率的语音业务。电话通信网采用的就是电路交换技术，用于完成对实时语音业务交换，它也是最早出现并应用最广的一种交换技术。

1.2.2 多速率电路交换

为了克服电路交换只提供单一速率（64 kbit/s）的缺点，提出了多速率电路交换（MRCS）。多速率电路交换的本质还是电路交换，虽然能提供多种速率，但还是基于固定带宽分配的，速率是事先定制好的，不能真正灵活地适应突发业务。多速率电路交换的基本思想是采用电路交换中时分复用（TDM）原理，允许同时以多种不同速率来进行电路交换，以支持各种速率的业务。

多速率电路交换和电路交换都采用同步时分复用方式，即只有一个固定的基本信道速率，如 64 kbit/s。多速率电路交换的一种实现方式是，可以将几个这样的基本信道捆绑起来构成一个速率更高的信道，供某个通信使用，从而实现多速率交换，很明显这个更高的速率一定是基本信道速率的整数倍，但存在的主要问题是信道间的同步比较复杂。窄带综合业务数字网（N-ISDN）中对可视电话业务的交换就采用这种方法。

实现多速率电路交换的另一种方式是定义多种速率的基本信道，即将一个基本的同步传输帧划分成若干不同长度的时隙，针对不同的业务采用不同速率的信道。

从上述多速率电路交换实现的方法来看，尽管构想很好，但由于存在以下缺点，实际上并不能很好地满足多种业务的带宽要求，因而未能真正实际应用。原因如下：

1）基本速率较难确定。基本速率定得高，对低带宽业务会造成浪费；基本速率定得低，又难以适应较高带宽业务的要求。

2）速率类型不能太多。速率类型太多的话，其控制和交换网络会非常复杂，甚至于无法实际实现，因此仍然缺乏灵活性，不能满足不同带宽业务的要求。

3）虽然是多速率，但这些速率是事先定制好的，所以仍是固定分配带宽，不适应突发性强的数据通信。

4）控制较复杂。

1.2.3 快速电路交换

为了克服电路交换固定分配带宽不能适应突发业务的缺点，提出了快速电路交换（FCS）方式。在快速电路交换中，当呼叫建立时，呼叫连接上的所有交换节点要在相应的路由上分配所需的带宽，与电路交换不同的是交换节点只记住所分配的带宽和相应路由连接关系，而不完成实际的物理连接。当用户真正要传送信息时，才根据事先分配的带宽和建立的连接关系，建立物理连接；当没有信息传送时，则释放该物理连接。由此可知，快速电路交换是在要传送用户信息时才使用所分配的带宽和相关资源，它虽然提高了带宽的利用率，但控制复杂，其适应突发业务的灵活性不如帧中继和 ATM 交换，因此未得到广泛的实际应用。

快速电路交换的特点如下：

1）由于并不为每个呼叫专门分配和保留其所需的带宽，因此提高了带宽的利用率。

2）快速电路交换由于只在信息要传送时才建立物理连接，因此所传送信息的时延要比电路交换大。

3）为减少这种时延，保证信息的实时性，要求其物理连接建立和拆除的速度要非常快，相应地对其软件控制和硬件电子器件动作的速度提出了较高的要求。

1.2.4 报文交换

为了克服电路交换技术中各种不同类型和特性的用户终端之间不能互通，电路利用率低及系统有呼损等方面的缺点，提出了报文交换。

报文交换传送的数据单元称为报文，一份报文包括 3 部分：报头（源端地址、目的端地址、校验信息等）、正文（用户要传送的信息）和报尾（报文的结束标志）。

报文交换采用了“存储 - 转发”的工作方式。与电路交换的原理不同，报文交换不需要为通信双方预先建立一条端到端的物理连接，仅在相邻节点传输报文时建立节点间的连接，这些节点将接收的报文暂时存储，然后按一定的策略将报文转发到目的用户，所以称为“面向无连接的”交换技术，图 1-12 给出了报文交换的一般过程。

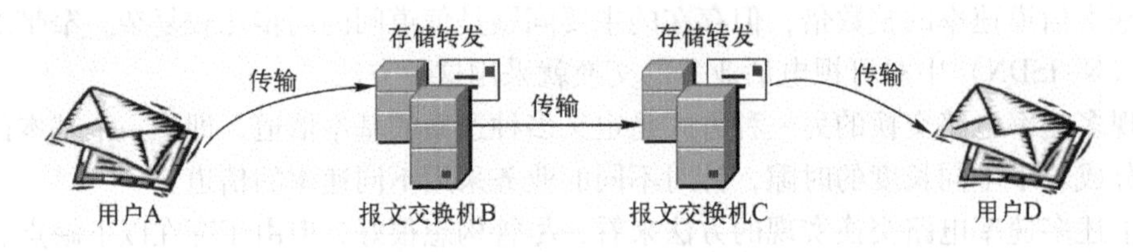

图 1-12　报文交换的一般过程

当某一用户 A 欲发一份报文给用户 D，即在报文上附上用户 D 的地址，发给交换网的报文交换机 B，报文交换机 B 将报文完整地接收并存储下来，然后根据报头中提供的用户 D 的地址进行路由选择，将报文送到输出队列中排队，等到该输出线空闲时立即将该报文转发到下一台交换机 C。每个交换机都对报文进行类似的存储转发，直到报文到达目的用户 D。可见，报文在交换网中完全是按接力方式传送的。通信双方事先并不确知报文所要经过的传输通路，但每个报文确实经过了一条逻辑上存在的通路。如上述用户 A 的一份报文经过了“A-B-C-D”的一条通路。

报文交换的优点：报文交换以“存储 - 转发”方式通过交换机，不需要建立源端到目的端的连接，按照统计时分复用的方式共享交换节点之间的通信线路，大大提高了线路利用率；报文交换是无连接的通信，健壮性强，部分节点和线路发生故障不会造成全网瘫痪；报文交换具有差错控制功能，保证数据的准确性；报文交换可以实现多目的端的报文传输，当有多个报文送往同一目的端时，要排队按顺序发送。

报文交换的缺点：以报文为单位传输，多个报文按“先来先服务”的工作顺序共同使用中继线路，长报文在网络中占用大量的存储空间和时延，影响其后多个短报文的发送，因此对要求传输时延较短的数据业务不适合；信息传送时经过多个交换节点，交换时延大而且时延变化大，不适合于实时通信和交互式实时数据通信；报文的长度不固定，要求交换节点具有高速处理能力和较大的存储空间，造成交换机的成本提高。

报文交换适合于非实时信息的、对差错敏感的数据业务，不适合于实时性要求高的语音业务。事实上，报文交换主要应用于公用电报网中，以及公共数据网发展的初期。只有到出现了分组交换技术之后，公共数据网才真正进入到成熟阶段。

1.2.5 分组交换

分组交换综合了电路交换和报文交换的优点，同时对它们的缺点进行改进，分组交换比较好地支持了数据通信，是现代通信网络的基础交换技术。

1. 分组交换的基本原理

分组交换的思想来源于报文交换，两种交换过程的本质都是“存储 - 转发”，所不同的是分组交换的最小信息单位是分组（Packet），而报文交换则是一个个报文（Message），由于以较小的分组为单位进行传输和交换，因而分组交换比报文交换要快。分组交换的实质是“分组 - 存储 - 转发”的信息传送方式。分组交换在实现了多用户对线路资源共享的同时，提高了线路资源的利用率，并可以很好地支持突发性业务。

分组交换将用户要传送的信息分割为若干个分组，每个分组中有一个分组头，含有可供选路的地址信息和其他控制信息。然后，交换节点将所接收的分组暂时存储下来，在目的方向路由上排队，当它可以发送信息时，再将信息发送到相应的路由上，完成转发。其存储转发的过程就是分组交换的过程，图 1-13 说明了分组交换的基本过程。①在发送端，先把较长的报文划分成较短的、固定长度的数据段。②每一个数据段前面添加上分组头构成分组。③分组交换网以“分组”作为数据传输单元，依次把各分组发送到接收端。④每一个分组的分组头都含有地址等控制信息。分组交换网中的交换机根据收到的分组头中的地址信息，将分组转发到下一个交换机。用这样的存储转发方式，最后分组就能到达最终目的地。⑤接收端收到分组后去掉分组头还原成报文。⑥最后，在接收端把收到的数据恢复成原来的报文。这里我们假定分组在传输过程中没有出现差错，在转发时也没有被丢弃。

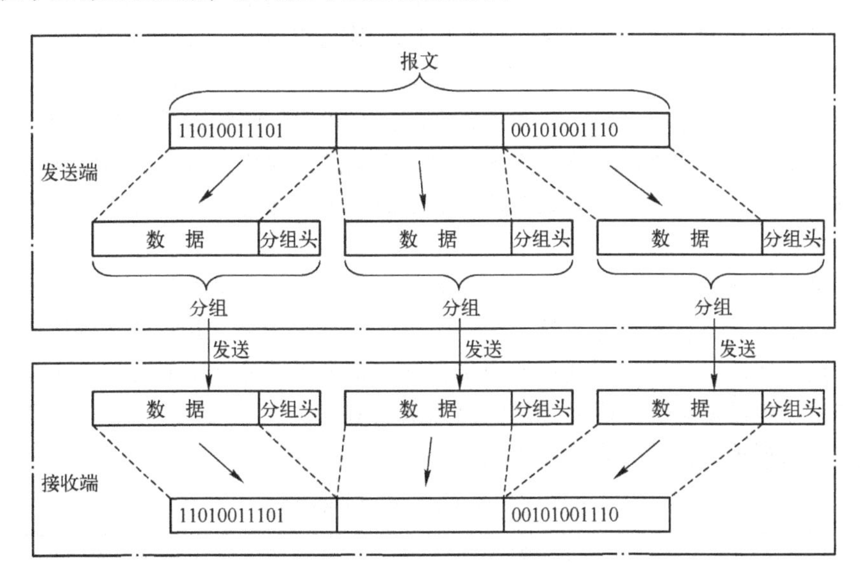

图 1-13 分组交换的基本过程

分组交换和报文交换的比较如图 1-14 所示。

2. 分组交换的分类

根据交换机对分组的不同的处理方式，分组交换可以分为虚电路（VC）和数据报

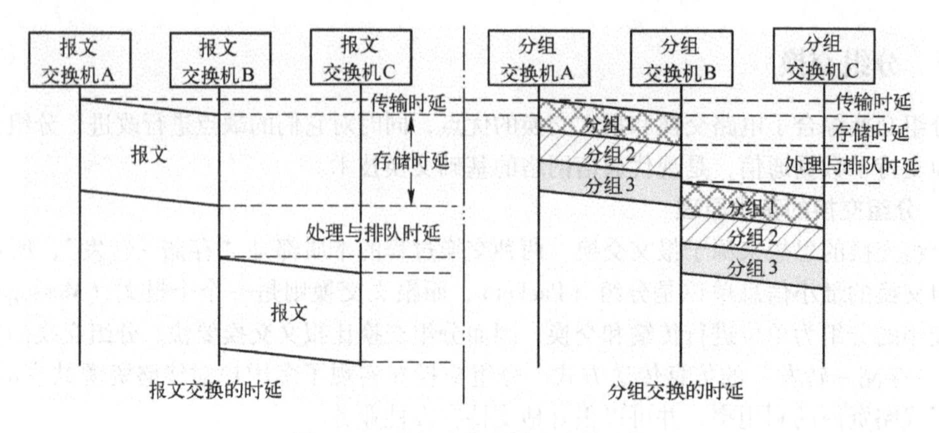

图 1-14　分组交换和报文交换比较

(DG) 两种工作方式。

(1) 虚电路

虚电路采用面向连接的工作方式，其通信过程与电路交换相似，具有连接建立、信息传送和连接释放3个阶段。在用户传送数据前需要通过发送呼叫请求建立端到端的通路，称为虚电路；一旦虚电路建立后，属于同一呼叫的数据分组均沿着这一虚电路传送到目的端，数据的接收顺序与发送顺序一致，通信完毕后，通过呼叫清除请求释放连接。虚电路也称为虚连接或逻辑连接，它不同于电路交换中实际的物理连接（在通信过程中这个通路上的资源其他用户不能共享），而是按照统计时分复用的方式，通过通信连接上的所有交换节点保存选路结果和路由连接关系来实现连接，因此是逻辑的连接。该通路上的资源是共享的，根据用户的数据量大小来占用线路资源，更好地满足了数据通信的突发性要求。

虚电路包括交换虚电路（SVC）和永久虚电路（PVC）两种方式。交换虚电路是用户通过发送呼叫请求分组来建立虚电路的方式。永久虚电路是应用户预约，由网络运营商为之建立固定的虚电路，而不需在呼叫时临时建立虚电路，可直接进入信息传送阶段的方式。

(2) 数据报

数据报采用面向无连接的工作方式，类似于报文交换，只是将每个分组作为一份报文来对待。在呼叫前不需要事先建立连接，而是边传送信息边选路，并且各个分组依据分组头中的目的地址独立地进行选路。因此一份报文包含的多个不同分组可能会沿着不同的路径到达目的地，在目的地需要重新排序后才能恢复原来的信息。

虚电路与数据报的比较见表1-1所列。

表 1-1　虚电路与数据报的比较

	虚 电 路	数 据 报
分组头	由于预先已建立逻辑连接，分组头中只需含有对应于所建立的虚电路的逻辑信道标识	每个分组头中要包含详细的目的地址
路由选择	需要预先建立连接，有一定的处理开销，但一旦虚电路建立，在端到端之间所选定的路由上的各个交换节点都具有映象表，存放出入逻辑信道的对应关系，每个分组到来时只要查找映象表，而不需要进行复杂的选路。建立映象表要有一定的存储器开销	不需要预先建立连接，但对每个分组都要独立地进行选路，传输时延大，时延差别也大

（续）

	虚　电　路	数　据　报
分组顺序	属于同一呼叫的各个分组在同一条虚电路上传送，分组会按原有顺序到达终点，不会产生失序现象	各个分组由于是独立选路，可以从不同的路由传送，会引起失序
故障敏感性	对故障较为敏感，当传输链路或交换节点发生故障时可能引起虚电路的中断，需要重新建立	各个分组可选择不同路由，对故障的防卫能力较强，从而可靠性较高
应用	适用于较连续的数据流传送，其持续时间应显著地大于呼叫建立的时间，如文件传送、传真业务等	适用于面向事务的询问/响应型数据业务

3. 分组交换的特点

（1）面向（逻辑）连接和面向无连接两种工作方式

虚电路采用面向连接的工作方式，数据报是面向无连接的工作方式。

（2）统计时分复用

实现了线路的动态统计时分复用，通信线路（包括中继线和用户线）的利用率很高，在一条物理线路上可以同时提供多条信息通路。统计时分复用的基本原理是把时间划分为不等长的时间片，长短不同的时间片就是传送不同长度分组所需的时间，对每路通信没有固定分配时间片，而是按需使用。当某路通信需要传送的分组多时，所占用的时间片的个数就多；传送的分组少时，所占用的时间片的个数就少。所使用的复用线的长短体现了传送分组时间的长短，由此可见统计时分复用是动态分配带宽的。在统计时分复用中，识别每路通信的分组不能像同步时分复用那样靠时间位置来识别，而必须在每个分组前附加标志码，标示分组的输出端或传送路径，然后依据分组头中的标志来区分是哪路通信的分组。具有相同标志的分组属于同一个通信，也就构成了一个子信道，识别这个子信道的标志也叫作信道标志，该子信道被称为标志化信道。统计时分复用的基本原理如图 1-15 所示，其中，X，Y，Z 为标志。

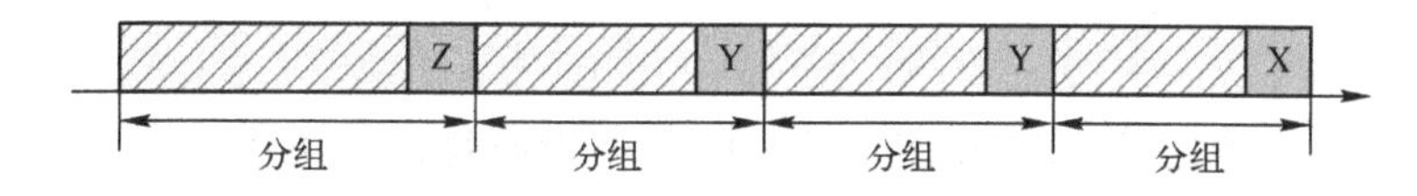

图 1-15　统计时分复用的基本原理

（3）可变带宽

信息传送的最小单位是分组，可向用户提供不同速率、不同编码方式、不同通信协议的数据终端之间相互通信的灵活的通信环境。

（4）信息传送不具有透明性，但语义透明

分组交换对所传送的数据信息要进行处理，如拆分、重组信息、路由等。分组交换中为保证数据传输的可靠性，设有 CRC 校验、重发等差错控制机制。当数据流量较大时，分组排队等待处理，而不像电路交换那样立即呼损掉，因此其流量控制是基于呼叫延迟的。

（5）适用于数据业务

在分组交换中，信息传送的最小单位是分组，有面向逻辑连接（虚电路）和面向无连接（数据报）两种工作方式。采用统计时分复用方式，动态分配带宽，非透明传输。在信息传送过程中设有差错控制机制，基于呼叫延迟制的流量控制。分组交换的特点决定了它不适合对实时性要求较高的语音业务，而适合突发和对差错敏感的数据业务。分组交换在数据通信网中被广泛采用。

1.2.6 帧交换

随着数据业务的发展，人们需要更快速可靠的数据通信，但分组交换由于复杂的协议处理而无法支持高速的数据通信。通常的分组交换是基于 X.25 协议。X.25 协议栈有 3 层（物理层、数据链路层、分组层），分别对应开放系统互连（OSI）参考模型的 1～3 层（物理层、数据链路层、网络层）。分组交换为保证数据传送的高可靠性，它在 2 层 LAPB 协议和 3 层分组层协议中都进行差错控制和流量控制，从而使信息通过交换节点的时间增加，在整个分组交换网中无法实现高速的数据通信。

随着通信线路可靠性的增强，人们提出了帧交换（FS）方式。帧交换是一种帧方式的承载业务，为克服分组交换协议处理复杂的缺点，它简化了协议，其协议栈只有物理层和数据链路层，去掉了三层协议功能，从而加快了处理速度。由于在数据链路层上传送的协议数据单元为帧，因此称之为帧交换。

帧交换与分组交换相比有两个主要特点：一是帧交换是在数据链路层进行复用和传送，而不是在分组层；二是帧交换将用户面与控制面分离，而通常的分组交换则未分离，用户面提供用户信息的传送，控制面则提供呼叫和连接的控制，主要是信令功能。

1.2.7 帧中继

随着光纤传输线路大量铺设，整个通信网络的传输质量极大地提高，线路误码率从过去采用铜缆时的 10^{-6} 到采用光缆的 10^{-9} 以下，因此原先使用的复杂的差错控制功能可以从网络节点上转移到通信终端上完成。终端系统日益智能化，将智能化的差错控制功能放在终端来完成，网络只完成公共的核心功能，从而提高了网络的效率，增加了应用上的灵活性。

帧中继（FR）与帧交换技术相比，其协议进一步简化，它不仅没有三层协议功能，而且对二层协议也进行了简化。它只保留了数据链路层的核心功能，如：帧的定界、同步、传输差错检测等，没有了流量控制、重发等功能，以达到为用户提供高吞吐量、低时延特性，并适合突发性的数据业务的目的。

帧中继与分组交换、帧交换协议处理的差异如图 1-16 所示。

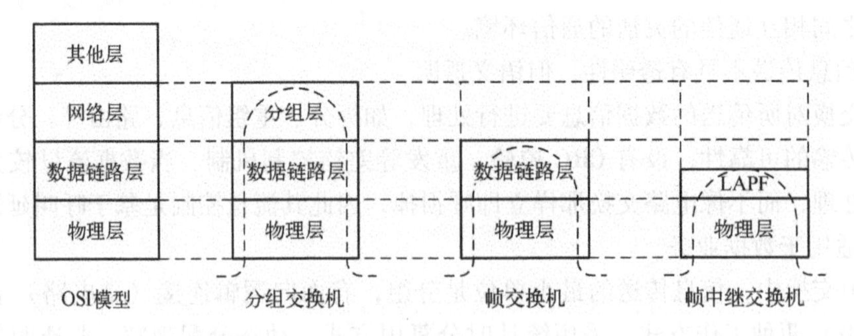

图 1-16　分组交换、帧交换、帧中继协议处理的差异

1.2.8 ATM 交换

在现代社会中，人们需要传送和处理的信息量越来越大，信息的种类也越来越多，其中对语音、数据、图像和视频等宽带新业务的需求正迅速增长，为此提出了窄带综合业务数字网（N-ISDN）的概念，希望能够用一种网络来传送各种业务。因为 N-ISDN 是建立在双绞线模拟传输的基础上，因此对于网上运营的各种业务难以保证其带宽，没有很好地实现 ISDN 网络构建的初衷。随着新型传输技术——光纤的发展，使用光纤作为传输介质从真正意义上实现了宽带业务的有效传输。在这种情况下，一种新型的宽带综合业务数字网（B-ISDN）被提出了。为了研究开发适应 B-ISDN 的传输模式，人们提出了很多种解决方案，如多速率电路交换、帧交换、帧中继等。最后得到了一个最适合 B-ISDN 的传输模式——异步传送模式（ATM）。

电路交换具有较好的时间透明性，分组交换具有较好的语义透明性。ATM 是以分组传送模式为基础并融合了电路传送模式高速化的优点发展而成的。ATM 克服了电路传送模式不能适应任意速率业务，难以导入未知新业务的缺点；简化了分组传送模式中的协议，并由硬件对简化的协议进行处理，交换节点不再对信息进行流量控制和差错控制，从而极大地提高了网络的传输处理能力。

ATM 是 ITU-T 确定用作 B-ISDN 的复用、传输和交换的模式。ATM 交换应实现高速、高吞吐量和高服务质量的信息交换，提供灵活的带宽分配，适应从很低速率到很高速率的宽带业务的交换要求。

ATM 具有以下 4 个特点。

（1）固定长度的信元

在 ATM 中，信息传送的最小单位是信元（Cell）。信元只有 53 字节，其中开头 5 字节称为信头，其余 48 字节为信息域，或称为净荷，如图 1-17 所示。采用固定长度的信元具有以下的好处：采用很短的信元可以减少交换节点内部的缓冲器容量以及排队时延和时延抖动；信元的长度固定，则有利于简化交换控制和缓冲器管理。

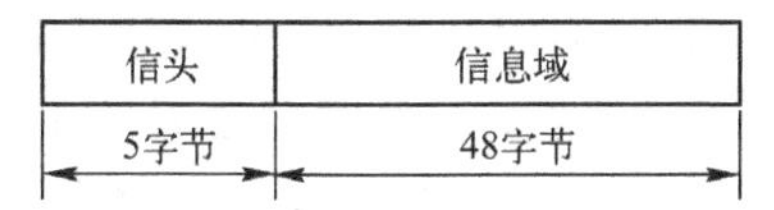

图 1-17　ATM 信元结构

（2）信头简化

ATM 信元的信头功能有限，主要是虚连接的标识，还有优先级标识、信头的差错检验等。信头格式如图 1-18 所示，包括 UNI（用户网络接口）和 NNI（网络节点接口）。通用流控制（GFC）用于 UNI 中的流量控制。在 NNI 中，此字段与后面的 8 位构成 12 位的 VPI。虚通道标识符（VPI）和虚信道标识符（VCI）共同决定了信元的路由。净荷类型标识符（PTI）用于指明信元中有效载荷的类型。信元丢弃优先级（CLP）用于指明当前信元的优先级。遇到拥塞时，CLP =1 的信元将首先被丢弃。信头差错控制（HEC）用来对信元首部进行检错和纠错，也用于信元定界。信头的简化减少了交换节点的处理开销，加快了交换的速度。此外，ATM 只对重要的信头做差错检验，并没有对整个信元做差错检验，简化了操作，提高了信息处理能力。

（3）面向连接

ATM 采用面向连接的工作方式，与分组交换的虚电路相似，它不是物理连接，而是逻

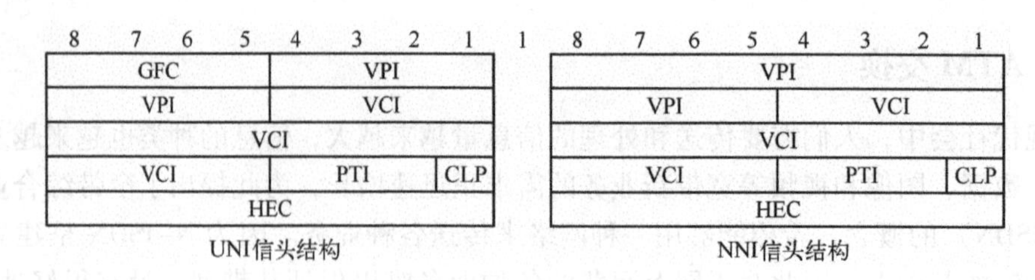

图 1-18　ATM 信头结构

辑连接，称其为虚连接（VC）。为便于管理和应用，ATM 的虚连接分为 2 级：虚通道连接（VPC）和虚信道连接（VCC）。每个传输媒介可以包含若干个虚通道（VP），每个 VP 又可划分为若干个虚信道（VC），如图 1-19 所示。

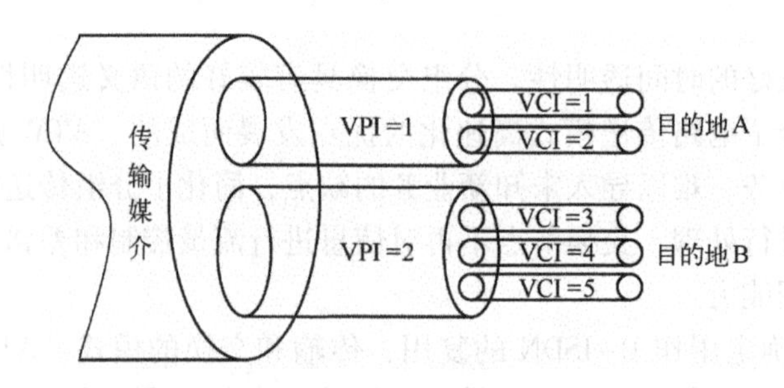

图 1-19　虚通道、虚信道和物理媒介的关系

（4）异步时分复用

同步时分复用（STDM）是在物理通道上用时间位置来区别每一路呼叫的。而异步时分复用（ATDM）是在物理通道上用标记来区别每一路呼叫的，这样避免了位置化信道传输效率低的缺点。异步时分复用与统计时分复用相似，也是动态分配带宽的，即不固定分配时间片，各路通信按需使用。所不同的是异步时分复用将时间划分为等长的时间片，用于传送固定长度的信元，依据信头中的标志（VPI/VCI）来区分是哪路通信的信元；而统计时分复用根据具体的网络确定时间片的长短，其长度不固定。异步时分复用用于 ATM 交换，而统计时分复用用于分组交换和帧中继。

（5）适用于语音、数据、图像、视频等任意业务

它采用固定长度的信元和简化的信头，使快速交换和简化协议处理成为可能，从而极大地提高了网络的传输处理能力，使实时业务应用成为可能。ATM 交换采用异步时分复用方式，实现了动态分配带宽，可适应任意速率的业务。

1.2.9　IP 交换

随着因特网的飞速发展，IP 技术得到广泛应用，该技术具有应用广泛、技术简单、可扩展性好和路由灵活等优点，但是传输效率低（特别是数据报方式），无法保证服务质量。而 ATM 作为 B-ISDN 的核心技术具有高带宽、快速交换和可靠服务质量保证的优点，但是技术复杂，可扩展性不好。因此将最先进的 ATM 交换技术和应用最普及的 IP 技术融合起来，成为宽带网络发展的方向。IP 与 ATM 融合的基本思想是集成 IP 路由技术的灵活性和 ATM 交换的高速性。在这里我们所说的 IP 交换是指一类 IP 与 ATM 融合的技术，它主要有

重叠模型和集成模型两大类。

在重叠模型中，IP 层运行于 ATM 层之上，通过 IP 进行选路，建立基于 ATM 面向连接的传输通道，利用第二层交换来加速 IP 分组的转发。该模型实现信息传送需要两套地址——ATM 地址和 IP 地址、两种选路协议——ATM 选路协议和 IP 选路协议，还需要地址解析功能，完成 IP 地址到 ATM 地址的映射，如图 1-20 所示。重叠模型的优点是：对 IP 和 ATM 双方的技术和设备无需进行任何改动，只需要在网络的边缘进行协议和地址的转换，减少了 ATM 与 IP 的相互限制，有利于它们独立地发展。重叠模型的缺点是：IP 技术和 ATM 技术不能有效地结合，需要维护两个独立的网络拓扑结构，地址重复，路由功能重复，因而网络扩展性不强、不便于管理、IP 分组的传输效率较低。属于重叠模型的 IP 交换技术主要有 CIPOA、LANE、IPOA 和 MPOA。

在集成模型中，将 IP 封装在 ATM 信元中，IP 分组以 ATM 信元的形式在信道中传输和交换，从而使 IP 分组的转发速度提高到了交换的速度，如图 1-21 所示。该模型只需要 1 种地址——IP 地址、1 种选路协议——IP 选路协议，无需地址解析功能，不涉及 ATM 信令，但需要专用的控制协议来完成 3 层选路到 2 层直通交换机构的映射。传统的 IP 分组转发采用面向无连接方式逐条转发，选路基于软件查表，采用地址前缀最长匹配算法，速度慢；集成模型将 3 层的选路映射为 2 层的交换连接，变面向无连接方式为面向连接方式，使用短的标记替代长的 IP 地址，基于标记进行数据分组的转发，速度快。属于集成模型的 IP 交换技术主要有 IP 交换、Tag 交换和 MPLS。

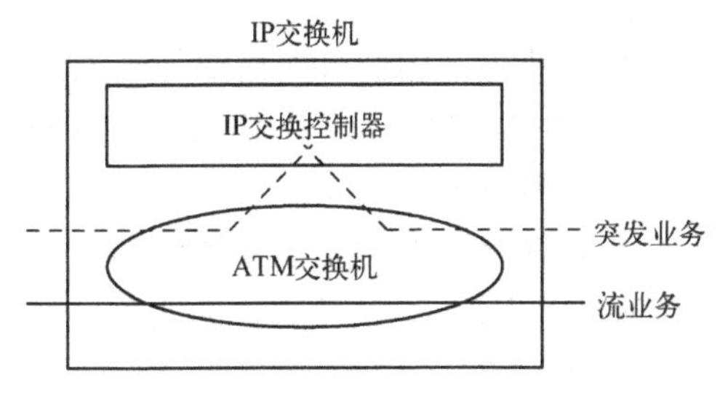

图 1-20　IP 交换的重叠模型

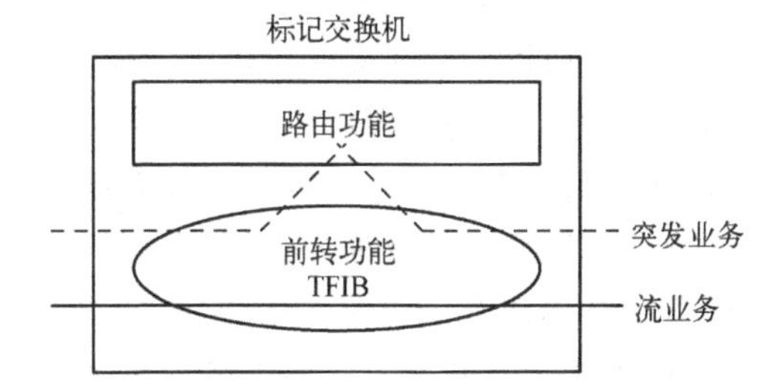

图 1-21　IP 交换的集成模型

不管是重叠模型还是集成模型，其实质都是将 IP 选路的灵活性和健壮性与 ATM 交换的大容量和高速度结合起来，这也是 IP 与 ATM 融合的目的。

1.2.10　光交换

通信网的干线传输越来越广泛地使用光纤，目前光纤已成为主要的传输媒介。网络中大量传送的是光信号，而在交换节点信息还以电信号的形式进行交换，那么当光信号进入交换机时，就必须将光信号转变成电信号，才能在交换机中交换，而经过交换后的电信号从交换机出来后，需要转变成光信号才能在光的传输网上传输，如图 1-22a 所示。这样的转换过程不仅效率低下，而且由于涉及电信号的处理，要受到电子器件速率“瓶颈”的制约。

光交换是基于光信号的交换，如图 1-22b 所示。在整个光交换过程中，信号始终以光的形式存在，在进出交换机时不需要进行光/电转换或者电/光转换，从而极大地提高了网络信息传送和处理能力。

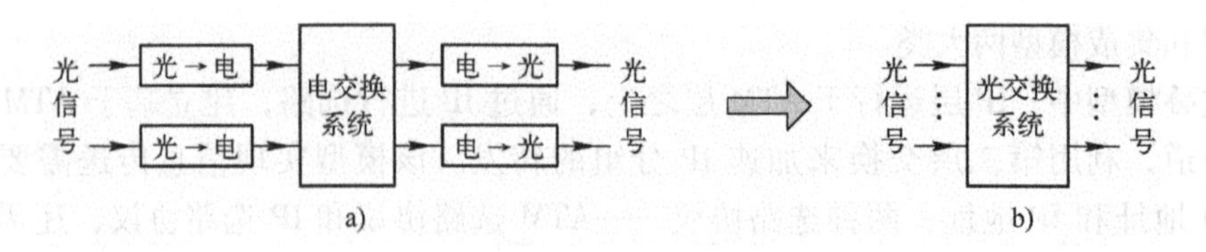

图1-22　光交换示意图
a）基于电交换系统　b）基于光交换系统

1.2.11　软交换

下一代网络（Next Generation Network，NGN）实现了传统的以电路交换为主的公用电话交换网（PSTN）向以分组交换为主的IP电信网络的转变，从而使在IP网络上发展语音、数据、图像、视频等多媒体综合业务成为可能。它的出现标志着新一代电信网络时代的到来。

软交换是下一代网络的控制功能实体，它独立于传送网络，主要完成呼叫控制、资源分配、协议处理、路由、认证、计费等主要功能，同时可以向用户提供现有电路交换机所能提供的所有业务，并向第三方提供可编程能力，它是下一代网络呼叫与控制的核心。软交换最核心的思想就是业务提供与呼叫控制分离，呼叫控制与承载分离，其特点具体体现在：

1）高效灵活。软交换的最大优势在于能够实现业务提供与呼叫控制分离，呼叫控制与承载连接（传输）分离，有利于以最快的速度、最有效的方式引入各类新业务。

2）开放性。由于软交换的各网络部件之间均采用标准协议，因此各网络部件既能独立发展，又能有机地组合成一个整体，实现互联互通。运营商可以根据自己的需求选取市场上的优势产品，实现最佳配置，而无需拘泥于某个公司、某种型号的产品。

3）多用户。软交换迎合了网络融合的大趋势，使异构网络的互通方便灵活。模拟、数字、移动、ADSL、ISDN、窄带IP、宽带IP等各种用户均可以享用软交换提供的业务，因此它不仅为新运营商进入电信市场提供了有力的技术手段，也为传统运营商保持竞争优势开辟了有效的技术途径。

4）强大的业务功能。NGN的业务处理部分运行于通用的电信级硬件平台上，运营商可以通过选购性能优越的硬件平台来提高处理能力，为客户定制各种新业务和综合业务，最大限度地满足用户需求。

1.2.12　IP多媒体子系统

随着通信技术的发展，越来越多的新技术被应用到了实践当中，所能提供的服务也越来越多。IP多媒体子系统（IP Multimedia Subsystem，IMS）就是在这一背景下应运而生的。IMS是通信发展的一个新趋势，被认为是下一代网络的核心技术，也是解决移动与固网融合，引入语音、数据、视频三重融合等差异化业务的重要方式。

IMS在3GPP Release 5（R5）版本中提出，是对IP多媒体业务进行控制的网络核心层逻辑功能实体的总称。3GPP R5主要定义IMS的核心结构，网元功能、接口和流程等内容；R6版本增加了部分IMS业务特性、IMS与其他网络的互通规范和无线局域网（WLAN）接入特性等；R7版本加强了对固定、移动融合的标准化制订，要求IMS支持数字用户线

（xDSL）、电缆调制解调器等固定接入方式；R8 版本开展了 SAE（System Architecture Evolution，3GPP 系统架构演进）标准化工作，核心分组域采用演进型的分组核心网（Evolved Packet Core，EPC），控制面与用户面分离；R9 版本针对 SAE 紧急呼叫、增强型多媒体广播组播业务（Enhanced Multimedia Broadcast Multicast Service，E-MBMS）和基于控制面的定位业务等课题的标准化，还开展了多 PDN 接入与 IP 流的移动性、Home eNodeB 安全性，以及长期演进（Long Term Evolution，LTE）技术的进一步演进和增强的研究和标准化工作。

1.3 交换技术的演进

作为人类社会信息基础设施的电信网、互联网和广播电视网都是社会发展过程中的产物。这些网络是为适应人们的需求而产生，随着科学技术的进步而发展。同样，作为通信网核心技术的交换，一百多年来有了长足的进步。交换的信号从模拟到数字，交换的机制从电路模式到分组模式和 ATM 模式，交换的控制从人工到自动，交换技术这些具有里程碑意义的发展和变化构成了现代通信网络的基础。

1.3.1 电路交换技术的演进

自从 1876 年贝尔发明电话以后，为适应多个用户之间电话交换的要求，1878 年出现了第一部人工磁石式电话交换机。磁石式电话机的特点是要配备干电池作为通话电源，并用手摇发电机发送交流呼叫信号。后来又出现了人工共电交换机，通话电源由交换机统一供给，省去了电话机中的手摇发电机，由电话机直流环路的闭合向交换机发送呼叫信号。共电式交换机比磁石式交换机有所改进，但由于仍是人工接线，接续速度慢，用户使用不方便。

1892 年诞生了第一部步进制史端乔自动交换机。用户通过话机的拨号盘向交换机发送拨号脉冲，控制交换机中电磁继电器与上升旋转型选择器的动作，完成电话的自动接续。从此，电话网络由人工交换时代迈入自动交换时代，这是第一个里程碑式的转变。步进制交换机及其后出现的机动制（旋转制或升降制）交换机均属于直接控制方式的机电式自动交换机，这类交换机的特点是选择器均需进行上升和/或旋转的动作，噪声大，易磨损，通话质量欠佳，维护工作量大。

第一个纵横制交换机于 1932 年投入使用。纵横制交换机的交换网络由纵横接线器组成，与步进接线器相比，器件动作范围减小了很多，接续速度明显提高。它采用一种称为“记发器”的特殊电路实现收号控制和呼叫接续，是一种间接控制方式。这种控制方式下的组网和容量扩充灵活。纵横制交换机曾得到广泛应用，一直延续到 20 世纪 80 年代才被更先进的程控交换机所取代。

晶体管的发明刺激了交换系统的电子化，导致了 20 世纪 50 年代后期第一个电子交换机的出现。随着半导体技术发展，出现了半电子交换机、准电子交换机。随着计算机技术的出现，从 20 世纪 60 年代开始有了软件控制的交换系统。如 1965 年，美国开通了世界上第一个用计算机存储程序控制的程控交换机。由于采用了计算机软件控制，用户的服务性能得到了很大发展，如增加了呼叫等待、呼叫转移以及三方通话功能等。这时的程控交换属于模拟程控交换，即控制部分采用存储程序控制的方式，而话路部分传送和交换的是模拟语音信号。

20 世纪 70 年代，随着 PCM 技术的成熟，出现了数字程控交换机。这时，交换技术进入了数字化时代，可交换数字语音、数据和图文业务。

在数字程控交换领域，我国起步较晚，但起点较高，发展迅速。在 20 世纪 80 年代中后期到 90 年代前期，相继推出了 HJD-04（巨龙公司）、C&C08（华为公司）、ZXJ-10（中兴公司）等大型数字程控交换系统，国产设备在我国电信网中的比重逐步增加，并出口到国外，使我国的数字程控交换技术和产业迅速跻身于世界先进行列。

经过一百多年的发展，电路交换技术已非常完善和成熟，是目前通信网中使用的一种主要交换技术。传统电话交换网中的交换机，GSM、CDMA 数字移动通信系统的移动交换机，N-ISDN 中的交换机，智能网（IN）中的业务交换点（SSP）均使用电路交换技术。

1.3.2　分组交换技术的演进

分组交换技术是针对数据通信和计算机通信的特点发展起来的，是电子计算机和电信技术相结合的产物，是各种数据通信网赖以生存的基础。

分组交换一词最早出自美国兰德（Rand）公司 1964 年 8 月的一篇研究报告中。1969 年 12 月，美国国防部高级研究计划局（ARPA）研制的分组交换网 ARPANET（当时仅 4 个节点）投入运行，标志着以分组交换为特色的计算机网络的发展进入了一个崭新的纪元。1973 年，美国国防高级研究计划局建立了 ARPANET 网进行了国际连接，互联网的雏形开始形成，首次提出了资源子网和通信子网两层的概念。ARPANET 是资源共享实验的结果。其目的是在美国不同地区的各种超级计算机之间提供高速网络通信链路。1985 年美国国家科学基金会（NSF）在 ARPANET 成功后决定资助建立计算机科学研究网（NSFnet），1987 年建立了一个新的广域网，由 13 个节点组成，由主干节点下联到各地区网，采用 TCP/IP 作为统一的通信协议标准，传输速率由 56 kbit/s 提高到 1.544 Mbit/s。

我国从 1987 年开始了 Internet 之旅。1987 年 9 月 20 日 22 点 55 分，北京计算机应用技术研究所研究员钱天白正式建成我国第一个国际互联网电子邮件节点，并发出中国第一封电子邮件“Across the Great Wall, Reach the World”。1990 年 11 月 28 日，钱天白又代表中国在国际互联网域名分配管理中心首次注册了我国的顶级域名 CN，并建立了我国第一台 CN 域名服务器，从此，中国有了自己的网上标识，中国的网络有了自己的身份标识。1994 年 4 月，中国成为直接接入 Internet 的国家。相继建立了中国科技网（CSTNET）、中国教育和科研计算机网（CERNET）、中国电信网（CHINANET）、中国经济网（CHINAGBN）、中国联通网（UNINET）、中国网通（CNCNET）、中国经贸网（CIETNET）、中国移动互联网（CMNET）、中国长城网（CGWNET）共九大互联网络。

ARPANET 和其他分组交换试验网的成功，促进了分组交换技术进入公用数据网，形成公用分组交换网（PSPDN）。早期这些公用数据网均基于 ITU-T（原 CCITT）的 X.25 协议。

随着用户终端的智能化和通信线路传输质量的提高，人们逐渐开始对 X.25 网络进行简化，取消第三层（分组层）的差错控制和流量控制，出现了帧交换和帧中继交换技术，试图提高公用分组交换网的速率。

1.3.3　宽带交换技术的演进

未来网络的发展不会是多个网络，而是用一个统一的宽带网络提供多种业务。这个网络中的关键设备——交换机，也必须能实现多种速率、多种服务要求及多种业务的交换。使宽带网络成为可能的技术有三种：ATM、IP 交换和光交换技术。

1. ATM 交换

20 世纪 80 年代以来，随着宽带业务的发展及其业务发展的某些不确定性，迫切要求找到一种新的交换技术，能兼具电路交换和分组交换的优点，适应宽带业务快速发展的需要。1983 年出现的快速分组交换和异步时分交换（ATD）的结合，导致了 ATM 交换技术的产生。

1985 年以后，CCITT 也开始了这种新的交换技术的研究。1987 年在 CCITT 第 18 研究组会议上，决定采用信元（Cell）来表示分组。与此相关的一个重要的研究课题是，采用固定长度信元还是可变长度信元，以及信元的长度和信头的长度。这些问题与带宽的使用效率、交换速度和实现的复杂性，以及网络性能等均有密切的关系。在进行了深入的研究并总结了各方面的意见之后，CCITT 第 18 研究组在 1988 年的会议上决定采用固定长度的信元，定名为 ATM，并认为 B-ISDN 的发展将基于 ATM 技术。1990 年，CCITT 第 18 研究组制定了关于 ATM 的一些建议，并在以后的研究中不断深入和发展。20 世纪 90 年代初，随着宽带业务的发展和 ATM 技术的逐渐成熟，ATM 交换技术的应用开始从专用网扩大到公用网，其标志是全世界范围内相继推出一系列用于公用网的大容量 ATM 交换系统和一些公用 ATM 宽带试验网投入运行。

ATM 技术的发展在 20 世纪 90 年代中期达到顶峰。也就是在此期间，世界通信技术及网络技术的发展格局逐渐发生了变化，特别是 Internet 的发展，使 ATM 的应用受到很大影响。ATM 缺乏业务、价格昂贵、技术复杂的缺点，使独立的 ATM 网络越来越少，而更多采用的是宽带 IP 交换技术。ATM 技术的应用逐渐局限于骨干网领域，已有的 ATM 网络也主要为承载 IP 发挥作用。此时，人们开始考虑，能否将 ATM 与 IP 技术相结合，这样就出现了 IP 交换。

2. IP 交换

Internet 的迅猛发展，迫切需要提高 IP 网络的服务质量。传统 IP 路由器和 X. 25 分组交换机都是在第 3 层进行转发的，采用软件控制将分组从一个端口转移到另外一个端口，这是基于存储转发的概念，转发时延较大、速率较低。为了提高 IP 分组转发的速度，适应数据及多媒体业务发展的需要，IP 交换技术应运而生。IP 交换采用硬件进行 IP 分组的快速转发，在第 3 层进行交换，相当于一个带有第 3 层路由功能的第 2 层交换机，是二者的有机结合。

IP 交换的概念，最早由美国 Ipsilon 公司在 1996 年提出。它将 IP 路由处理器捆绑在 ATM 交换机上，去除了交换机中原有的 ATM 信令。IP 交换机使用 IP 路由协议进行路由选择。它的连接建立是由数据流驱动的，即“一次路由、多次交换”：对于单个的 IP 分组，采用传统 IP 逐跳转发方式进行转发；对于长持续时间的实时业务流，能自动建立一个虚通路，使用 ATM 交换技术进行转发。

思科公司在 1996 年秋提出了标签交换技术。这也是一种 IP 交换技术，它除了可以在 ATM 网络中进行实现外，还可以在帧中继、以太网等网络中进行实现。其标签连接的建立除了由数据流驱动外，还可以使用拓扑驱动等方式。

在 IP 交换的发展过程中，因特网工程任务组（IETF）起到了积极的推动作用，IETF 在 1997 年初成立了多协议标记交换（MPLS）工作组，综合了思科和 Ipsilon 公司等的 IP 交换方案，制定出了一个统一的、完善的第3层IP交换技术标准，即MPLS。MPLS明确规定了一整套协议和操作过程，最终通过ATM、帧中继、点对点协议（PPP）和以太网等实现IP网络快速交换。

MPLS所具有的面向连接、高速交换、支持QoS、扩展性好等特点，使它在国内外具体组网中获得了广泛的应用，已成为主流的宽带交换技术。

3. 光交换

随着光密集波分复用（DWDM）技术的成熟，光纤传输技术在不断的进步，波分复用系统在一根光纤中已经能够传输几百Gbit/s到Tbit/s的数字信息。传输系统容量的快速增长带来的是对交换系统发展的压力和动力。通信网中交换系统的规模越来越大，运行速率也越来越高，未来的大型交换系统将需要处理总量达几百、上千Tbit/s的信息。但是目前的电子交换和信息处理网络的发展已接近了电子速率的极限，其中所固有的RC参数、钟偏、漂移、串话、响应速度慢等缺点限制了交换速率的提高。为了解决电子瓶颈限制问题，降低交换成本，研究人员开始在交换系统中引入光子技术，实现全光交换。

光交换技术是指不经过任何光/电转换，直接在光域将输入的光信号交换到不同的输出端。光交换技术具有以下特点：

1）提高节点吞吐量。光交换不受监测器、调制器等光电器件响应速度的限制，可以极大地提高交换单元的弄吐量。

2）降低交换成本。光信号在通过交换单元时，不需要经过光/电和电/光转换，可以省掉昂贵的光电接口器件。

3）透明性。光交换对比特率、信号调制方式和通信协议透明，具有良好的升级能力。

当前在光交换技术研究领域，着重于光突发交换（Optical Burst Switching，OBS）技术的研究和试验。OBS交换技术是把同一波长上的承载容量在时间轴上做进一步细分，分成更多的光波长突发时段，并且以光突发时段为单位进行承载和交换多个不同用户的业务信息。这种光交换模式，类似于电路交换和ATM交换模型。光交换将是未来宽带网络使用的另一种宽带交换技术。

1.3.4 下一代网络和软交换

“下一代”的提法，最早见于1996年美国政府和大学分别牵头提出的下一代互联网（NGI）计划和Internet2。与此同时，国际上一些由政府部门、行业团体和标准化组织等机构组织和参与的NGN行动计划也纷纷出现，如IETF提出的下一代IP，第三代合作伙伴计划组织（3GPP）提出的下一代移动通信，以及欧盟的NGN行动计划等。1997年，Lucent公司的贝尔实验室首次提出了软交换的概念，并逐渐形成了基于软交换的NGN解决方案。到了1999年，NGN就成为与“3G”和“宽带”齐名的通信业关注的焦点。以软交换为核心并采用IP网传输的NGN具有网络结构开放、运营成本低等特点，能够满足未来业务发展的需求，这就促使许多传统的电信运营商纷纷进行网络改造，积极向NGN逐步演进和融合。而一些新兴的运营商由于起点高，均直接着手建设NGN。

软交换是NGN的核心技术。从广义上看，软交换泛指一种体系结构，利用这种体系结构可以建立下一代网络框架，其功能涵盖NGN的各个功能层面，主要由软交换设备、综合接入设备、媒体网关、信令网关、应用服务器等组成。从狭义上看，软交换指软交换设备，定位在控制层。随着传统的电路交换向分组交换的逐步转变，媒体网关控制协议标准化进程的不断深入，以及人们对电路交换的深刻理解，软交换技术得到进一步的认可，越来越多的软交换设备进入网络运行。

目前，以 ETSI 为代表的 TISPAN 计划提出了基于 IMS 的体系架构，认为 IMS 代表了 NGN 网络发展的方向，基于 IMS 的体系架构才是 NGN 的主体。IMS 系统采用 SIP 进行端到端的呼叫控制，这就为 IMS 同时支持固定和移动接入提供了技术基础，也使得网络融合成为可能。

1.4 交换系统的基本结构和关键技术

交换系统的基本结构和关键技术是通信网的核心内容，其他章节的内容都将围绕着这两条主线展开。这里给出的交换系统的基本结构进行了高度的抽象，针对某种具体的通信网而言，其交换系统的基本结构有微小的差异，但实质是一致的。其他章节在介绍完某种具体的交换系统的基本结构后，将围绕其关键技术进一步深入介绍。

1.4.1 交换系统的基本结构

电信交换系统的基本结构如图 1-23 所示，主要由信息传送子系统和控制子系统组成。

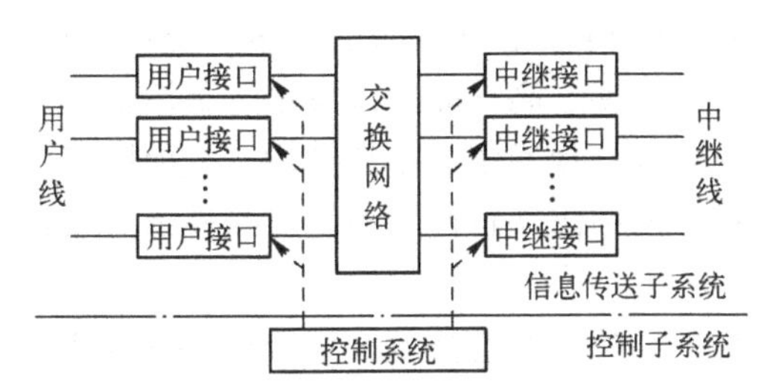

图 1-23　电信交换系统的基本结构

（1）信息传送子系统

信息传送子系统主要包括交换网络和各种接口，交换网络也叫交换机构。

1）交换网络。

对于信息传送子系统而言，交换就是信息（语音、数据、视频等）从某个接口进入交换系统经交换网络的交换从某个接口出去。由此可知，交换系统中完成交换功能的主要部件就是交换网络，交换网络的最基本功能就是实现任意入线与任意出线的互连，它是交换系统的核心部件。交换网络有时分的和空分的，单级的和多级的，数字的和模拟的，有阻塞的和无阻塞的，将在第 2 章中详细介绍。

2）接口。

接口的功能主要是将进入交换系统的信号转变为交换系统内部所适应的信号，或者是相反的过程，这种变换包括信号码型、速率等方面的变换。交换网络的接口主要分两大类：用户接口和中继接口。用户接口是交换机连接用户线的接口，如电话交换机的模拟用户接口，ISDN 交换机的数字用户接口。中继接口是交换机连接中继线的接口，主要有数字中继接口和模拟中继接口，目前电信网上已很少见到模拟中继接口。

（2）控制子系统

控制子系统是交换系统的“指挥中心”，交换系统的交换网络、各种接口以及其他功能部件都是在控制子系统的控制协调下有条不紊地工作的。控制子系统是由处理机及其运行的系统软件、应用软件和 OAM（Operations，Administration and Maintenance，操作、管理和维护）软件所组成的。现代交换系统普遍采用多处理机方式。控制子系统的控制方式（如集中控制、分散控制、递阶控制），多处理机之间的通信机制以及控制系统的可靠性是交换系统控制技术的主要内容。在第 2 章将会详细介绍相关的控制技术。

交换系统的控制子系统使用信令与用户和其他交换系统（交换节点）进行“协调和沟通”，以完成对交换的控制。信令是通信网中规范化的控制命令，它的作用是控制通信网中各种通信连接的建立和拆除，并维护通信网的正常运行。交换系统与用户交互的信令叫作用户信令，交换系统之间交互的信令称为局间信令。信令技术是交换系统的一项基本技术，将在第 4 章介绍。

1.4.2 交换系统的关键技术

电信交换的关键技术包括互连技术、接口技术、信令技术和控制技术，下面分别介绍。

1. 互连技术

实现任意入线与任意出线之间的互连是交换系统最基本的功能。按照不同交换技术的要求，可以是物理的实体连接，也可以是逻辑的虚连接。交换系统利用交换网络实现互连功能。构建具有连接能力强、无阻塞、高性能、低成本、灵活扩充、便于控制的交换网络是交换领域重点研究的问题，它涉及交换网络的拓扑结构、交换网络内部选路策略、交换网络的控制机理、多播方式的实现、网络阻塞特性、网络可靠性等一系列互连技术。

（1）拓扑结构

交换网络具有一定的拓扑结构。互连技术要解决的一个主要问题是，在满足交换技术、服务质量和基本参数（如端口数、容量、吞吐量等）要求的情况下，获得高性能、低成本、便于扩充与控制而又不太复杂的拓扑结构。拓扑结构说明的是网络的几何逻辑关系，如采用星形、总线型、环形、树形等，拓扑结构的性能是否符合服务质量（如阻塞率、时延、信元丢失率等）的要求，往往要通过严密的理论计算或计算机模拟。

（2）选路策略

选路策略主要针对多级空分拓扑结构。这里所说的选路，不是指整个电信网中各个交换节点之间的选路，而是指交换节点中交换网络内部的选路，即在交换网络指定的入端与出端之间选择一条可用的通路。

（3）控制机理

控制机理泛指完成选路后还必须实现的一些控制，以使交换网络能正常而有效地工作，并且符合服务质量的要求。对于通常的程控电话交换系统的数字交换网络而言，完成选路后只要将所选通路的有关标识写入交换网络的控制存储器，即可实现正常的电路交换。ATM 交换则比较复杂，虚连接建立后，在信息传送阶段仍要对随机到来的信元完成选路控制。此外，控制机理可能还要包括诸如竞争消除、队列管理、优先级控制等。

（4）多播方式

多播（Multicast）或称为组播，是将某一入端的信息同时传送到所需的多个出端。显然，多播与互连技术有关。多播这种点到多点（和多点到多点）的通信方式，特别适用于网上视频会议、网上视频点播等场合。因为如果采用单播方式逐个节点传输，有多少个目标节点就会有多少次传送过程，这种方式显然效率极低，是不可取的；如果采用不区分目标、全部发送的广播方式，虽然一次可以传送完数据，但是显然达不到区分特定数据接收对象的目的。采用多播方式，既可以实现一次传送所有目标节点的数据，又可以达到只对特定对象传送数据的目的。因此，在现代通信中多播将会得到更多的应用。

（5）阻塞特性

所谓阻塞，是指在呼叫建立或用户信息传送时，由于交换网络拥塞而使呼叫不能建立或用户信息不能传送而遭受损失的现象。从阻塞的特性来看，交换网络可分为有阻塞网络与无阻塞网络。

（6）可靠性保障

交换网络是交换系统的重要部件，一旦发生故障会影响众多的呼叫连接，甚至导致全系统中断。因此，交换网络必须具备有效的可靠性保障性能。除了提高交换网络硬件的可靠性以外，通常配置双套冗余结构，也可采用多平面结构。

冗余结构通常有两种工作方式：热备用方式，指一套主用、一套备用，备用的一套随时接收和保存有关的信息，但不实现信息传送，当主用发生故障时可立即替换而不会影响已建立的呼叫连接。双工分担方式，指两套同时分担工作，如一套发生故障，则全部由另一套承担。当采用多平面冗余结构时，即为负荷分担方式。

2. 接口技术

各种交换系统都接有用户线、中继线，分别连接在交换系统的用户接口和中继接口。不同类型的交换系统具有不同的接口。例如，程控数字交换机有连接模拟电话用户的模拟用户接口和连接数字话机或数字终端的数字用户接口，以及分别连接模拟中继线和数字中继线的模拟中继接口和数字中继接口；N-ISDN 交换有 2B + D 基本速率接口和 30B + D 一次群速率接口；移动交换有通往基站的无线接口；ATM 交换则有适配不同码率、不同业务的各种物理媒介接口。接口技术主要由硬件实现，有些功能也可由软件或固件实现。

3. 信令技术

电信交换离不开信令。在电信网中要实现任意用户之间的呼叫连接，完成交换功能，必须在信令的控制下有条不紊地进行。交接节点收到与用户线或中继线有关的各种信令，都要加以分析处理，从而产生一系列的控制操作，包括向其他交换节点发送信令，以便正常地建立或释放交换连接。因此，信令是电信交换的一项基本技术。信令系统是通信系统中非常重要的一个系统。

信令的本质是通信网中的各个组成部分之间，为了建立通信连接及实现各种控制而必须要传送的一些规范化的控制命令。信令过程就是规范化的一系列协议。用户与网络之间，各个交换节点之间，以至不同网络之间的互通，都要通过共同的标准的信令协议来实现。信令协议是“协调一致、互相理解的信令语言”。按照不同的应用和需要，可以有各种不同的信令协议和信令方式。交换节点的信令系统可以理解为实现和配合各种信令协议和信令方式而需具有的所有的硬件和软件设施。

4. 控制技术

交换系统要自动完成大量的交换接续，并保证良好的服务质量，必须具有有效的、合乎逻辑的控制功能。互连功能、接口功能及信令功能都与控制功能密切相关。控制技术主要由软件实现，但有些也可用硬件实现。

不同类型的交换系统各有其主要的控制技术。控制技术的实现与处理机控制结构密切相关。处理机控制结构是各类交换系统在设计中必须考虑的重要问题，它关系到整个系统的性能和服务质量。控制系统的结构方式、处理机间的通信方式、多处理机结构等将在第3章中详细介绍。

1.5 通信网的基本结构

1.5.1 通信网的类型

在我们日常的工作和生活中，经常接触和使用各种类型的通信网。通信网的分类多种多样，下面给出几种常用的分类方法。根据业务类型划分，可以将通信网分为电话通信网（如PSTN、移动通信网等）、数据通信网（如X.25、Internet、帧中继网等）、广播电视网等。根据信号传输方式划分，可以将通信网分为模拟通信网和数字通信网。根据运营方式划分，可以将通信网分为公用通信网和专用通信网。根据采用传输媒介的不同划分，可以将通信网分为有线通信网和无线通信网。根据服务区域划分，可以将通信网分为本地/长途网，或广域网（WAN）、城域网（MAN）和局域网（LAN）。

目前各种通信网为用户提供了大量的不同业务，借鉴ITU-T建议的方式，根据信息类型的不同将业务分为四类：语音业务、数据业务、图像业务、视频和多媒体业务。目前通信网提供的语音业务包括：固定电话业务、移动电话业务、VoIP、会议电话业务和电话语音信息服务业务等。数据业务包括：电报、电子邮件、数据检索、Web浏览、网络互联、文件传输、面向事务的数据处理等业务。图像业务主要包括传真、CAD/CAM图像传送等。视频和多媒体业务包括可视电话、视频会议、视频点播、普通电视、高清晰度电视等。

上述这些不同通信网之间本质的区别在于：传送信息的类型、传送的方式、交换技术、控制技术、服务范围以及所提供服务的种类等方面各不相同，但是它们在网络结构、基本功能、实现原理上都是相似的，它们都实现了以下4个主要的网络功能：

1）信息传送。它是通信网的基本任务，传送的信息主要分为三大类：用户信息、信令信息和管理信息。信息传送主要由交换节点和传输系统完成。

2）信息处理。网络对信息的处理方式对最终用户是不可见的，主要目的是增强通信的有效性、可靠性和安全性，信息最终的语义解释一般由终端应用来完成。

3）信令机制。它是通信网上任意两个通信实体之间为实现某一通信任务，进行控制信息交换的机制，例如电话网上的No.7信令、Internet上的各种路由信息协议、TCP连接建立协议等均属此范畴。

4）网络管理。它负责网络的运营管理、维护管理和资源管理，以保证网络在正常和故障情况下的服务质量。它是整个通信网中最具智能的部分。已形成的网络管理标准有：电信管理网（TMN）标准系列，计算机网络管理标准SNMP等。

通信网的结构与用户规模、业务需求、组网技术等密切相关。

1.5.2 通信网的基本结构

通信网技术的飞速发展和支持业务的多样性和复杂性，使得通信网的网络体系结构变得日益复杂，为了更清晰地描述现代通信网的网络结构，从业务传送和功能的角度，通信网可被划分为三个层次：应用层、业务层、传送层，它们分别完成不同的功能，如图 1-24 所示。

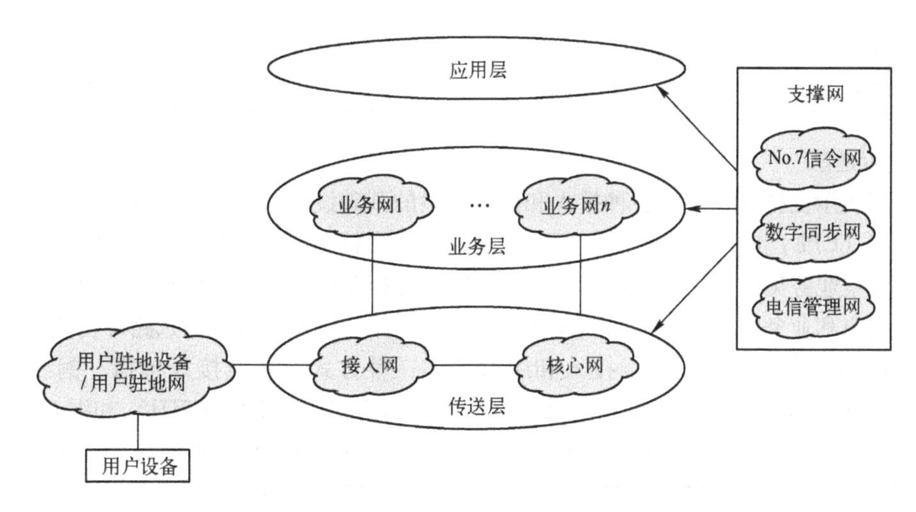

图 1-24　通信网的基本结构

（1）应用层

应用层表示各种信息的应用，它涉及到各种各样的业务，如语音、视频、数据、多媒体业务等，以及支持各种业务应用的通信终端技术。

（2）业务层

业务层表示支持各种业务应用的业务网，负责向用户提供各种通信业务，如基本语音、数据、视频等，采用不同交换技术的交换节点可构成不同类型的业务网，如 PSTN、ISDN、PSPDN、智能网、GSM 等，用于支持不同的业务，业务节点（SN）是提供业务的实体，如各种交换机、业务控制点（SCP）、特定配置情况下的视频点播和广播电视业务节点等。具体业务网的种类及其特点可参见表 1-2。

表 1-2　业务网的种类及其应用特点

业　务　网	基 本 业 务	交换节点设备	交 换 技 术
公共电话网（PSTN）	普通电话业务	数字程控交换机	电路交换
数字数据网（DDN）	数据专线业务	数字交叉连接设备（DXC）和复用设备	电路交换
窄带综合业务数字网	数字电话、传真、数据等（64～2048 KB/s）	ISDN 交换机	电路交换/分组交换
智能网（IN）	以普通电话业务为基础的增值业务和智能业务	业务交换节点、业务控制节点	电路交换
移动通信网	移动语音、数据	移动交换机	电路交换/分组交换
分组交换网（X.25）	低速数据业务（≤64 KB/s）	分组交换机	分组交换

（续）

业务网	基本业务	交换节点设备	交换技术
帧中继网	局域网互连（≥2 MB/s）	帧中继交换机	帧中继
宽带综合业务数字网	多媒体业务（≥155.52 MB/s）	ATM 交换机	ATM 交换
计算机局域网	本地高速数据（≥10 MB/s）	集线器（Hub）、网桥、交换机	共享介质、随机竞争式
Internet	数据、IP 电话	路由器	分组交换
ATM 网络	综合业务	ATM 交换机	信元交换
下一代网络（NGN）	多媒体、高速数据		软交换和 IMS

（3）传送层

传送层表示支持业务层的各种接入和传送手段的基础设施，它由接入网和核心网组成，用户驻地设备（CPE）或用户驻地网（CPN）通过接入网接入到核心网。CPN 是用户自有网络，指用户终端至业务集中点之间所包含的传输及线路等相关设施。小至终端，大至局域网。主要用于实现用户和业务的集中，信息的变换与适配、复用与交换、寻址与选路等功能。

接入网包括有线接入、无线接入和综合接入三种方式。有线接入包括：铜线接入技术（HDSL、ADSL、VDSL、LAN 等）、光纤接入技术（FTTC、FTTB、FTTH）和混合光纤/同轴电缆接入 HFC；无线接入包括：固定无线接入（LDMS、MMDS、WLAN、WPAN 等）和移动无线接入（GSM、CDMA、UMTS、WiMAX、LTE、LTE-Advanced）；综合接入包括：FTTC + HFC、有线 + 无线。

核心网是通信网的骨干，由高速骨干传送网和大型交换节点构成。传送网是随着光传输技术的发展，在传统传输系统的基础上引入管理和交换智能后形成的。目前主要的传送网有 SDH/SONET 和光传送网（OTN）两种类型。

（4）支撑网

支撑网负责提供通信网正常运行所必需的信令、同步、网络管理、业务管理、运营管理等控制和管理功能，以提供用户满意的服务质量。支撑网是现代通信网必不可少的重要组成部分，它包括 No.7 信令网、数字同步网和电信管理网（TMN）。

No.7 信令网是现代通信网的“神经网络”，它为现代通信网提供高效、可靠的信令服务；数字同步网用于保证数字交换局之间、数字交换局与数字传输设备之间信号时钟的同步，并且使通信网中所有数字交换系统和数字传输系统工作在同一个时钟频率下，保证地理位置分散的物理设备之间数字信号的正确接收和发送；电信管理网的主要目标是通过实时监视业务网的运行情况，并相应地采取各种控制和管理手段，以达到在各种情况下充分利用网络资源，以保证通信的服务质量；其是一个完整、独立的管理网络，能够全面、有效和协调地管理整个通信网。

通信网的技术发展趋势如下：终端的智能化、数字化；传输网络的数字化、宽带化；通信业务综合化；通信网络 IP 化；通信服务个人化；网络管理智能化；网络互通融合化。

1.6 本章知识点小结

为实现多个终端之间的相互通信，引入了交换节点，各个用户终端分别经通信线路连接到交换节点上，交换节点就是通常所说的交换机，它完成交换的功能。在通信网中，交换就是在通信的源和目的终端之间建立通信信道，实现通信信息传送的过程。实际应用中，为实现分布区域较广的多个终端之间的相互通信，通信网往往是由多个交换节点构成的，这些交换节点之间或直接相连，或通过汇接交换节点相连，通过多种多样的组网方式，从而构成覆盖区域广泛的通信网络。通信网是指由终端设备、交换设备和传输设备，结合信令过程、协议和支撑运行系统组成的网络。交换设备、传输设备和终端设备是构成通信网的三要素。

根据网络传送用户信息时是否预先建立源端到目的端的连接，将交换技术分为两类：面向连接型和面向无连接型。在面向连接型的网络中，两个通信节点间典型的一次数据交换过程包含三个阶段：连接建立、信息传送和连接释放。在无连接型的网络中，数据传输前，不需要在源端和目的端之间先建立通信连接，就可以直接通信。两种方式各有优缺点，面向连接方式适用于大批量、可靠的数据传输业务，但网络控制机制复杂；无连接方式控制机制简单，适用于突发性强、数据量少的数据传输业务。

目前通信网中的交换技术主要有以下几种，电路交换、多速率电路交换、快速电路交换、报文交换、分组交换、帧交换、帧中继、ATM 交换、IP 交换、光交换、软交换等。通常按照信息传送模式将其分为 3 种：电路传送模式、分组传送模式和异步传送模式。对于这些不同的交换技术，通过连接方式、复用方式、带宽分配方式、信息传输的透明性、应用范围、差错控制、流量控制等几个层面加以理解。同时，通过对交换技术的演进和发展过程的学习，理解这些交换技术相互之间的关系。

电信交换系统主要是由信息传送子系统和控制子系统组成的。信息传送子系统主要包括交换网络和各种接口。交换网络完成的最基本的功能就是交换，它实现任意入线与出线的互连，是交换系统的核心部件。接口的功能主要是将进入交换系统的信号转变为交换系统内部所能适应的信号，或者是相反的过程。交换系统的接口主要有两大类：用户接口和中继接口。控制子系统是由处理机系统构成的，它是交换系统的“指挥中心”。互连技术、接口技术、信令技术和控制技术是交换系统的关键技术。

以交换为核心的通信网有多种分类方法和组网结构。现代通信网的基本结构为：传送层、业务层和应用层。这些层与层之间的协调运行是由支撑网负责完成。现代通信网的支撑网包括 No. 7 信令网、数字同步网和电信管理网。

1.7 习题

1. 在通信网中为什么要引入交换的功能？
2. 多用户全互连通信有何特点？为什么通信网不直接采用这种方式？
3. 构成通信网的要素有哪些？各自完成什么功能？
4. 目前通信网中存在的交换技术主要有哪几种？
5. 比较电路交换、分组交换、ATM 交换的异同。
6. 电路交换、分组交换的虚电路方式以及 ATM 交换都采用面向连接的工作方式，它们有何异同？
7. 同步时分复用和异步时分复用的特点是什么？
8. 面向连接和面向无连接的工作方式的特点是什么？

9. 分组交换、帧交换、帧中继有何异同？

10. 帧中继与 ATM 交换有何异同？

11. 软交换、NGN 和 IMS 的含义是什么？它们之间有什么关系？

12. 交换系统的基本结构是怎样的？各组成部分分别完成哪些功能？它所涉及的基本技术有哪些？

13. 按照垂直视角简述通信网的基本结构。

14. 通信网的支撑网主要包括哪三种网络？它们分别起何种支撑作用？

15. 简述通信网中交换技术的演进过程。

第2章 电路交换

电路交换技术是通信网中最早出现的一种交换技术，距离今天已经有一百多年的历史。电路交换也是应用最普遍的一种交换技术，它是基于语音业务而产生的，主要应用于电话通信网中，具有实时性强、面向连接及同步时分复用、固定分配带宽、对语音信息的透明传输等特点。电路交换技术由分布在电话网中的交换节点（数字程控交换机）实现节点的连接控制和语音信息传输功能。本章首先介绍了电路交换技术的特点、工作原理及数字程控交换系统的基本结构，以及构成程控交换系统的交换网络和基本交换单元的工作原理和连接特性，并在此基础上介绍了 CLOS 网络、BANYAN 网络、TST 交换网络以及 DSN 网络的结构及实现信息交换的原理。然后，介绍了数字程控交换系统的工作原理，包括硬件组成结构、接口电路组成及技术。最后，介绍了数字程控交换软件系统的组成和呼叫处理的基本原理，以及交换机的主要性能指标。

2.1 电路交换概述

电路交换技术是针对语音业务的传输而出现的，能够保证语音业务传输所要求的实时性强、时延小的特性，因此采用面向连接的传输方式，在通信双方传输语音信息之前预先建立好主叫到被叫及中间若干个交换节点的通信链路，并且在通话双方的通话过程中一直保持该通信链路的独占性，从而保证了双方语音信息的实时传输。对于通话时建立和占用的通信链路，是指承载用户信息的物理层媒介，可以是一对同轴电缆、一个频段或时分复用电路的一个时隙，它们都是物理存在的，并且在通话过程中具有独占性，即不能被其他用户所使用；同时，依据语音信息传输的可靠性要求不高的特点，对语音信息的传输过程中不进行任何检错和纠错处理，因此能够充分保证语音业务传输的实时性要求。电路交换设备（常称作数字程控交换机）是在软件控制下，接收和处理用户呼叫信令，分配资源，提供双向语音传输通路。

2.1.1 电路交换的实现过程

电路交换技术是基于面向连接的交换方式，其工作过程分为连接建立、信息传送（通话）和连接释放三个阶段：即在电话通信的双方语音传输之前预先建立起一条主叫到被叫之间的物理链路；并且在整个通信过程中，这条通信链路被独占；直到通信结束再释放该链路资源。

（1）连接建立阶段

电话通信双方在通话之前要先建立起一条物理连接通路。首先主叫摘机，听到拨号音信息后开始拨打被叫号码，这时由信令根据被叫号码的地址及路由信息发起链路连接请求，该请求通过中间节点的转发一直传输至被叫所在端局；如果该过程各段通信链路均有空闲的物理链路可以使用，则接受请求，从而由各节点交换机在主叫与被叫之间分配链路连接，接着被叫振铃，主叫收到回铃音信息，等待被叫应答；如果该过程没有空闲的物理链路资源则连接将无法实现。仅当通信的两个站点之间建立起物理链路之后，才允许进入电路交换的第二阶段信息传送阶段。连接建立阶段的这个过程我们在拨打电话时可以感受到，从拨出号码到听到被叫端回铃音有明显的延时等待时间。

(2) 信息传送（通话）阶段

如果呼叫建立成功，则通话双方进行正常的语音信息传输，且在整个通话过程中，建立的电路连接必须始终保持，并被通话双方所独占，其他用户将不能使用该连接资源，即使某一时刻链路上并没有语音数据传输。

(3) 连接释放阶段

当通话双方有任何一方挂机则结束通话，进入拆除连接阶段，并释放电路。该过程由挂机信令在一方挂机后向连接对方发出释放链路请求，对方响应后即拆除链路资源。被拆除的链路资源释放后，就可被其他用户使用。

2.1.2 电路交换技术的特点

电路交换技术产生于语音业务，也完全满足语音数据传输所要求的实时性强、时延小、固定分配带宽的传输特点，从而保证了业务传输的质量。它的主要特点如下。

(1) 面向连接的传输方式

双方传输语音信息之前需预先建立专用的物理连接通路，申请网络链路资源，直到呼叫结束时释放该通路。如果申请不到资源则呼叫无法建立，发生呼叫损失。

(2) 同步时分复用

在通信双方通话过程中一直保持对链路资源的独占，即使双方处于静默状态，没有语音信息的传输，该通路也不能传输其他用户的通话信息，这样可想而知，电话通信为全双工方式，即建立了两个方向的可同时传输的语音通路，而打电话通常情况为一方说话，另一方接听，这样就会使独占的通话链路资源的利用率平均只有50%左右，线路利用率低；但通路的独占却很好地保证了语音信息的快速和实时传输，电路交换的这种传输方式就叫作同步时分复用方式，而且始终以固定分配带宽的形式，提供64 kbit/s 的传输速率。

图2-1表示了电路交换过程中同步时分复用的传输过程。同步时分复用（STDM）是指在同一个物理信道上按信息传输的时间划分成若干个等长的时间片（称为时隙）；时隙是同步时分复用的最小传输单元。这些时隙按照位置进行编号，并按顺序轮流分配给不同的用户数据源使用。这样用户数据严格按照时隙位置依次传输，并且是按照一定时间间隔周期性地出现，重复的一个周期内多个用户的时隙数据的结构称为帧。图2-1显示出同步时分复用方式的示意图，假设一帧被划分成 $n+1$ 个时隙，即 TS_0 ~ TS_n 个时隙单元为一帧的周期，这些时隙分别用来传输各路用户信息，其中每帧的 TS_0 时隙用来传输 A 用户的信息，TS_i 时隙用来传输 J 用户的信息，TS_n 时隙对应传输 O 用户的信息。

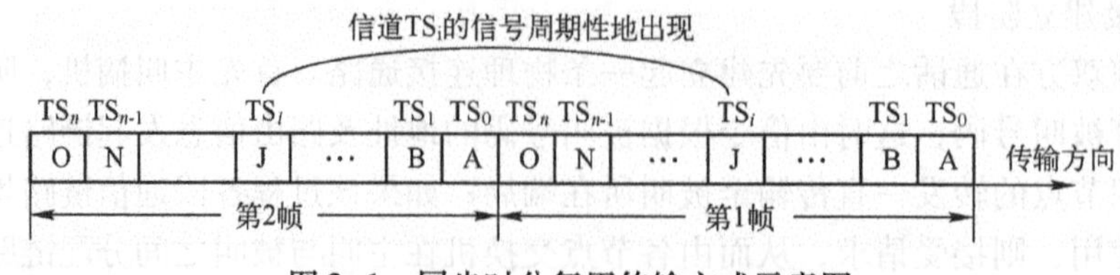

图2-1 同步时分复用传输方式示意图

同步时分多路复用技术的优点是控制简单，实现起来容易。缺点是在电路交换网络中，由于打电话时双向信道的平均占用率只有50%，因此信道的利用率低，造成资源的浪费。

在电路交换系统中，语音信息在端局交换节点处进行模拟信号到数字信号的变换，采用脉冲编码调制（PCM）以数字时分复用方式在各个交换节点中进行传输。每路用户语音信息占用一个时隙空间。时隙是电路交换传输、复用和交换的最小单位，且长度固定。整个模拟信号的数字化的过程可以分为三步：抽样、量化、编码，具体过程为：首先对模拟的语音信号每隔一定时间进行抽样，根据奈奎斯特抽样定理，“一个频带限制在$(0,f_H)$赫兹内的时间连续信号$m(t)$，如果以$T_s \leqslant 1/2f_H$秒的间隔或$f_s \geqslant 2f_H$频率对它进行等间隔抽样，则$m(t)$将被所得到的抽样值完全确定”。已知语音的最高频率f_H为4 kHz，由此确定PCM的最低抽样频率f_s等于$2f_H$，即8 kHz，从而实现对语音信号每秒钟抽样8000次，并且可以保证在抽样的过程中没有失真；然后对每个抽样值进行非均匀量化后编为8 bit的PCM二进制码组，这时我们就可以得出数字化后的语音信号的传输速率为8000 × 8 bit = 64 kbit/s，这也就是语音的64 kbit/s基本传输速率的由来。

为了提高信道的利用率，实现在同一信道中传输多路用户的数据，就可以在数字信号的传输中进行时分复用。根据抽样定理，多路用户可以实现在不同时隙中传输各自的信息而互不干扰。因此，在电路交换网络中，以PCM编码的方式进行时分复用，实现数字化语音信息的传输。目前世界上流行两种PCM制式，一是美国、日本等国家使用的PCM24路一次群设备，称为T1；另一种由欧洲和中国等国家采用的PCM30/32路一次群设备，称为E1，因此，我国采用E1制式。

E1制式的PCM一次群的帧结构为$T = 125\ \mu s$（即1/8000 Hz）的时间周期，一帧划分为32个时隙，其中有30个话路时隙（$TS_1 \sim TS_{15}$，$TS_{17} \sim TS_{31}$）用来传输30路用户的PCM语音编码，另外还有1个同步时隙TS_0和1个信令时隙TS_{16}。每个时隙时间为3.9 μs，放置8位PCM编码，基本传输速率是64 kbit/s，所以在一帧30/32路PCM时分复用系统提供的传输速率为64 kbit/s × 32 = 2.048 Mbit/s，即为一次群速率，如果信道带宽允许，则4个一次群信号进行二次复用，合成比特率为8.448 Mbit/s的二次群速率，4个二次群复用可合成34.368 Mbit/s的三次群速率，4个三次群合成139.264 Mbit/s的四次群速率。

（3）实时性好，时延小

当通信链路连接建立后，主叫和被叫之间的语音信息就可按照已建立好的路径直接传输，因此除了传输延迟之外，不再有其他延迟，保证语音信息传输的实时性。

（4）只提供透明传输，交换设备控制均较简单

电路交换过程中对语音提供透明传输，即建立通路连接上的各个交换节点对话音信息不作数据分析处理，也不进行差错校验和速率、码型的变换等，这些都是为了尽可能地保证语音传输的实时性，减小时延。

综上所述，电路交换方式的优点是保证了语音数据的实时性强，时延小，控制设备简单，通信质量有保证。缺点是它只能采用同步时分复用方式，即使不传信息时也占用资源，链路资源的利用率低；且每个连接带宽固定分配，因此不能适应不同速率的业务；此外，通信双方传输信息之前需预先建立连接，存在一定的连接时延；对信息不能进行差错控制，不适合突发性强和差错敏感的数据业务；流量控制是基于呼叫损失制的，超过网络负荷的呼叫会因为没有电路资源无法建立新的连接而被损失，但不影响已建立的呼叫连接。因此，电路

交换技术适合于传输实时性强、恒定速率、可靠性要求不高的语音业务，主要用于电话通信网中。

2.2 数字程控交换系统

交换设备是通信网的核心设备，在电话通信网中完成节点交换功能的设备是数字程控交换机，即数字程控交换系统，主要完成主叫到被叫之间各节点连接的建立和语音信息的传输。本节主要介绍数字程控交换系统的基本结构，以及构成程控交换系统的交换网络和基本交换单元的工作原理和连接特性。

2.2.1 数字程控交换系统的基本结构

现代电话通信网是由数字程控交换机来实现核心的语音信息的电路接续及控制、内部交换、维护管理等功能。数字程控交换机，全称为存储程序控制交换机，它是以计算机程序控制电话的接续，即利用现代计算机技术，完成控制、接续等工作的电话交换机。

数字程控交换机（数字程控交换系统）由话路子系统和控制子系统两部分组成，其基本结构如图 2-2 所示。

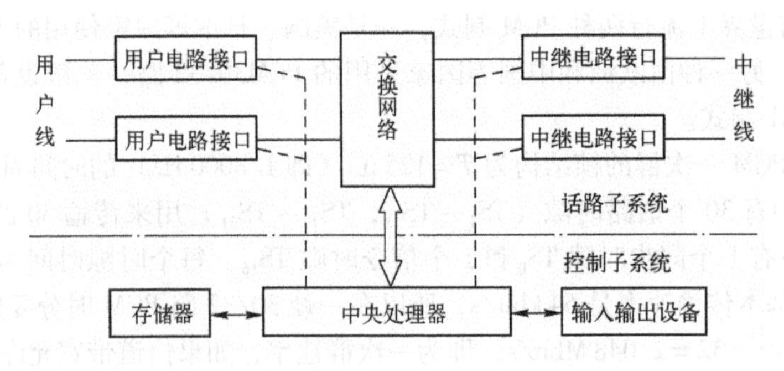

图 2-2　数字程控交换系统的基本结构框图

控制子系统是数字程控交换机的“指挥系统”，交换机的所有动作都是在控制子系统的控制下完成的，控制子系统完成对交换机系统全部资源的管理和控制，实时监测资源的使用和工作状态，为呼叫连接请求分配资源和建立连接等，包括存储器、中央处理器和输入输出设备等模块。话路子系统实现数据信息在程控交换系统内部的传输，包括交换网络以及各种用户电路模块、中继电路等接口设备。

交换网络是数字程控交换系统的核心，它连接外围的各种模块和接口设备，主要实现在控制系统的命令下语音和数据在交换系统内部的传输，完成交换网络内部任意入线到出线的连接；接口设备是数字程控交换机与外部连接的接口，其功能主要是实现各种外部线路与交换网络之间的连接，完成外部信号与交换机内部信号的转换。数字程控交换机的接口设备包括模拟用户电路、数字用户电路以及模拟中继电路和数字中继电路、信令收发设备等。图 2-2 中用户线的语音信息通过用户电路接口进行信号变换后传送到交换网络；从交换网络输出的信息再经过中继电路接口的变换传送到中继线上。本节主要介绍交换网络的基本结构和原理，交换系统的硬件结构部分将在第 2.3 节讲述。

2.2.2 交换网络的构成和分类

本节介绍交换网络的基本概念、组成及分类，它是构成数字程控交换系统的话路子系统的核心部件。

1. 交换网络的基本概念

图 2-3 所示是交换网络的一般结构，外部由一组入线和一组出线构成，由于数字程控交换机规模都比较大，交换网络的入线和出线是直接对应交换机的入线和出线，所以它们的数量很大。从交换网络的内部连接功能来看，实现信息的交换就是在交换网络的入线和出线之间建立连接，因此在交换系统中交换网络就是完成这一基本功能的部件。由于交换网络入线和出线数目多，集成在一个整体部件中控制会导致硬件控制复杂，成本高，不易实现，因此把交换网络分割成一些基本的交换部件，然后由这些基本的交换部件整合整体的交换网络，这些基本部件就是交换单元。交换单元是交换网络的最基本组成部件，交换网络是由若干个交换单元按照一定的拓扑结构和控制方式构成的网络。图 2-3 中的交换网络的入线组由 n 个交换单元构成，每个交换单元的入线数为 i，所以该交换网络的入线总数为 $i\times n$；交换网络的出线组由 m 个交换单元构成，每个交换单元的出线数为 j，所以该交换网络的出线总数为 $j\times m$，此处省略了这些交换单元的链路连接结构。由此可见，构成交换网络的三个基本要素是：交换单元、不同交换单元间的拓扑连接结构和控制方式。

2. 交换网络的分类

交换网络有多种分类方式，主要概括为以下 3 种。

（1）按拓扑连接方式分类

根据拓扑结构的不同，交换网络可划分为单级交换网络和多级交换网络两种形式。单级交换网络的交换单元只有一级，即信息从交换网络的入线到出线只经过一个交换单元，图 2-4为 6×6 的单级交换网络的一般结构，由 A_1、A_2、A_3 三个 2×2 的交换单元构成。

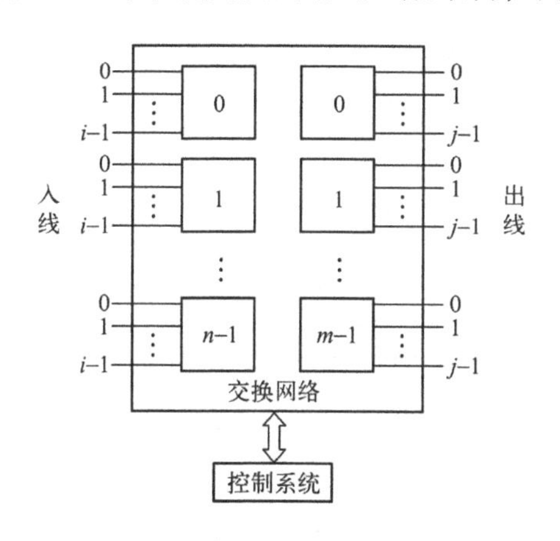

图 2-3 交换网络的一般结构

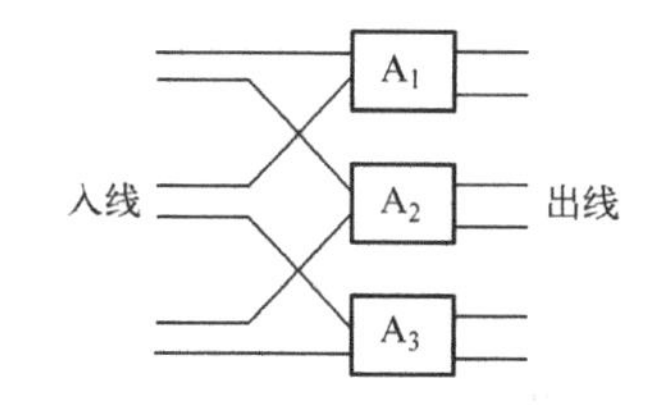

图 2-4 单级交换网络的一般结构

多级交换网络的信息输入端到输出端需要经过两个或两个以上的交换单元，如图 2-5 所示的是 9×9 的三级交换网络的结构示意图。在多级交换网络中，任意一条入线都可以到达任意一条出线，且内部通路具有共享性。由此可见，如果一个 N 级交换网络，其各级交换单元分别为第 1，2，…，N 级，并且满足如下特点：

① 所有交换网络的入线都只与第1级交换单元的入线相连。

② 所有第1级交换单元的出线都只与第2级交换单元的入线连接。

③ 所有第2级交换单元的出线都只与第3级交换单元的入线连接。

④ 依此类推，所有第 $N-1$ 级交换单元的出线都只与第 N 级交换单元的入线连接。

则称这样的交换网络为多级交换网络，或称为 N 级交换网络。

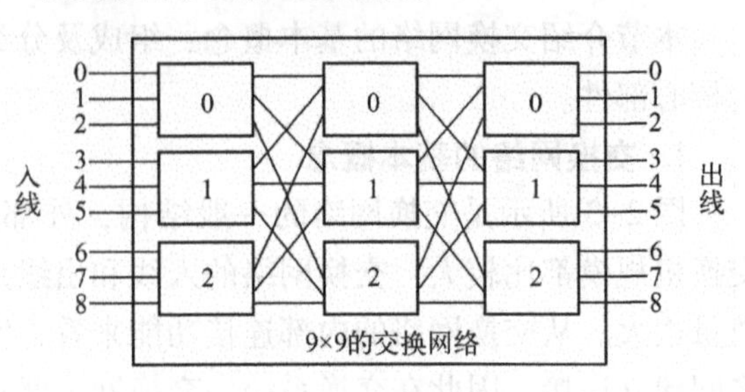

图 2-5　三级交换网络的结构图

（2）按阻塞方式分类

由图2-5可见，多级交换网络的内部各级之间的连接线路是被多对入线和出线连接所共用的资源，这就可能出现不同入线和出线在同一时刻需要建立的新连接可能使用相同的公共链路而发生竞争，此时，只有一对入线和出线的连接能够建立，其他竞争失败的入线和出线的连接由于遇到了阻塞无法建立，这种阻塞就称为内部阻塞。内部阻塞是指在交换网络的入线、出线尚有空闲的状态下，因交换网络内部的级间链路已被占用而导致新连接无法建立的现象。把存在内部阻塞的交换网络称为有阻塞交换网络，而不存在内部阻塞的交换网络称为无阻塞交换网络。

图2-6所示为一个有阻塞交换网络的实例，这是一个 16×16 的4级交换网络，如果要同时建立2个新连接，12号入线到12号出线，15号入线到15号出线，在12、15号入线和出线都空闲的情况下，两个连接却因为交换网络内部第2级和第3级之间的内部链路共用产生冲突而无法同时建立，即产生了内部阻塞。

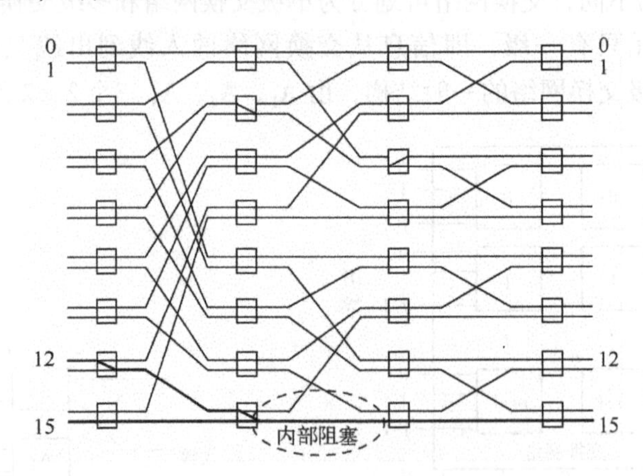

图 2-6　有阻塞的交换网络

无阻塞交换网络包括严格无阻塞交换网络、可重排无阻塞交换网络、广义无阻塞交换网络三种不同意义的类型。

严格无阻塞交换网络：不管网络处于何种状态，只要连接的起点和终点是空闲的，在任何时刻都可以在交换网络中建立一个新连接，且不会影响网络中已存在的其他连接。

可重排无阻塞网络：不管网络处于何种状态，只要连接的起点和终点是空闲的，任何时刻都可以在交换网络中直接或间接地对已有的连接进行重新选路来建立一个新连接。

广义无阻塞网络：一个给定的网络存在着有阻塞的可能，但又存在着一种精巧的选路方法，使得所有的阻塞均可避免，而不必重新安排网络中已建立起来的连接。

（3）按复用连接方式分类

我们也可以按照交换网络的复用连接方式将交换网络分为空分交换网络、时分交换网络和时分—空分结合交换网络。如果交换网络在多对入线和出线之间同时并行地建立多对连接，使其具有空间交换的功能，则这种交换网络就是空分交换网络，如后面介绍的 CLOS、BANYAN 网络等；如果交换网络在入线和出线之间分时共享内部链路，并进行时隙交换，则这种交换网络就是时分交换网络；而时分—空分结合交换网络同时具有空分交换和时分交换的功能，如中、大容量的程控交换机几乎都采用时分—空分结合的交换网络结构，如 TST、STS 和 DSN 交换网络等。

2.2.3 交换单元的概念和分类

本节介绍构成交换网络的基本交换单元的概念、连接特性和典型的交换单元的工作原理。

1. 交换单元的基本概念

交换单元是交换网络最基本的组成元素，由若干个交换单元按照一定的拓扑结构和控制方式连接起来构成交换网络，因此，交换单元是实现交换功能的最基本部件。

一个交换单元对外的特性有一组入线（可以编号为 $0\sim M-1$）和一组出线（可以编号为 $0\sim N-1$），还有对交换单元进行连接指令的控制端和用来查询交换单元内部连接情况的状态端。$M\times N$ 交换单元的基本结构如图 2-7 所示。

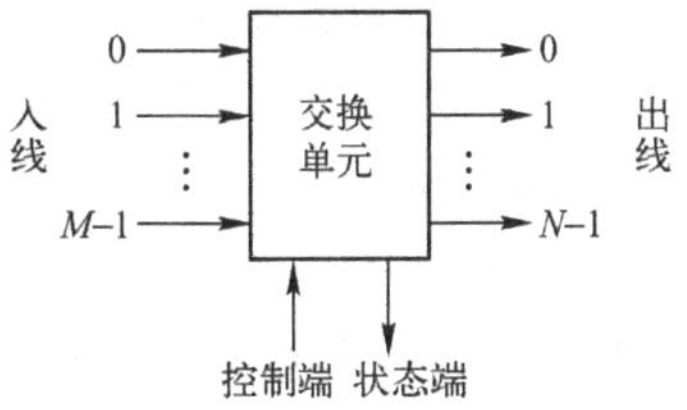

图 2-7　交换单元的基本结构

2. 交换单元的连接特性

交换单元实现交换功能就是通过在内部建立入线和出线的连接实现的，这个内部的连接用连接特性来表达。连接特性是交换单元的基本特性，它反映了交换单元入线到出线的连接能力，通常我们用连接集合和连接函数两种方式来描述。

（1）用连接集合方式描述

我们可以把交换单元的入线和出线用集合的形式表示为：

入线集合 $\boldsymbol{I}=\{0,1,2,\cdots,M-1\}$ 和出线集合 $\boldsymbol{O}=\{0,1,2,\cdots,N-1\}$，其中集合里的元素是入线和出线的编号。

如果交换单元内部存在一个连接 $c_1=\{i,o\}$，且 $i\in\boldsymbol{I}$，$o\in\boldsymbol{O}$，即 i 和 o 分别是入线和出线集合中的元素，则 c_1 表示点到点的一个连接，i 为连接的起点，o 为连接的终点。

如果交换单元内部存在一个连接 $c_2=\{i,\boldsymbol{O}_n\}$，且 $i\in\boldsymbol{I}$，$\boldsymbol{O}_n$ 是出线集合 $\boldsymbol{O}$ 的子集，即 $\boldsymbol{O}_n$ 集合中含有多条出线元素，则 c_2 表示一点到多点的一个连接，i 为连接的起点，$\boldsymbol{O}_n$ 为连接的终点集合。在点到多点的连接方式中，如果 $\boldsymbol{O}_n\neq\boldsymbol{O}$，则称其具有同发功能，也可称为多播或组播连接方式；若 $\boldsymbol{O}_n=\boldsymbol{O}$，则该交换单元具有广播功能。需要注意的是，在交换单元内部只能建立点到点或者点到多点的连接，绝对不允许建立多条入线到一条出线的连接，否则会发生出线冲突的情况。

显然，一个交换单元同时存在多个连接，可以用连接集合来表示交换单元的当前连接状态。

定义连接集合 $\boldsymbol{C}=\{c_1,c_2,c_3,\cdots\cdots\}$，其中起点集合为 $\boldsymbol{I}_c=\{i;i\in c_i;\ c_i\in \boldsymbol{C}\}$，终点集合为 $\boldsymbol{O}_c=\{o;o\in c_i;\ c_i\in \boldsymbol{C}\}$。还可以通过交换单元的状态端查询在当前连接状态 $\boldsymbol{C}$ 的情况下，如果某条入线 $i\in \boldsymbol{I}_c$，显然该入线是处于占用状态，否则就是空闲的；如果某条出线 $o\in \boldsymbol{O}_c$，显然该出线是处于占用状态，否则就是空闲的。

当然，对于交换单元的内部连接状态是通过连接的建立和拆除不断调整的，因此一个连接集合是对应某一时刻下的，它是随时间不断变换的。我们可以通过状态端查询当前时刻出线和入线的占用情况，通过控制端输入命令实现在交换单元内部建立新连接。

（2）用连接函数方式描述

我们还可以把交换单元的多个连接表示为函数的映射关系，一种连接对应一个连接函数，连接函数表示相互连接的入线编号和出线编号之间的一一对应关系，即存在连接函数 f，表示入线 x 与出线 $f(x)$ 相连接，$0\leqslant x\leqslant M-1$，$0\leqslant f(x)\leqslant N-1$。连接函数实际上也反映了入线编号构成的数组和出线编号构成的数组之间的置换关系或排列关系，故连接函数也被称作置换函数或排列函数。

1）均匀洗牌连接方式

如果用 x 表示入线编号，这里用二进制编码表示，则 $f(x)$ 表示连接函数，即表示的是出线的编号。如图 2-8 所示的 8×8 交换单元采用均匀洗牌连接方式中（典型连接的一种，取名来自扑克牌洗牌时，把所有牌先分成两组，然后相互交叠，对应于交换单元的入线也分成两组后交替和出线连接的方式），如果把入线和出线都展开成二进制编码形式，描述每个连接的映射如下：

$f(000)=000$，$f(001)=010$，$f(010)=100$，$f(011)=110$，$f(100)=001$，$f(101)=011$，$f(110)=101$，$f(111)=111$，即入线 0 连接出线 0，入线 1 连接出线 2，…，入线 7 连接出线 7。

我们发现该连接函数有如下规律：

$$f(x_2\,x_1\,x_0)=x_1\,x_0\,x_2 \tag{2-1}$$

即出线的编号可以由入线编号循环左移一位构成，这样，可推广到对于所有 $N\times N$ 均匀洗牌连接方式的交换单元，都有：

$$f(x_{n-1}x_{n-2}\cdots x_k\cdots x_1x_0)=x_{n-2}\cdots x_k\cdots x_1x_0x_{n-1} \tag{2-2}$$

其中，$n=\log_2 N$。

2）直线连接方式

直线连接方式比较简单，对于所有 $N\times N$ 直线连接方式的交换单元，都有：

$$f(x_{n-1}x_{n-2}\cdots x_k\cdots x_1x_0)=x_{n-1}x_{n-2}\cdots x_k\cdots x_1x_0 \tag{2-3}$$

如图 2-9 所示为 8×8 的直线连接形式，则其连接函数为 $f(x_2\,x_1\,x_0)=x_2\,x_1\,x_0$。

图 2-8　$N=8$ 的均匀洗牌连接方式的交换单元　　图 2-9　$N=8$ 的直线连接方式的交换单元

3）交叉连接方式

对于所有 $N \times N$ 交叉连接方式的交换单元，$n = \log_2 N$，对任意 $0 \leqslant k < n$，将第 k 位取反，即可获得相应的交叉连接方式，即：

$$f(x_{n-1}x_{n-2}\cdots x_k\cdots x_1x_0) = x_{n-1}x_{n-2}\cdots \overline{x_k}\cdots x_1x_0 \tag{2-4}$$

当 $N=4$，交叉连接系数 $k=0$ 和 $k=1$ 有不同的连接形式，如图 2-10 和图 2-11 所示。

图 2-10　$N=4$，$k=0$ 的交叉连接方式的交换单元

图 2-11　$N=4$，$k=1$ 的间隔交叉连接方式的交换单元

4）蝶式连接方式

对于所有 $N \times N$ 蝶式连接方式的交换单元，$n = \log_2 N$，将最高位和最低位进行对调，即可获得相应的蝶式连接方式，如图 2-12 所示，即：

$$f(x_{n-1}x_{n-2}\cdots x_k\cdots x_1x_0) = x_0x_{n-2}\cdots x_k\cdots x_1x_{n-1} \tag{2-5}$$

8×8 蝶式连接方式的交换单元的连接函数可用 $f(x_2\ x_1\ x_0) = x_0\ x_1\ x_2$ 表示。

3. 空间交换单元

交换单元按照交换方式的不同可分为空分交换单元与时分交换单元。空分交换单元也称为空间交换单元，空分交换单元的入线到出线之间存在着多条通路，从不同入线上来的信息可以并行地交换到不同的出线上去；空分交换单元由空间上分离的多个小的交换部件或开关部件及控制信号器件按照一定的规律连接构成的，主要用来实现多条输入线与多条输出线之间信号的空间交换，而不改变原信号的时隙位置。典型的空分交换单元有开关阵列和空间接线器（S 接线器），下面分别介绍它们的内部结构和工作原理。

（1）开关阵列

开关阵列的结构非常简单，其在每条入线和每条出线之间都接上一个开关，由控制端口控制各开关的断开和接通，即当某条入线和出线交叉点的开关处于接通状态时建立连接，交叉点的开关断开时则当前入线和出线的连接断开。这样所有开关就构成了交换单元内部的开关阵列，从而实现任意入线和任意出线之间的连接，如图 2-13 所示为 M 条入线、N 条出线的开关阵列交换单元，每条入线都通过一个开关和一条出线相连，共有 $M \times N$ 个开关。

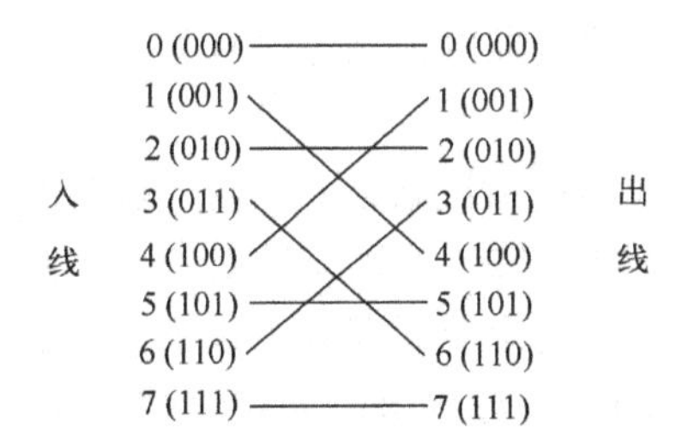

图 2-12　$N=8$ 的蝶式连接方式的交换单元

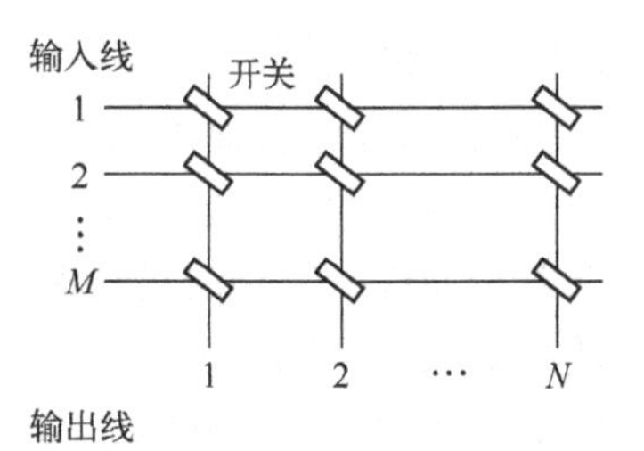

图 2-13　$M \times N$ 的开关阵列的基本结构

开关阵列具有如下特点：

1）开关控制简单，从入线到出线具有均匀的单位延迟时间。信息从任意入线到任意出线都经过同样的开关，因此延迟时间相同。

2）开关阵列适合于构成较小的交换单元，如果交换单元的规模比较大，随之交叉点数会很多，相应的控制开关数就多，导致设备的成本和控制的复杂程度增加，实现困难。

3）交换单元的性能依赖于所使用的开关的材料特性。在实际使用中，一般有继电器、模拟电子开关和数字电子开关3种。继电器属于传统的开关设备，它的操作动作慢、体积大、噪声干扰大；模拟电子开关改进了继电器开关的操作速度和体积大、噪声干扰大的缺点，但其优势有限，它的损耗和延时仍比较大，更多地被数字电子开关所取代；数字电子开关由简单的逻辑门构成，开关动作快，对信号交换没有损失，因此得到广泛的应用。

4）控制信号简单。开关阵列的每个交叉点开关都有一个控制端和状态端，通过控制端输入控制命令，从状态端查询开关当前的通断状态。

5）容易实现同发和广播功能。如果一条入线上的信息要同时交换到多条出线上，只要把该入线与对应出线相连的开关接通即可，从而实现同发（同一条入线上的信息传送到多条出线上）和广播（同一条入线上的信息传送到所有出线上）功能；并且还要控制同一条出线在同一时刻不能有多于1个开关都处于接通状态的情况，即不能有两条及两条以上的入线信息到达同一条出线上，否则会产生出线冲突。

（2）空间接线器

空间接线器（Space Switch），简称为空间交换单元或S接线器，它用来实现多条输入复用线与多条输出复用线之间同一时隙内容的空间交换，即交换了信息所在的不同的入线和出线，而其所在的时隙位置并不发生变化。

1）空间接线器的基本结构。

空间接线器是由交叉点矩阵和控制存储器（Control Memory，CM）构成的，交叉点矩阵就是开关阵列，控制存储器是用于控制每条输入复用线与输出复用线上的各个交叉点开关在何时闭合或打开，从而实现入线到出线的内部连接的建立和释放，其中控制存储器中的控制数据是由交换机的CPU在呼叫连接建立过程中写入表格中的。空间接线器的组成如图2-14所示。

图2-14中空间接线器的结构包括M条输入复用线和N条输出复用线（每条入线和出线都复用了多个时隙），以及它们交叉连接的$M \times N$个开关阵列和控制存储器。其控制存储器的个数匹配输入线或者输出线的个数；又因为空间接线器是按时隙工作的，所以控制存储器是按时隙划分了多个存储单元；每个存储单元的内容决定了某个时隙的入线上的信息被交换到哪条出线上，因此写入了交换的地址信息，并与空间接线器的控制方式有关。

2）空间接线器的控制方式。

空间接线器有两种控制方式：分别为输入控制方式和输出控制方式。输入控制方式是指控制存储器按照输入复用线进行配置，控制存储器的个数与输入线的条数对应，控制存储器的单元数与输入线复用的时隙个数对应；而控制存储器的每个单元存放了该条输入复用线对应时隙的信息数据被交换到哪条输出线的地址信息。因此，如果该空间接线器有M条入线和N条出线，且都复用了t个时隙，则在输入控制方式下，必须配置控制存储器M个，与输入线数目一致；每个控制存储器包括t个单元，与时隙数一致；每个存储器单元的内容存

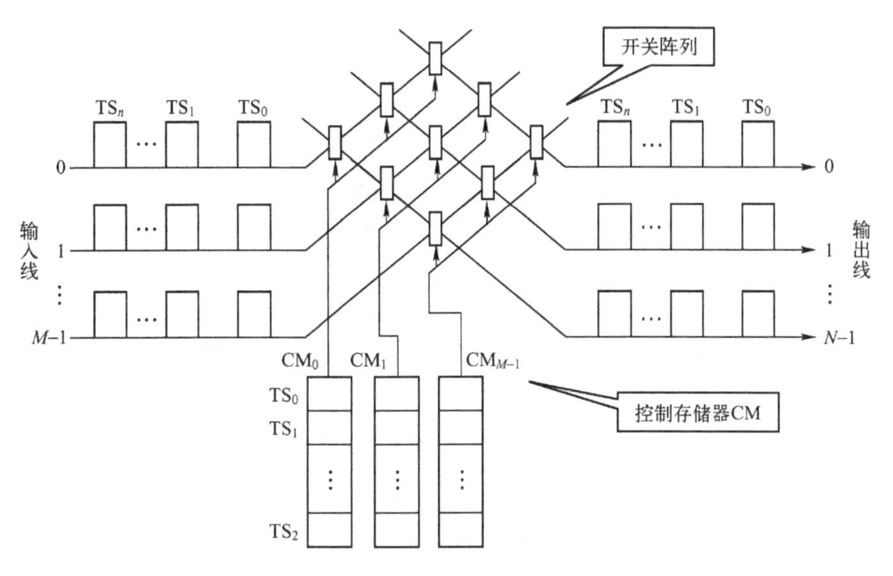

图 2-14 空间接线器的一般结构

放的是该条入线该时隙下被交换到相应出线的地址，根据出线的编号范围为 $0 \sim N-1$，确定控制存储器单元的最小容量为 p（单位：bit），且满足 $2^p \geqslant N$。

同理，输出控制方式是指控制存储器按照输出复用线进行配置，控制存储器的个数与输出线的条数对应，控制存储器的单元数与输出线复用的时隙个数对应；控制存储器的每个单元存放了该条输出复用线在该时隙接收的信息是来源于哪条输入线。因此，如果该空间接线器有 M 条入线和 N 条出线，且都复用了 t 个时隙，则在输出控制方式下，必须配置控制存储器 N 个，与输出线数目一致；每个控制存储器 t 个单元，与时隙数一致；每个存储器单元的内容存放的是该条出线在该时隙下到来的信息来自于哪条入线的地址，根据入线的编号范围为 $0 \sim M-1$，确定控制存储器单元的最小容量为 q（单位：bit），且满足 $2^q \geqslant M$。

3）空间接线器的工作原理。

图 2-15 所示的空间接线器工作在输入控制方式下，共配置了 3 条入线和 3 条出线，它们都复用了 32 个时隙单元，因此其控制存储器按照入线数目配置了 3 个，每个控制存储器对应时隙数有 32 个单元，每个单元存放着该时隙数据被交换到哪条出线上，内容已在连接建立时被写入。如图 2-15 中第 2 条入线的数据，在 TS_8 时隙内，在其对应位置查找第二个控制存储器 TS_8 单元内容为“2”，即应该打开入线 2 与出线 2 相交叉的开关，则该数据立即被输出到第 2 条出线上；图中标识出了相应的入线和出线在传送数据的时隙时开关处于打开状态。

同理，图 2-16 所示的空间接线器工作在输出控制方式下，共配置了 3 条入线和 3 条出线，它们都复用了 32 个时隙单元，其控制存储器按照出线数目配置了 3 个，每个控制存储器对应时隙数有 32 个单元，每个单元存放着该时隙数据是来自于哪条入线上，内容已在连接建立时被写入。如图 2-16 中在 TS_{12} 时隙到来时，第 0 条出线的数据，在其对应位置查找第 0 个控制存储器 TS_{12} 单元内容为“0”，则此时应该立即打开入线 0 与出线 0 相交叉的开关，则来自 0 号入线的数据立即被输出到第 0 条出线上；图中 2-16 也标识出了相应的入线和出线在传送数据的时隙时开关处于打开状态。

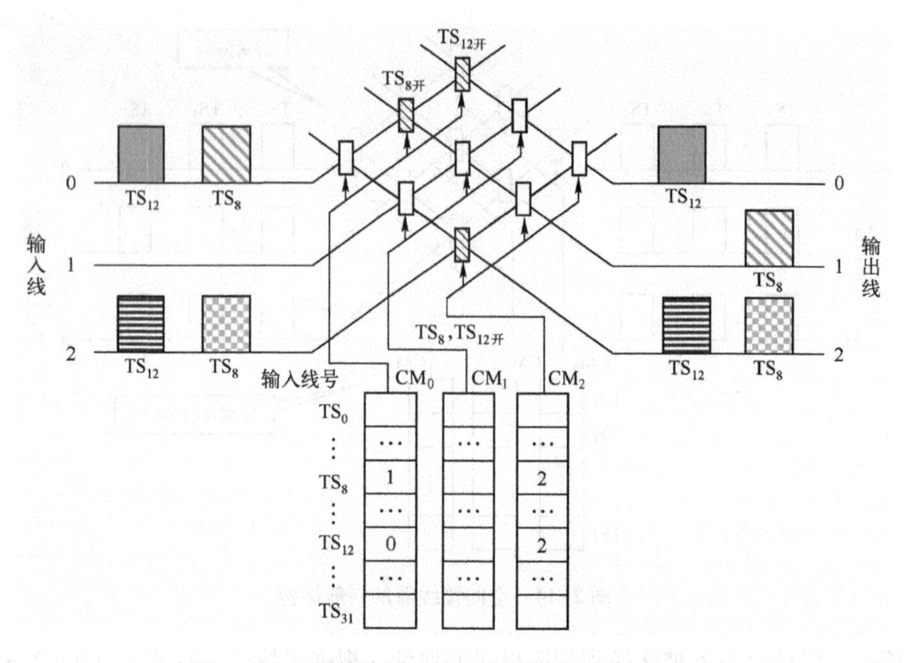

图 2-15　空间接线器在输入控制方式下的交换过程

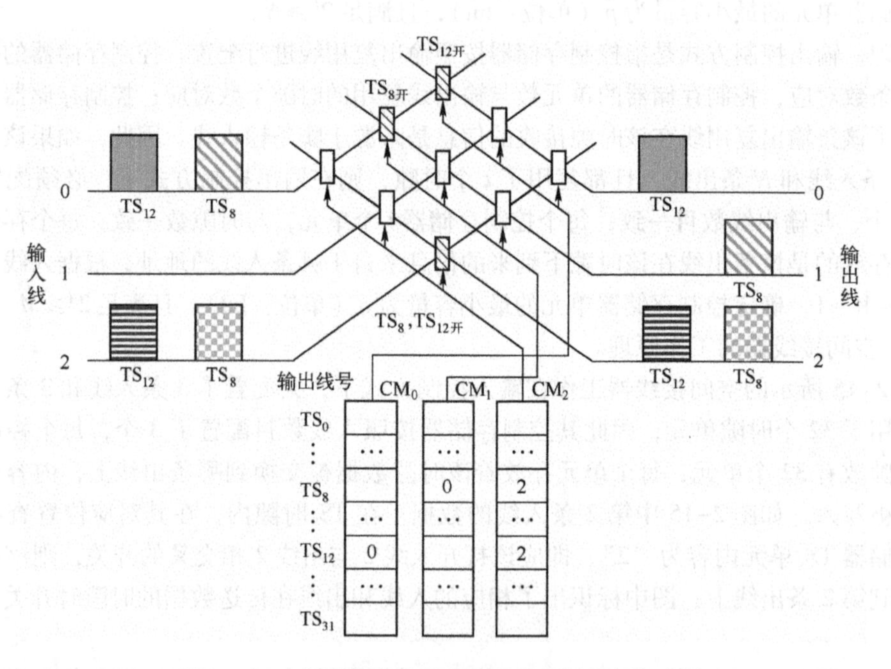

图 2-16　空间接线器在输出控制方式下的交换过程

综上所述，空间接线器具有以下几个特点：

① 空间接线器只在同一时隙下完成空间交换，即实现不同输入线到不同输出线之间的数据传输，而不能改变传输的时隙。

② 控制存储器（CM）按照时分复用方式工作，即由其单元内容控制在当前时隙下对应输入和输出复用线的交叉开关的连接和断开。

③ CM 在输入（输出）控制模式下，其个数等于入（出）线的条数，每个 CM 所含有的存储单元个数等于入（出）线上复用的时隙数；每个存储单元为 n bit，且满足 $2^n \geqslant N$，其中 N 为出（入）线数。

④ 交换的控制过程由硬件 CM 实现，速度快；交换时延小，且稳定。

⑤ 空分交换单元由于只能完成不同线路间同时隙数据交换，其交换能力有限，不能单独使用，在大规模交换系统中，它和时分交换单元配合，共同完成交换过程。

4. 时分交换单元

前面讲过，空分交换单元对信息只进行空间交换，而没有改变数据的时隙位置；而对于时分交换单元，由于其内部结构的不同，它们内部只存在唯一的公共通路，经过交换单元的所有信息都分时共享该公共通路，因此对入线上各个时隙的内容按照交换连接的需要，分别在出线上的不同时隙位置输出，即完成时隙交换的功能。

根据时分交换单元内部共享的公共通路是存储器结构还是总线结构，划分为共享存储器型的交换单元和共享总线型的交换单元，下面分别予以介绍。

（1）共享存储器型的交换单元——时间交换单元

共享存储器型的交换单元内部存在的公共通路是存储器，该存储器根据入、出线的复用时隙数划分为多个存储单元，从入线来的信息完成在一个周期内分时输入存储及输出传送，从而完成信息的时隙交换。典型的共享存储器型的交换单元为时间交换单元（Time Switch），简称为时间接线器或 T 接线器。

1）时间交换单元的结构。

时间交换单元（T 接线器）用来实现时隙交换功能，即入线上各个时隙的数据按照交换连接的需要分时存储，并在不同的时隙在出线输出，从而完成交换的过程。T 接线器主要由语音存储器（Speech Memory，SM）和控制存储器（CM）构成。SM 用来暂存来自输入线的 PCM 语音编码信息，根据输入线和输出线复用的时隙数划分为多个存储单元，且每个单元至少应为 8bit（存放语音的 8 位 PCM 编码数据）。CM 用来控制语音存储器各单元内容的写入或读出，它存储的内容是 SM 在当前时隙内应该写入或读出的数据所在的单元地址，所以仍然按照输入输出线复用的时隙数划分为多个存储单元。由此可见，CM 的功能很像 C 语言里的指针这种变量类型。举例来说，如果 T 接线器的输入线和输出线都复用了 32 个时隙，则 SM 有 32 个存储单元，每个单元的比特数为 8，对应存储 8 bit 的 PCM 语音编码数据；CM 也有 32 个存储单元，每个单元分别存放指示 SM 的 32 个单元的地址，因此 CM 的每个单元至少为 5 bit，即满足 $2^n \geqslant N$，N 为复用线上的时隙数，这里取 $n=5$，$N=32$。

2）时间交换单元的工作原理。

时间交换单元的控制方式也有两种，分别为输出控制方式和输入控制方式，下面分别讲述。

如图 2-17 所示为输出控制方式下的 T 接线器的交换过程，该工作模式可以概括为“顺序写入，控制读出”，即由时钟电路提供按时隙顺序把输入线到来的语音信息依次存储在 SM 相应的存储单元中（顺序写入），再由控制存储器根据当前时隙的单元内容里的地址查找语音存储器的存储内容，然后输出到出线上（控制输出）。图 2-17 中在 TS_q 时刻到来时语音 a 被存储在 SM 的 TS_q 单元中，在 TS_p 时隙由 CM 的 TS_p 单元的内容“q”来指示输出 SM 的 TS_q 时隙单元的语音数据 a，从而完成了语音 a 从入线 TS_q 时隙到出线 TS_p 时隙的交换。如果

时隙 $TS_p > TS_q$，则在当前这个周期 TS_p 时隙就可以输出语音数据 a；反之如果时隙 $TS_p < TS_q$，则需要等待到下个周期 TS_p 时隙才可以输出语音数据 a。

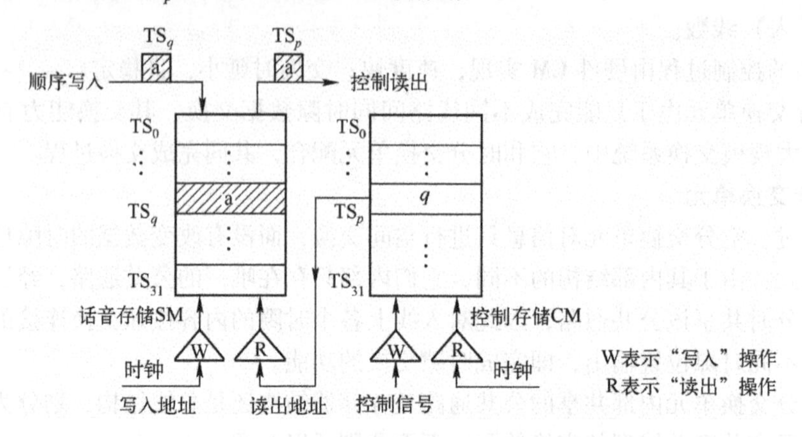

图 2-17　T 接线器在输出控制方式下的交换过程

这样，我们发现，对语音数据被交换到哪个时隙进行输出起决定作用的是控制存储器的单元内容，该内容是在双方通话建立呼叫连接时由控制程序写入的，在呼叫持续阶段，该内容一直保持不变。

同理，图 2-18 所示为输入控制方式下的 T 接线器的交换过程，该工作原理可以概括为“控制写入，顺序读出”，与输入控制方式不同的是，输入复用线的某个时隙的语音数据不是按时序顺序被写入在 SM 中的存储单元，而是由 CM 在该时隙单元的内容里的 SM 的地址信息来决定语音被存储在 SM 中的哪个存储单元（控制写入），再由时钟电路按时隙顺序依次输出 SM 相应的存储内容即可完成交换过程（顺序读出）。图 2-18 中在 TS_q 时刻语音数据 a 到来时根据 CM 的 TS_q 单元的内容“p”来指示 a 要写入到 SM 的 TS_p 时隙单元进行存储，然后，等到 TS_p 时隙到来时 SM 中对应单元的语音数据 a 被输出到出线上，从而完成了语音 a 从入线 TS_q 时隙到出线 TS_p 时隙的交换。如果时隙 $TS_p > TS_q$，则在当前这个周期 TS_p 时隙就可以输出语音数据 a；反之如果时隙 $TS_p < TS_q$，则需要等待到下个周期 TS_p 时隙才可以输出语音数据 a。完成该数据时隙交换起决定作用的仍是控制存储器的单元内容，该内容是在呼叫建立时由控制程序写入的，并在呼叫持续阶段一直保持不变。

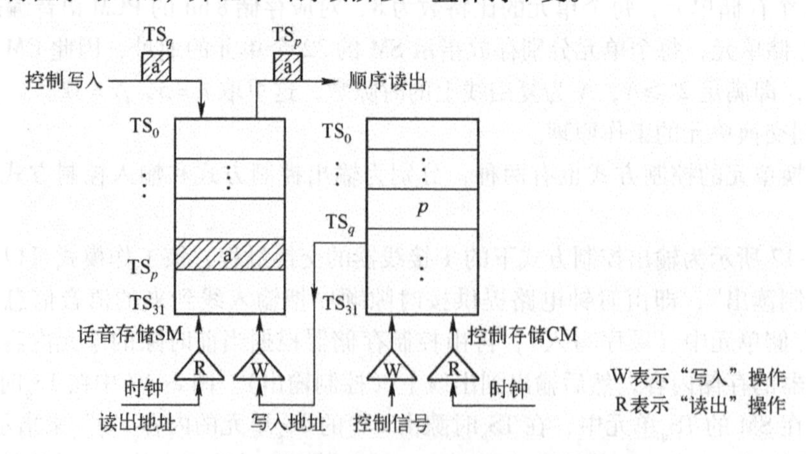

图 2-18　T 接线器在输入控制方式下的交换过程

由此可见，时间交换单元的特点如下：

① 基于时分交换，实现信号从输入复用线到输出复用线的时隙交换。

② SM 划分为 N 个存储单元，每个单元 8bit，存放一个语音数据的 PCM 编码信息。

③ 交换的控制过程由硬件 CM 实现，速度快。

④ 通过建立连接实现严格无阻塞交换，可避免出线冲突。

⑤ 用于交换同步时分复用的信号，速率（带宽）固定为 64 kbit/s。

⑥ CM：在一个时隙内至少完成一次读操作（提取控制读出或写入的存储地址）；SM：在一个时隙内完成一次读操作（语音数据输出）和一次写操作（语音数据存储）。

T 接线器交换信息的过程存在着时延。时延最小的情况是在 TS_i 时隙时入线上来的信息被立即交换到出线的 TS_i 时隙输出，这时没有延时；时延最大的情况是在 TS_i 时隙时入线上来的信息需要交换到 TS_{i-1} 时隙输出，那么需要等到时序电路在下一个周期的 TS_{i-1} 时隙才能输出，这时相当于延时 $N-1$ 个时隙（N 是输入输出线复用的时隙数）。

（2）共享总线型交换单元

1）共享总线型交换单元的一般结构。

共享总线型交换单元主要是以共享内部公共的总线信道来实现信息的内部传输，通常将输入和输出数据缓存在入线和出线的存储单元中，再通过内部公共的总线信道提供所有入线和出线之间的连接，进行转发和接收数据。其一般结构比较简单，由入线控制部件、出线控制部件和总线三部分组成，如图 2-19 所示，M 条入线通过 M 个入线控制部件端口接收入线的信息并传送到内部总线进行交换，N 条出线通过 N 个出线控制部件端口把完成交换的信息从内部总线输出到外部出线上。其中入线控制部件的功能是接收入线信号，进行相应的信号格式变换并缓存在存储器中，等待分配给该部件的时隙到来时把收到的信息送到总线上。出线控制部件的功能是检测出属于自己的信号并缓冲存储，进行格式变换后等待输出。总线划分成多个时隙，并按一定的规则把时隙分配给各个入线控制部件和出线控制部件使用传送信号。总线由多条数据线和控制线组成，数据线用于在入线控制部件和出线控制部件之间传送信号；控制线用于控制各入线控制部件获得时隙和发送信息到总线上，同时控制出线控制部件读取属于自己的信息。共享总线型交换单元的典型实例是数字交换单元，下面重点介绍其工作原理。

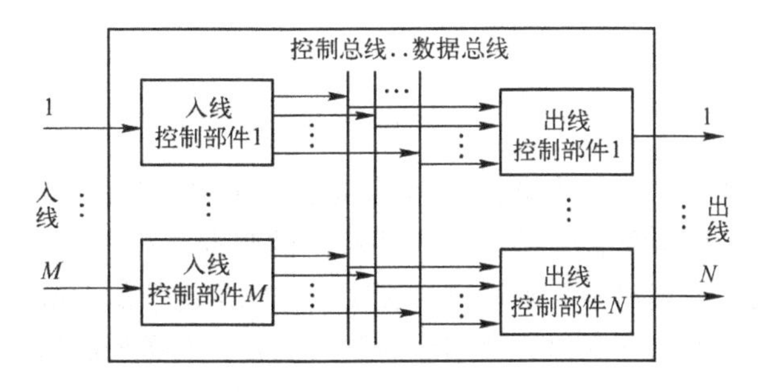

图 2-19　共享总线型交换单元的一般结构

2）数字交换单元。

数字交换单元（Digital Switching Element，DSE）是共享总线型交换单元的典型代表，用多个 DSE 可以组成大规模的数字交换网络（Digital Switching Network，DSN）。DSE 的结构如图2-20所示，它具有16个双向端口（分别编号为0~15），即每个端口都包括发送部分TX和接收部分RX，每个端口都连接一条速率为4096 kbit/s的双向PCM时分复用总线，因为PCM复用了32个时隙，每个时隙3.9 μs，传输16 bit信息（包括8 bit的用户语音信息和8 bit用于选路的控制信息，把这16 bit的信息称为信道字，DSE根据从PCM链路接收到的信道字进行工作），所以一条PCM线路速率为8000×16×32=4096 kbit/s，其中8000为一帧的抽样频率。通过DSE可以实现16个端口之间32个时隙中的任何时隙的交换。

DSE的接收部分RX由输入同步器、端口存储器与信道存储器三个部分组成。发送部分TX由语音存储器、端口比较器与发送控制器三个部分构成，如图2-20所示。

RX的输入同步器用于完成输入信息的帧同步和位同步；端口存储器有32个单元，每个单元分别与该RX上入线的32个时隙相对应，用来存储和按时序顺序转发目的端口地址，因目的端口共有16个，所以端口存储器的每个单元大小为4 bit；信道存储器有32个单元，也分别对应入线的32个时隙，用来存储和按时序转发目的信道地址，因目的信道共有32个（相当于对应出线的32个时隙），所以每个单元大小为5 bit。

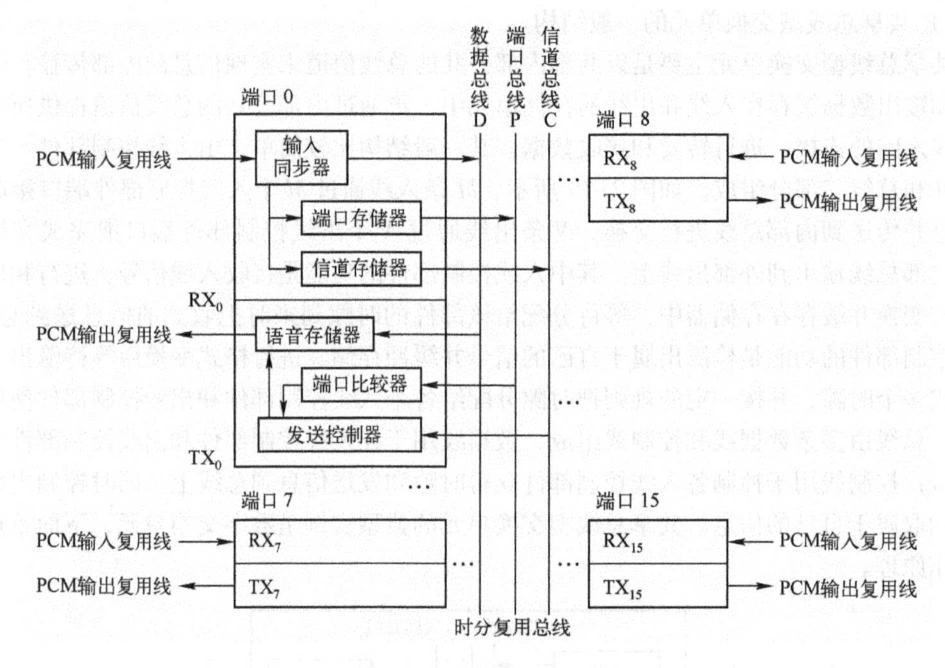

图2-20 数字交换单元的结构

DSE的发送部分TX语音存储器有32个单元，每个单元与该TX上入线的32个时隙相对应，用来存储TX上PCM线路相应时隙所要输出的数据，每个单元大小为16 bit；端口比较器将端口地址总线上的端口号与本端口号相比较，以确定数据总线上的数据是否是到本端口的，当两者匹配时将数据存入语音存储器的对应单元；发送控制器用于TX内部控制。

在DSE中的复用总线作为公共的内部传送线路，以并行总线方式传输，一共有39根，每根传输1 bit数据，具体为：数据总线（D）——16根；端口地址总线（P）——4根；信道地址总线（CH）——5根；控制总线（C）——5根；证实线（ACK）——1根；返回信道总线（ABC）——5根；时钟线（CK）——3根。

数据总线是用来传输PCM线路相应时隙所要输出的16 bit数据，它与TX的语音存储器和 RX 的输入同步器相连；端口地址总线与 TX 的端口比较器、RX 的端口存储器连接，传输 4 bit 端口信息；信道地址总线连接 TX 的发送控制器和 RX 的信道存储器，用来传输 5 bit 的信道信息。总线还包括控制总线、证实线、返回信道总线和时钟线，分别用来传输对应的各种信息。这样，16 个交换端口在时钟操作下，分时将流入的 PCM 数据和接收端口标识放在总线上，与标识匹配的端口接收数据、缓存，随后经 TX 转送给下一级。

下面通过一个实例说明 DSE 的交换过程，假设入线 5 的 TS_{23}时隙的信息 a 要交换到出线 15 的第 TS_{16}时隙上输出，如图 2-21 所示，其过程如下：

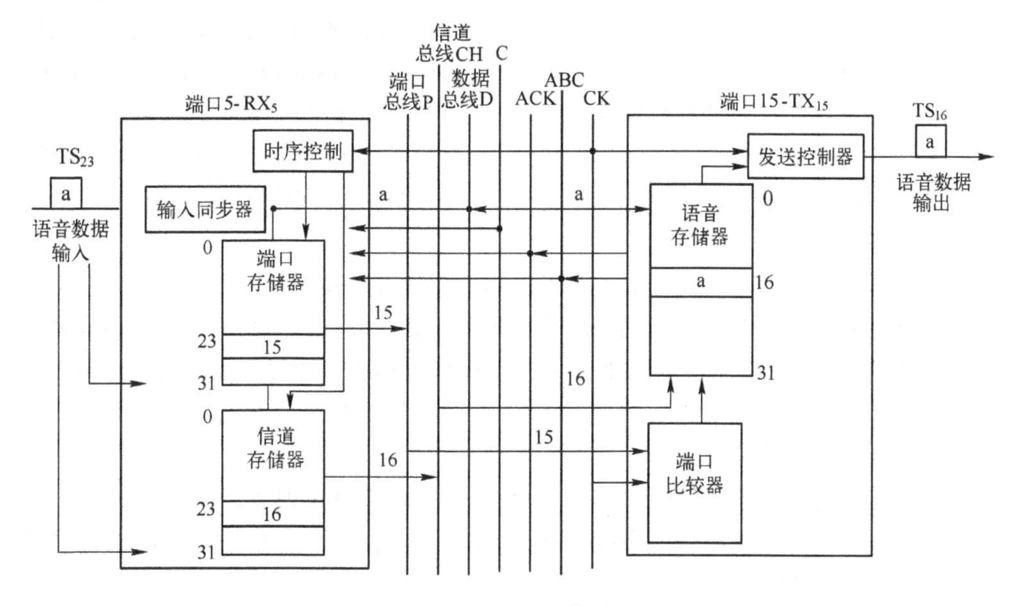

图 2-21　DSE 交换过程

① 接收目的端口和信道的地址：当 RX_5 的 TS_{23}时隙处于空闲状态的时候，从 PCM 链路 TS_{23}上收到选择信道字，其中包括了该信道上的信息要交换到的目的地址：端口 15 的 TS_{16}。

② 连接请求：RX5 将接收到的选择信道字中的端口号 15 送到端口总线上，当 TX_{15}的端口比较器从端口总线上得到数据与自己的端口号 15 比较成功后，通过证实线向 RX 回送一个证实消息。

③ 建立时分通路连接：当 RX_5 收到 TX_{15}的证实后，把选择信道字中的端口号 15 存入端口存储器中的第 23 个单元，同时把信道号 16 存入信道存储器中的第 23 单元。这样在 DSE 内部，RX_5 的第 23 个信道（TS_{23}）就与 TX_{15}的第 16 个信道（TS_{16}）之间建立了一条内部通道。

④ 发送数据：当 RX_5 在 TS_{23}上接收到数据信道字后，从端口存储器第 23 个单元读出里面的内容 15 送到端口总线上去，从信道存储器第 23 个单元读出里面的内容 16 送到信道总线上去，同时将数据信道字中的信息 a 送到数据总线上去。

⑤ 接收存储信息：当 TX_{15}把端口总线上的数据 15 与自己的端口号相比较，发现一致后，先从信道总线上读出信道号 16，把数据总线上的信息 a 存放到语音存储器的第 16 个单元中；当 TX_{15}上 TS_{16}到来的时候，就将语音存储器中的第 16 个单元的信息 a 放到 PCM 线上输出，从而完成交换。

⑥ 释放连接：当信息交换完毕后，RX_5 的 TS_{23} 上接收到闲置信道字后，就把该信道置为空闲，直到下次再收到选择信道字重新建立内部通道。

综上所述，DSE 实现了不同复用线和不同时隙之间的数据交换，即它同时具有空间交换功能和时间交换的功能，因此也称其为时空结合交换单元。

2.2.4 多级交换网络

作为通信网的核心设备，交换设备需要为几万乃至几十万个用户提供互通的连接，而对于前面讲的几种基本交换单元，由于其容量受电子元器件性能的限制，并且内部控制复杂度随容量增大而急剧增加，较难实现，不能任意扩充其规模，因此对于实际的程控交换系统，实现交换功能的部件都是由交换网络来构成的。我们前面已经介绍过，交换网络是由若干交换单元按照一定的拓扑结构扩展而成的，常用的交换网络有 CLOS 网络、BANYAN 网络和 TST 网络等，在本节中将主要介绍电话交换网中常用的 CLOS 网络、BANYAN 网络、TST 交换网络以及 DSN 网络。

首先我们思考一个问题，对于有些交换局需要构建可达几十万用户端口的大型交换系统的情况，如何通过采用一些小规模的基本交换单元级联构成并且满足能够避免内部阻塞，同时交换网络内部交叉节点所用的元件最少？这个问题我们可以通过下面的例子来理解。

假设根据当地用户的情况需要配置 100×100 的交换机构，那么如何来进行内部的结构设计？可以有以下 3 种构造方案：

方案一：先不考虑实现的困难，理论上可以用 100×100 的基本开关阵列构造，这样共需开关个数 10000 个，可以实现无内部阻塞，如图 2-22 所示。这种方法所用的开关数最多，成本最高，且开关阵列实现困难。

方案二：可用 20 个 10×10 的基本交换单元，采用二级交换网络构造，这样共需开关个数 2000 个，如图 2-23 所示。

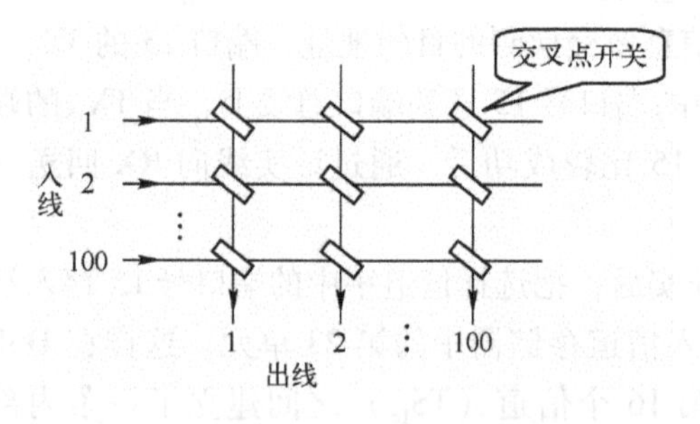

图 2-22 由 1 个 100×100 的开关阵列构造的交换机构

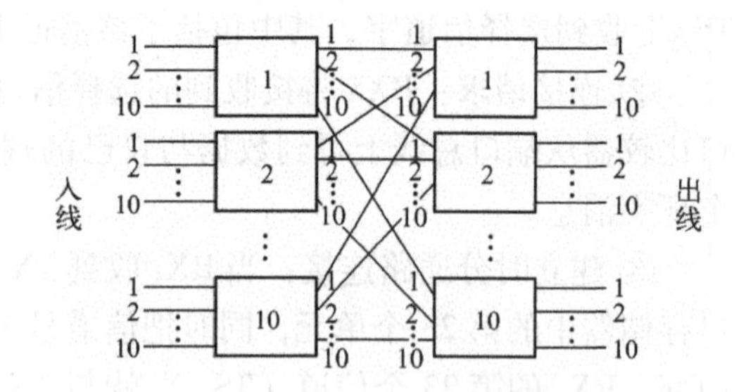

图 2-23 由 20 个基本交换单元构造的 100×100 二级交换网络

方案二相对方案一来说，大大节省了开关数量，但所生成的交换网络并不是内部无阻塞的，例如先建立第 1 级第 1 个交换单元的 1 号入线到第 2 级第 1 个交换单元的 1 号出线的连接后，同时再想建立第 1 级第 1 个交换单元的 10 号入线到第 2 级第 1 个交换单元的 10 号出线的连接，这时却遇到了内部阻塞而无法建立成功，如图 2-24 所示。

由此看来，如何既能节省交换节点的数量，又能防止产生内部阻塞呢？改进的方案三通过增加中间级交换单元，从而增加了交换网络内部的连接路径，解决了内部阻塞的问题。

方案三：采用带扩散和集中的三级交换网络构造。如图 2-25 所示，这样构造一个三级交换网络，第一级采用 10 个 10×19 的交换单元实现；增加 19 个 10×10 的中间级交换单元，并且第一级的每个交换单元的各条出线分别连接第二级的不同交换单元；第三级采用 10 个 19×10 的交换单元构造。由图 2-25 可知，该交换网络共需要 5700 个交换节点开关，比方案一节省了节点数量，由于增加了内部连接线路，可以同时建立 1 号入线到 1 号出线、10 号入线到 10 号出线的连接，避免了方案二发生内部阻塞的问题。

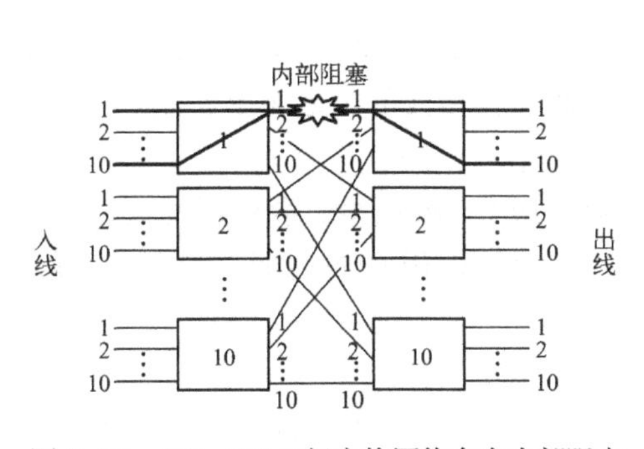

图 2-24　100×100 二级交换网络存在内部阻塞

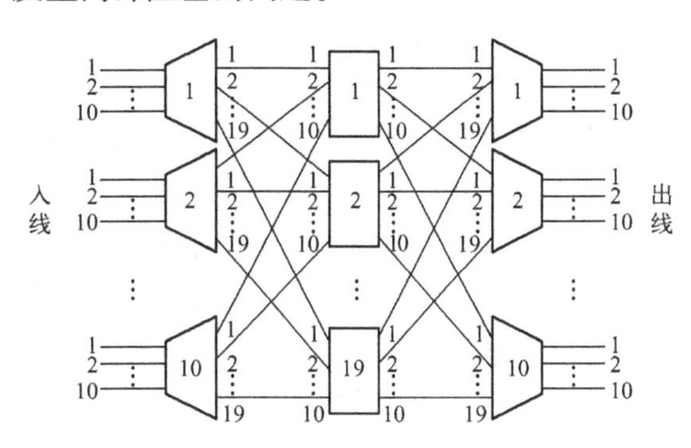

图 2-25　带扩散和集中的三级交换网络

方案三所构建的网络就是基于 CLOS 网络模型而提出的，CLOS 网络是贝尔实验室研究员 Charles Clos 于 1953 年提出的一种基于数学方法的多级结构模型，并以此命名为 CLOS 网络。CLOS 网络是为了设计交换机使其具有较大规模，使用尽量少的交换节点数量，同时能实现无内部阻塞；它是使用元件最少、代价最低、具有严格的无阻塞特性，并可以利用多级结构构造更大容量交换网络的典型代表，一般使用在大型电话交换系统中。下面详细介绍 CLOS 网络的基本特征。

1. CLOS 网络

（1）CLOS 网络的特征

通常所说的 CLOS 网络是指 3 级 CLOS 网络，更多级的 CLOS 网络可以由 3 级 CLOS 网络按构造条件递归扩展而成。如果 CLOS 网络的入线和出线数目相等，我们称之为对称的 CLOS 网络；否则称为非对称的 CLOS 网络。对称的 CLOS 网络使用广泛，除非特别说明，一般都指对称的 3 级 CLOS 网络。图 2-26 是 CLOS 网络的基本结构。

CLOS 网络的一般结构为：入线 N 被划分为 r 组，每组有 n 条入线，即 $N=r\times n$。第一级共有 r 个 $n\times m$ 的交换单元；第二级恰好有 m 个 $r\times r$ 的交换单元，第一级的每一个交换单元的 m 条出线分别接到第二级中的 m 个不同的交换单元，同时第二级的每一个交换单元共有 r 条输入线，分别来自于第一级的各个交换单元的一条出线；第三级交换单元是 $m\times n$ 规模的，共有 r 个，第二级每个交换单元的 r 条出线分别连接到第三级的 r 个不同的交换单元。可以看出，CLOS 网络的每一个交换

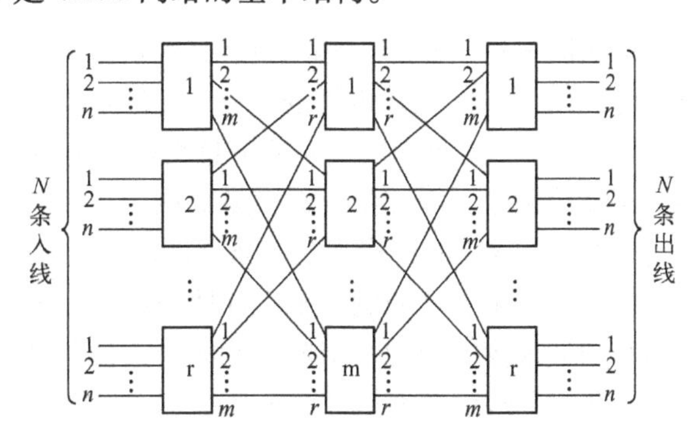

图 2-26　CLOS 网络的基本结构

单元都和下一级的各个交换单元有连接且只有一条连接链路。

由此可以概括出 CLOS 网络具备如下条件：假设 $N \times N$ 的 CLOS 网络的第 k 级交换单元的个数为 n_k，第 k 级每个交换单元的输入线数和输出线数分别为 i_k、o_k，则：

对于一个 $N \times N$ 的 3 级 CLOS 网络，有下列关系存在：

第一级交换单元：$n_1 = N/i_1$，$o_1 = n_2$；

第二级交换单元：$i_2 = n_1$，$o_2 = n_3$；

第三级交换单元：$i_3 = n_2$，$n_3 = N/o_3$。

可以推广到 $N \times N$ 的 k 级 CLOS 网络，都存在任一级交换单元的出线数目和下一级交换单元的个数相等；任一级交换单元的入线数目和上一级交换单元的个数相等，即：

$$n_1 = N/i_1, o_k = n_{k+1}, i_k = n_{k-1}, n_k = N/o_k$$

因此，按照上面的网络构造原则，就可以构造出三级 CLOS 网络，我们后面可以进一步证明，该网络是严格无阻塞。对于网络中的每一个节点又可以用 CLOS 网络实现，这样可以递归构造出更大规模的 CLOS 交换网络。

（2）三级 CLOS 网络的无阻塞条件

CLOS 网络的独特构造保证其交换网络满足严格无阻塞条件，即能够保证交换网络的所有空闲入线到所有的空闲出线在任何情况下都可建立新的连接。即对于三级对称 $N \times N$ 的 CLOS 网络，在 $i_1 = o_3 = n$ 的条件下，其严格无阻塞的充要条件是：

$$n_2 \geqslant (n-1) + (n-1) + 1 = 2n-1$$

其中，n_2 为第二级交换单元个数。

下面对 CLOS 网络的无阻塞条件进行分析。

图 2-27 是一个 CLOS 网络，研究的重点是第一级的交换单元 i 和第三级的交换单元 j，以及它们和第二级交换单元之间的连接，因此忽略了其他交换单元之间的连线，用虚线表示。如果要确立一条从第一级交换单元 i 的入线 n 到第三级交换单元 j 的出线 n 的信息交换通路，那么假设中间节点连接的线路占用最极限的情况一定是：第一级交换单元 i 的另外 $n-1$ 条入线都已经建立了连接正在传输信息，这些连接肯定占用了 $n-1$ 条出线及与其相连的第二级 $n-1$ 个不同的交换单元；而假设第三级 n 条出线所在的 j 交换单元的另外 $n-1$ 条出线也已经被占用进行输出信息，这样 j 交换单元的 $n-1$ 条入线也因此被使用，由此推断出与其相连的第二级还需要占用 $n-1$ 个交换单元，考虑到第二级交换单元最极限的占用情况，即这次占用的 $n-1$ 个交换单元与第一级占用的 $n-1$ 个交换单元是完全不同的，图中的下部分画出了本次另外占用的 $n-1$ 个交换单元；这时为了确保链路无阻塞，完成 i 交换单元入线 n 到 j 交换单元出线 n 的信息交换，中间级至少还应该空闲一个交换单元及相连的线路为该连接服务，因此可分析出第二级至少要有 $(n-1)+(n-1)+1=2n-1$ 个交换单元，这就是 CLOS 网络的严格无阻塞条件的由来。

我们从一个实际的例子来更好地理解一下这个定理。对于一个 100×100 的 CLOS 网络，如何来构造最少的中间级交换单元的个数使其能实现严格无阻塞条件。图 2-28 给出了 100×100 的 CLOS 网络的基本结构。

若想建立第一级 1 号交换单元的 10 号入线到第三级 10 号交换单元的 10 号出线的连接，则考虑到中间节点线路占用极限的情况是：

① 假设 10 号入线所在的交换单元的 9 条入线都连接，占用 9 个中间级 1 ~ 9 号交换单元

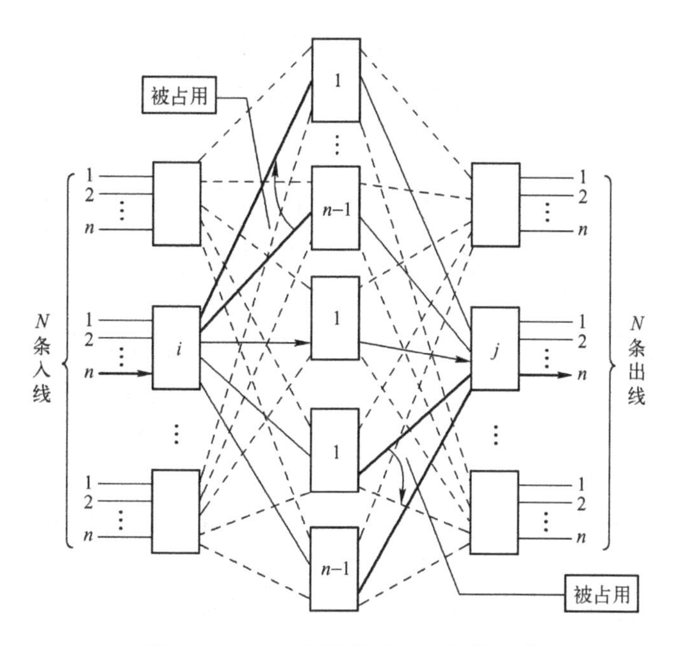

图 2-27　CLOS 网络的无阻塞条件证明

的 9 条入线，图 2-29 所示已占用第二级 9 个交换单元。

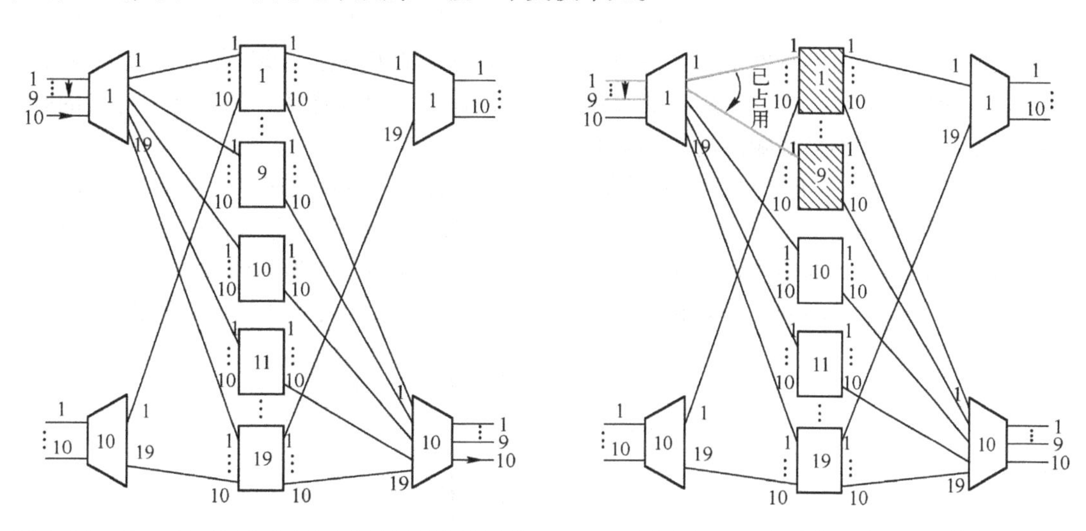

图 2-28　100×100 的 CLOS 网络的无阻塞条件证明　　图 2-29　已占用第二级 9 个交换单元

② 再假设 10 号出线所在的交换单元的 9 条出线也都连接，它们必然连接了中间级的交换单元，考虑极限的情况下对中间级交换单元的最大占用性，这 9 个连接占用了第 11 ~ 19 号的交换单元，图 2-30 所示已占用(10 - 1) + (10 - 1)个交换单元。

③ 这时要建立 10 号入线到 10 号出线的连接而无内部阻塞，必须要求中间节点至少还存在一条空闲链路，即至少还存在另外一个 10 号交换单元提供线路连接，图 2-31 所示现已占用第二级(10 - 1) + (10 - 1) + 1 个交换单元。

④ 由此可得到该交换网络无阻塞的条件是第二级交换单元数至少为(10 - 1) + (10 - 1) + 1 = 19 个。

同理，对于一般的 CLOS 网络的严格无阻塞的充要条件是：

$$n_2 \geqslant (i_1 - 1) + (o_3 - 1) + 1 = i_1 + o_3 - 1$$

其中，n_2 为第二级交换单元个数。

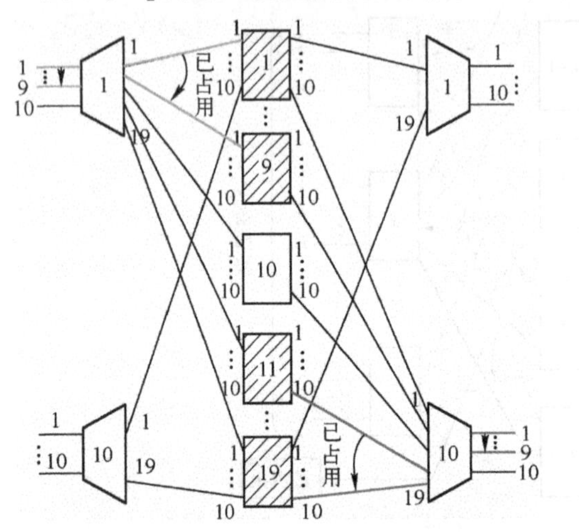

图 2-30　已占用第二级 18 个交换单元　　　　图 2-31　已占用第二级 19 个交换单元

（3）CLOS 网络的可重排无阻塞条件

CLOS 网络的可重排无阻塞条件比严格无阻塞条件所需的中间级交换单元的数量少，可重排无阻塞网络是指不管网络处于何种状态，任何时刻都可以在交换网络中直接或间接地对已有的连接进行调整，依靠重新内部选路后就可以建立一个新连接，只要这个连接的起点、终点是空闲的，而不会影响已建立起来的连接。

如图 2-32 所示，该 CLOS 没有满足严格无阻塞条件。即假设在某一时刻，入线 1 到出线 4 的连接经过路径 C_1，入线 3 到出线 1 的连接经过了路径 C_2，那么在这个时刻，假设要建立入线 2 到出线 2 的连接以及从入线 4 到出线 3 的新连接，因为同样要经过路径 C_1 和 C_2 的中间部分，会发生阻塞，尽管相应入线和出线都是空闲的也导致无法建立新连接。

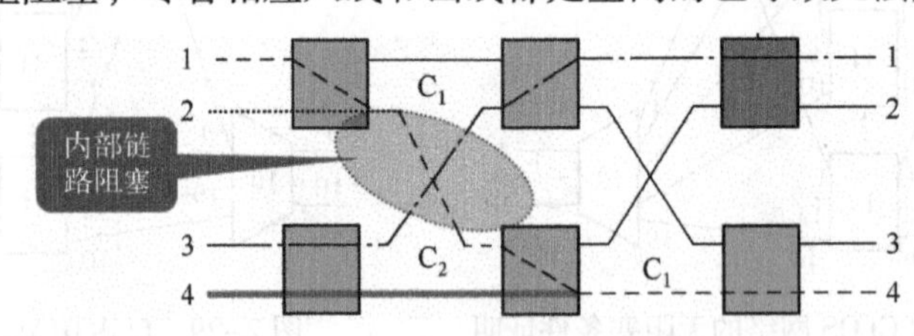

图 2-32　CLOS 网络遇到了内部阻塞

但是可以通过重新调整入线 3 到出线 1 的连接路径，从图 2-33 中的 C_2 改变成图 2-33 的 CC_2，这样我们就会发现调整后入线 2 到出线 2 以及入线 4 到出线 3 的连接就能够建立了。这样的网络就是可重排无阻塞的 CLOS 网络，它可通过对已有路径进行重排使得有阻塞的 CLOS 网络成为无阻塞的网络。

设 $i_1 = o_3 = n$，对称 3 级 CLOS 网络可重排无阻塞的条件是：第二级交换单元的个数 $n_2 \geqslant n$。对于 3 级 CLOS 交换网络，也可以通过增加中间级交换单元的数量来增加内部通路数，减少内部竞争。

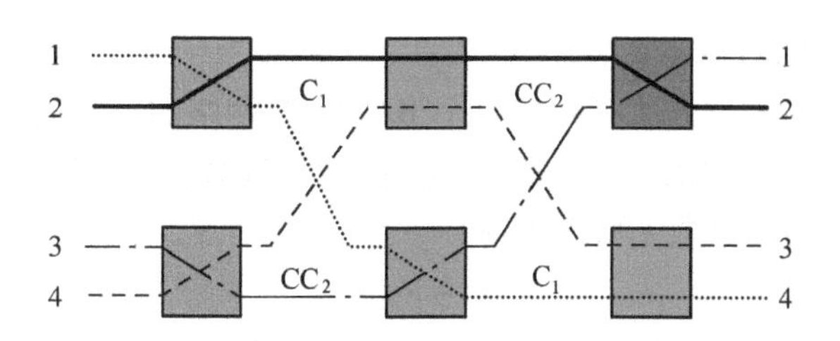

图 2-33　可重排无阻塞 CLOS 网络

2. BANYAN 网络

BANYAN 网络是一种空分多级的交换网络，最早使用于并行计算机领域，尤其在 ATM 交换机的硬件系统结构中得到了广泛的应用，适用于统计时分复用信号和异步时分复用信号的交换。BANYAN 网络多采用 2×2 的基本交换单元构成，且网络的构造是非常规则的，可利用递归的方法构成较大的 BANYAN 网络。BANYAN 网络具有结构简单、模块化、可扩展性好，以及信息交换时延小等优点，可根据信号中携带的出线地址信息，在交换网络中建立通道，选路效率高。

BANYAN 网络其基本结构是由若干个 2×2 交换单元组成的多级交换网络。2×2 交换单元是具有两条入线和两条出线的电子开关元件，其内部的直线连接和交叉连接状态是最为常用的，如图 2-34 所示。

这样使用 12 个 2×2 交换单元就可以构成一个 8×8 的 3 级交换网络。其第 1 级和第 2 级之间采用了交叉连接，第 2 级和第 3 级之间采用均匀洗牌连接，如图 2-35 所示。

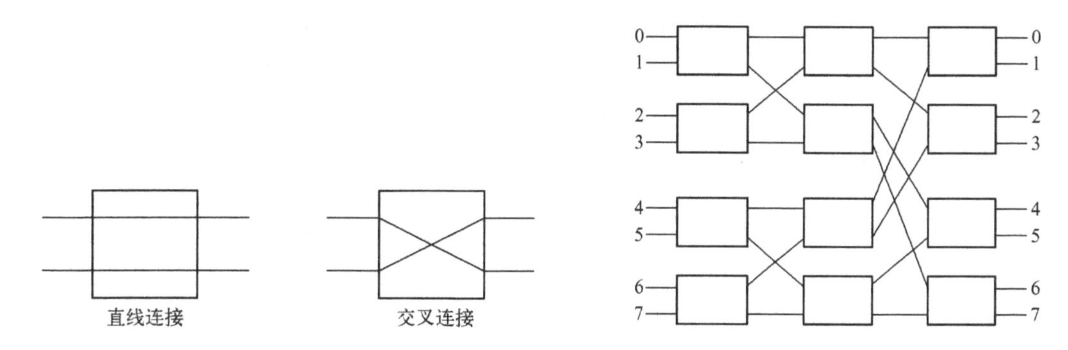

图 2-34　BANYAN 网络的基本交换单元的连接状态

图 2-35　8×8 的 3 级 BANYAN 网络

由此可见，BANYAN 网络就是将多个 2×2 交换单元分成若干级，并按照一定的级间连接方式构成的多级交换网络。BANYAN 网络作为交换网络的常用类型，具有很多独特的特性，下面分别进行介绍。

（1）BANYAN 网络的特点

1）树形结构特性

BANYAN 网络是基于树形的拓扑结构，对于 N 级 BANYAN 网络，每条输入线通过 N 级交换单元均可以到达任何输出端；这样 BANYAN 网络就好像构成了以某一输入端为根节点，以所有输出端为叶子节点的树形结构；BANYAN 网络的级数越多，每级的交换单元数目越多，树形结构的枝叶就越繁茂。

2）级数和线路数的对数关系

由 BANYAN 网络的构成方法可知，一个 BANYAN 网络的入线数和出线数是相等的，由相同的 2×2 基本交换单元构成。如果假设其入线或出线数为 N，则每级都有 $N/2$ 个交换单元，那么 BANYAN 网络的级数 k 可表示为：

$$k=\log_2 N \tag{2-6}$$

因此可得，多级 BANYAN 网络中，对于 16×16 的 BANYAN 网络，很容易计算出其级数为 $k=\log_2 16=4$，即为 4 级 BANYAN 网络。

3）易扩展性

BANYAN 网络的构成具有一定的规律，可以采用有规则的扩展方法将较小容量的 BANYAN 扩展成较大规模。如图 2-36 所示，由 4 个 2×2 交换单元经过中间级交换单元线路的交叉连接就可以构成一个 4×4 的 2 级 BANYAN 交换网络。

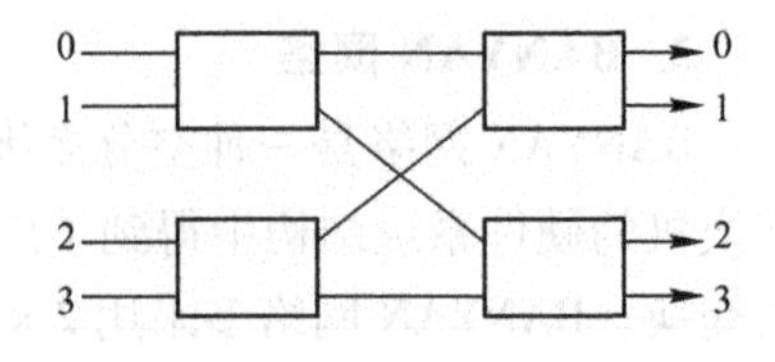

图 2-36　4×4 的 2 级 BANYAN 网络

因此，利用 2 组 4×4 的 BANYAN 交换网络，加上 4 个基本交换单元，就可以进一步扩展成 8×8 的 BANYAN 网络，可以有以下两种扩展方式。

第一种方法是把 4 个 2×2 的基本交换单元放在第 1 级，后面连接上 2 组 4×4 的 BANYAN 网络，在内部连接线路要注意的是，第 1 级的每个交换单元的 2 条出线必须分别连接不同组的 4×4 的 BANYAN 网络的入线，这样才能保证 BANYAN 网络的全网连通性，如图 2-37 所示，图中用椭圆形形状标识出每组的 4×4 的 BANYAN 网络以及用粗实线表示了值得注意的级间线路连接情况。

第二种方法是调整一下级间的顺序，把 2 组 4×4 的 BANYAN 网络作为第 1 级和第 2 级，然后连接上第 3 级的 4 个 2×2 的基本交换单元，仍然要注意级联的线路方式来保证 BANYAN 网络的全网连通性，即第 3 级的 2×2 的基本交换单元的每一条入线必须来自于不同组的 4×4 的 BANYAN 网络，如图 2-38 所示。

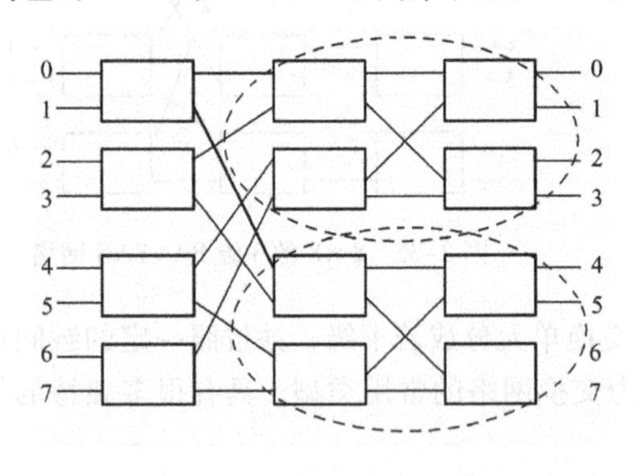

图 2-37　8×8 的 3 级 BANYAN 网络的第一种构成方式

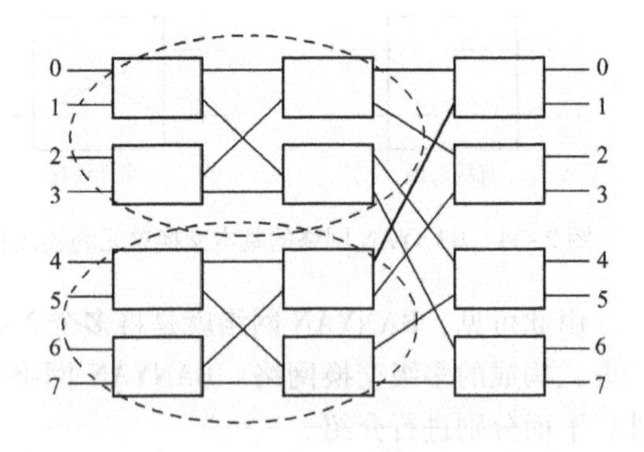

图 2-38　8×8 的 3 级 BANYAN 网络的第二种构成方式

依此规律可以扩展到已有 $N\times N$ 的 BANYAN 网络，需构成 $2N\times 2N$ 的 BANYAN 网络，则可在 2 组 $N\times N$ 的 BANYAN 网络的基础上，再加上一组 N 个 2×2 交换单元构成。N 个 2×2 交换单元的某一出线分别与第一组的 $N\times N$ 的 N 条入线相连，N 个 2×2 交换单元的另一出线分别与第二组的 $N\times N$ 的 N 条入线相连。图 2-39 是 16×16 的 BANYAN 交换网络构成的一种方式。

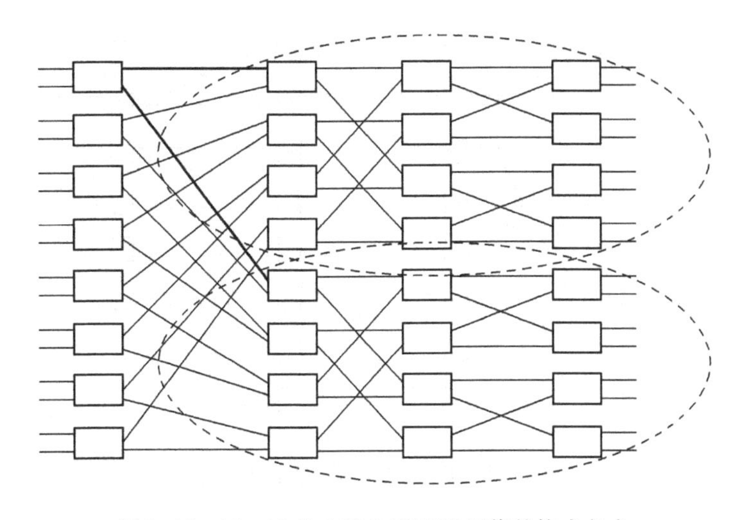

图 2-39　16×16 的 4 级 BANYAN 网络的构成方式

4）唯一路径特性

由 BANYAN 网络的结构可以看出，它的任一入线到任一出线之间都有一条路径并且只有这一条路径。这就是 BANYAN 网络的唯一路径特点。我们也可以进行简单地证明，显然 4×4 的 BANYAN 网络是具有唯一路径的，对于 8×8 的 BANYAN 网络是用前面讲述的第二种扩展方法来构建的，因此在 4×4 的 BANYAN 网络内部确定只有唯一路径，再从 4×4 的 BANYAN 网络到最后一级 2×2 交换单元中共有 8 条路径，但是要连接到其中某一条出线只有唯一的一条路径。综上所述，这样构成的 $2N \times 2N$ 的 BANYAN 网络仍然是在每条入线和每条出线间都存在唯一的一条路径。

5）自选路由特性

自选路由特性是指只要给定出线地址，不论信息从哪条入线进入网络，不用外加控制命令，信息总能正确到达指定出线。由前面讲述可知，BANYAN 网络具有到达指定的输出端的唯一路径特性，因此路由选择十分简单，可由输出地址确定输入和输出之间的唯一路由。

由 BANYAN 网络的级数 k 和线路数 N 有对数函数关系可知，可以把出线编号 N 用 k 位二进制数来表示，k 也是 BANYAN 网络级数，正好每一位编码对应这一级交换单元的选路标签；对于 2×2 的基本交换单元，两个输出端正好可以用 1 位二进制编码来区分线路选择，如果规定上面的出线输出为 0，下面的出线输出为 1，则在 BANYAN 交换网络中的级间交换路径就可以由各级对应的选路标签编码确定下来，从而进行自动选路。

图 2-40 是一个 16×16 的 BANYAN 网络，如果有信息要从该网络的 4 号入线传输到 2 号出线，根据 2 号出线对应的 4 位二进制编码“0010”，来作为 4 级交换单元的选路标签，得知第 1 级交换单元对应的标签为出线编号“0010”的第 1 位“0”，则从上面的出线输出，进入第 2 级交换单元选路；第 2 级交换单元对应的标签为出线编号“0010”的第 2 位“0”，再选择上线输出，依此进行选路，就能到达正确的目的地址（2 号出线），图中用黑实线标识出该选路过程，可以看出 BANYAN 网络中的路由选择很简单。

而且，BANYAN 网络的自选路由特性完全根据目的出线的二进制地址作为信息通过网络的选路标签，而不论信息从哪条入线进入，使用选路标签都能够到达正确的出线。图 2-40 用粗实线还标识出了另外一条线路连接，从 11 号入线进入，根据目的地址 2 号出线

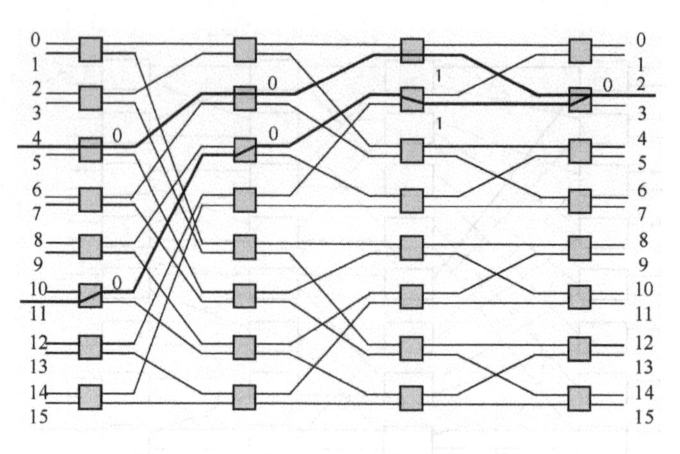

图 2-40　BANYAN 网络自选路由特性

的选路标签同样能正确到达目的地址。自选路由特性显然也是一个重要的优点，使得 BANYAN 网络可以很方便地进行交换。

（2）BANYAN 网络的内部阻塞问题

具有内部阻塞的交换网络，即 BANYAN 网络内部进行路由选择时可能出现多个信息同时到达同一个交换单元的同一条出线的情况，例如图 2-41 中，此时要同时传输从入线 0 到 3 号出线（选路标签 011）和从入线 4 到 2 号出线（选路标签 010）的两个连接，在第 2 级交换单元处会竞争同一条下方出线，造成了内部阻塞。

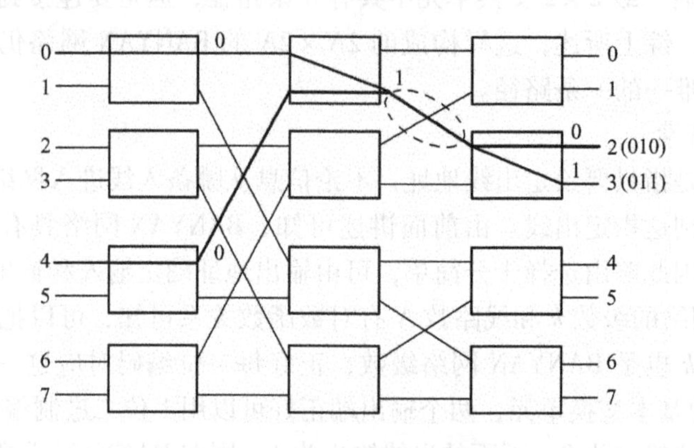

图 2-41　BANYAN 网络的内部阻塞问题

由此可见，BANYAN 网络是有内部阻塞的，而且这种内部阻塞是随着网络级数的增加而增加。当级数太多时，内部阻塞就会变得不可容忍，就会导致 BANYAN 网络的规模受到限制，因此，必须有效解决 BANYAN 网络的内部阻塞问题。

通常有以下三种解决办法。

1）增加内部交换单元之间的线路

在 2×2 的 BANYAN 网络中，每个交换单元对应同一个输出地址只有 1 条链路，容易导致内部阻塞的产生；如果使每个输出地址扩展为 d 条链路，也就是说在选择出线时可以任意选择 d 条中的 1 条，就能有效地解决阻塞的问题，所得到的 BANYAN 网络称为扩展型 BANYAN 网络，d 称为扩展度。显然，扩展度 d 值的增加可以减小由于网络阻塞所导致的信息丢失，但其代价是增加了网络的复杂性。图 2-42 展示了 $d=2$ 的扩展型 BANYAN 网络。

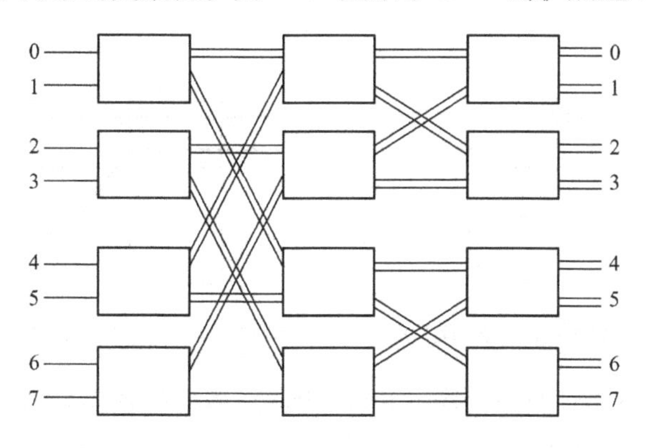

图 2-42　扩展度 $d=2$ 的扩展型 BANYAN 网络

扩展度 d 还可以根据实际情况在 BANYAN 网络的各级间调整配置，当 d 值在各级间变化时，就形成了膨胀型 BANYAN 网络。如图 2-43 所示，在第 1 级交换单元设置膨胀度 $d=2$，第 2 级交换单元设置膨胀度 $d=3$，第 3 级交换单元设置膨胀度 $d=4$。

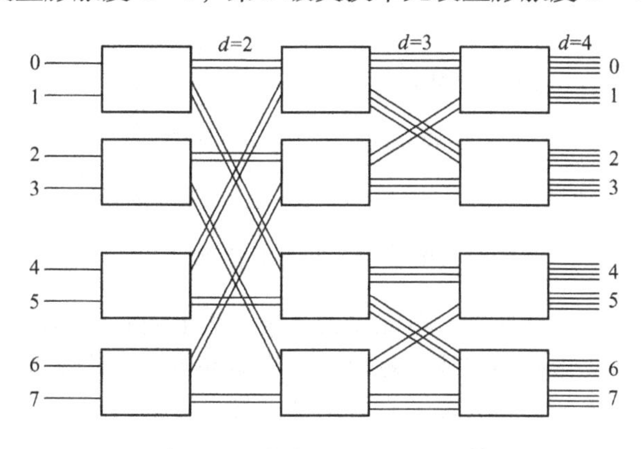

图 2-43　膨胀型 BANYAN 网络

2）可以通过增加 BANYAN 网络的级数来消除内部阻塞

通过增加 BANYAN 网络的级数，就可以增加网络内部交换单元之间的连接线路，从而达到避免内部阻塞的目的。例如，把 8×8 的 BANYAN 网络的级数由 3 增加到 5，内部线路数量增多，就可以有效消除内部阻塞。图 2-44 标识出 4×4 的 BANYAN 网络要同时建立 0 号入线到 0 号出线，及 1 号入线到 1 号出线这两个连接，由于第 1 级交换单元发生出线冲突而使得这两对连接不能同时建立，即 4×4 的 2 级 BANYAN 网络有内部阻塞。当把 4×4 的 BANYAN 网络的级数从 2 级增加到 3 级后，原有被阻塞的 0 号入线到 0 号出线，及 1 号入线到 1 号出线这两个连接都能成功被建立，如图 2-45 所示。值得注意的是，通过增加网络级数，可以使扩展级数的 BANYAN 网络消除内部阻塞，但该网络不再是标准的 BANYAN 网络，失去了唯一路径特性和自动选路特性。

3）使用排序 - BANYAN 网络，来消除内部阻塞

为了减少网络内部拥塞，人们研究了多种交换网络结构。对于典型的 BANYAN 网络，采用在其前面连接一个排序网络（BATCHER 网络）互连的方法来解决 BANYAN 网络的内

部拥塞，这样构成的网络叫排序－BANYAN 网络（Batcher Bitonic Sort Banyan Network），简称 B-B 网络。

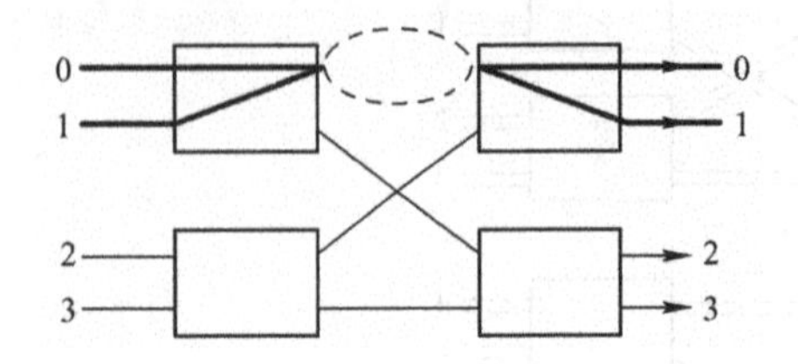

图 2-44　4×4 的 2 级 BANYAN 网络有阻塞

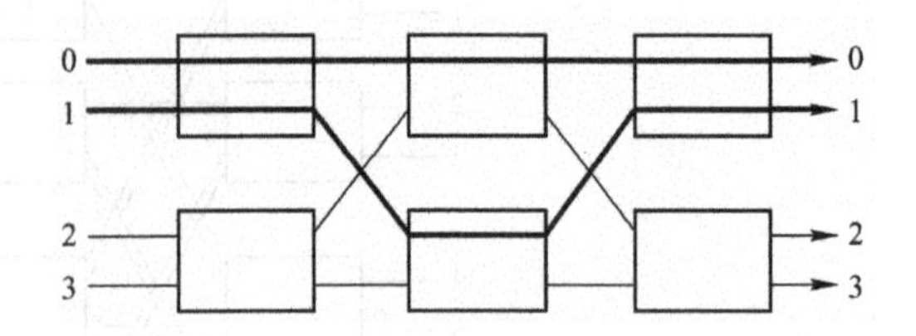

图 2-45　4×4 的 3 级 BANYAN 网络消除了内部阻塞

排序－BANYAN 网络，是由排序（BATCHER）网络和 BANYAN 网络共同组成，该结构是近年来解决 BANYAN 网络的内部阻塞问题的一个重要研究成果，它成功地避免了 BANYAN 网络的内部阻塞，也是目前 ATM 交换机使用较多的一种网络形式。构成排序网的基本交换单元是 2×2 排序器（Sorter），其结构如图 2-46 所示。排序器实际上是一个 2 条入线和 2 条出线的比较单元，分为向下排序器与向上排序器两种，其排序器的输出按交换信息的出线地址进行排列。

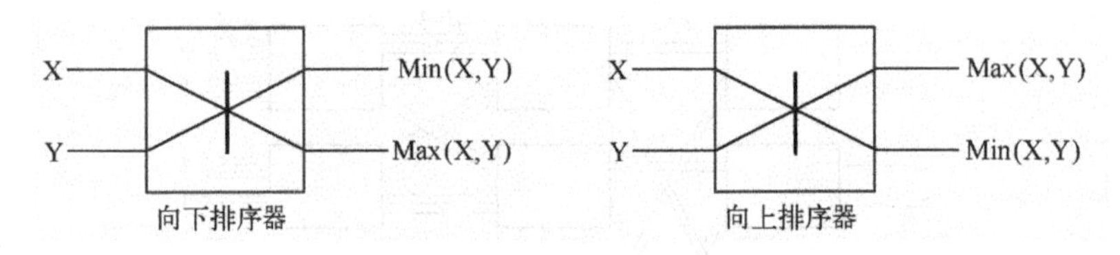

图 2-46　2×2 排序器

排序器是这样进行信息交换的，首先比较 2 条入线上同时到达信息的输出端口地址，并将地址较大的信元从箭头指向的出线上输出，而将地址较小的信元从箭头相反的方向的出线上输出。如果排序器输入的 2 条入线上只有 1 条入线上有信息到达，则排序器将它作为小的地址信息来处理。

如图 2-46 所示，如果 2 条入线的信息 X 和 Y 的输出地址分别对应为 0001 和 0110，则经过左图的向下排序器传输，通过比较两个输出地址，有 0110 > 0001，则输出地址大的 Y 的信息交换输出到箭头所指向的下线输出。

在图 2-41 所示的 BANYAN 网络中，如果要同时建立 0 号入线到 3 号出线端口和 4 号入线到 2 号出线端口的连接，却因为内部阻塞而无法实现。通过构造 BATCHER-BANYAN 网络结构就可以解决 BANYAN 网络的内部阻塞问题，如图 2-47 所示，经过 BATCHER 网络排序后输入的信息在 BANYAN 网络中不会发生阻塞。

具体情况为：信息首先到达 BATCHER 网络，根据到达信息的出线地址进行排序，在第一级排序交换单元处，目的地址是 011 和 010 的信息进入的交换单元都只有一个输入端，其排序输出按小地址规则处理，即按照箭头指示的反方向输出，以此类推，直到在 Batcher 网最后一级交换单元处，目的地址 010 的信息和 011 同时到达同一个交换单元，经过目的地址排序比较，大地址 011 的信元按箭头方向输出，选择下线，010 选择上线输出。然后到达 BANYAN 网，如前面所述，按照目的地址在每一级交换单元处选择合适的出线，显然，经过排序后输入的信息在 BANYAN 网络中不会发生拥塞。

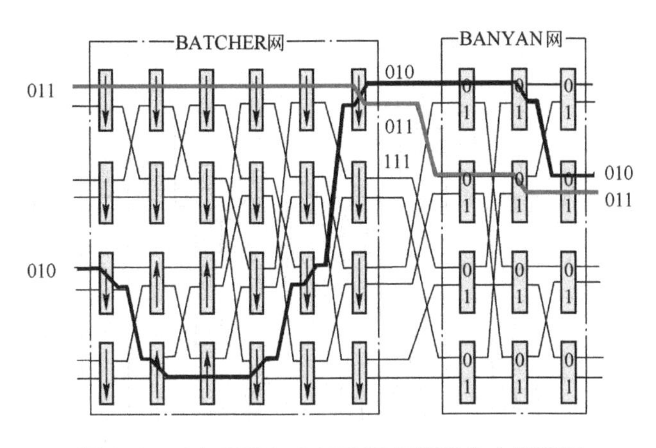

图 2-47　BATCHER-BANYAN 网络避免内部阻塞

3. TST 交换网络

TST 交换网络是在电路交换系统中经常使用的一种交换网络类型，主要由 T 接线器和 S 接线器级联而成。因为在大型程控交换机中，随着用户规模的扩大，对交换网络的容量也有比较大的需求，只靠单独的 T 接线器或 S 接线器是不能实现的，因此将它们组合起来构成交换网络，常见的数字交换网络有：T-T、T-T-T、T-S-T、S-T-S、T-S-S-T、T-S-S-S-T 和 T-S-S-S-S-T 网络等。本节主要讲解 T-S-T 型交换网络的工作原理，其他类型网络的交换原理也都大致相同。

TST 交换网络是由两个 T 级和一个 S 级组成的三级交换网络，图 2-48 表示一个典型的 TST 网络模型结构。其中第一级为 T 接线器，负责在某一时隙从交换网络的输入线到来的数据到交换网络内部的公共时隙的交换；中间一级为 S 接线器，主要由一个 $N \times N$ 的开关阵列和 N 个控制存储器来组成，完成交换网络内部传输的用户信息的空间交换，S 接线器的入线和出线的数目都取决于两侧的入线和出线数目及 T 接线器的数量；第三级也为 T 接线器，负责再次进行时隙交换，将交换网络内部的某一时隙数据在指定时隙进行输出。因此，TST 交换网络充分利用了 T 接线器成本低和无阻塞的特点，并利用 S 接线器来扩大容量，实现了任何不同复用线的各时隙间信息的交换，即同时实现了空分和时分交换，且交换网络内部提供的公共时隙的数量就决定了交换网络能同时建立的连接数量。

图 2-48 所示的 TST 网络，配置了 3 条输入复用线和输出复用线，它们分别连接 3 个 T 接线器（图中省略了第 2 条入线相连的 T 接线器），T 接线器的容量为 32 个存储单元，对应了复用线的 32 个时隙结构，第一级 T 接线器按照输出控制方式工作，即为顺序写入、控制输出模式，其语音存储器也配置了 32 个存储单元，用 SMA_1 和 SMA_3 的 $TS_0 \sim TS_{31}$ 表示，控制存储器也为 32 个存储单元，分别用 CMA_1 和 CMA_3 的 $TS_0 \sim TS_{31}$ 表示；中间级 S 接线器的大小由两侧 T 接线器的出线数决定，为 3×3 矩阵，工作在输入方式下，即存储器按照输入线配置，控制存储器有 3 个，每个存储器都有 32 个存储单元，分别对应了 32 个复用时隙；最后一级 T 接线器按照输入控制方式工作，即控制写入、顺序读出模式，同理语音存储器用 SMB_1 和 SMB_3 的 $TS_0 \sim TS_{31}$ 表示，控制存储器用 CMB_1 和 CMB_3 的 $TS_0 \sim TS_{31}$ 表示。在交换网络传输数据前，需要选择内部时隙来进行信息的传送，因为通话时语音信息要双向传送，所以在交换网络中应建立两个方向上的两条通路，为它们选择两个内部时隙同时传输信息。为减

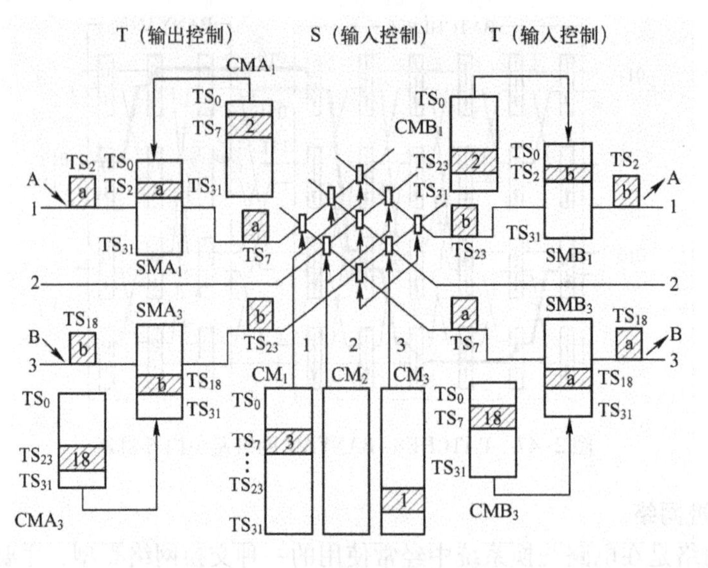

图 2-48　TST 交换网络结构

少选路次数，简化控制，TST 交换网络内部时隙的选择一般采用反相法，使两个方向的内部时隙具有一定的对应关系，即正、反两个方向上的时隙相差半帧，即：

如果用 N_f 表示一帧的时隙数，N_a 表示从主叫用户到被叫用户方向使用的内部时隙数，则从被叫用户到主叫用户方向的内部时隙数 N_b 为：

$$N_b = N_a + N_f/2$$

图 2-48 中从主叫用户到被叫用户方向的语音传输中，第一级 T 接线器占用了 CMA_1 的 TS_7 单元存储 SMA_1 的地址“2”，即占用内部时隙“7”；而反方向从被叫到主叫语音传输中，第一级 T 接线器占用了 CMA_3 的 TS_{23} 单元存储 SMA_3 的地址“18”，即占用内部时隙“23”，符合内部时隙的反相法原则，两个时隙正好相差半帧，即 16 个时隙。

下面以从主叫到被叫传输数据为例来说明 TST 交换网络内部的工作原理，在 TS_2 时隙从交换网络的第一条入线上来的信息“a”，按照第一级 T 接线器输出控制的原则，先顺序存储在语音 SMA_1 的 TS_2 单元中，然后按照内部时隙的分配，根据 CMA_1 的 TS_7 单元的内容“2”，在时钟 TS_7 时隙到来时，再读出到 T 接线器的输出总线上；随即进入第二级交换单元的第一条入线上，S 接线器采用输入控制方式，根据其第一个控制存储器的 TS_7 单元内容为“3”，实现在当前时隙时 1 号入线与第 3 号出线进行连接，即用户 a 的语音编码内容被 S 接线器交换到第 3 号出线上；然后进入第三级 T 接线器的交换环节，在输入控制方式下，进行控制写入、顺序输出，即按照 CMB_3 的单元 TS_7 的内容“18”，实现在内部时隙 TS_7 中输入的语音内容 a 写入到话音存储器 SMB_3 的 TS_{18} 单元中，然后在 TS_{18} 时隙来临时再输出到交换网络的出线上，从而完成了 TST 交换网络的三级交换过程。需要注意的是，所有 CM 的内容都是在主叫和被叫建立连接时写入的。同理，从被叫到主叫的数据交换原理也是相同的，这里不再赘述。

由此可见，TST 既完成了空分交换，又进行了时隙交换，在目前的数字程控交换系统中应用较多。在一般情况下，TST 网络存在内部阻塞，但概率非常小，大概是 10^{-6}。构成 TST 网络的第 1 级 T 接线器与第 3 级 T 接线器一般采用不同的控制方式，但无论采用输入控制方式，还是输出控制方式，除了操作方式不同外，本质是一样的。

4. DSN 网络

较大容量的数字程控交换机也可采用由 DSE 固定连接构成的数字交换网络（Digital Switch Network，DSN）来实现，通过时分交换和空分交换完成用户通话连接的功能。阿尔卡特－上海贝尔有限公司生产的 S1240 数字程控电话交换系统是 DSN 交换网络应用的典型实例，下面以 S1240 数字程控电话交换系统为例来说明 DSN 的组成结构及工作原理。

（1）DSN 的结构

S1240 数字程控电话交换设备在中国通信网上已成功运行十几年，系统性能稳定，它具有全数字化、全分布控制和高可靠性的特点，配置了 No. 7 信令功能、ISDN 功能、智能网等功能，可作为市内交换机、汇接交换机和长途交换机使用，还可用于组建综合业务数字网。S1240 数字交换机的功能结构是由 DSN 和连接在 DSN 上不同的模块所构成，DSN 是实现全分布控制的关键部分，DSN 的独特结构实现了所有模块终端电路之间的联系及模块控制单元之间的内部通信。

S1240 的 DSN 采用多级多平面的立体结构，最多有 4 级，分成两个部分：一部分是入口级，也称为选面级，采用单级 DSE 结构，分别连接终端模块，热备用或负荷分担，向上连接不同平面；另一部分是选组级 GS，采用多平面结构，最多可分 4 个平面，每个平面有 3 级，通路连接采用折叠返回方式，链路为输入输出双向。入口级和选组级均由完全相同的含有 16 个交换端口的数字交换单元 DSE 构成，不同之处仅在于它们的规模和职能。每个交换端口接一条 32 路双向 PCM，如图 2-49 所示。

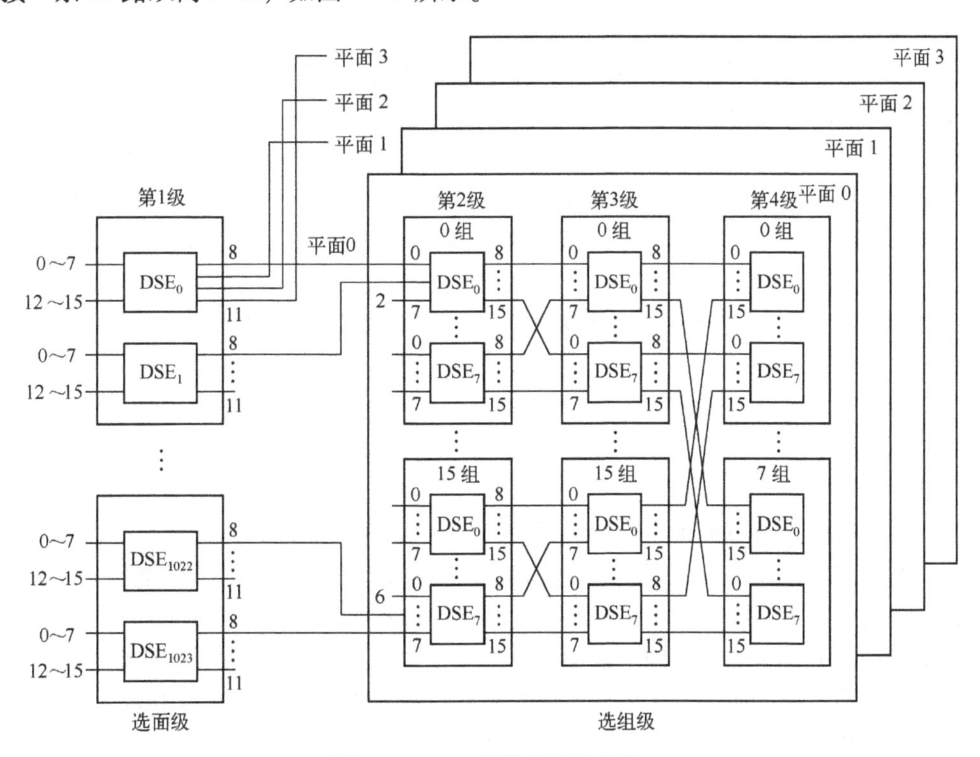

图 2-49　DSN 网络的基本结构

DSN 每个平面的级数及每级所配备的 DSE 数都取决于所连接的终端用户的个数，DSN 选组级的平面数取决于终端话务量的大小，因此程控交换系统可根据本局的实际情况配置

DSN 的级数和平面数。入口级为单级 DSE，由若干对 DSE 组成，这些 DSE 可称为接入交换器（AS）。每个 AS 的 16 个端口可以接 16 条 32 时隙的 PCM 线路，其中端口 0~7 与端口 12~15 用来连接各种终端模块，端口 8~11 分别接到选组级，也就是第 2 级的 4 个平面。

选组级为 3 级 DSE，最多可以配置 4 个平面，各级之间按规律固定连接，4 个平面内选组级的内部连接是相同的。前两级每级最多有 16 组，每组最多 8 个 DSE，最后一级只有 8 组。前两级 DSE 的端口 0~7 与前一级 DSE 相连，端口 8~15 与后一级 DSE 相连；最后一级 DSE 的 16 个端口都集中在左侧，与前一级 DSE 相连，这种结构称为单侧（这里是指第 4 级）折叠式多级结构。且第 2、3 级之间是组内交换，即组号相同的两级间进行交叉连接，而选组级的后两级即第 3、4 级是组间交换，即为不同组号 DSE 之间进行交叉连接。需要注意的是建立一条网络通路不能跨越在多个不同的平面。

(2) DSN 的工作原理

在 DSN 中，两个终端之间的信息交换，可以只经过入口级，也可以只经过选组级。如果两个终端模块同时连接在入口级的同一个 DSE 上，那么信息就可以只通过该入口级的 DSE 交换。如果两个终端模块不是连接在入口级的同一个 DSE 上，那么就要经过 DSN 的选组级进行信息交换了。在 S1240 中，每一终端模块与一对选面级交换器 AS（2 个 DSE）相连，这种通路的双备份，保证了模块与数字交换网的可靠连接。

DSN 入口级的每一个端口都具有唯一的网络地址，不同端口之间连接的建立是根据目的端口的网络地址逐级选路进行的。该网络地址有 13 bit 的编码，分为 A、B、C、D 四部分，具体表示为：

A：4 比特，对应于第 1 级，表示终端模块所连接的入口级 DSE 的输入端口号，包括端口 0~7，端口 12~15，共 12 个，占 4 bit。

B：2 比特，对应于第 2 级，表示第 1 级 DSE 的出线应连接的第 2 级 DSE 的输入端口号，包括端口 0~7，共 8 个，编址需 4 种情况，占 2 bit。

C：3 比特，对应于 DSN 第 3 级，表示第 2 级 DSE 的出线应连接的第 3 级 DSE 的输入端口号（0~7），共 8 个，占 3 bit。

D：4 比特，对应于第 4 级，表示第 3 级 DSE 的出线应连接的第 4 级 DSE 的输入端口号（0~15），共 16 个，占 4 bit，也等于第 2 级和第 3 级的组号。

结合 DSN 网络的连线规律，地址码 ABCD 还可表示为：A 为终端模块的编号，B 表示第 1 级 DSE 的入端口号、C 表示第 2 级 DSE 的入端口号、D 表示第 2 级和第 3 级 DSE 的组号，分别对应着 DSN 的 1~4 级。

当主叫终端模块要与被叫终端模块通过 DSN 建立通路连接时，就将自己的网络地址与目的端口的网络地址相比较，首先比较的是 D，因为 D 为第 2 级和第 3 级的组号；如果 D 不相同，说明主叫和被叫终端模块之间所要建立的连接不在同一组内，不同组之间的交换必须通过第 4 级；若 D 相同，C 不同，说明两个终端模块之间所建立的通路连接位于同一组内，同组之间的交换不需要通过第 4 级，连接的建立只涉及选组级的第 2 级和第 3 级；若 D、C 部分的地址都相同，B 不同，因为 C 为第 2 级的 DSE 端口号，则说明两个终端模块之间所建立的通路连接经过第 2 级的同一个 DSE，该通路的建立折回点在第 2 级；若 D、C、B 相同，A 不同，此时通路的建立只经过网络的第 1 级。如此通过网络地址的比较确定通路的折回点，并发送选择命令进行逐级选路，从而建立起通路连接，完成交换功能。

(3）DSN 的特点

1）DSN 是一种单侧折叠式网络。DSN 网络的输入端口和输出端口位于网络的同一侧，DSN 网络是以最后一级第 4 级为网络的折叠中心，DSN 的任一端口输入的信息在网络的相应级上折回到目的输出端口。任意两个端口之间通路建立的过程是相同的，可根据目的输出端口的地址来决定接续通路需要的网络级数，确定折回点在哪一级。DSE 本身具有通路选择的控制逻辑电路，它接收各个终端控制单元送来的选择命令，以建立、保持通路或释放通路。

2）DSN 同时兼有时分和空分交换能力。DSN 交换网络能把某一端口的某一信道的内容交换到另一个任意端口的任意信道并发送出去，且构成 DSN 的数字交换单元（DSE）具有空间交换和时隙交换的功能。

3）DSN 可自选路由。DSN 具有自由的路由建立机制，因为构成 DSN 的基本交换单元 DSE 具有通路选择和控制功能，直接根据各终端模块的终端控制单元送来的信道字等控制信息，由硬件来完成选路，减轻了对软件设计的限制，进而实现交换功能。

4）DSN 的扩展性好，能根据需要增大其规模。DSN 网络采用多级多平面结构，当其终端数量增加时可通过扩充增加其规模，还可通过增加交换网络的级数来适配终端模块数量的增加，最大可增至 4 级；还可通过增加平面数来分担话务量增加而引起增大的负荷量，同样最大可增至 4 个平面，并且这种扩充不影响网络结构和系统运行，实现方便。

2.3 数字程控交换系统的硬件系统结构

数字程控交换机结合了现代数字通信技术、计算机技术与大规模集成电路等先进技术，与传统的机电交换机相比，具有体积小、重量轻、功耗低、可靠性高、操作维护管理方便，并能灵活地提供各种新业务服务等功能。数字程控交换机作为电话通信网的交换节点，是核心组成部分，主要完成用户之间的电话接续。数字程控交换机的硬件系统可以分为话路子系统和控制子系统两部分，它通过线路和接口分别与用户终端和其他交换机连接。本小节主要介绍数字程控交换机的硬件系统结构和各部分实现的功能。

2.3.1 硬件系统结构

数字程控交换机的系统结构如图 2-50 所示，其中各组成部分的功能如下。

(1）控制子系统

控制子系统是交换机的“指挥系统”，交换机的所有动作都是在控制子系统的控制下完成的。控制子系统实质上是由计算机系统进行“存储程序控制”的，包括中央处理器、存储器和输入/输出设备等外部设备组成。其功能是完成呼叫处理和对整个交换系统全部资源的管理和控制、检测和维护等。

(2）话路子系统

话路子系统由数字交换网络、提供用户线和局间中继线的各种接口电路和信令设备组成。其中数字交换网络是交换机中最重要的组成部分，它是由基本交换单元按照一定的拓扑结构和控制方式构成的，其基本功能是根据用户的呼叫要求，通过控制部分的接续命令，建立主叫与被叫用户间的连接通路，我们已在上节内容中分析过交换网络的构成和信息在内部

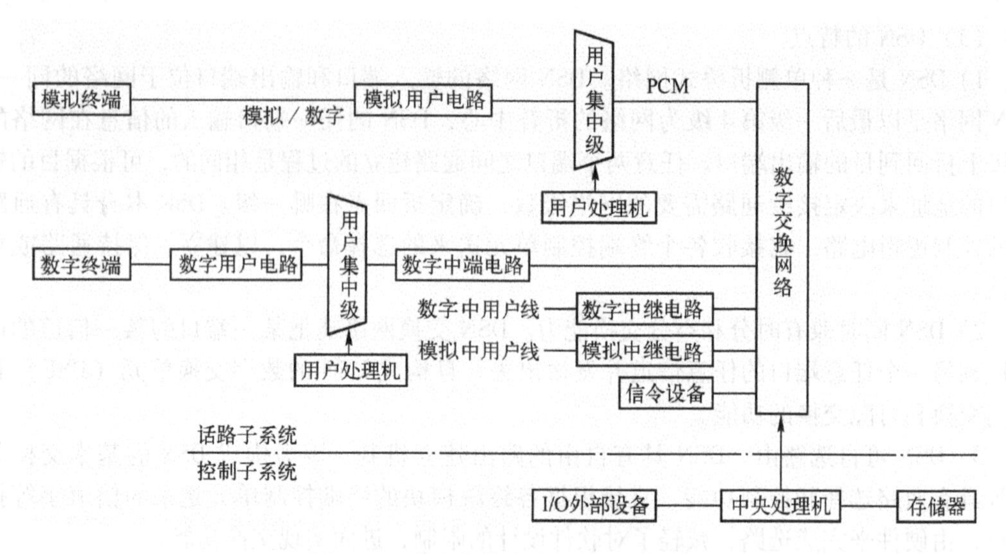

图 2-50　数字程控交换机的系统结构

传输交换的过程。接口设备是数字程控交换机与外围环境的接口，其功能主要是完成外部信号与交换机内部信号的转换，因此它的功能与电路设备和连接线路的信号方式有密切的关系。数字程控交换机的接口设备主要有用户电路、中继电路和信令收发设备等。用户电路是用户终端设备与交换机的接口，用户终端通过用户线连接到交换机，因而每条用户线对应一套用户电路，完成信号采集、动作驱动、语音传输等功能。在图 2-50 对应位置显示出模拟用户电路、数字用户电路、模拟中继电路和数字中继电路 4 种，话路子系统还包括了用户集中级模块和用户处理机模块等，接下来将具体介绍数字程控交换机各构成子系统的功能。

2.3.2　话路子系统

数字程控交换系统的话路子系统主要由交换网络及各种接口电路和信令设备等构成。其中接口电路包括负责连接用户终端的用户电路和负责连接中继线路的中继电路两种，而根据线路上传送信号的不同又各分为模拟用户电路、数字用户电路、模拟中继电路和数字中继电路。同时交换网络还通过用户集中级模块和用户处理机模块来连接用户终端设备。用户集中级用来完成话务集中功能，因为一般用户线上的话务量较低，直接连接到交换网络上线路利用率低，会造成资源的浪费，因此需要进行话务集中，集中比一般为 2∶1 到 8∶1，然后以高速 PCM 编码输入数字交换网络。用户处理机主要完成呼叫处理的底层控制等功能。接下来主要分析用户电路和中继电路模块的组成原理和实现的功能。

1. 用户电路

用户电路是数字交换系统和用户终端的接口，是为了保护大规模集成电路的数字交换网络，防止产生高电压和大电流，向用户终端提供供电及振铃等，都由用户电路实现，包括模拟用户电路和数字用户电路两种。

（1）模拟用户电路，用来连接模拟用户线，即连接普通电话机的接口电路，它主要用于把模拟的语音信号经过变换后传送给数字交换网络，同时把用户线上的其他信号和交换网络隔离开，其功能可归纳为“BORSCHT”七个功能：B（Battery feeding）——馈电；O（Over-voltage protection）——过电压保护；R（Ringing control）——振铃控制；S（Supervision）

——监视；C（CODEC & filters）——编译码和滤波；H（Hybird circuit）——混合电路（2/4线转换）；T（Test）——测试。

模拟用户电路功能图如图2-51所示，其中用户外线连接电话终端，用户内线连接交换网络，以下分别说明。

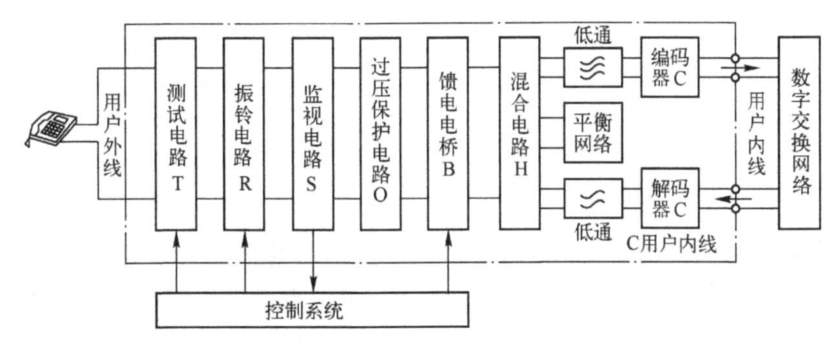

图2-51　模拟用户电路功能图

1）馈电（B）

馈电的电路图如图2-52所示，向用户提供通话供电（在我国馈电电压一般为-48 V或60 V，如果用户线距离较长可增加馈电电压）。其中电容的特性为“隔直流、通交流”，电容允许交流通路，用户的声音被传到外线；同时电感的特性是“隔交流、通直流”，电感允许直流通过，可以给用户直流供电。

2）过电压保护（O）

过电压保护功能是对交换机的内部集成电路进行的保护。其电路图如图2-53所示，通过钳位方法保持内线电压。因为用户线是外线，可能会受到雷电袭击等产生高压，为避免对交换机的伤害，通常在用户线配线时已经设置保安器作为第一级保护，此处用户电路采用了由二极管桥式电路和起限流作用的热敏电阻 R 组成的钳位电路，形成了第二级保护，使交换机内线电压保持在-48～0 V之间，过高的电压由电阻承受。两级保护配合使用来保障交换机的安全。

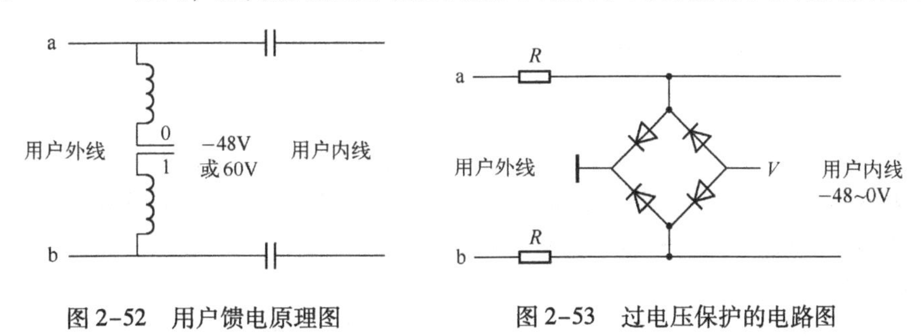

图2-52　用户馈电原理图　　图2-53　过电压保护的电路图

3）振铃控制（R）

振铃控制向被叫用户话机送铃流信号，它的电路图如图2-54所示。由于振铃电压较高，我们看到该模块置于过电压保护功能范围之外。我国应用铃流电压为90 V±15 V，由微处理机发出振铃控制信息控制振铃器件的开闭，从而控制有铃、无铃。具体实现过程为：当主叫拨号找到空闲链路到达被叫后，由振铃控制信息控制启动R继电器，开关接通振铃电路，铃流经用户线送达被叫用户，被叫振铃；被叫用户摘机后，交换系统立刻测出用户直流环路电流变化，振铃电路开关送出截铃信号，于是停止振铃，接通用户线。

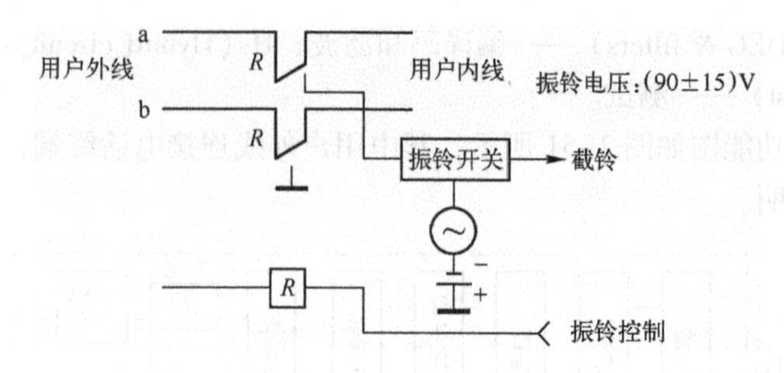

图 2-54　振铃控制的原理图

4）监视（S）

监视电路可通过监视用户线的电流状态来确定用户回路的通断状态，从而检测摘机、挂机、拨号、正在通话等用户状态，再传送给控制设备。监视的电路图如图 2-55 所示，如用户挂机状态，直流环路断开，馈电电流为零；用户摘机状态，直流环路接通，直流电流在 20 mA 以上，因此可通过监测用户线上电流的变化检测用户状态的变化。

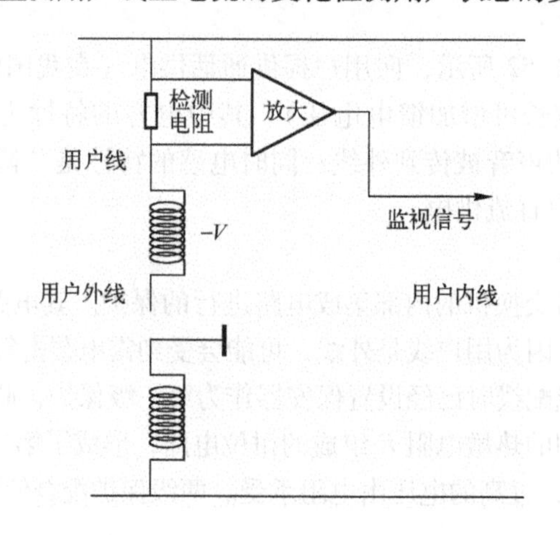

图 2-55　用户状态监视的原理图

5）编译码和滤波（C）

编译码电路完成用户终端传输的模拟话音与数字交换网络传输的 PCM 编码信息的转换，即模数与数模转换。其中编码器把模拟信号转变成 PCM 数字信号送到交换网络中进行交换，译码器把来自交换网络的 PCM 数字信号还原成模拟语音。

6）混合电路（H）

混合电路完成二线到四线传输的转换功能。用户终端话机为二线（a、b 线）双向传输模拟信号的方式，而数字交换网络是使用四线单向传输数字信号（即两条线发送信息，两条线接收信息），因此，在编码以前和译码以后一定要经过混合电路进行二/四线转换。

7）测试（T）

交换机在日常运行过程中，用户线路、用户终端和用户接口电路可能发生短路、断路、碰地或元器件损坏等各种故障，为了确保通信设备的正常可靠运行，交换机管理系统需通过测试电路对用户外线和接口内部电路自动进行例行测试或指定测试。测试主要包括用户内线测试和用户外线测试两方面内容：用户内线测试模仿话机执行一个完整的通话应答过程来检验各功能电路是否正常；用户外线测试是针对用户线路及用户终端的状态和相关参数进行测试，可检测用户线短路、断路、碰地、搭接电力线等故障。测试的电路图如图 2-56 所示。

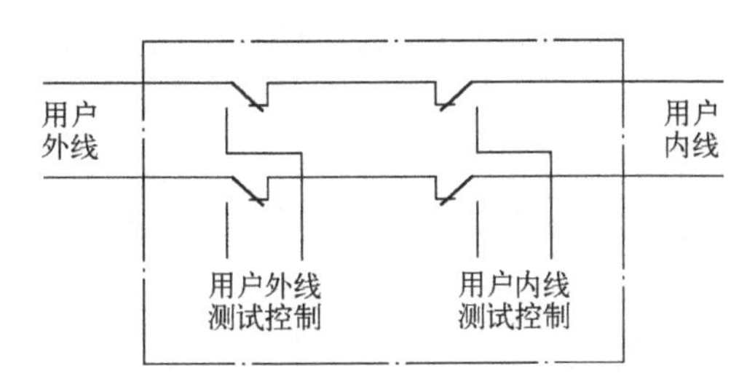

图 2-56　测试的电路图

（2）字用户电路

数字用户电路是为适应数字终端用户环境而设置的，提供了数字终端设备与数字程控交换机之间的接口电路，它可以用来连接数字电话终端、计算机及各种数据终端设备等。这些数字用户终端通过用户线路接到交换机的数字用户接口，直接在传输线路上发送和接收数字信号，就可以实现用户到用户的数字信号传输。因为直接连接数字终端用户，数字用户电路不需要进行模/数变换，它提供了多种速率的数字业务接入接口，提供专用的用户信令通路，并规定了接口的电气特性和应用范围。实现程控交换机的数字用户接口统称为“V”接口系列，包括从 V_1 到 V_5 等数字接口，它们分别提供各种信息传输速率的接口。

V_1 为基本速率接口，提供 2B + D 的接口速率，其中 B 是 64 kbit/s 的数据信道，D 为 16 kbit/s 的信令信道。它为窄带综合业务数字网（N-ISDN）数字用户接口，用户可以达到的最高信息传输速率为（64 ×2 +16） kbit/s ＝144 kbit/s。

V_2 为连接数字远端模块的接口。

V_3 为连接数字 PABX 的接口，提供 30B + D 的基群速率接口。

V_4 为可接多个 2B + D 的终端接入，支持 ISDN 的接入。

V_5 为由 ITU-T 定义的，是接入网第一个标准化的接口，它基于 2. 048 Mbit/s 传输速率，可支持 PSTN 和 ISDN 以及租用线业务的接入，V_5 接口根据结构不同又分为 $V_{5.1}$ 接口和 $V_{5.2}$ 接口，$V_{5.1}$ 接口为一个 2. 048 Mbit/s 群，$V_{5.2}$ 接口可有最多 16 个 2. 048 Mbit/s 群。

2. 中继电路

中继电路是数字交换系统和中继线路的接口电路，它的功能和电路与所用的交换系统的制式及局间中继线信号方式有密切的关系，中继电路包括模拟中继电路和数字中继电路两种类型。

（1）模拟中继电路

模拟中继电路是数字程控交换机与模拟中继线的接口，用于与模拟交换机的连接。模拟中继电路的功能类似于模拟用户电路，包括线路信号监视、忙闲指示、混合电路、编译码和滤波、过电压保护和测试等功能，只是不再需要馈电和振铃电路。因为它们都是和模拟线路连接，但模拟信号的传输已逐渐被数字化信号所取代，因此目前在电话网中模拟中继电路基本上不再使用。

（2）数字中继电路

数字中继电路是连接数字中继线与数字交换网络之间的接口，用于交换机之间及其他传输系统之间的数字信号传输连接。由于数字中继线传送的是 PCM 群路数字信号，因而实现了数字通信的传输技术，主要完成帧同步与复帧同步、帧定位、码型变换、时钟提取、告警处理、信令插入与提取等，即要解决信号传送、同步与信令配合三方面的问题。其功能图如图 2-57 所示。

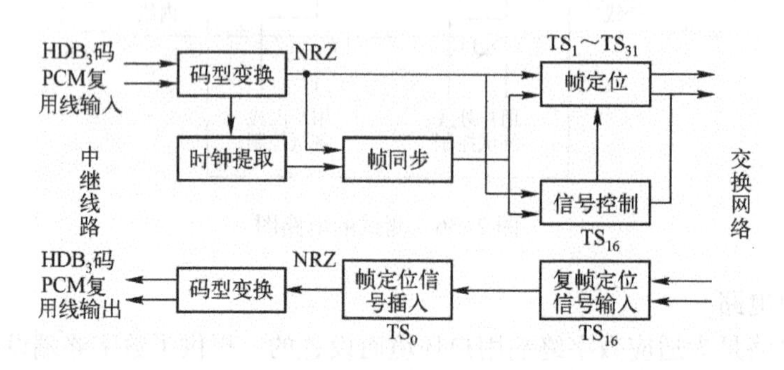

图 2-57　数字中继器功能框图

帧同步：从接收的数据流中搜索并识别帧同步码，并以该时隙作为一帧的开始，以便使接收端的帧结构排列和发送端的完全一致。帧同步码由发送端在形成 PCM 复用帧结构时，在每偶数帧（奇数帧不用于帧同步）中第一个时隙单元 TS_0 插入帧同步码“×0011011”（×为任意 0 或 1），经过比较和调整，确定为帧同步信号时，即可确定 TS_0 位置。从而识别一帧的开始。

复帧同步：如果数字中继线上使用的是随路信令（中国 1 号信令）时，则除了进行帧同步外，还需完成复帧同步，以便解决各路标志信号的错路问题。在随路信令方式下，16 个子帧构成一个复帧，其中每个子帧的 TS_{16} 用作传输 30 路复用用户的话路状态信令通道，复帧同步利用第 0 号子帧的 TS_{16} 传送“00001A11”来标识。

帧定位：两交换机互连，其时钟永远存在差异，不可能做到绝对同步，通常在收信息的时候，接收端利用弹性缓存器暂存输入的 PCM 码流，然后用本机时钟读出，可使两交换机时隙相位达到相对同步。

码型变换：在数据流入交换机时，必须将外部中继复用线上传输的三阶高密度双极性码（High Density Bipolar of Order 3，HDB3）变换为交换机内部使用的单极性不归零码（Non-Return Zero Code，NRZ），以适应外部线路传输特性和内部交换机识别码型的需要，在交换机处理后输出信息流中再进行码型反变换。

时钟提取：是从输入 PCM 复用线上传输的 HDB3 数据流中提取发端送来的 2.048 MHz 时钟信号，作为输入数据流的基准时钟，从而保证在数字交换系统之间正确传送信息。同时该时钟信号还用来作为本端系统时钟的外部参考时钟源。提取时钟的方法是先通过变换 HDB3 码到 AMI 码，再经整流变成单极性归零码从而提取时钟频率。

告警处理：当发生时钟或帧同步故障时，则进入搜索和再同步状态，并产生告警信息。

信令提取和插入：在采用随路信令时，数字中继器的发送端要把每个复用用户的随路线路信令插入到除第 0 号复帧之外的第 1～15 号复帧中相应的 TS_{16} 时隙单元；在接收端再将各用户的线路信令从 TS_{16} 中提取出来送给控制系统。

2.3.3　控制子系统

数字程控交换系统的控制子系统是数字程控交换机的核心设备，它由中央处理器、存储器和输入/输出设备组成，通过执行预定的程序和各种命令，来完成语音交换、维护和管理等功能。因为数字程控交换系统的规模大、容量大、功能复杂，因此通常由多个处理机构成。不同处理机之间要相互通信、共同配合来控制呼叫接续。典型的交换机控制子系统的构成方式主要有集中控制方式、全分散控制方式和分级分散控制方式 3 种。

（1）集中控制方式

集中控制系统由多个处理机构成，每一个处理机均装配同样的软件系统，因此每一个处理机均可掌握整个系统的状态，都可以对交换系统内的所有功能和资源进行操作和控制，如图 2-58 所示。即假设一台交换系统的控制子系统由 n 台处理机组成，同时系统有 r 个资源配置，并实现 f 功能操作，作为集中控制类型，则每一台处理机均能达到全部资源，也能执行所有功能。

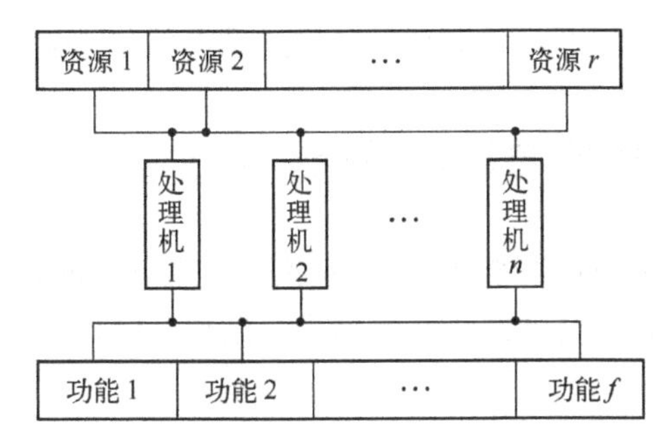

图 2-58　集中控制方式

集中控制方式的每个处理机都掌握整个系统的状态，能直接控制所有功能的完成和资源的使用，这样各处理机间的控制关系和通信接口都简单；但每台处理机上的程序都必须包含对整个交换机的所有功能处理，灵活性差；而单个处理机的应用软件复杂而庞大，经济性差；而且系统较脆弱，一旦出现故障会造成全局瘫痪，使维护困难。

（2）全分散控制

在采用全分散控制方式时，取消了中央处理机，将系统划分为若干个功能单一的小模块，每个模块都配备有处理机，用来对本模块进行控制，每个模块都具有通路选择和建立功能，如图 2-59 所示。各模块处理机是处于同一级别的，每个处理机只能访问部分资源或控制部分功能。它们通过交换消息进行通信，相互配合以便完成呼叫处理和维护管理任务。

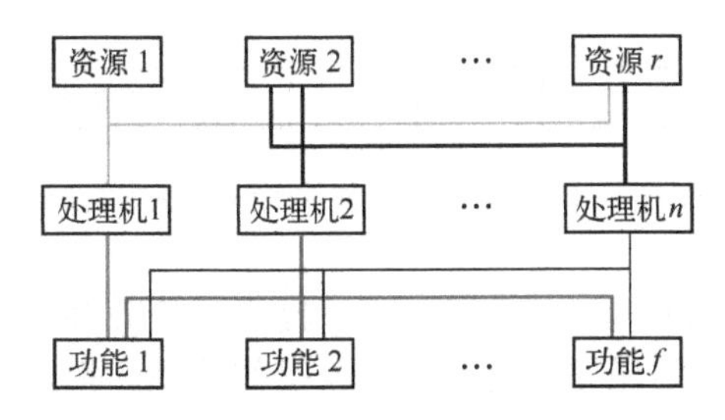

图 2-59　全分散控制方式

全分散控制方式的主要优点是更好地使用硬件和软件的模块化，系统结构的开放性和适应性强，便于系统扩充，呼叫处理能力强，整个系统全阻断的可能性很小，提高了系统的可靠性和灵活性。缺点是处理机之间通信量大而复杂，需要严格地协调各处理机的控制功能和数据管理。

(3) 分级分散控制方式

分级分散控制方式的基本特征在于处理机的分级，即将处理机按照功能划分为若干级别，每个级别的处理机完成一定的功能，低级别的处理机是在高级别的处理机指挥下工作的，各级处理机之间存在比较密切的联系。同时将控制功能分级，不同层次的控制功能由不同的处理机完成。

分级分散控制方式优点在处理机之间是分等级的，可以由高级别的处理机管理低级别的，管理功能相对简化；采用标准组件化结构，易组成更大容量、更复杂功能系统；方便引入新技术、新元件，系统持续发展性好；可靠性高，故障只影响局部。

为了更好地适应软硬件模块化的要求，提高处理能力及增强系统的灵活性与可靠性，目前程控交换系统的分散控制程度日趋提高，已广泛采用部分或完全分级分散控制方式。

2.4 数字程控交换系统的软件系统

程控交换机实质上是采用计算机进行“存储程序控制”的，它将各种控制功能和方法编成程序，存入存储器，利用对外部状态的扫描数据和存储程序来控制，管理整个交换系统的工作。

2.4.1 软件系统结构

程控交换软件系统的组成如图 2-60 所示。程控交换软件系统是由操作系统软件和应用系统软件组成的，操作系统通过接口和交换机的硬件设备相连，实现对硬件资源的管理；应用系统软件包括呼叫处理程序和交换系统的操作管理和维护程序，完成交换机的呼叫处理的正常运行和控制等功能。

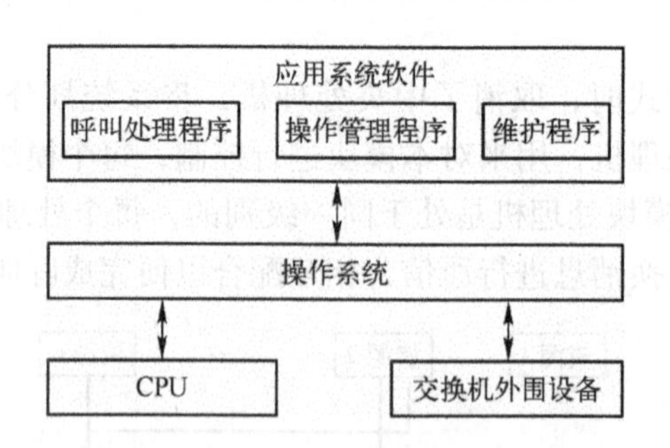

图 2-60　程控交换软件系统的基本组成

程控交换系统的操作系统具有其自身特点。操作系统的类型有批处理操作系统、分时操作系统、实时操作系统、网络操作系统和分布式操作系统。程控交换系统是一个实时控制系统，因此它的操作系统具有实时操作系统的特点。此外，由于在程控交换系统中常常采用多处理机系统，它的结构有计算机局域网的特点，因此其操作系统还具有网络操作系统的功能。对于全分散控制的交换系统来说，其操作系统也具有分布式操作系统的特点。程控交换软件系统的特点如下。

（1）实时性强

程控交换系统必须在很短的时间内处理成千上万个并发的呼叫处理任务，而不能让用户等待时间过长，从而来保证语音传输的实时性的服务要求，所以程控交换机的软件系统必须能及时收集外部状态变化，在规定时间内须做出适当响应来保证系统的正常运行。

（2）并发性

一个程控交换机可以同时为成千上万个用户提供通话服务，显然同一时刻各用户状态存在差异，因此要求交换系统同一时间能执行多道程序，处理多项任务；如呼叫处理程序中各用户在同一时刻处于不同的状态及发生不同的状态转移，这时需要调用多个不同的程序分别进行处理。除了呼叫处理程序，程控交换机还需要不断进行系统维护、测试和管理等功能程序的运行。

（3）可靠性要求高

程控交换机的系统必须具有高可靠性，一般要求能够正确进行 99.9994% 的呼叫处理，及在 40 年中系统中断时间不超过 2 小时等。程控交换系统的关键设备采用冗余配置，并采用各种措施及时发现错误和纠正错误。

（4）能方便地适应各种使用条件

一台交换机产品可能被应用在规模上、功能上和运行环境上互不相同的各种类型交换局的电话系统中，因此其系统配置必须能够适应各种不同的需求；一般程控交换的软件系统普遍采用参数化设计，使处理程序和供给参数的数据部分分离，方便进行程序调用。

（5）软件的可维护性要求高

由于程控交换机的设备成本比较高，在应用环境发生改变时能够灵活调整自身配置来实现适应性，因此程控交换系统的软件系统的设计以能方便引入新技术、新功能，容易修改软件和硬件配置为目标，一般采用模块化、结构化设计，数据驱动型程序结构来实现。例如数据驱动型程序结构是根据参数查表来确定需要启动哪个程序的方法，其优点是当处理策略变化时，不必修改处理程序，只需修改部分数据即可。

2.4.2 呼叫处理程序

程控交换机的应用软件最重要的就是呼叫处理软件，呼叫处理软件主要完成主叫和被叫之间通话连接的建立和释放以及业务流程的控制。一个正常的呼叫处理过程包含如下几个步骤：

1）主叫用户摘机呼叫：端局交换机检测到主叫用户的摘机信号，确定用户的类别、呼叫限制情况及收号方式。

2）向主叫送拨号音，准备收号：端局交换机确定空闲的线路及收号器后，向主叫送拨号音，等待接收被叫号码。

3）收号：端局交换机检测到第一位号码后停拨号音，接收并存储号码，进行号码首位分析，确定呼叫类别和应收号码长度。

4）号码分析：待被叫号码接收完整后，进行全部号码的分析及翻译，确定被叫的端局设备标识及主叫到被叫之间的路由。

5）向被叫用户振铃：交换机将路由请求依次连接到被叫所在的端局，检查连接线路是否空闲，确定空闲线路后，向被叫用户振铃，并向主叫用户送回铃音，线路连接已建立，并实时监视主、被叫用户状态。

6）被叫摘机应答：此时被叫用户摘机则停止被叫振铃、停止发送回铃音，进入双方通话状态，启动计费程序，同时监视主、被叫用户的状态变化。

7）主叫先挂机：如果此时主叫先挂机，主叫所在端局交换机检测到挂机信号后，发出断开连接线路请求，并向被叫送催挂音，停止计费。

8）被叫先挂机：如果此时被叫先挂机，被叫所在端局交换机检测到挂机信号后，发出断开连接线路请求，并向主叫送催挂音，停止计费。

9）通话结束：检测到被催挂的另一个用户挂机后，释放链路资源，完成整个通话过程。

从上面的呼叫处理过程可以看出，整个过程都可以概括为主交换机从当前的一个稳定状态下，在外部的各种输入信号的作用下发生状态转移到另一个稳定状态的情况变化，如主叫和被叫处于通话状态时，这是一个交换机的稳定状态，如果发生一方挂机动作，交换机检测到挂机信号的输入时，会立即进行相应的处理，从而产生一系列的输出操作，发出断开连接线路请求，并向另一方发送催挂音等，随即交换机进入新的稳定状态。我们把交换机从一个稳定状态变化到另一个稳定状态的过程叫做状态迁移，而交换机的状态迁移变化是由于检测到新的外部信号而触发的，比如检测到用户的摘机、挂机外部信号等，相应交换机进行任务的分析后再进行任务的执行，因此，呼叫处理程序可分为输入处理、任务分析和输出处理三部分，如图 2-61 所示。

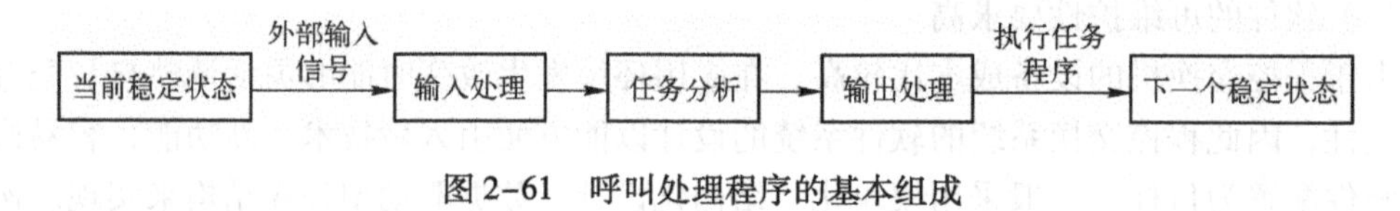

图 2-61　呼叫处理程序的基本组成

通过分析可知，呼叫处理过程可以划分为 3 部分。

1）输入处理是指交换机接收并识别外部端口输入的接续处理请求和信号，主要通过周期性的运行输入处理程序来实现，例如用户线扫描监视程序，就是通过程序实现对交换机连接的用户线每隔 100～200 ms 扫描一次，来发现用户端状态的变化，即识别出用户的摘机和挂机。除此之外，输入处理程序还包括交换机对中继线的扫描监视程序、拨号号码接收程序、各种信令和信号的接收程序等。

2）分析处理是指交换机对前期输入处理程序得到的各种信息，进行数据分析和处理的过程，即交换机对各种信息，包括输入信息和当前的进程状态、用户数据和资源情况及服务的性能指标进行分析，再确定下一步任务；它属于基本级程序，它没有固定周期，是通过任务分析程序来实现的。按照要分析的信息，分析处理部分可分为：去话分析、号码分析、来话分析和状态分析 4 部分。

去话分析是指交换机检测到主叫摘机后马上要调用的处理程序，即根据数据库里的主叫用户数据，进行相应的分析，包括分析用户当前是否处于忙或其他的状态、是否有呼叫限制及权限、话机的拨号类别、用户的优先级别和计费类型等，做好交换机收号前的准备工作。

号码分析是指交换机收到用户拨号号码以后开始进行的，信息源接收主叫用户所拨出的被叫用户号码，通过查找译码表进行分析，其分析的目的是确定接续方向和应收号码的长度，以及下一步要执行的任务。号码分析可分为两个步骤：号首预译和号码分析。号首预译是指根据被叫号码的字冠如第 1 ~3 位，来确定呼叫是本局接续还是他局接续的类型，以及获取应收被叫号码总长度和路由等信息；接下来的号码分析是待接收到全部的被叫号码后，对完整的号码进行分析，确定被叫用户的用户设备号。用户设备号是指每个用户在交换机内都具有的唯一标识，即通过被叫用户的用户设备号，就能确定其和交换机连接的物理端口，从而连接到被叫用户。

来话分析是指交换机根据被叫用户的数据，分析被叫用户是否有呼叫限制、计费类型、是否处于忙碌的状态及是否有呼叫等待、遇忙呼叫转移及遇忙呼叫回拨等被叫补充业务的设置，分析的目的是要确定能否叫出被叫和如何继续控制入局呼叫的接续。

状态分析是指处在某个稳定状态下，当接收到各种输入信号的事件时，根据当前的状态和输入的事件就要进行状态分析，其目的是要确定下一步的动作。我们已知，整个呼叫处理过程分为若干个阶段，每个阶段可以用一个稳定状态来表示；呼叫处理的过程就是在一个稳定状态下，处理机监视、识别输入信号，进行分析处理，执行任务和输出命令，然后跃迁到下一个稳定状态的循环过程。在一个稳定状态下，若没有输入信号，状态不会迁移。稳定状态主要有：空闲、等待收号、收号、振铃、通话、听忙音、听空号音、听催挂音、挂起等；输入事件主要有：摘机、挂机、超时、拨号号码、空错号等；事件还包括交换机内部事件：计时器超时、由分析程序分析的结果、故障检测结果、测试结果等产生的事件。

3）输出处理即交换机根据内部分析处理结果，发布一系列控制命令并完成具体的动作。这些命令可以是呼叫处理内部某个任务程序，或者是完成一些信令和消息的执行。如通话线路的建立或拆除、发送各种信号音频信息和信令、发送各种交换机间的通信的消息等。

2.4.3 程控交换机的性能指标

尽管目前数字程控交换机的产品型号众多，其规模和实现的功能也各有不同，但总体来说，衡量程控交换机的性能指标主要有 4 项：系统容量、话务量、处理机的呼叫处理能力和过负荷控制。

（1）交换机的容量

这项性能指标是指程控交换机能够接入最大的用户线数和中继线数，直接反映出交换机网络的通路数。一般用于市内电话网的大容量交换机的用户线可达几十万线数，核心网的中继容量更是非常巨大。

（2）话务量

话务量是反映电话交换系统话务负荷大小的量，它是用户占用交换机资源的一个量度。交换机可提供的话务量是指该交换机在规定的服务等级之下所能提供的话务量，它是所有终端话务量的总和。话务量与呼叫强度和呼叫保持时间有关。呼叫强度是单位时间内发生的呼叫次数，呼叫保持时间也就是占用时间。话务量的单位是“爱尔兰”（Erlang），用 Erl 表示，相当于“小时呼”。例如某交换机忙时平均呼叫次数为1500次，每次平均占时1 min，则每线的话务量为：(1500×1÷60) Erl = 25 Erl。

显然，呼叫次数越多，每次呼叫占用的时间越长，则交换机的负荷越重。话务量这个指标还应注意以下几个问题：

1）话务量总是针对一段时间而言，如：1天或1小时。

2）呼叫强度和呼叫保持时间都是平均值。

3）要区分流入话务量与完成话务量：

流入话务量 = 完成话务量 + 损失话务量

损失话务量 = 流入话务量 × 呼叫损失率（呼损率）

呼叫损失率是交换设备未能完成的电话呼叫数量和用户发出的电话呼叫数量的比值，简称呼损。显然，呼损比率越小，QoS就越高，可以通过增加交换机线路数量来降低呼损，从而增加QoS，但是却带来交换机设备利用率的降低。因此，呼损大的电话网QoS差，用户不满意；呼损小的电话网，设备利用率低，QoS与设备利用率两者是矛盾的，在电话网规划工程中，需实际考虑QoS与本地用户的情况合理配置交换机的容量来权衡呼损和设备利用率的指标，通常本地电话网，总呼损在2% ~5%比较合适。

(3) 处理机的呼叫处理能力

处理机的呼叫处理能力是指处理机在忙时能处理的最大的试呼次数（Busy-Hour Call Attempt，BHCA），是通信业务工程中用于测量、评估和规划电话网络呼叫处理能力的一个关键性指标。通俗来讲，最大忙时试呼次数（BHCA）是指在一天中一个通信系统最繁忙的一个小时（高峰时期）电话呼叫的请求总次数。

我们知道，一个通信系统所能承受的话务量高低反映了其处理用户业务的综合能力，然而在实际应用中，一天各个时段的话务量却不尽相同，它是随着时间的变化而变化的。显然在白天工作时间要比凌晨时段话务量多很多倍。为了区分在不同时刻网络话务量的变化，我们将网络中话务量最大的1个小时称为忙时，而在这1个小时内所有用户的呼叫总次数称为BHCA。这样BHCA请求次数越大，对程控交换机/电话网络处理器的压力也就越大。如果一个通信系统能够处理的BHCA低于实际BHCA，则会造成电话网络瓶颈，将会导致通信拥堵从而影响客户的满意度。如果一个通信系统能够保证所有用户的业务请求在忙时能够被正常处理，那么在系统的闲时肯定也没什么问题。

在实际情况下，由于对每个用户进行精确度量不大现实，所以BHCA是以系统的整体业务处理能力为计算对象的，BHCA相关的参量分别为：

1）系统开销t：表示处理机时间资源的占用率。

2）固有开销a：表示与呼叫处理次数（话务量）无关的系统开销。

3）非固有开销b：表示与呼叫处理次数有关的系统开销。

4）N：单位时间内所处理的呼叫总数，即处理能力值（BHCA）。则单位时间内处理机用于呼叫处理的时间开销为：

$$t = a + bN \tag{2-7}$$

例：某处理机忙时用于呼叫处理的时间开销平均为0.85，固有开销$a = 0.29$，处理一个呼叫平均需时32 ms，求其BHCA为多少？

$$0.85 = 0.29 + (32 \times 10^{-3}/3600) \times N$$

解得 $N=63000$ 次/h，表示交换机最忙时一小时可以处理的最大呼叫次数为63000 次。

当然，影响呼叫处理能力的因素有很多，主要可以归结为系统容量和规模、处理机的结构和性能以及软件的设计和执行水平等。

（4）过负荷控制

程控交换机必须有过负荷控制才能保证在出现过负荷情况下仍能进行一般的呼叫处理，过负荷是指在一个有效的时间间隔周期内，出现在交换设备上的试呼次数超过它的设计能力时，则称该交换设备运行在过负荷状态。出现过负荷状态，如果不采取过负荷控制机制，会导致交换机的话务处理能力不断下降，严重时会导致交换机不能进行正常的呼叫处理；因此，出现过负荷状态时，交换机应启动过负荷控制功能，以自动逐步微调方式限制输入负荷，使处理机仍能正常工作，并且其处理能力不应明显低于设计能力。过负荷控制一般分 4 级进行，每级限制 25% 的用户的呼叫请求，按照先限制优先级低的用户再到优先级高的顺序，一直到负荷数恢复正常数值。过负荷控制一般要达到，当负荷超过设计能力 50% 时，还要保证不低于 90% 的试呼获得成功，因此在现代的程控交换机中过负荷控制是一个重要指标。

2.5 本章知识点小结

本章主要讲述了通信网出现最早、应用最普遍的电路交换方式的基本原理，以及电话通信网络中完成节点交换功能的程控交换系统的结构及其硬件和软件系统组成。电路交换方式是针对语音业务的产生而出现的，基于面向连接的并采用同步时分复用的传输方式，具有实时性好，时延和时延抖动都较小，只提供透明传输，交换设备控制均较简单的特点；但是由于电路交换方式只能提供固定传输速率 64 kbit/s，因此信道利用率低，并且对信息不能进行差错控制。因此电路交换方式主要适用于语音和视频这类实时性强的业务，而并不适用于要求高可靠性、可变传输速率的数据业务。

电话通信网络中完成节点交换功能的设备是数字程控交换机，即数字程控交换系统，主要完成主叫到被叫之间各节点连接的建立和语音信息的传输。数字程控交换机是由控制子系统和话路子系统两部分组成。控制子系统是交换机的“指挥系统”，交换机的所有动作都是在控制子系统的控制下完成的；话路子系统实现数据信息在程控交换系统内部的传输，包括交换网络以及各种用户电路模块、中继电路等接口设备，其中交换网络是数字程控交换系统的核心，主要实现在控制系统的命令下语音和数据在交换系统内部的传输，完成交换网络内部任意入线到出线的连接；接口设备是数字程控交换机与外部连接的接口，其功能主要是实现各种外部线路与交换网络之间的连接，完成外部信号与交换机内部信号的转换。

由于交换网络的规模较大，如果集成在一个整体部件中的话控制复杂，成本高，因此把交换网络分割成一些基本的交换部件，这些基本部件就是交换单元。交换单元是构成交换网络最基本的组成元素，由若干个交换单元按照一定的拓扑结构和控制方式连接起来构成交换网络。交换单元实现交换功能就是通过在内部建立入线和出线的连接实现的，这个内部的连接用连接特性来表达。连接特性是交换单元的基本特性，它反映了交换单元入线到出线的连接能力，通常我们用连接集合和连接函数两种方式来描述。

交换单元按照交换方式的不同可分为空分交换单元与时分交换单元。空分交换单元也称为空间交换单元，空分交换单元由空间上分离的多个小的交换部件或开关部件及控制信号器件按照一定的规律连接构成，主要用来实现多条输入线与多条输出线之间信号的空间交换，而不改变原信号的时隙位置。典型的空分交换单元有开关阵列和空间接线器（S 接线器）两种。

空间接线器是由交叉点矩阵和控制存储器构成的，交叉点矩阵就是开关阵列，控制存储器是用于控制每条输入复用线与输出复用线上的各个交叉点开关在何时闭合或打开，从而实现入线到出线的内部连接的建立和释放，空间接线器有输入控制和输出控制两种方式。

空分交换单元对信息只进行空间交换，没有改变数据的时隙位置；而时分交换单元的内部只存在唯一的公共通路，经过时分交换单元的所有信息都分时共享该公共通路，对入线上各个时隙的内容按照交换连接的需要，分别在出线上的不同时隙位置输出，完成时隙交换的功能。根据时分交换单元内部共享的公共通路是存储器结构还是总线结构，划分为共享存储器型的交换单元和共享总线型的交换单元。

典型的共享存储器型的交换单元为时间交换单元，简称 T 接线器。T 接线器主要是由话音存储器（SM）和控制存储器（CM）构成的。SM 用来暂存来自输入线的 PCM 语音编码信息；CM 用来控制语音存储器各单元内容的写入或读出，存储的内容是 SM 在当前时隙内应该写入或读出的数据所在的单元地址。时间交换单元的也有输出和输入两种控制方式。

共享总线型交换单元的典型实例是数字交换单元（DSE），用多个 DSE 可以组成大规模的数字交换网络（DSN）。DSE 具有 16 个双向端口，每个端口都包括发送部分（TX）和接收部分（RX），每个端口都连接一条速率为 4096 kbit/s 的双向 PCM 时分复用总线，通过 DSE 可以实现 16 个端口之间 32 个时隙中的任何时隙的交换。

多级交换网络的内部可能会出现对公共链路发生竞争而出现阻塞，导致某些连接无法建立，使得资源利用率降低，因此，内部阻塞是交换网络要解决的重要问题。在本章主要介绍了 CLOS 网络、BANYAN 网络、TST 网络和 DSN 网络共 4 种典型的交换网络的结构、特点和实现信息内部交换的过程。CLOS 网络的独特构造保证其交换网络满足严格无阻塞条件：第二级交换单元个数 $n_2 \geqslant 2n-1$ （$i_1 = o_3 = n$）；BANYAN 网络是一种空分多级的交换网络，尤其在 ATM 交换机的硬件系统结构中得到了广泛的应用，多采用 2×2 的基本交换单元构成，BANYAN 网络具有结构简单，模块化、可扩展性好，唯一路径和自选路由特性，选路效率高等优点，但 BANYAN 网络是有内部阻塞的网络，可以通过增加内部线路数量、增加 BANYAN 网络的级数和使用排序-BANYAN 网络，来消除内部阻塞。TST 交换网络是在电路交换系统中经常使用的一种交换网络类型，主要由 T 接线器和 S 接线器级联而成，为减少选路次数，简化控制，TST 交换网络内部时隙的选择一般采用反相法，使正、反两个方向上的时隙相差半帧。较大容量的数字程控交换机也可采用由 DSE 固定连接构成的数字交换网络 DSN 来实现，同时具有空间交换和时隙交换的功能。

数字程控交换系统的话路子系统主要包括交换网络及各种接口电路和信令设备等构成。其中接口电路包括负责连接用户终端的用户电路和负责连接中继线路的中继电路两种，而根据线路上传送信号的不同又各分为模拟用户电路、数字用户电路、模拟中继电路和数字中继电路。模拟用户电路用来连接模拟用户线，主要完成把模拟的语音信号经过变换后传送给数字交换网络，其功能可归纳为馈电、过电压保护、振铃控制、监视、编译码和滤波电路、混合电路和测试 7 个功能。数字中继电路是连接数字中继线与数字交换网络之间的接口，用于交换机之间及其他传输系统之间的数字信号传输连接，主要完成帧同步与复帧同步、帧定位、码型变换、时钟提取、告警处理、信令插入与提取等功能，解决信号传送、同步与信令配合 3 方面的问题。

数字程控交换系统的控制子系统是数字程控交换机的核心设备，它由中央处理器、存储器和输入/输出设备组成，主要有集中控制方式、全分散控制方式和分级分散控制方式 3 种。

程控交换机实质上是采用计算机进行“存储程序控制”的，它将各种控制功能和方法编成程序，存入存储器，利用对外部状态的扫描数据和存储程序来控制，管理整个交换系统的工作。程控交换系统软件是由操作系统软件和应用系统软件组成的，操作系统通过接口和交换机的硬件设备相连，实现对硬件资源的管理；应用系统软件包括呼叫处理程序和交换系统的操作管理和维护程序，完成交换机的呼叫处理的正常运行和控制等功能。

程控交换机的应用软件最重要的就是呼叫处理软件，呼叫处理软件主要完成主叫和被叫之间的通话连接的建立和释放以及业务流程的控制，呼叫处理程序可分为输入处理、任务分析和输出处理三部分。衡量程控交换机的性能指标主要有 4 项：系统容量、话务量、处理机的呼叫处理能力和过负荷控制。

2.6 习题

1. 数字程控交换系统的基本结构包含哪几部分，并简述它们的作用?

2. 分别画出 $N=8$ 时间隔交叉连接、均匀洗牌连接和蝶式连接的连接图形和函数的排列表示。

3. 请说明 T 型接线器和 S 接线器的基本组成和功能，二者有何不同?

4. S 接线器有哪两种工作方式?

5. 一个 S 接线器的交叉点矩阵为 8×8，设有 TS_{10}要从母线 1 交换到母线 7，试分别按输出控制方式和输入控制方式画出此时控制存储器相应单元的内容，以及控制存储器的容量和单元的大小（位数）。

6. 一个 T 接线器可完成一条 PCM 上的 32 个时隙之间的交换，现有 TS_5 要交换到 TS_{18}，请说明在输入控制方式下的交换过程，并画出此时语音存储器和控制存储器相应单元的内容。

7. 为什么说数字交换单元（DSE）既能进行时间交换，又能进行空间交换?

8. 说明 DSE 的交换过程是如何实现的?

9. 什么是多级交换网络?

10. 交换网络的分类方法有哪些?

11. 举例说明什么是严格无阻塞网络、可重排无阻塞网络、广义无阻塞网络。

12. 3 级 CLOS 网络的严格无阻塞条件是什么?

13. 构造 128×128 的三级严格无阻塞 CLOS 网络。要求：入口级选择 16 入线的交换单元，出口级选择 16 出线的交换单元。画出该网络连接示意图，要求标出各级交换单元的个数以及入出线。

14. 数字程控交换机有哪些接口？它们的基本功能是什么？

15. 简述模拟用户接口电路 BORSCHT 的基本功能。

16. 数字中继接口电路完成哪些功能？简述在数字中继接口电路如何实施信令的插入和提取？

17. 简要说明数字程控交换机软件体系结构的特点和组成。

18. 什么是 BHCA？试写出它的估算公式。

19. 说明呼叫处理程序的实现过程。

第3章　分组交换

在通信过程中，通信双方以分组为单位、使用“存储－转发”机制实现数据交互的通信方式，被称为分组交换方式。分组交换是针对数据业务的突发性强、可变比特率和要求高可靠性等特点而产生的，在数据通信网中得到广泛的应用，包括面向无连接的数据报和面向连接的虚电路两种交换方式。本章重点介绍了分组交换技术的基本原理，数据报和虚电路两种交换方式的工作原理，分组交换网的核心——X.25 协议，以及快速分组交换——帧中继技术的基本原理和相关通信协议。

3.1　分组交换概述

分组交换技术是伴随着计算机网络的产生而出现的。1969 年，美国国防部的高级研究计划局（The Advanced Research Projects Agency，ARPA）建设了一个军用网，叫作“阿帕网”（ARPANET），标志着世界上第一个计算机网络的诞生。随着数据业务的出现和大量传输需求，分组交换技术迅速地发展起来并成为一种最广泛使用的通信技术，是现代通信技术发展的基础。分组交换技术具有线路利用率高、经济性能好等优点，可以提供高质量和灵活的数据通信业务传输。

传统的电路交换技术主要适用于语音业务，对于传输数据业务而言，却有着很大的局限性。首先，数据通信具有很强的突发性，峰值比特率和平均比特率相差较大，要实现语音业务传输，即通信的终端双方以固定比特率进行发送和接收，若按峰值比特率分配电路带宽则会造成资源的极大浪费，如果按照平均比特率分配带宽，对于速率要求高的业务传输，则会造成数据的大量丢失。其次，和语音业务比较起来，数据业务对时延没有严格的要求，但需要进行无差错的传输，而语音信号可以有一定程度的失真但实时性要求高。因此，可以看出数据业务与语音业务的传输要求有很大不同，电路交换技术并不适合传送数据业务。分组交换技术就是针对数据通信业务的特点而提出的一种交换方式，它的基本思想是采用“存储－转发”的方式，将需要传送的数据按照一定的长度分割成许多小段数据，并在数据之前增加相应的用于对数据进行选路和校验等功能的头部字段标识，作为数据传送的基本单元，称为分组。每个分组标识后，在一条物理线路上采用统计时分复用技术，同时传送多个数据分组。作为转发的每个交换节点（交换机）首先将前一交换节点送来的分组接收并保存在缓冲区中，然后根据分组头中的地址信息选择适当的链路将其转发至下一个交换节点，直到分组到达接收端，再去掉分组头将各数据字段按顺序重新装配成完整的数据信息。这样，在通信过程中可以根据用户的需求和网络的能力来动态分配带宽。分组交换比电路交换的线路利用率高，但时延较大。

分组交换技术最早是在 20 世纪 60 年代提出，并在小型计算机互连的 ARPANET 中应用，能够在计算机之间互相进行数据通信，动态分配链路，实现资源共享。ARPANET 的诞生促进了分组交换进入公用数据网。随着1976年3月，著名的国际电报电话咨询委员会（CCITT，ITU-T的前身）的X.25建议推出，使分组交换网的接口标准化；到1975年8月第一个公用的分组交换网——美国的Telenet分组交换网投入运营，分组交换技术得到广泛的应用和发展。

进行分组交换的通信网称为分组交换网。分组交换网实现数据业务的处理，广泛应用在各个行业和系统，还可组建系统内部专网等，其组网灵活、可靠性高、易于实施，适合不同机型、不同速率的客户通信。由于分组交换只能提供中低速的数据传输业务，已经受到了宽带网络技术的巨大冲击。但随着交换设备的更新换代，分组交换技术的不断改进，并以此为基础发展了帧中继、IP交换、多协议标记交换等多种交换技术，能够适应动态的、灵活高速的多种业务的需求。

3.2 分组交换的基本原理

分组交换与电路交换面向连接的方式不同，它是基于“存储-转发”(Store and Forward）的思想，即数据交换前，发送方在每个分组的前面加上一个分组头，用以指明该分组发往何地址，然后由交换机根据每个分组的地址标志，将它们转发至目的地，先通过缓冲存储器进行缓存，然后按队列进行处理和转发。基于“存储-转发”交换思想的技术有“报文交换”(Message Switching）和“分组交换”(Packet Switching）两种方式，本节分别介绍“报文交换”和“分组交换”两种方式的基本原理和区别。

3.2.1 报文交换与分组交换

1. 报文交换

报文交换是分组交换的前身，报文交换的基本思想是发送端先将用户的报文当作一个逻辑单元整体存储在第一个转发节点交换机的存储器中，当所需要的输出电路空闲时，再将该报文转发到下一跳的交换节点，依次执行存储-转发后，直到报文到达接收交换机或用户终端，所以，报文交换系统是典型的“存储-转发”系统。

实现报文交换的过程如图3-1所示。发送端p的报文被整体传输，并加上报文头部，经过多个中间交换机的转发后到达接收端q，接收端q去掉报文头部恢复原报文的内容。具体过程如下：

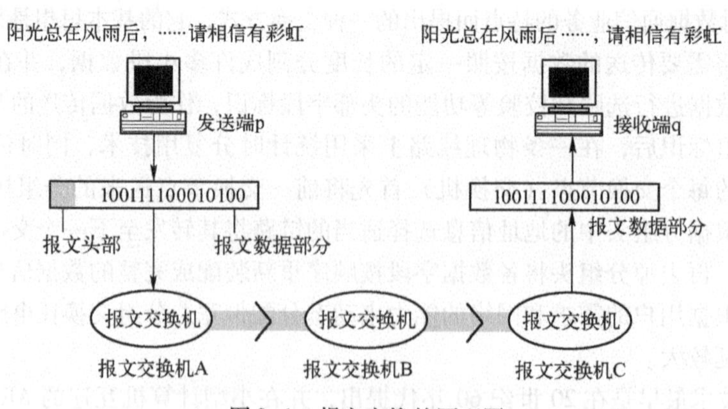

图3-1 报文交换的原理图

1）若在发送端 p 的用户有报文要发送给接收端 q，则需要在发送的报文前面加上报文头部，包括接收端 q 的目标地址和发送端 p 的源地址等信息，封装后将形成的报文发送给报文交换机 A。报文交换机 A 接收报文，并进行存储。报文的头部还包括差错控制编码域，可以在传送到中间节点时进行检错和纠错。

2）报文交换机 A 首先对收到的报文进行解封装和处理，包括提取报文头，分析目的地址、确定转发路径和差错校验等。然后根据报文头部的目的地址信息找到相邻的报文交换机 B，将报文重新封装后发送给报文交换机 B。

3）报文交换机 B 在接收报文后对报文进行同样的处理，根据报文头部的目的地址信息找到相邻的报文交换机 C，将报文重新封装后发送给报文交换机 C。

4）报文交换机 C 在接收报文后对报文进行同样的解封装处理，根据报文头部的目的地址信息确定目的主机是自己所管辖的，于是将报文转发给接收端 q。

5）接收端 q 收到报文后对其进行解封装，恢复出原始报文。

从上面的分析可以看出，报文交换有如下优点：

1）中继线利用率高，通信双方不是固定占有一条通信线路，可以多个用户的报文同时在一条线路上传送，因而极大地提高了通信线路的利用率。多个用户的数据可以通过“先来先服务”的工作顺序共享一条线路。有多个报文送往同一地点时，要排队按顺序发送。

2）采用“存储 - 转发”方式，可实现不同速率的报文信息传输；

3）能进行差错控制，保证传输的可靠性。

但报文交换的缺点也是显而易见的，它是以报文为单位进行存储 - 转发，由于报文长度差异很大，长报文在网络中占用大量的转发节点交换机的存储空间，从而影响其后多个短报文的发送，因此对要求传输时延小的数据业务不适应；并且对每个节点来说缓冲区的分配也比较困难，节点需要分配不同大小的缓冲区，否则就有可能造成数据传送的失败。因此报文交换难以保证实时性，在实际应用中报文交换主要用于传输报文较短、实时性要求较低的通信业务，如公用电报网。分组交换是在报文交换“存储 - 转发”思想的基础上，将报文分割成较短的分组进行传输，在传输时延和传输效率上进行了平衡，从而得到广泛的应用。

2. 分组交换

分组交换的思想是从报文交换而来的，同样采用“存储 - 转发”方式，与报文交换的不同在于：分组交换传送的最小信息单元是分组，而报文交换传送的最小信息单元是报文。由于以较小的分组为单位进行传输和交换，因而分组交换比报文交换要快。

分组（packet）是由用户数据和分组头组成的。分组的用户数据部分的长度是有限制的。如果来自数据终端的用户数据的长度超过了分组的用户数据部分的最大长度，则需要将该信息拆分成若干个数据段，并在每个数据段前加上分组头，形成分组，如图 3-2 所示。

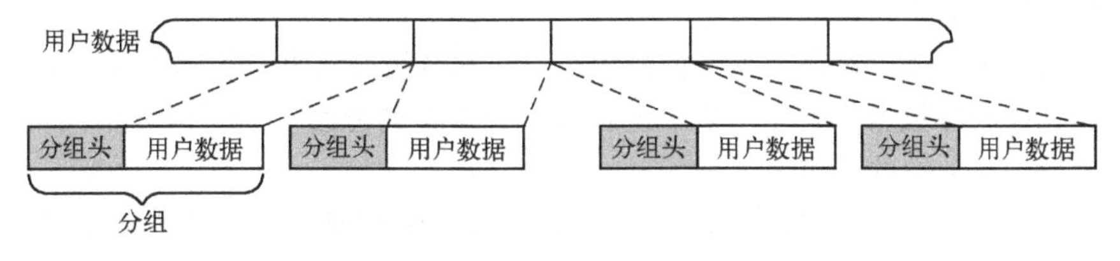

图 3-2　分组的形成

在分组交换中，每个分组中由一个分组头进行标识，分组头中主要包含逻辑信道号、分组的序号及其他的控制信息。发送端把这些“分组”标识后，在网络的一条物理线路上采用统计时分复用技术，同时传送多个数据分组，交换节点采用存储 - 转发方式，把来自用户发送端的数据暂存在交换机的存储器内，接着向下一跳的交换节点进行转发。到达接收端，再将一个个“分组”去掉分组头并将各数据字段按顺序重新装配恢复成完整的报文给用户，这一过程称为分组交换。

图 3-3 是分组交换的基本过程。1）在发送端，先把较长的报文划分成较短的、固定长度的数据段。2）每一个数据段前面添加上分组头构成分组。3）分组交换网以“分组”作为数据传输单元，依次把各分组发送到接收端。4）每一个分组的分组头都含有地址等控制信息。分组交换网中的节点交换机根据收到的分组头中的地址信息，将分组转发到下一个节点交换机。用这样的存储 - 转发方式，最后分组就能到达最终目的地。5）接收端收到分组后剥去分组头还原成报文。6）最后，在接收端把收到的数据恢复成原来的报文。这里我们假定分组在传输过程中没有出现差错，在转发时也没有被丢弃。

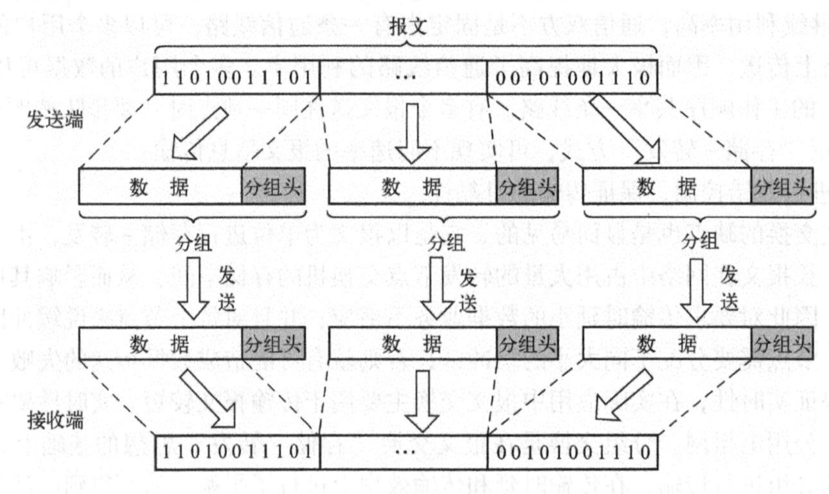

图 3-3 分组交换的基本过程

分组交换采用的是统计时分复用方式，在同一个物理信道上可以同时传送属于多个不同通信的分组，这些用户终端好像是分别占用了不同的子信道进行数据的传送，即同一个通信的分组构成了一个子信道，当然这些子信道是逻辑的，因而我们称之为逻辑子信道，并使用逻辑信道号（Logic Channel Number，LCN）来标识每一个逻辑子信道，进而区别出分组是属于哪个通信链路的。

分组的序号主要是用来标识该分组在原来的数据报文中的位置，以便于接收端能够将接收到的分组还原为原来完整的报文。

分组包括两种类型：数据分组和控制分组。数据分组是用来承载用户数据的分组；控制分组是保证和控制各数据分组在网络中正确传输和交换的分组。为了区分不同类型的分组，分组头中还应包含分组的类型。

分组交换与报文交换均采用“存储 - 转发”的工作原理，其主要差别在于：分组交换将用户信息以小的分组为单位传输，而报文交换则对用户信息直接以报文方式传输。分组交换和报文交换的对比如图 3-4 所示。

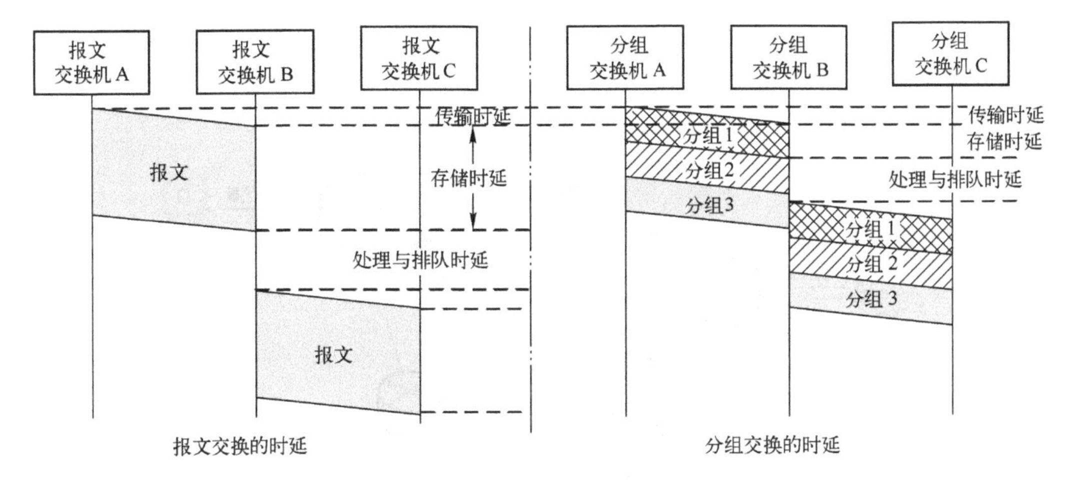

图 3-4　分组交换和报文交换对比

从图 3-4 可以看出，分组交换同报文交换相比，加速了数据在网络中的传输。因为分组长度较小且逐个传输，减少了分组的传输时延、存储时延和排队等待时延。此外，传输一个分组所需的缓冲区比传输一份报文所需的缓冲区小得多，从而节省了存储空间，提供了更大的灵活性。

由此可见，分组交换结合了电路交换和报文交换的优点，克服了电路交换线路利用率低的缺点，同时又不像报文交换那样时延非常大。因此，分组交换技术自从产生后便得到了迅速的发展。

3.2.2　分组交换方式

分组交换就是在每个分组的前面加上一个分组头，用以指明该分组发往何地址，再将分组装配成帧的格式（加上帧头和帧尾），将分组在线路上传输，然后在网络中以“存储－转发”的方式进行传送。到了目的地，交换机将分组头去掉，将分割的数据段按顺序装好，还原成发送端的文件交给接收端用户。

分组交换可提供两种连接方式，一种是虚电路（Virtual Circuit，VC）方式，另一种是数据报（Datagram，DG）方式。

1. 虚电路

所谓虚电路方式，就是在用户数据传送前先要通过发送呼叫请求分组建立端到端之间的虚电路；一旦虚电路建立后，属于同一呼叫的数据分组均沿着这一虚电路传送，最后通过呼叫清除分组来拆除虚电路，如图 3-5 所示，从用户 A 发送的所有分组沿着虚线所示的虚电路传输到用户 D。虚电路不同于电路交换中的物理连接，而是逻辑连接，每段交换节点间的虚电路用逻辑信道号来标识来自同一个用户终端的各个分组。虚电路并不独占线路，在一条物理线路上可以同时建立多个虚电路，也就是建立多个逻辑连接，以达到资源共享。但是从另一方面看，虽然只是逻辑连接，毕竟也需要建立连接，因此不论是物理连接（电路交换方式）还是逻辑连接（虚电路方式），都是面向连接的交换方式。因此，每次通信要有建立连接、分组传送、拆除连接三个阶段。虚电路具有传输时延小，时延差别小，分组有序到达，网络故障时要重新连接等特点。

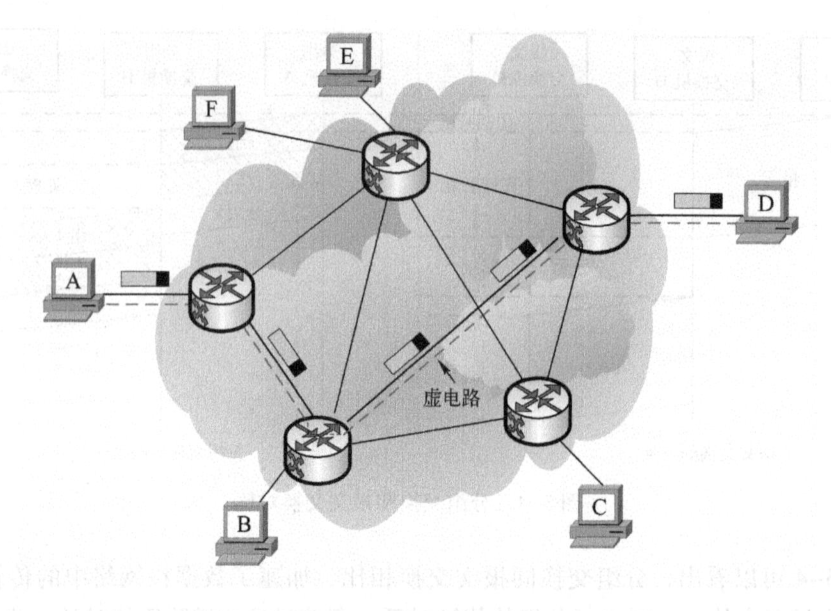

图 3-5　基于虚电路的分组传输

虚电路又分为两种方式：

1）交换虚电路（Switched Virtual Circuit，SVC）：用户通过发送呼叫请求分组来建立虚电路的方式。

2）永久虚电路（Permanent Virtual Circuit，PVC）：应用户预约，由网络运营商为之建立固定的虚电路，而不需在呼叫时临时建立虚电路，可直接进入数据传送阶段的方式。

2. 数据报

数据报采用无连接工作方式，在呼叫前不需要事先建立连接，而是边传送信息边选路，并且每个分组包含完整地址信息，各个分组依据分组头中的目的地址独立地进行选路，称为无连接方式。由于不同的分组沿着不同的路径传输，所以分组到达的顺序不同，传输时延大，时延差别大，但对网络故障适应性强。基于数据报方式的分组传输如图 3-6 所示，从用户 A 发送的分组沿着不同的路径传输到用户 D。

虚电路和数据报的对比如表 3-1 所列。

表 3-1　虚电路和数据报的对比

分　类	虚　电　路	数　据　报
连接的建立	是一种面向连接的方式，即在通信前要事先建立虚连接	是一种无连接方式，在通信前不需要事先建立连接，而是边传送信息边寻路
目的地址	仅在连接建立阶段使用	每个分组都有目的地址
路由选择	在虚电路建立时进行	每个分组独立选择路由
故障敏感性	对故障较为敏感，当传输链路或交换节点发生故障时可能引起虚电路的中断，需要重新建立	因各个分组可选择不同路由，对出现故障的适应能力较强，从而可靠性较高
分组顺序	按发送顺序到达目的站	可能不按序到达
差错处理	由通信子网负责	由主机负责
流量控制	由通信子网负责	由主机负责
实际应用	适用于较连续的数据流传送，其持续时间应显著地大于呼叫建立的时间，如文件传送、传真业务等	适用于面向事务的询问/响应型数据业务

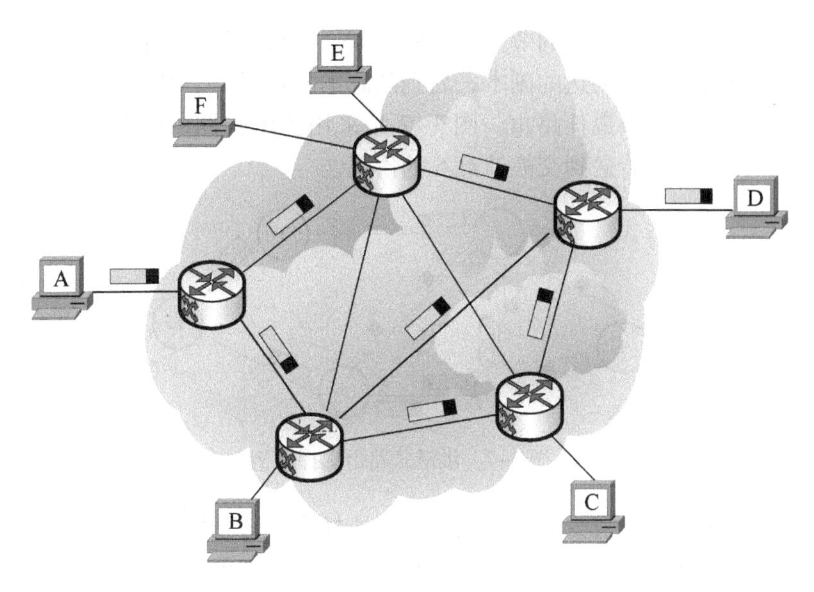

图 3-6　基于数据报方式的分组传输

3.2.3　路由选择和流量控制方式

在通信网络中，为了网络的可靠性，在源节点和目的节点一般存在多条传输路径，分组交换网络也是如此。当网络节点在收到一个分组后，要确定向下一节点传送的路径，这就是路由选择的功能。合理的路由选择应保证所选路由的正确性、快捷性、经济性和高效性，并有利于整个网络的负载均衡以及通信资源的综合利用。在分组交换网中，对分组进行路由选择时，首先，考虑端到端传送时延最小、性能最佳的传送路径；其次，选择路由算法简单，易于实现，减少额外开销；算法对所有用户平等；还应使网内业务量分布尽可能均衡，以充分提高网络资源的利用率；算法应具有自适应性，当网络出现故障时，可自动选择迂回路由。

根据路由选择算法能否随网络的通信量或拓扑结构自适应地进行调整，分组交换网中可以将路由选择算法分为非自适应路由选择算法和自适应路由选择算法两大类。非自适应路由选择算法也叫静态路由选择策略，其特点是算法简单、开销较小，但性能差、效率低，适于拓扑结构很少变化的网络。自适应路由选择算法又称为动态路由选择策略，即节点的路由表根据网络的负载和链路的状态而不断地变化，适合于拓扑结构经常变化的网络。动态路由选择策略比静态路由选择策略有更好的性能，但这是以增加网络软件的复杂性为代价的。下面分别予以介绍。

1. 静态路由（非自适应路由）选择策略

静态路由选择策略包括泛洪式路由选择法、固定路由表法和随机路由选择法。

（1）泛洪式路由选择法

泛洪式路由选择法，也称扩散式路由法，这是一种最简单的路由算法。采用泛洪式路由选择法，分组从原始节点发往它的每个相邻节点，接收该分组的节点检查它是否已经收到过该分组，如果收到过，则将它抛弃，如果未收到过，则该节点便把这个分组发往除了该分组来源的那个节点之外的所有相邻的节点。这样，同一个分组的副本将经过所有的路径到达目的节点。目的节点接收最先到达的副本，后到的副本将被丢弃。其中，最先到达目的节点的分组所经历的路径就是一条最佳路由。图 3-7 是采用泛洪式路由的分组交换网的路由选择过程，分组从交换节点 1 传送到交换节点 6 的情况。

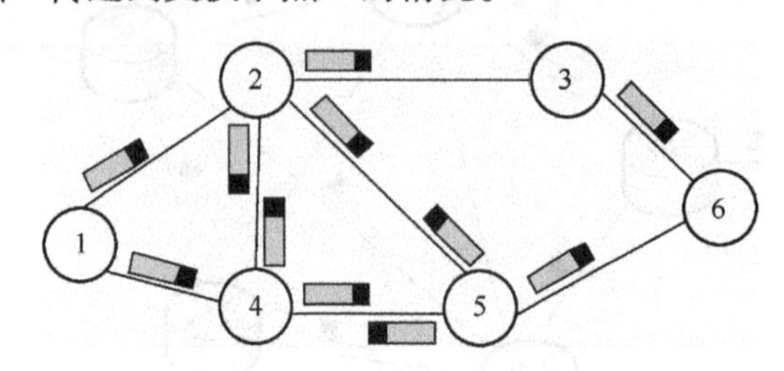

图 3-7　洪泛式路由选择示例

实际上在运行网络中却很少采用泛洪式路由选择法。这是因为泛洪式路由选择法产生的通信量负荷过高，额外开销过大，结果导致网络出现拥塞现象。可以采用计数器的方法来限制分组的数目，即在每个分组的首部设置一个计数器。每当分组到达一个节点时，计数器自动加 1。当计数器的数值到达规定值时，即将此分组丢弃。泛洪式路由选择法在军用网中很有用，因为它有很好的稳健性，即使有的网络节点遭到破坏，只要源节点、目的节点间有一条信道存在，仍能保证数据的可靠传送。泛洪式路由选择法还可以修改成有选择的泛洪式路由法，它的特点是仅在满足某些事先确定条件的链路上转发分组，因此分组不会向不希望去的方向转发。

（2）固定路由表法

固定路由表法也称查表路由法，这是一种使用较多的简单算法。在每个交换节点中设置路由表，路由表是在整个系统进行配置，根据网络的拓扑结构、链路容量、业务量等因素和某些准则计算建立的，并且在此后的一段时间保持不变。路由表包含路由目的节点地址和对应的下一个交换节点地址，在分组到达后根据分组的目的地址查找路由表，进行分组转发。固定路由选择法的优点是处理简单，在可靠的负荷稳定的网络中可以很好地运行。它的缺点是灵活性差，对于网络中发生的阻塞和故障的适应力差。图 3-8 是采用路由表的虚电路呼叫的路由选择过程。

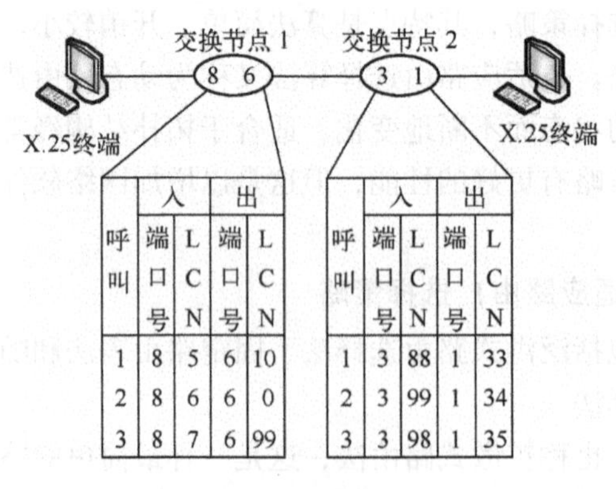

呼叫	入 端口号	入 LCN	出 端口号	出 LCN
1	8	5	6	10
2	8	6	6	0
3	8	7	6	99

呼叫	入 端口号	入 LCN	出 端口号	出 LCN
1	3	88	1	33
2	3	99	1	34
3	3	98	1	35

图 3-8　虚电路路由表

(3) 随机路由选择法

当交换节点收到一个分组，交换节点只是随机选择一条除了分组来源的那条路由之外的其他路由，如图 3-9 所示。随机路由选择方法的优点是比较简单、稳健性也较好。显然由此产生的通信量负荷一般要高于最佳的通信量负荷，而低于泛洪式路由选择法产生的通信量负荷。改进的随机路由选择方法：给每条输出路由分配一个概率（可以是基于数据率的，也可以是基于费用），根据概率来选择路由。

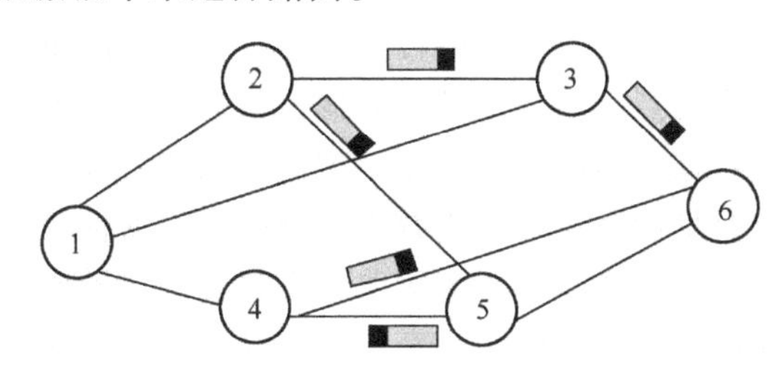

图 3-9　随机路由选择

2. 动态路由（自适应路由）选择策略

动态路由选择策略能较好地适应网络流量、拓扑结构的变化，路由选择灵活，有利于改善网络的性能，所以是目前使用最普遍的路由选择策略。但是由于实现自适应路由选择必须在交换节点之间交换网络状态信息。这些信息本身也会增加网络的负荷，会导致网络性能下降。动态路由选择策略包括独立路由选择、集中式路由选择和分布式路由选择等策略。

(1) 独立路由选择法

在这类路由算法中，交换节点只根据自己收集到的有关信息（如交换节点和线路当前运行变化情况）动态作出路由选择的决定，而不与其他交换节点交换路由选择信息，虽然不能正确确定距离本交换节点较远的路由选择，但还是能较好地适应网络流量和拓扑结构的变化。如选择将报文分组排列在最短输出队列节点上或排列在信息量最大、延迟最小的队列节点上。

(2) 集中式路由选择法

集中式路由选择，同固定路由选择法一样，在每个交换节点上存储一张路由表；但不同的是，集中式路由选择算法中的节点路由表由网络管理中心定时根据采集的全网状态信息进行路由计算，并生成路由表及分送各相应交换节点。这种方法利用了整个网络的信息，所以得到的路由选择是完美的，路由信息开销少，实现简单，同时也减轻了各交换节点计算路由选择的负担；但功能过于集中，可靠性较差。

(3) 分布式路由选择法

我们看到独立路由选择和集中式路由选择算法都不是非常完善的，在采用分布路由选择算法的网络中，所有交换节点定期地与其每个相邻节点交换路由选择信息。每个交换节点均存储一张以网络中其他每个节点为索引的路由选择表，不断通过相邻节点信息交换来修改本交换节点中的路由选择表，以反映相邻交换节点的变化，找出到达目的地的最佳路径。

由此可见，在动态路由选择算法中，分布式路由选择算法是优秀的，并且在应用中不断改进，发展成路由信息协议（Routing Information Protocol，RIP）和开放式最短路径优先（Open Shortest Path First，OSPF）等协议，因此得到了广泛的应用。

3. 流量控制机制

如果在某段时间，对网络中某资源的需求超过了该资源所能提供的可用部分，网络的性能就要变坏，产生了拥塞。在分组交换网中，如果分组到达的速率大于交换节点处理分组的速率，就可能造成网络节点中存储区被填满，导致后来的分组无法被处理；另外，由于线路的传输容量也是有限的，如果网络中数据流分布不均匀，可能会导致某些线路上流量超过其负载能力，分组无法被及时传送。这些情况都会造成网络的拥塞，导致网络吞吐量迅速下降以及网络时延的迅速增加，严重影响网络的性能。当拥塞情况严重时，分组数据在网络中无法传送，不断地被丢弃，而源点无法发送新的数据，目的点也收不到分组，造成死锁。因此需要采取流量控制来实现数据流量的平滑均匀，提高网络的吞吐能力和可靠性。

流量控制所要做的就是抑制发送端发送数据的速率，以便使接收端来得及接收。可以通过控制进入发生拥塞的网络分组数量，防止因分组数量过载导致网络吞吐量下降和传送时延的增加；避免死锁而引起网络性能下降，甚至无法继续运行；同时公平分配网络资源，避免某些节点流量过多，而其他节点流量过少；允许分组交换节点在分组经过时在分组上添加拥塞信息等方面。

分组交换网中流量控制有许多种方法，通常采用X. 25 滑动窗口法。X. 25 协议的第三层分组层着重于传输过程中的流量控制，通过滑动窗口算法来实现，对通过接口的每一个逻辑信道使用独立的“窗口”流量控制机制；X. 25 协议的第二层也是通过滑动窗口来实现的，但它是对整个接口进行的流量控制。

3. 2. 4　分组交换技术的特点

分组交换的设计初衷是为了计算机之间的资源共享而进行的数据通信，其设计思路截然不同于电路交换。分组交换的优点可以归纳如下：

1）包括面向（逻辑）连接和无连接两种工作模式。可以更好地适应多种类型业务传输的需要。

2）统计时分复用。分组交换采用统计时分复用技术动态分配线路资源，线路利用率高。每个分组都有控制信息，使每条线路上均可同时有多个不同用户终端按需进行资源共用，即只有当用户发送数据时才分配给实际的线路资源，不传输数据时则可把线路资源提供给其他用户使用。

统计时分复用，也称异步时分复用，它不像同步时分复用方式通过位置来识别不同用户所传送的数据，而是用特殊的标记，例如在分组交换中采用分组头来识别不同用户所传送的数据。图 3-10 就是在分组交换的方式下采用不同的分组头对应不同的用户数据的。而且统计时分复用给用户分配资源时，不像同步时分那样固定分配，而是采用动态分配（即按需分配），只有在用户有数据传送时才给它分配资源，当用户暂时不发送数据时，线路可为其他用户传送数据，因此线路的利用率较高。

图 3-10 中表示正在传输的 X、Y、Z 共 3 个用户的分组数据统计时分复用同一物理链路，它们是用分组头不同的信息来识别用户，只在用户有数据通信时才占用资源，且可根据用户数据业务所要求的速率进行传输，各用户的分组长度也有所不同。由此可见，统计时分复用按需分配资源，线路利用率高；并且适用于突发性业务。当某用户出现突发性数据时，可为其分配相应的带宽资源，以减少时延和避免数据丢失。

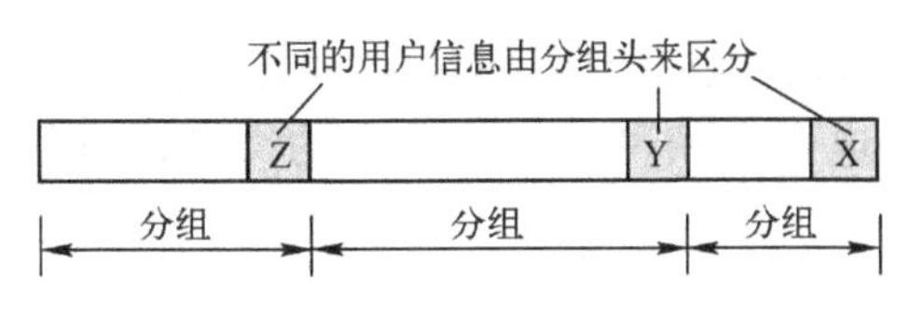

图 3-10 统计时分复用传输方式示意图

3）对每个分组有差错控制，数据传输可靠性高。分组交换可以逐段独立进行差错控制和流量控制，全程的误码率在 10^{-11} 以下。由于分组交换还具有路由选择、拥塞控制等功能，当网内发生故障时分组能自动避开故障点，选择迂回路由进行传输，不会造成通信中断，提高了数据传输的可靠性。

4）支持异种终端的通信。由于采用存储－转发方式，不需要像电路交换中那样建立端到端的物理连接，分组交换网络可以提供不同传输速率、不同同步方式、不同类型的数据终端设备之间通信。

5）无呼损，但有可变的呼叫延迟。分组交换可以把到达交换节点而不能立即被转发出去的分组先进行存储，在缓存队列里排队等待，直到有空闲的输出链路。这种机制与电路交换的呼叫损失制不同，它是基于呼叫延迟制。

6）降低通信成本，经济性好。分组交换以分组为单元在交换机内进行存储和处理，有利于降低网内设备的费用，提高交换机的处理能力；而且分组交换按通信信息量和通信时长计费，与通信距离无关，极大地降低了使用费用。

分组交换在具有诸多优点的同时也不可避免地存在一些缺点，总结如下：

1）信息传送时延大，时延抖动大。由于分组交换采用了“存储－转发”方式，分组在每个节点都要经历存储、排队、转发过程，因此分组穿越网络的平均时延达到几百毫秒；并且由于每个分组通过不同路径进行传送，到达目的地的时间顺序不同，造成较大的时延抖动。

2）额外开销大。由于信息被分成多个分组，每个分组都有附加的分组头，从而增加了额外开销。因此分组交换适宜于突发性的数据业务的需求，而不适合在实时性要求高、信息量大的环境中应用。

3）分组交换技术的协议和控制比较复杂。由于分组交换具有逐段链路的差错控制和流量控制、速率变换、网络管理、智能化控制等功能，使得分组交换具有较高的可靠性，但同时也加重了分组交换机处理的负担，使分组交换机的分组吞吐能力受到了限制。

4）分组交换应用于高速数据通信是不适应的，它难以满足对实时性要求比较高的电话和视频等业务。

因此，分组交换技术具有带宽可变、灵活、线路资源利用率高、适合差错敏感和突发性的数据业务的优势。与面向连接的电路交换技术的主要区别体现在以下几个方面：

1）在通路建立和网络资源分配上，电路交换基于面向连接的，其建立的是物理连接；分组交换中的虚电路也是基于面向连接的，但其建立的是逻辑连接。

2）对信息的损伤方面，电路交换具有较好的时间透明性（信息传送的时延和时延抖动要小）；分组交换具有较好的语义透明性（由传送引起的信息丢失和差错要小）。

3）在支持多种业务方面，分组交换有更大的灵活性，可实现多种速率交换的业务需求，并允许多种业务共享网络资源；电路交换只能提供固定比特率的业务交换。

4）在交换速率方面，电路交换可达到高速率的交换，而分组交换的交换速率受到了限制。

5）在差错控制方面，电路交换没有差错控制功能；分组交换具有差错控制功能。

3.3 分组交换网的构成

在分组交换网中，一个分组从发送端传送到接收端的整个传输控制，不仅涉及该分组在网络内所经过的每个节点交换机之间的通信协议，还涉及发送端、接收端与所连接的节点交换机之间的通信协议。CCITT 为分组交换网制定了一系列通信协议，世界上绝大多数分组交换网都用这些标准。

3.3.1 分组交换网的结构

图 3-11 给出了一个分组交换网的结构示意图。

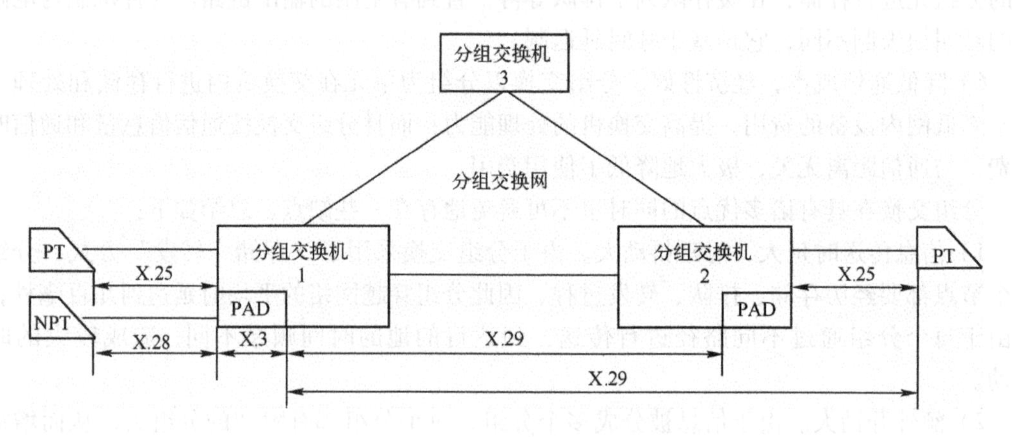

图 3-11　分组交换网的结构和通信协议

图 3-11 中列出了一部分通信协议和它们的使用对象。其中最重要的是 X. 25 协议，它是分组型数据终端（PT）与分组交换机之间的接口。分组交换网也允许非分组型数据终端（NPT）即字符型数据终端接入网络，为此分组交换网为其提供了分组装拆设备（PAD），PAD 一般属于分组交换机的一部分，是分组交换机的一种功能部件。NPT 与 PAD 之间的协议接口为 X. 28 协议，而 PAD 内部功能按 X. 3 操作，这样一来 NPT 就可以通过 PAD 像 PT 一样接入分组网。为了使分组网的各种终端之间能够正常通信，ITU-T 还提出了 PAD 之间、PT 与 PAD 之间的通信协议即 X. 29 协议。合起来，这 3 个协议通常被称作 3X。此外，为了能使不同的分组网之间互连，ITU-T 制定了 X. 75 协议。在这些通信协议中，其中最著名的标准是 X. 25 协议，它在推动分组交换网的发展中做出了很大的贡献，所以也把分组交换网简称 X. 25 网。X. 25 协议最初于 1976 年颁布，在 1980 年、1984 年、1988 年、1993 年又进行了多次修改，是目前使用最广泛的分组交换协议。分组交换网的实例如图 3-12 所示。

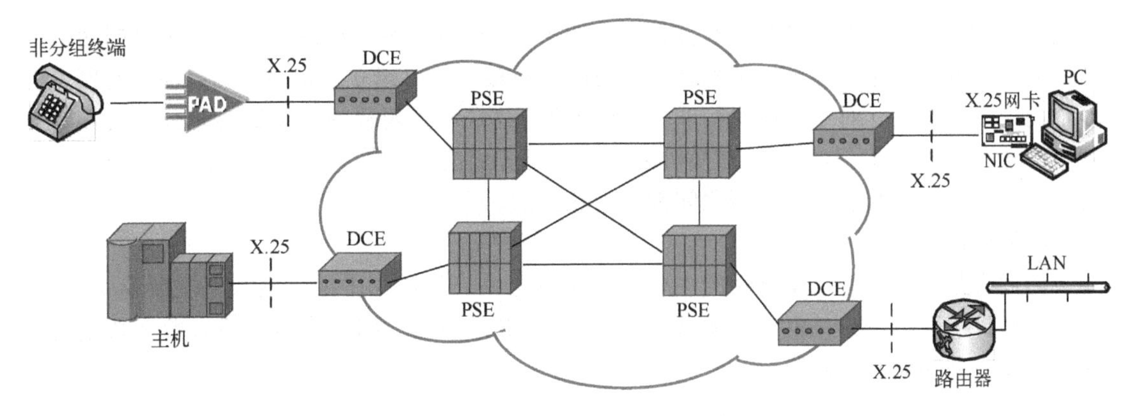

图 3-12　分组交换网的结构实例

3.3.2　设备组成及功能

分组交换网一般由分组交换机、网络管理中心、远程集中器、分组装拆设备、分组终端/非分组终端和传输线路等基本设备组成。

（1）分组交换机（Packet Switching Exchange，PSE）

分组交换机是分组数据网的核心。根据分组交换机在网中所处地位的不同，可分为转接交换机和本地交换机两种。前者交换容量大，线路端口数多，具有路由选择功能，主要用于交换机之间的互连；后者通信容量小，只有局部交换功能，不具有路由选择功能或仅有简单的选择路由功能。

分组交换机的主要功能有：为网络的基本业务（即交换虚电路和永久虚电路）及任选业务（如闭合用户群、网络用户识别等）提供支持；进行路由选择，以便在网中选择一条最佳路由；进行流量控制，以便不同速率的终端也能进行通信，并防止网络拥塞；完成局部的维护、运行管理、故障报告与诊断、计费及一些网络的统计等功能。

（2）网络管理中心（Network Management Center，NMC）

为了使全网有效、协调地运行，更好地发挥网络性能，并在部分通信电路和交换机发生故障时仍然能正常运行，同时为网络管理者及用户提供更方便的服务，应在全网设置网络管理中心。分组交换网的网络管理中心是一个软件管理系统，它的主要功能如下：网络配置管理与用户管理，日常运行数据的收集与统计；路由选择管理、网络监测、故障告警与网络状态显示；根据交换机提供的计费信息完成计费管理。

（3）分组封包/解封包器（Packet Assemble and Disassemble，PAD）

PAD 用于将非分组设备接入 X.25 网。位于 DTE 与 DCE 之间，实现三个功能：缓冲、打包、拆包。

（4）远程集中器（Remote Control Unit，RCU）

远程集中器可以将远离分组交换机的低速数据终端的数据集中起来，通过一条中、高速电路送往分组交换机，以提高线路利用率。远程集中器含分组装/拆设备（PAD）的功能，可使非分组型终端接入分组交换网。

（5）分组终端/非分组终端（PT/NPT）

数据终端设备（Data Terminating Equipment，DTE）是用户设备，包括分组终端/非分组终端（PT/NPT）。分组终端是具有支持 X. 25 协议的接口，能直接接入分组交换数据网的数据通信终端设备。它可通过一条物理线路与网络连接，并可建立多条虚电路，同时与网上的多个用户进行对话。对于那些执行非 X. 25 协议的终端和无规程的终端称为非分组终端，非分组终端需经过 PAD 才能连到交换机端口。通过分组交换网络，分组终端之间，非分组终端之间，分组终端与非分组终端之间都能互相通信。

（6）传输线路

传输线路是构成分组交换网的主要组成部分之一。目前，中继传输线路主要有 PCM 数字信道和数字数据传输，也有利用 ATM 连接及其卫星通道。用户线路一般有数字数据电路或市话线路加装调制解调器。

3.4 X. 25 协议

X. 25 协议是最广泛使用的分组交换网的通信协议标准，最先在 1976 年由国际标准化组织（ISO）和国际电信联盟（ITU）联合制定，作为公用数据网的用户—网络接口（UNI）协议，它是数据终端设备（DTE）和数据电路终接设备（Data Circuit Terminating Equipment，DCE）之间的接口规程。这里的 DTE 是用户设备，执行 X. 25 通信规程的终端；DCE 是指 DTE 所连接的网络分组交换机。X. 25 协议主要包括接口协议和网内协议两部分，接口协议定义了 DTE 和它相连的网络设备之间的通信协议 UNI；网内协议定义了分组交换网内部各交换机之间的通信协议 NNI。尽管现在 X. 25 分组交换网已经逐渐被新兴的因特网所取代，但它仍然作为分组交换技术的基础而非常有必要学习，尤其是在 20 世纪 80 年代满足了绝大多数数据通信的需求而发挥了巨大的作用。

X. 25 协议主要功能是描述如何建立和拆除虚电路，以及差错控制和流量控制机制等，并提供可选业务和配置功能。X. 25 协议定义了标准化的接口协议，任何要接入到分组交换网的终端设备必须在接口处满足 X. 25 协议的规定。X. 25 协议具有如下特点：

1）提供统一的接口，支持不同类型用户设备的接入：X. 25 协议提供的接口，满足不同速率、码型和传输控制规程的用户设备都能接入 X. 25 网，并能互相通信。

2）具有复用功能：当用户设备以点对点方式接入 X. 25 网时，能在单一物理链路上同时复用多条虚电路，使每个用户设备都能同时与多个用户设备进行通信。

3）流量控制和拥塞控制功能：X. 25 协议采用滑动窗口技术来实现流量控制，并有拥塞控制机制防止信息流失。

4）可靠性高：X. 25 协议在分组层提供了可靠的面向连接的虚电路服务，X. 25 协议有逐段独立进行差错控制和流量控制，以及完善的路由策略来保证通信质量。

5）信道利用率高：X. 25 协议利用统计时分复用及虚电路技术大大提高了信道利用率。

3.4.1 X. 25 协议的体系结构

X. 25 协议结构较简单，由 3 层组成，如图 3-13 所示，对应于 OSI 参考模型的下 3 层，分别为物理层、数据链路层和分组层。其中每一层的通信实体只为上一层提供服务，接收到上一层的信息后，加上控制信息（如分组头、帧头），最后形成比特流在物理媒体上传送。

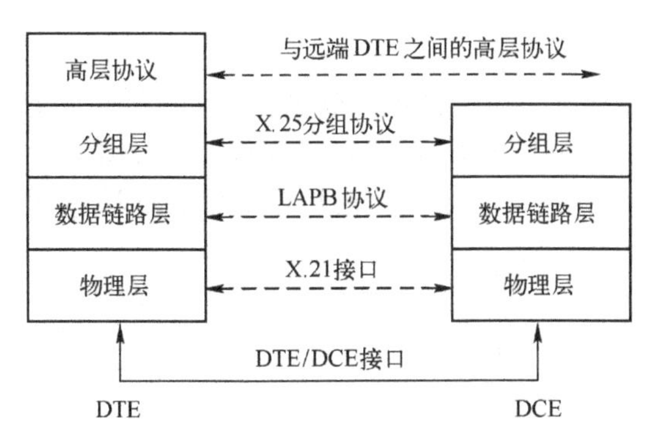

图 3-13　X. 25 协议的体系结构

最底层是物理层，描述了 X. 25 网络的接口标准，可采用两种接口标准：ITU 的 X. 21 建议和 V 系列建议。X. 21 建议规定了在公用分组网上进行同步操作的 DTE 和 DCE 之间的通用接口，它是以数字传输线路作为基础制定的，接口功能多，接口线少，是比较理想的接口标准；V 系列建议主要是 V. 24 或 RS-232 接口，用于模拟传输信道。第 2 层称为数据链路层，处理对象是帧，采用平衡型链路接入规程（Link Access Procedure Balanced，LAPB)，功能原理与 7 号信令的第 2 级类似。第 3 层称为分组层，处理对象是分组，相当于 OSI 模型中的网络层，这一层在 DTE 与 DCE 之间可建立多条逻辑信道，实现建立虚电路并进行通信。

3.4.2　物理层

X. 25 的物理层协议定义了 DTE 和 DCE 之间建立、维持、释放物理链路的过程，包括接口的电气、功能和机械特性以及协议的交互流程，相当于 OSI 的物理层。DTE 是与分组交换网的端口相连的设备；DCE 是 DTE 远程通信传输线路的终接设备，主要完成信号变换、适配和编码等功能。

X. 25 的物理层的功能主要包括在 DTE 和 DCE 接口处提供传送信息的物理通道以传输比特流信息；在设备之间提供时钟信号，用于同步数据流和规定比特速率；以及提供电气标准等。X. 25 的物理层就像是一条输送信息的管道，它不执行重要的控制功能，控制功能主要由链路层和分组层来完成。

3.4.3　数据链路层

X. 25 数据链路层协议定义了在 DTE 和 DCE 之间交换帧的过程，并且控制信息有效、正确地传送。它采用的是高级数据链路控制规程（High-Level Data Link Control，HDLC）的一个子集——平衡型链路接入规程（LAPB）协议作为数据链路的控制规程。对于 HDLC 有两种链路配置，一种是平衡配置，另一种是非平衡配置，非平衡配置可提供点到点链路和点到多点链路，这里的 LAPB 平衡配置只提供点到点链路连接方式，用 LAPB 在 DTE 和 DCE 之间建立链路只需要任意一端发送置异步平衡方式（SABM）命令，另一端发送无编号确认帧（UA）响应即可以建立双向的链路来有效地传输数据；除此之外还包括数据链路拆除和复位控制，提供帧结构的封装、定界、帧同步和差错控制、流量控制机制等。下面对 X. 25 数据链路层帧结构及数据链路层的工作过程进行分析。

1. 帧类型与帧结构

数据链路层传送信息的最小单位是帧，按照 LAPB 帧所完成的功能可以把帧分成三类：信息帧（I 帧）、监控帧（S 帧）和无编号帧（U 帧）。所有帧均包含标志字段 F、地址字段 A、控制字段 C 和帧检验序列 FCS，部分帧还包含信息字段 I，如图 3-14 所示。

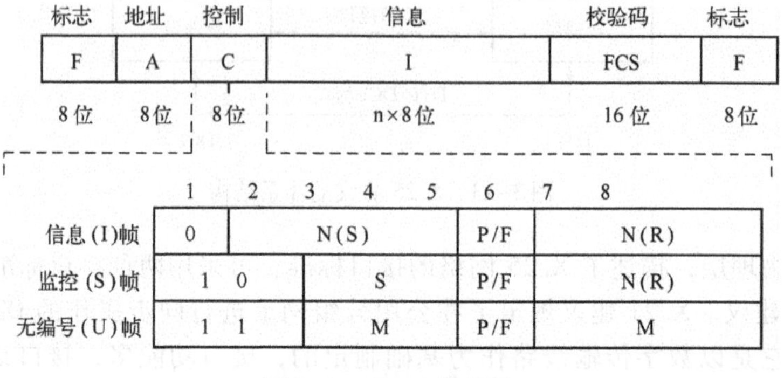

标志	地址	控制	信息	校验码	标志
F	A	C	I	FCS	F
8位	8位	8位	n×8位	16位	8位

	1	2 3 4	5	6 7 8
信息(I)帧	0	N(S)	P/F	N(R)
监控(S)帧	1 0	S	P/F	N(R)
无编号(U)帧	1 1	M	P/F	M

图 3-14　LAPB 帧结构

各字段的作用与功能如下：

1）标志字段 F：帧头和帧尾的定界标志，长度为 8 bit 的二进制 01111110（7EH），用来控制发送和接收端信息的同步；所有的帧必须以 F 标志开头，并以 F 标志结束。接收设备不断地搜寻 F 标志，以实现帧同步，从而保证接收部分对后续字段的正确识别。在一串数据比特中，有可能产生与标志字段的码型相同的比特组合。为了防止这种情况产生，保证对数据的透明传输，采取了比特填充技术。当采用比特填充技术时，在信码中连续 5 个"1"以后插入一个"0"；而在接收端，则去除 5 个"1"以后的"0"，恢复原来的数据序列。比特填充技术的采用排除了在信息流中出现的标志字段的可能性，保证了对数据信息的透明传输。当连续传输两帧时，前一个帧的结束标志字段 F 可以兼作后一个帧的起始标志字段。当暂时没有信息传送时，可以连续发送标志字段 F，使接收端可以一直保持与发送端同步。

2）地址字段 A：区分 DTE 和 DCE 之间两个传输方向上的命令帧和响应帧，该字段的长度为 8 bit。因为在 DTE 和 DCE 之间交换的帧有命令帧（用来发送信息或产生某种操作）和响应帧（对命令帧的响应）两种，其地址字段用不同的形式来表示如表 3-2 所列。

表 3-2　LAPB 帧的地址字段

地　址	位 编 码 87654321	十六进制值	应　用
A	0000 0011	03	单链路
B	0000 0001	01	
C	0000 1111	0F	多链器
D	0000 0111	07	

其中，A 地址表示 DCE 发送的命令帧、DTE 发送的响应帧；B 地址表示 DTE 发送的命

令帧、DCE 发送的响应帧；C 和 D 地址表示多链路的命令帧和响应帧。

3）控制字段 C：用来区分帧的类型并携带控制信息；LAPB 定义了两种工作方式：模 8 方式和模 128 方式。模 8 方式就是指发送序号或接收序号在 0 ~ 7 之间循环编号，控制字段长度均为 8 bit；模 128 方式则是在 0 ~ 127 之间循环编号，信息帧和监控帧的控制字段长度为 16 bit，无编号帧控制字段长度为 8 bit。

表 3-3 列出了在模 8 基本方式下 LAPB 帧的控制字段的内容，其中第 1 位表示帧的类型；第 2 ~ 4 位表示发送序号 N（S），用于帧接收的肯定证实，N（S）为本帧的序号；第 5 位位称作探询（poll）/最终（final）位，即 P/F 位，P 对应命令帧，F 对应响应帧；第 6 ~ 8 位表示正在等待接收的下一帧的序号 N（R）。

表 3-3　在模 8 基本方式下 LAPB 帧的控制字段

	命　令	响　应	名　　称	控制字段位编码							
				8	7	6	5	4	3	2	1
信息帧	I	-	信息帧	-	N（R）	-	P	-	N（S）	-	0
监控帧	RR	RR	授受准备就绪	-	N（R）	-	P/F	0	0	0	1
	RNR	RNR	接收未准备就绪	-	N（R）	-	P/F	0	1	0	1
	REJ	REJ	拒绝	-	N（R）	-	P/F	1	0	0	1
无编号帧	-	DM	已断开方式	0	0	0	F	1	1	1	1
	SABM	-	置异步平衡方式	0	0	1	P	1	1	1	1
	DISC	-	断开	0	1	0	P	0	0	1	1
	-	UA	无编号确认	0	1	1	F	0	0	1	1
	-	FRMR	帧拒绝	1	0	0	F	0	1	1	1
	SABME	-	置扩展的异步平衡方式	0	1	1	P	1	1	1	1

信息帧（I 帧）由帧头、信息字段 I 和帧尾组成。I 帧用于传输来自高层——分组层的分组数据，并附带传送流量控制信息，只在数据传输过程中使用。信息帧的识别标志是 C 字段的第 1 比特为“0”，这是识别 I 帧的唯一标志；第 2 ~ 8 位用于提供 I 帧的控制信息，其中包括发送顺序号 N（S），接收顺序号 N（R），探寻位 P。因 I 帧是命令帧，所以总为探询位（P），P = 0，该位不起作用；P = 1，表示要探询对端的状态。这些字段用于链路层差错控制和流量控制。

监控帧（S 帧）传送流量控制信息和差错控制信息，没有信息字段，其作用是用来保护 I 帧的正确传送。监控帧的识别标志是 C 字段的第 1 位和第 2 位分别为“1”和“0”；第 3、4 位用于区分不同类型的监控帧。监控帧有三种：RR 帧（接收准备好，用于在没有 I 帧发送时向对端发送肯定证实信息，第 3、4 位为 00）、RNR 帧（接收未准备好，用于流量控制，通知对端暂停发送 I 帧，第 3、4 位为 10）、REJ 帧（拒绝帧，用于重发请求，第 3、4 位为 01）。监控帧的控制字段包含接收序号 N（R）；监控帧既可以是命令帧又可以是响应帧，所以其 C 字段第 5 位为 P 或 F 位。

无编号帧（U帧）用于实现对链路建立和链路断开过程的控制。无编号帧的识别标志是C字段的第1位和第2位均为“1”。第5位是P/F位。无编号帧共有6种类型，分别在其他位予以区分，包括置异步平衡方式（SABM）、断链（DISC）、已断链方式（DM）、无编号确认（UA）、帧拒绝（FRMR）和置扩充的异步平衡方式（SABME）。其中，SABM、DISC分别用于建立链路和断开链路，UA和DM分别为SABM、DISC进行肯定和否定的响应，FRMR表示接收到语法正确但语义不正确的帧，它将引起链路的复原。SABM：命令帧，用于请求建立链路，接收方可以用UA帧表示同意建立链路，用DM帧表示拒绝建立链路。DISC：命令帧，用于通知对方断开链路连接；接收方用UA表示同意断开连接。DM：响应帧，表示本方已处于链路断开的状态，并对SABM命令做否定的应答。UA：响应帧，对SABM和DISC的肯定回答。FRMR：响应帧，向对方报告出现了用重发帧的办法不能恢复的差错状态，将引起链路的复原。FRMR包含信息字段，提供拒绝的原因。SABME：命令帧，与SABM作用一致，但是通信双方按模128方式工作。

4）信息字段I：该字段内包含了用户的数据信息和来自上层的各种控制信息。只有信息帧（I帧）和无编号帧（U帧）中的FRMR帧会包含信息字段。信息帧中的信息字段为来自高层分组层的分组数据。FRMR帧的信息字段为拒绝的原因。

5）帧检验序列FCS：用于对帧进行循环冗余校验，其校验范围从地址字段的第1位到信息字段的最后1位的序列，并且规定为了透明传输而插入的“0”不在校验范围内。

2. 数据链路层的工作过程

数据链路层的主要功能就是建立数据链路，提供有效可靠的分组信息的传输，其过程可分为3个阶段：链路建立、帧的传输和链路断开。具体的操作为：

1）链路建立：通过发送连续的标志F来表示它能够建立数据链路。DTE或DCE都可以启动数据链路的建立，但实际上常由用户侧的DTE在接入时启动建立，网络侧的DCE处于守候状态，通过发送连续的F标志表示信道已激活。链路建立时，只要任一方发送一个SABM命令帧，对方如认为可以进入信息传送阶段，就回送UA响应帧，链路建立成功。如果对方认为尚不能开始信息传送，就回送DM响应帧，表示链路未能建立起来。DCE还能主动发起DM响应帧，要求DTE启动链路建立过程。

2）当链路建立之后，就进入信息传输阶段，即在DTE和DCE之间交换I帧和S帧。I帧的传输控制是通过帧的顺序编号和确认、链路层的窗口机制和链路传输计时器等功能来实现的。

3）链路断开过程是一个双向对称过程，可由DTE或DCE发起。任一方发出DISC命令帧，如果对方此时尚处于信息传送阶段，则用UA响应帧确认，即完成断链过程；如果对方已进入断链阶段，则用DM响应帧确认。

图3-15为链路建立和断开过程示例。DTE通过向DCE发送置SABM命令启动数据链路建立过程，DCE接收到后，认为它能够进入信息传送阶段，它向DTE回送一个UA响应帧，则数据链路建立成功；链路断开由DTE发起，通过向DCE发送断链DISC启动数据链路断开过程，DCE接收到后，向DTE回送一个UA响应帧，则数据链路成功断开。

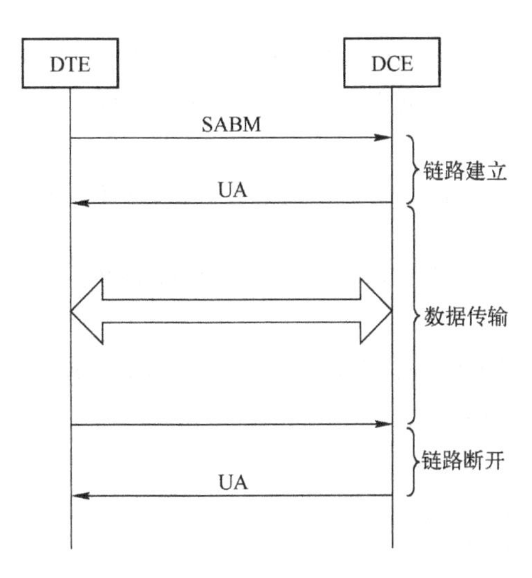

图 3-15　LAPB 链路建立和断开过程

3. 流量控制和差错控制

流量控制并不是数据链路层所特有的功能，很多协议都提供流量控制功能，只不过流量控制的对象和方法不同。流量控制的是相邻两节点之间数据链路上的流量，由于收发双方的工作速率和缓冲存储空间的差异，可能出现发送方发送能力大于接收方接收能力的现象，如果此时不对发送方的发送速率（也即链路上的信息流量）作适当的限制，前面来不及接收的帧将被后面不断发送来的帧“淹没”，从而造成帧的丢失而出错。由此可见，流量控制实际上是对发送方数据流量的控制，使其发送速率不超过接收方所能承受的能力。这个过程需要通过某种反馈机制使发送方知道接收方的处理能力是否能跟上发送方，也即需要有一些规则使得发送方知道在什么情况下可以接着发送下一帧，而在什么情况下必须暂停发送，以等待收到某种反馈信息后继续发送，这就是流量控制的规则和实现的方法。

X. 25 协议的流量和差错控制方法与 HDLC 协议基本相同，它们都是利用 I 帧和 S 帧提供的 N（S）和 N（R）字段实现的，采用滑动窗口控制技术。它的基本原理如下：为了提高传输效率可以在连续接收多个 I 帧之后对于接收顺序号正确的多个 I 帧进行一次确认。首先要设置窗口尺寸参数 k，其值表示可以一起发送未被证实的 I 帧的最大数量，在模 8 模式下，$1\leqslant k\leqslant 7$。k 值的选定取决于物理链路的传播时延和数据的传送速率，应保证在连续发送 k 个 I 帧之后能收到第 1 个 I 帧的证实。

窗口机制为 DCE 和 DTE 提供了十分有效的流量控制手段，在网络出现阻塞时，任一方可以通过延缓发送证实帧的方法，强制对方延缓发送 I 帧，从而达到控制信息流量的目的。还有一种更为直接的拥塞控制方法是，当任一方出现接收拥塞（忙）状态时，可向对方发送监控帧 RNR。对方收到此帧后，将停止发送 I 帧。“忙”状态消除后，可通过发送 RR 或 REJ 帧通知对方。

图 3-16 说明了 X. 25 数据链路层的工作过程，包括面向连接的链路建立、数据传输、链路断开三个步骤。在数据传输阶段，通过信息帧、监控帧及 DCE 和 DTE 端的环境变量的配合来实现流量和差错的有效控制。其中为了保证数据链路层的正常工作，X. 25 协议定义了一些系统参数如下：

1）N（S）：发送序号，包含在信息帧的控制字段中，用来表示该信息帧的编号。

2）N（R）：接收序号，在信息帧和监控帧的控制字段中，用来通知对端本端希望接收的下一个信息帧的编号。

3）V（S）：发送变量，存在于通信实体（DTE 或 DCE）中，用来保存下一个发送的信息帧的编号。

4）V（R）：接收变量，存在于通信实体（DTE 或 DCE）中，用来保存希望接收的下一个信息帧的编号。

5）k：允许未证实的最大帧数，也就是通常所说的最大窗口数。

6）T：时钟，又叫定时器。

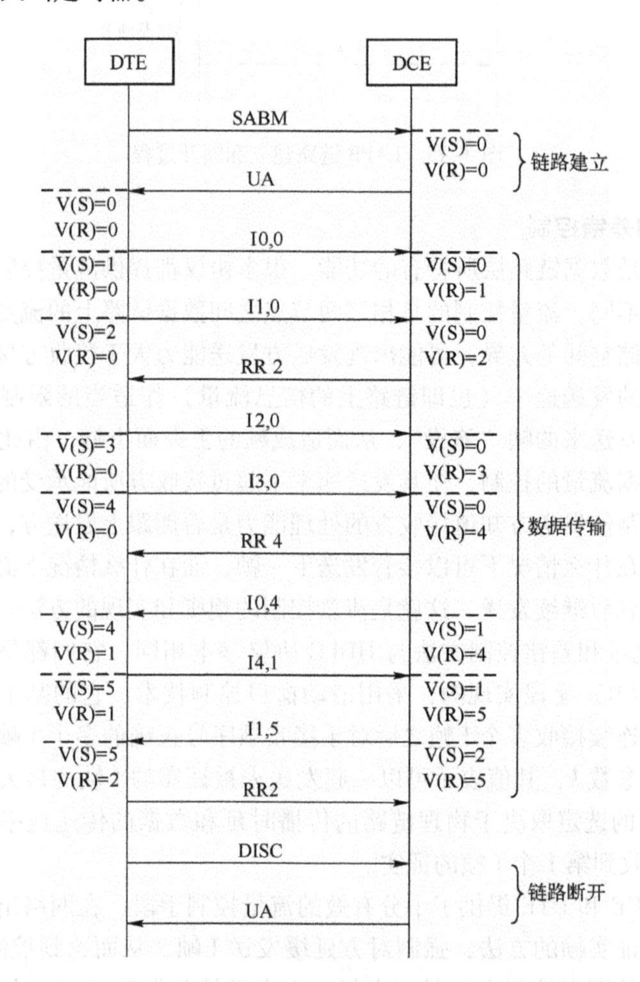

图 3-16　X. 25 数据链路层帧传输的工作过程

图 3-16 中 X. 25 数据链路层工作过程如下：

首先在 DTE 端发出 SAMB 无编号帧连接请求，DCE 端接收并准备好进入信息传送阶段，置状态变量 V(S) 和 V(R) 初始化为 0，并回送 UA 响应帧；DTE 端接收 UA 帧，也置本端状态变量 V(S) 和 V(R) 初始化为 0，标志链路建立成功，开始进入数据传输阶段。

假设当前发送信息帧的最大窗口数为 2，从 DTE 端连续发送信息帧 I(0,0)和 I(1,0)，其中信息帧的控制字段包含 N(S)和 N(R)两个参数，如发出信息帧 I(0,0)，即为 I[N(S), N(R)]，表示该信息帧的发送编号 N(S) =0，及通知对端希望接收的下一个信息帧的编号 N(R) =0；随着信息帧 I(0,0)的发送，本端的环境变量中保存下一个发送的信息帧的编号 V(S) 从 0 变化为 1；而由于没有接收到信息，则保存希望接收的下一个信息帧的编号 V(R)不变仍为 0。

当 DCE 端收到信息帧后，其环境变量也相应发生变化，如首先接收到信息帧 I(0,0)，其端下一个发送的信息帧的编号 V(S)仍为 0，而下一个要接收的信息帧的编号 V(R)则从 0 变为 1；同理，接收到 I(1,0)后环境变量 V(S) =0，V(R) =2。

DCE 成功接收 2 个信息帧后，主动发出监控帧 RR N(R)，这里发送编号 N(R) =2 表示已经成功接收编号 N(R) -1 及之前的所有信息帧，并且准备好接收下一个编号是 N(R)的信息帧。

同理，在当前窗口值为 2 时 DTE 继续发送 I(2,0)和 I(3,0)，DCE 端能正确接收并确认发送 RR 4 监控帧。

接下来由 DCE 端向 DTE 端发送第一个信息帧 I(0,4)，因此 DCE 端的 V(S)值变化为下一帧的发送编号 1，而准备接收的 V(R)值还保持为 4 不变；当 DTE 端接收到该信息帧后，其 V(R)的值也相应变化为 1。

这时 DTE 端没有单独发送 RR 帧来表示确认接收，而是采用发送新的信息帧的形式来同时进行差错控制，即发送了 I(4,1)信息帧，表明当前发送的编号 N(S) =4，准备接收的下一帧编号 N(R) =1，显然，间接表示出已经成功接收到了 DCE 端发送的 N(S) =0 号信息帧；接着，DCE 端成功接收到 I(4,1)信息帧后，也采用发送信息帧同时进行接收确认的方式，发送了 I(1,5)，显然，N(R) =5 表示出对编号是 4 的信息帧的正确接收，准备好接收下一个帧的编号是 5。DTE 端收到后用 RR 2 监控帧进行接收确认。

当信息传输结束后，通过 DTE 端发送 DISC 链路断开请求，然后 DCE 端通过 UA 帧进行确认，则双方传输过程结束。

从上面实例可以看出 X. 25 数据链路层的差错控制机制是采用接收端发送确认证实信息的方式，除此之外，还有重发纠错等方式，即如果发现非法帧或出错帧则予以丢弃；如果发现接收到的数据帧的序号不是下一帧的编号，则发送监控帧 REJ 通知发送端重发。同时为了提高传输效率，协议还规定了超时重发功能，即发送方发完一帧后，停止发送并启动定时器，等待接收方应答，如果在超时未收到接收端的肯定证实消息时，发送端将自动重发该数据帧，如图 3-17 所示。

图 3-17 省略了链路建立和链路断开的部分，只画出数据传输的相关部分内容。假设发送信息帧的最大窗口数为 3，当 DTE 端向 DCE 端发送 3 个信息帧，其中 I(4,0)中途被丢失而没有到达 DCE 端；DCE 端收到 I(3,0)后，其环境变量 V(R) =4，再收到下一个信息帧 I(5,0)，由于收到的 I 帧的 N(S) =5 不等于当前的 V(R)值时，于是检查到了 N(S)序号错误；采取的方法是接收端 DCE 主动发送监控帧 REJ N(R)方式，要求对方启动重发过程，其中 N(R)为该端准备接收的下一帧的编号，即 N(R) =4。这样 DTE 端收到 REJ 4 帧后重新开始发送序号等于 N(S) =4 的 I 帧及随后 I 帧，使信息帧能正确接收。

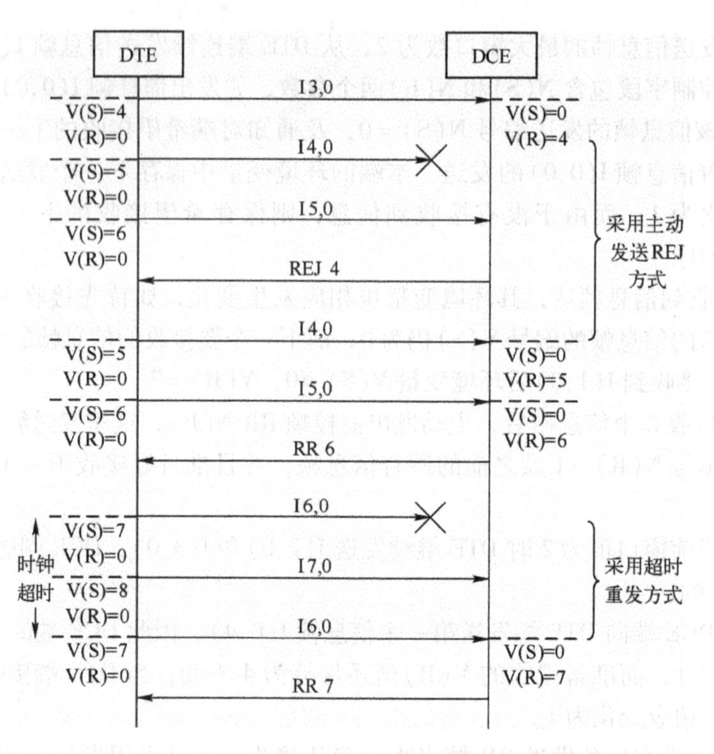

图 3-17　X. 25 数据链路层的差错控制机制

当发生发送序号 N(S)错误时，还有一种恢复策略，就是超时重发方式，即接收端不做任何响应，直到发送方的发送定时器超时而启动重发过程。在图 3-17 中，当 DTE 接着发送信息帧 I(6,0)和 I(7,0)后，如果在定时器有效时间 T 范围内没有收到接收端的接收确认信息后，则自动启动超时重发方式，重发信息帧 I(6,0)，直到收到确认接收 RR 7 为止。

4. 链路复位

链路复位指的是在信息传送阶段收到协议出错帧或者无效帧，就向发送端发送无编号帧 FRMR，用于向对方报告出现了无法通过重发予以校正的错帧，并引导链路恢复初始状态。FRMR 帧中可以包含故障原因的信息字段，如图 3-18 所示。然后 DTE 发送 SABM 帧将链路复位，DCE 用 UA 帧响应。此时，两端环境变量 V(S)和 V(R)值都恢复为零。

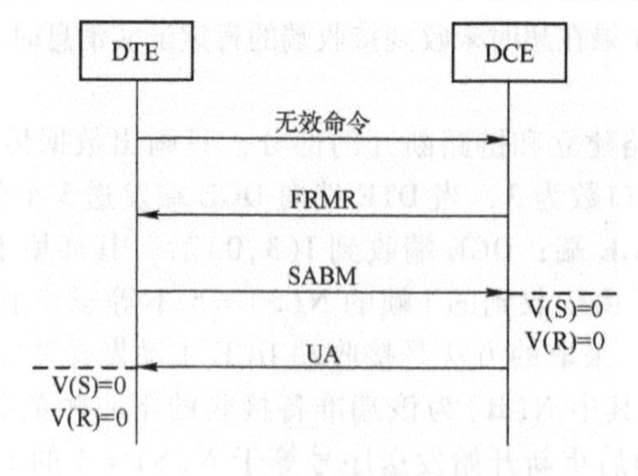

图 3-18　收到错误帧的恢复过程

3.4.4 分组层

X.25 协议分组层的基本功能是利用数据链路层提供的可靠传送服务，完成虚电路呼叫的分组数据通信，提供处理寻址、流量控制及差错控制等相关功能。X.25 分组层在 DTE 与 DCE 接口之间建立虚电路实现分组的数据通信，它支持两类虚电路连接：交换虚电路（SVC）和永久虚电路（PVC）。SVC 呼叫过程包括 3 个阶段：呼叫建立、数据传输和呼叫清除。PVC 分组通信只包含数据传输阶段。分组层就是 DTE 和 DCE 之间关于这 3 个阶段的协议过程，它和网络协议配合，完成分组数据在主、被叫 DTE 之间的传送。

1. 分组头的格式

分组层传送信息的最小单位为分组。分组主要分为数据分组和控制分组两大类，它们都是通过数据链路层的 I 帧来承载的，每一个 I 帧承载一个分组。分组由分组头和分组数据两部分组成，如图 3-19 所示。分组头由 3 个字节构成，即通用格式标识符（GFI）、逻辑信道标识符（LCI）、分组类型标识符（PTI），如图 3-20 所示。

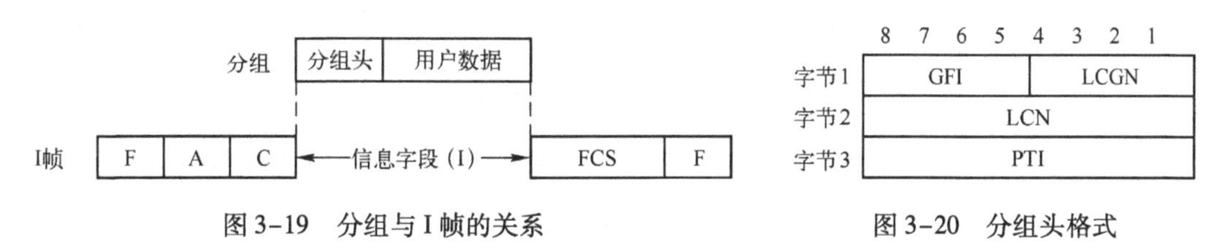

图 3-19　分组与 I 帧的关系　　图 3-20　分组头格式

（1）通用格式标识符（General Format Identifier，GFI）

它占用第一个字节的第 5～8 位，其含义对于不同类型的分组来说是不同的。GFI 的格式如图 3-21 所示。从高到低的这 4 位分别用 Q、D、S、S 来标识，其中 Q 是限定符，只在数据分组中使用，用来区分传输的分组包含的是用户数据（Q=0）还是控制信息（Q=1）；D=0 表示数据分组由本地确认（DTE-DCE 接口之间确认），D=1 表示数据分组进行端到端确认（DTE 和 DTE 之间确认）；SS=01 表示分组的顺序编号按模 8 方式工作，SS=10 表示按模 128 方式工作。

8	7	6	5
Q	D	S	S

图 3-21　GFI 格式

（2）逻辑信道标识符（Logical Channel Identifier，LCI）

它由两部分组成，第一个字节的第 1～4 位组成逻辑信道组号（Logical Channel Group Number，LCGN），第二个字节组成逻辑信道号（Logical Channel Number，LCN），这样一来可以组成 $2^4=16$ 组（每组 $2^8=256$ 条逻辑信道），共 4096 条逻辑信道，其中 0 号 LCN 被保留，只开放 4095 条 LCN。X.25 没有限制 LCN 的编号方法，它可以用 12 位直接构成 4095 条 LCN。

（3）分组类型标识符（Packet Type Identifier，PTI）

表 3-4 给出了 X.25 协议分组类型和对应第 3 字节的编码。它可以分为 6 种类型：呼叫建立、数据和中断、流量控制与复位、重新启动、诊断、呼叫清除。第 3 字节的第 1 位为“0”时，为数据分组，用于传送用户信息；该位为“1”时，为控制分组。

表 3-4 分组类型

分组类型	第3字节编码		
类型	从 DTE 到 DCE	从 DCE 到 DTE	8 7 6 5 4 3 2 1
呼叫建立	呼叫请求 呼叫接受	呼叫指示 呼叫接通	0 0 0 0 1 0 1 1 0 0 0 0 1 1 1 1
数据和中断	DTE 数据 DTE 中断请求 DTE 中断确认	DCE 数据 DCE 中断请求 DCE 中断确认	× × × × × × × 0 0 0 1 0 0 0 1 1 0 0 1 0 0 1 1 1
流量控制与复位	DTE RR DTE RNR DTE REJ DTE 复位请求 DTE 复位确认	DCE RR DCE RNR DCE 复位请求 DCE 复位确认	× × × 0 0 0 0 1 × × × 0 0 1 0 1 × × × 0 1 0 0 1 0 0 0 1 1 0 1 1 0 0 0 1 1 1 1 1
重新启动	DTE 重新启动请求 DTE 重新启动确认	DCE 重新启动请求 DCE 重新启动确认	1 1 1 1 1 0 1 1 1 1 1 1 1 1 1 1
诊断		诊断	1 1 1 1 0 0 0 1
呼叫清除	释放请求 DTE 释放确认	释放指示 DCE 释放确认	0 0 0 1 0 0 1 1 0 0 0 1 0 1 1 1

2. 虚电路和逻辑信道

虚电路是在端到端之间建立的虚连接，一条虚电路是由多段节点之间的逻辑信道连接而成。逻辑信道是物理线路上可分配的代表信道的一种编号资源，存在于每段节点之间，用逻辑信道号（LCN）来标识，作为呼叫所建立虚电路连接的唯一标志。即在呼叫建立阶段由DCE或DTE为每一次交换虚电路在每段节点间分配一个逻辑信道号，在呼叫清除阶段收回逻辑信道资源再重新分配。一条物理线路上可以存在多个逻辑信道，为多对用户服务；每条线路的逻辑信道号是独立分配的，也就是说，逻辑信道号并不在全网中有效，它只具有局部意义。同一条虚电路在不同线路上的逻辑信道号可以是相同的。逻辑信道是一直存在的，它分为占用和空闲两种状态。

X.25分组层规定一条数据链路上最多可分配16个逻辑信道群，各信道群用LCGN区分；每群内最多可有256条逻辑信道，用LCN区分。除了第0号逻辑信道有专门的用途外，其余4095条逻辑信道都可分配给虚电路使用。分组层规定，在DTE-DCE接口同一虚电路双向使用相同的LCN。为了避免DTE和DCE分配发生冲突，X.25规定LCN的最低段分配给PVC，其余供SVC使用。其中，DTE从大到小分配，DCE从小到大分配。如果发生冲突，规定DTE分配优先。

虚电路和逻辑信道的主要区别在于：

1）虚电路是主叫DTE到被叫DTE之间建立的虚连接，而逻辑信道是在DTE-DCE接口或网内中继线上可以分配的，代表子信道的一种编号资源，一条虚电路是由多个逻辑信道链接而成的。每一条线路的逻辑信道号的分配是独立进行的。

2）一条虚电路具有呼叫建立、数据传输和呼叫清除过程。永久虚电路可以在预约时由网络建立，也可以通过预约予以清除。而逻辑信道号是一种客观存在，它有占用和空闲的区别，但是不会消失。

3. 虚电路的建立和清除过程

虚电路的呼叫建立和清除过程如图 3-22 所示。图中左边部分显示了 DTE A 和 DCE A 之间分组的交换，右边部分显示了 DTE B 和 DCE B 之间分组的交换。DCE A 和 DCE B 之间分组的路由选择是网络内部功能。

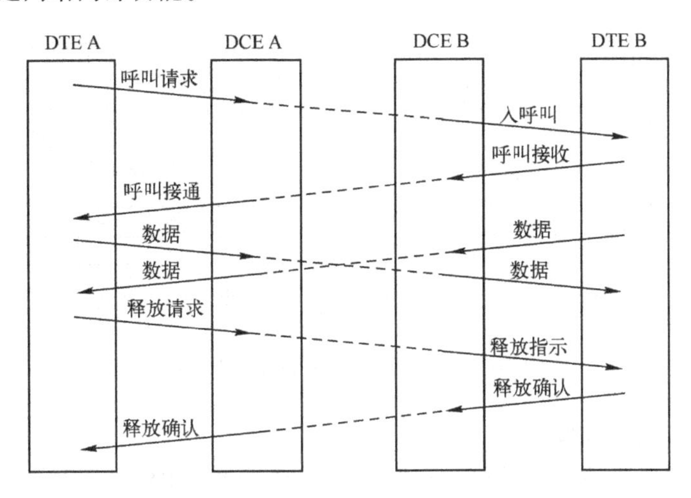

图 3-22　虚电路呼叫的建立和清除

虚电路的建立和清除过程如下：

1）DTE A 对 DCE A 发出一个呼叫请求分组，表示希望建立一条到 DTE B 的虚电路。该分组中含有虚电路号，在此虚电路被清除以前，后续的分组都将采用此虚电路号。

2）网络将此呼叫请求分组传送到 DCE B。

3）DCE B 接收呼叫请求分组，然后给 DTE B 送出一个呼叫指示分组，这一分组具有与呼叫请求分组相同的格式，但其中的虚电路号不同，虚电路号由 DCE B 在未使用的号码中选择。

4）DTE B 发出一个呼叫接收分组，表示呼叫已经接受。

5）DTE A 收到呼叫接通分组（该分组和呼叫请求分组具有相同的虚电路号），此时虚电路已经建立。

6）DTE A 和 DTE B 采用各自的虚电路号发送数据和控制分组。

7）在需要断开连接时，DTE A（或 DTE B）发送一个释放请求分组，紧接着会收到本地 DCE 的释放确认分组。

8）DTE A（或 DTE B）收到释放指示分组，并传送一个释放确认分组。此时 DTE A 和 DTE B 之间的虚电路就清除了。

上述讨论的是交换虚电路（SVC），此外 X. 25 还提供永久虚电路（PVC），永久虚电路是由网络指定的，不需要呼叫建立和清除。

图 3-23 说明了分组交换网络中虚电路的建立过程。DTE1 与 DTE3 之间、DTE2 与 DTE4

之间要进行数据通信，分别用呼叫 1 和 2 来表示这两个通信。对于交换虚电路，在虚连接建立阶段生成了交换节点 A 和 B 的路由表，而永久虚电路是在申请该业务时，由网络运营管理者设置生成的。DTE1 的数据分组从节点 A 的 5 号端口的 22 号逻辑信道进入交换节点 A，经查寻路由表从 1 号端口的 55 号逻辑信道上输出，分组传送到节点 B 的 6 号端口，逻辑信道号不变仍为 55，在节点 B 查路由表，从 2 号端口的 16 号逻辑信道上输出，从而被传送到通信的目的终端 DTE3。同理，DTE2 到 DTE4 的数据分组的传输和交换也依据相应的路由表进行。

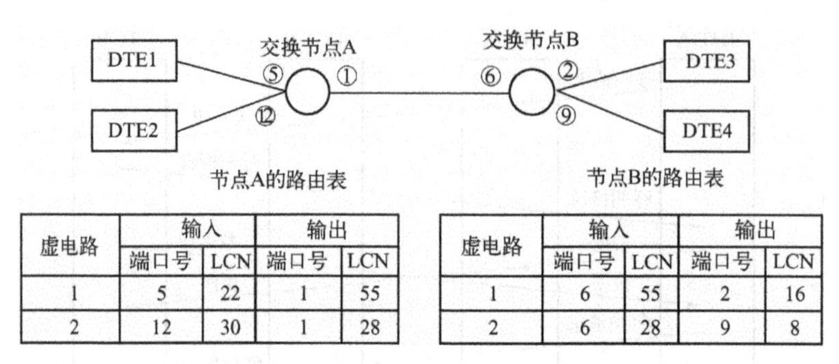

节点A的路由表

虚电路	输入		输出	
	端口号	LCN	端口号	LCN
1	5	22	1	55
2	12	30	1	28

节点B的路由表

虚电路	输入		输出	
	端口号	LCN	端口号	LCN
1	6	55	2	16
2	6	28	9	8

图 3-23　虚电路方式下的分组交换过程

4. 数据传送和流量控制

数据分组格式如图 3-24 所示，它有 3 个重要参数：P(S)、P(R)和 M，置于分组头的 PTI 中。其中，第 1 位恒为 0，表示这是一个数据分组。P(S)、P(R)分别为数据分组序号和期望接收序号，其作用同数据链路层中的 N(S)和 N(R)，是用来进行分组层的流量控制和重发纠错的。模 8 和模 128 两种数据分组包含的内容基本相同，只是分组编号 P(S)的长度不同，模 8 情况下占 3 位，模 128 情况下占 7 位，P(R)用于对数据分组的确认，它的长度与 P(S)相同。其中 P(S)为分组发送顺序号；P(R)为分组接收顺序号，它表示期望接收的下一分组的编号，同时意味着编号为 P(R) - 1 以前的分组已经正确接收。M 比特称为后续比特，用于用户报文分段。M = 0，表示该数据分组是一份用户报文的最后一个分组；M = 1 表示该数据分组之后还有属于同一份报文的数据分组。

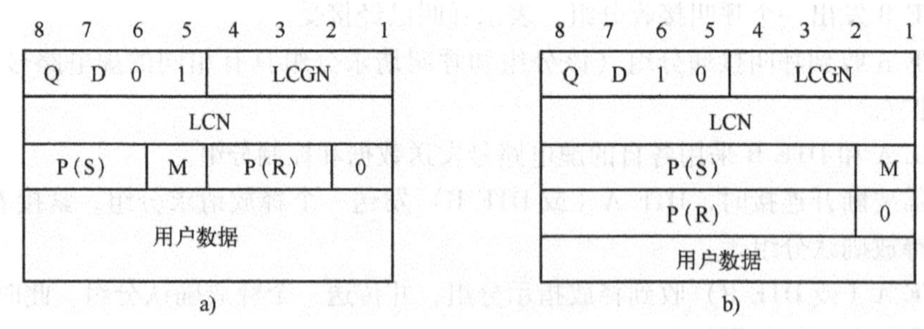

图 3-24　数据分组格

a) 模 8　b) 模 128

分组层的流量控制机制和数据链路层的流量控制机制相似，也是采用滑动窗口技术，并用 RNR 分组表示接收端忙。标准的窗口大小为 2，如果主叫 DTE 希望改变此值，可在呼叫建立时和被叫进行协商，这是一项可选业务功能。需要注意的是，虽然分组层和数据链路层都设有流量控制功能，且采用相同的机制，但是分组层控制的是某一个逻辑信道的流量，数据链路层控制的是 DTE-DCE 接口上的总的流量。

中断分组用来发送紧急数据，它不受流量控制的限制，但规定每次只能发送一个中断分组，且分组中的用户数据长度只能是 1 字节，发送端必须收到远端 DTE 发回的中断证实分组后才能发送下一个中断分组。

分组层也可利用 REJ 分组请求发送端重发，但是这是任选分组，并不要求所有网络都具备这一功能，因为数据链路层已经有很好的帧重发纠错功能，分组层即使没有 REJ 功能，也可以在发现分组序号跳号错误时执行复位操作。

5. 复位和重启动

复位指的是出现协议错误、终端不相容等无法重发校正的差错时，使该虚电路恢复初始状态：P(S) = P(R) = 0，窗口下沿为 0。重启动指的是 DTE 或网络发生严重故障时清除接口上所有的 SVC、复位所有 PVC。要注意复位和清除的差别：前者虚电路仍为数据传送状态，后者则为就绪状态。

诊断分组供 DCE 向 DTE 指示复位、重启动和清除分组不能指示的一些出错信息，供 DTE 高层分析和处理。

3.5 帧中继

前面已经分析，由于分组交换技术存在分组头开销比较大，协议和控制复杂，时延比较大等缺点，难以满足对实时性要求比较高的语音和视频传输等更高速率业务的需求，因此人们又开始研究新的分组交换技术——快速分组交换（Fast Packet Switching，FPS）等技术相继出现。

3.5.1 帧中继概述

快速分组交换的基本思想是极大地简化协议，只具有核心的网络功能，可提供高速、高吞吐量、低时延服务的交换，从而有效地提高数据的转发速度。帧中继（Frame Relay，FR）作为快速分组交换的典型代表，是在分组交换的基础上发展起来的，它是在 OSI 参考模型第二层（数据链路层）的基础上采用简化协议传送和交换数据的一种技术，由于第二层的协议数据单元为帧，故称之为帧中继。

帧中继仅实现 OSI 参考模型的物理层和数据链路层核心层的功能，将流量控制、差错控制等复杂的控制交给智能终端去完成，极大地简化了交换节点间的处理。同时，帧中继取消了分组交换技术中的数据报方式，而仅采用虚电路方式，向用户提供面向连接的数据链路层服务。采用虚电路技术，能充分利用网络资源，因而帧中继具有吞吐量高、高速率、时延低、适合突发性业务等特点。帧中继主要应用在广域网（WAN）中实现局域网互连和 X.25 网络互连，图 3-25 为帧中继实现局域网互连，其中 DLCI 为帧中继交换节点之间连接的数据链路连接标识符。

帧中继协议的简化是以使用光纤传输的高可靠性和用户终端设备的智能化为前提条件；光纤传输介质具有传输速度快、质量高等特点，光纤的数字传输误码率小于 10^{-9}。在这种优质信道条件下，分组交换中逐段的差错控制、流量控制就显得没有必要，因此帧中继技术迅速地发展起来。

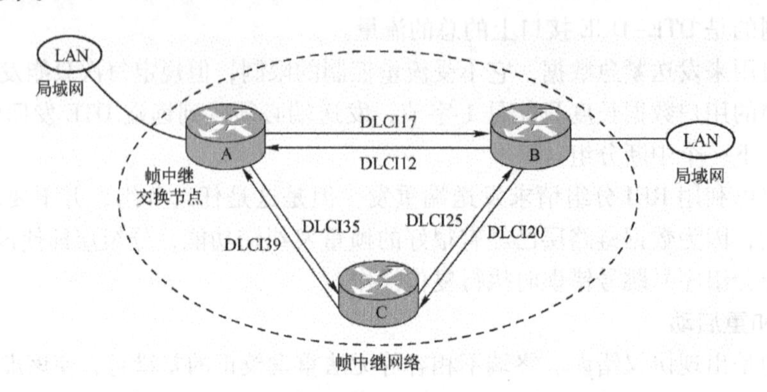

图 3-25　使用帧中继技术实现局域网互连

帧中继具有如下特点：

1）帧中继协议处理大为简化，完成 OSI 参考模型的物理层和数据链路层的核心功能，交换节点不再进行纠错、重发等工作，提高了数据通信的速率。

2）帧中继采用面向连接的交换技术，可以提供交换虚电路业务和永久虚电路业务，可以实现带宽的复用和动态分配。

3）帧中继提供合理的带宽管理和拥塞控制机制；用户有效地利用预先约定的带宽，即承诺信息速率（Committed Information Rate，CIR），来提高整个网络资源的利用率。

帧中继是在数据链路层进行统计时分复用，建立的端到端虚电路连接是用多段级连的数据链路连接标识符（Data Link Connection Identifier，DLCI）来表示的，类似于 X. 25 中的 LCN，DLCI 为网络节点之间的逻辑信道标识。当帧进入网络时，帧中继交换节点通过帧头部的 DLCI 值查找交换表识别帧的去向进行转发，其基本原理与分组交换过程类似。值得注意的是，帧中继的交换是在第二层（数据链路层）上完成；分组交换的虚电路是在第三层（分组层）上进行的。图 3-26 标识了帧中继网络的 DLCI 连接的虚电路。

帧中继与 X. 25 协议相比，二者采用的均是面向连接的通信方式，即采用虚电路交换，可以有交换虚电路（SVC）和永久虚电路（PVC）两种。X. 25 数据链路层采用 LAPB 协议，帧中继数据链路层规程采用 D 信道链路接入规程（Link Access Protocol-D channel，LAPD）的核心部分，即帧方式链路接入规程（Link Access Procedures to Frame，LAPF），它们都是 HDLC 的子集。

但相对于 X. 25 协议，帧中继将网络的三层协议进一步简化为二层，第二层增加了路由的功能，把交换节点之间的完全差错控制改为有限的差错控制，即只进行检错而不进行纠错，中间节点遇到错误直接丢弃，无重传机制；差错纠正的功能由两终端完成，而流量控制同样留给智能终端去完成，额外开销小，从而减轻了帧中继交换机的负担；帧信息长度相对分组长得多，最大可达 1600 字节，可以实现高速率交换，如图 3-26 所示。由此可见，帧中继技术相对于 X. 25 网络在高速率、通信距离较长时及突发性的处理数据时具有更大的应用优势。

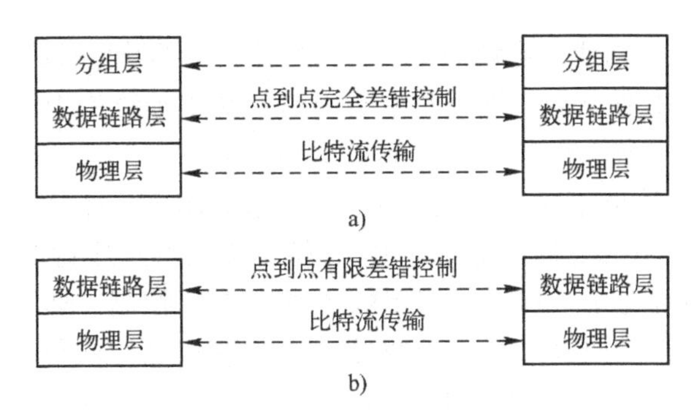

图 3-26　帧中继与 X. 25 协议结构的对比
a）X. 25 协议　b）帧中继协议

3. 5. 2　帧中继协议栈结构和帧格式

与 X. 25 协议一样，标准化的帧中继协议只是 UNI 协议，规定了帧中继终端接入网络的规程。NNI 协议均为各个网络的内部协议，并未标准化，都是 UNI 协议的某种变型。帧中继协议的主体为链路层协议，为 LAPF，用于支持帧中继数据传送，功能十分简单。还有呼叫控制协议，其功能是建立和释放 SVC。

帧中继协议处理被极大地简化。分组交换基于 X. 25 的三层协议，而帧中继的数据传输只涉及物理层和链路层的核心功能，帧透明传输、差错检测和统计复用，不再完成纠错、重发等操作，提高了网络对信息处理的效率。终端将数据发送到链路层，并封装在 Q. 922 核心层的帧结构中，以帧为单位进行信息传送。

帧中继的物理层可以采用 ISDN 的标准物理接口，即符合 I. 430/I. 431 建议的物理接口 2B + D 或 30B + D，也可以采用常规的物理接口，如 G. 703 接口、V. 35 接口、X. 21 接口；数据链路层采用 ITU-T 的 Q. 922 协议，在传送用户信息时，只使用 Q. 922 协议的核心层功能，包括帧的定界、定位和透明传送；进行帧的复用和分路；检测帧长是否正确；检测帧传输差错；拥塞控制功能和帧优先级控制功能。

帧结构由标志字段 F、地址字段 A、信息字段 I 和帧校验序列字段 FCS 组成。由图 3-27 可以看出，帧中继的帧格式和 LAPB 的格式类似，F 字段、FCS 字段的作用和构成与 LAPB 的相应字段相同；最主要的区别是帧中继的帧格式中没有控制字段 C。帧格式中各字段的含义如下。

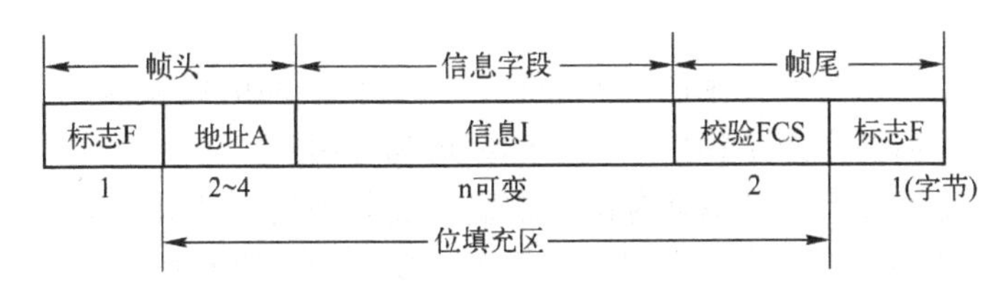

图 3-27　帧中继的帧格式

1）标志字段 F：F 是一个 0 1 1 1 1 1 1 0 的比特序列，用于帧同步、定界，指示一个帧的开始和结束。

2）地址字段 A：地址字段一般为 2 字节，也可扩展为 3 或 4 字节，用于区分同一个通路上多个数据链路连接，以便实现帧的复用。因为帧中继的数据链路层采用简化的协议，省略了一些功能，不设置控制字段，而是将原有 HDLC 基本帧结构中的地址字段（A）、控制字段（C）合并为一个字段，仍称为地址字段（A）。

通常地址字段包括地址字段扩展比特 EA（用来表示下一个字节为地址字段还是信息段）、命令/响应指示 C/R（与高层应用有关）、帧可丢失指示比特 DE（用于帧中继网的带宽管理）、前向显式拥塞通知 FECN（用于帧中继的拥塞控制，通知用户启动拥塞控制程序）、后向显式拥塞通知 BECN（指示接收端，与该帧相反方向传输的帧可能出现网络拥塞）、数据链路连接标识符 DLCI 和 DLCI 扩展/控制指示比特 D/C 等 7 个组成部分。数据链路连接标识符 DLCI，当采用 2 字节的地址字段时，DLCI 占 10 位，其作用类似于 X. 25 中的 LCN，用于识别 UNI 或 NNI 上的虚连接、呼叫控制或管理信息。其中，DLCI = 16 ~ 1007 共 992 个地址供帧中继使用，在专设的一条数据链路连接（DLCI = 0）上传送呼叫控制消息，其他值保留或用于管理信息。

3）信息字段 I：包含的是用户信息，用户数据应由整数个字节组成，最小长度为 1 字节。帧中继网络应能支持协商的信息字段的最大字节数至少为 1600，以支持局域网互连等应用。

4）帧校验序列 FCS：FCS 为一个 16 bit 的序列，用来检查帧通过链路传输时是否有差错。

3.5.3 帧中继的交换原理

帧中继起源于分组交换技术，它取消了数据报方式，而仅采用虚电路方式，向用户提供面向连接的数据链路层服务。帧中继在链路层进行统计时分复用，转发过程类似于 X. 25 中的 LCN，它是用 DLCI 来标识逻辑链路的。当帧通过网络时，节点交换机首先提取帧头的 DLCI 值，然后在相应的转发表中找出对应的输出端口和输出的 DLCI，从而将帧准确地送往下一个节点交换机；如此逐段转发，直至送到远端 UNI 处的用户。

在帧的转发过程中，当帧中继的交换节点检测到出错时，立即中断这次传输，并丢弃该错误帧，这与 X. 25 网中采用重传机制不同，帧中继把完全的差错控制由交换节点转移到用户终端负责。

3.6 本章知识点小结

本章主要介绍了分组交换技术的基本原理、分组交换网的典型应用、X. 25 网络的基本协议和工作原理，并简要介绍了帧中继技术的原理和应用。

分组交换技术是主要针对数据业务的传输而发展起来的一种最广泛使用的通信技术，是现代通信技术发展的基础。传统的电路交换技术主要适用于语音相关的业务，不适合数据业务突发性强、可靠性高的要求，分组交换技术采用“存储—转发”的方式能够适应动态的、灵活可变的数据业务的传输需要。

分组交换与电路交换面向连接的方式不同，它是基于“存储—转发”的思想，即数据交换前，先通过缓冲存储器进行缓存，然后按队列进行处理和转发。基于存储—转发交换思想的技术有“报文交换”和“分组交换”两种方式。报文交换的基本思想是将用户的报文当作一个逻辑单元整体进行存储和转发，可实现不同速率的各种突发性的数据传输，能进行差错控制，通信线路利用率高；但中间节点的传输时延、存储时延和排队等待时延比较大，难以保证数据传输的实时性。

分组交换将用户信息分割为多个“分组”，每个分组中有一个分组头，包含逻辑信道号、分组的序号及其他的控制信息。发送端把这些“分组”分别发送出去，到达目的地后，接收端再将一个个“分组”按顺序恢复。同报文交换相比，减少了分组的传输时延、存储时延和排队等待时延，节省了存储空间，提供了更大的灵活性。分组交换有虚电路和数据报两种传送方式。虚电路是面向连接的交换方式，即两终端用户在相互传送数据之前要预先建立虚电路连接，属于同一呼叫的数据均顺序沿着这一虚电路传送，每个交换节点不需要重新路径选择，传送结束后再拆除虚电路。数据报不需要预先建立逻辑连接，而是按照每个分组头中的目的地址对各个分组独立进行选路，是面向无连接的。

分组交换网一般由分组交换机、网络管理中心、远程集中器、分组装拆设备、分组终端/非分组终端和传输线路等基本设备组成。分组交换机是分组数据网的核心，主要进行路由选择和流量控制，并防止网络拥塞；完成局部的维护、运行管理、故障报告与诊断、计费及一些网络的统计等功能。

X. 25 协议是公用数据网络中通过专用电路连接的分组式数据终端设备（DTE）和数据电路终接设备（DCE）之间的接口规程。X. 25 具有面向连接、点到点的差错控制、提供可靠虚电路服务保证服务质量、利用统计时分复用及虚电路技术提高信道利用率、提供统一的接口、支持不同类型用户设备的接入等特点，同时有时延和时延抖动大、协议复杂等缺点。X. 25 协议的体系结构分为物理层、数据链路层和分组层三层，终端发送数据前要先建立虚电路，通信完毕要释放虚电路。

X. 25 的物理层协议定义了 DTE 和 DCE 之间建立、维持、释放物理链路的过程，包括接口的电气、功能和机械特性以及协议的交互流程，相当于 OSI 的物理层，包括提供传送信息的物理通道以传输比特流信息，以及在设备之间提供时钟信号用于同步数据流和规定比特速率等功能。

X. 25 使用 LAPB 作为链路层规程，网络中有严格的差错控制功能和流量控制机制。数据链路层传送信息的最小单位是帧，按照 LAPB 帧所完成的功能可以把帧分成三类：信息帧、监控帧和无编号帧。信息帧由帧头、信息字段 I 和帧尾组成，用于传输来自分组层的分组数据，并附带传送流量控制信息，只在数据传输过程中使用。监控帧传送流量控制信息和差错控制信息，没有信息字段，其作用是用来保护信息帧的正确传送。无编号帧用于实现对链路的建立和链路断开过程的控制。三种帧互相配合实现数据链路层的信息传输、流量控制、差错控制和故障处理等多种功能。

X. 25 协议分组层的基本功能是利用数据链路层提供的可靠传送服务，完成虚电路呼叫的分组数据通信，提供处理寻址、流量控制及差错控制等相关功能。X. 25 分组层在 DTE 与 DCE 接口之间建立虚电路实现分组的数据通信，它支持两类虚电路连接：交换虚电路（SVC）和永久虚电路（PVC）。分组层传送信息的最小单位为分组，主要分为数据分组和控制分组两大类，它们都是通过数据链路层的 I 帧来承载的。分组层的流量控制机制和数据链路层的流量控制机制相似。

帧中继将分组交换协议作了简化，仅完成 OSI 参考模型的物理层和数据链路层核心层的功能，将流量控制、差错控制等复杂的控制交给智能终端去完成，极大地简化了交换节点间的处理。采用虚电路技术，向用户提供面向连接的数据链路层服务，具有吞吐量高、高速率、时延低、适合突发性业务等特点，其主要应用在广域网中实现局域网互连和 X. 25 网络互连。

3.7 习题

1. 统计时分复用和同步时分复用的区别是什么？
2. 简要说明数据通信的特点，电路交换方式为什么不适合数据通信？
3. 简述“存储—转发”方式的基本原理和两种传送方式。
4. 比较电路交换技术和分组交换技术的优缺点。
5. 比较虚电路和数据报两种传送方式的优缺点。
6. 列举主要的路由选择算法。
7. 描述帧中继的主要特点，并说明它在哪几个方面对 X. 25 协议进行了简化。
8. 说明 X. 25 虚电路的工作原理。
9. 逻辑信道与虚电路有何区别和联系？
10. 为什么要进行流量控制？说明 X. 25 的流量控制机制？
11. SVC 和 PVC 的含义是什么？二者有何区别？
12. 分组交换网由哪些部分构成？
13. 为什么说帧中继是分组交换的改进？

第4章 信令系统

在通信网络中传输的各种信息，除了传输的用户信息外，还有一部分是用来传输通信过程中的控制命令信息，这一类型的控制命令信息就称为信令。信令就是使通信网中的各种设备相互交流状态的监视和控制信息，以说明各自的运行情况，提出对相关设备的接续要求，从而使各设备之间协调运行。通信网中任意两个通信终端之间的通信都离不开信令，终端与交换节点之间、各个交换节点之间以及不同网络之间的互通，都必须在信令的控制下进行。实现信令消息收集、转发和分配的一系列处理设备和相关协议实体，称为信令系统，是通信网中的神经中枢，是保证通信网正常运行所必不可少的。产生和传输信令的控制设备和传输线路构成了信令网。本章首先介绍信令的基本概念、信令分类、信令方式和信令的工作原理。然后，重点介绍了 No. 1 信令系统和 No. 7 信令系统的体系结构、信令单元格式和信令点编码。最后，介绍了电话通信网的本地电话网和长途电话网的基本结构，并对我国长途电话网的结构改进加以说明。

4.1 信令的基本概念

4.1.1 信令概述

通信网中任意两个通信终端之间的信息传输都必须在控制信息的作用下进行，它们按照既定的通信协议工作，将信息安全、可靠、高效地传送到目的端。在交换设备之间相互交换的“信息”，必须遵守一定的协议和规约，是控制交换机产生动作的命令，称为信令。即信令是通信网中规范化的控制命令。信令系统是实现信令消息收集、转发和分配的一系列通信设备和相关协议实体，是通信网的重要组成部分，其性能在很大程度上决定了一个通信网络为用户提供服务的能力和质量。

例如在公共电话网络中，两个用户正在打电话：电话网络中除了传送用户的语音信息之外，为了保证电话通信的正常进行，还传送了更多的控制信息，这些都是信令，如图 4-1 所示。首先主叫用户摘机，发端局交换机通过扫描检测到主叫的“摘机”信令，表示要发起一个呼叫，并且查询出有当前空闲链路，则向主叫用户发送“拨号音”信令，进而进入主叫用户等待拨号状态；主叫用户听到拨号铃音后，开始拨号，发出“拨号”信令将被叫号码送到发送端交换机；发送端交换机进行号码分析和路由选择后确定被叫所在的接收端交换机，然后选择一条空闲的中继电路并向接收端交换机发“线路占用”信令来请求建立线路连接，等待接收端交换机确认线路空闲并发出“占用证实”信令后，由发送端交换机向接收端交换机发送“被叫号码”信令，以供接收端交换机根据号码翻译选择出被叫用户终端并检测其状态，如果被叫用户处于空闲则回送发送端交换机“被叫状态”信令，由发送端交换机向主叫用户发送“回铃音”信令，由接收端交换机向被叫用户发送“振铃音”信令，此时，若被叫用户摘机应答，则双方的通话连接线路被建立。

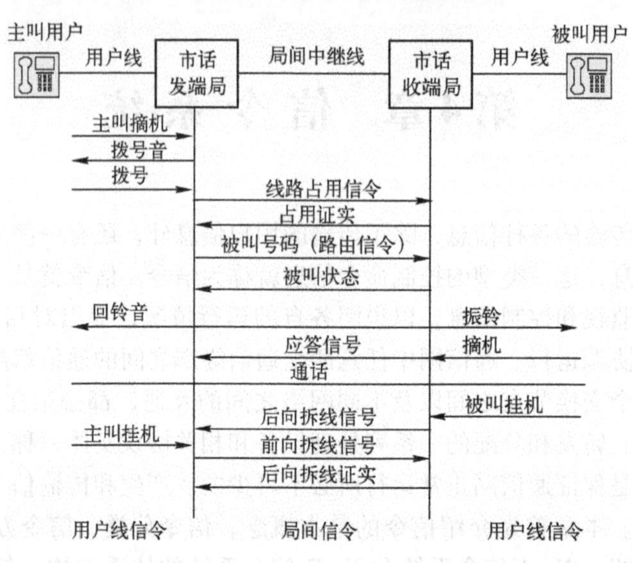

图 4-1　电话交换网络中局间用户通话的信令流程图

当接收端交换机检测到被叫用户的“摘机”状态信令后向发送端交换机发送应答信号，从而主、被叫双方进入通话稳定状态。此时发送端和接收端的交换机除了传送双方的语音信息之外，还需不断检测主、被叫的摘挂机状态是否发生改变，直到其中一方有挂机动作的出现。如果接收端交换机先检测到被叫的“挂机”动作后，它会向发送端交换机发出“后向拆线信号”信令请求，发送端交换机收到后，向主叫用户送“忙音”信令，接着检测到主叫用户的“挂机”状态信令后向接收端交换机发送“前向拆线信号”信令；直到发送端收到对方发送的“后向拆线证实”确认信令后，当前的话路连接线路才予以拆除，表明双方通话结束。

从上面的电话通话的信令流程中可以看出，为了保证双方通话的正常进行，除了传送语音信息之外传送了很多的控制信令，所以信令是电话呼叫接续过程中所采用的一种“通信语言”，用于协调动作、控制呼叫。这种“通信语言”应该是可相互理解的、相互约定的、以达到协调动作为目的。因而我们说信令是通信网中规范化的控制命令，它的作用是控制通信网中各种通信连接的建立和释放，并维护通信网的正常运行。信令在传送过程中所要遵循的规约和规定，如信令的结构形式、信令在多段路由上的传送方式及信令的控制方式等叫作信令方式。

4.1.2　信令的分类

信令有很多种分类方式，常用的可以按照信令的作用范围和传送方向来分类，也可以按照信令实现的功能和传送方式来分类，下面分别进行介绍。

（1）按照信令的作用范围分类

按照信令的作用范围，可分为用户线信令和局间信令两类。

用户线信令是指传送在用户线上的信令，即信令的工作范围是用户终端和端局交换机之间，用户线信令主要包括用户线状态信令、地址信令和音频信令。用户线状态信令用来标识用户终端的摘机、挂机状态；地址信令是指由主叫用户所拨的被叫号码，作为地址信令用来选择路由进行寻址；音频信令就是交换机向用户终端发出的各种音频信号和铃流信号，如：用户在打电话过程中可以听到的拨号音、回铃音和忙音等信令以及向被叫振铃的铃流信号都属于用户线的音频信令。

局间信令是指传送在中继线上的信令，即信令的工作范围是交换机和交换机之间。局间信令比用户线信令多，主要包括线路信令、路由信令和管理信令，分别实现监视主被叫的摘、挂机状态及设备忙闲、通过被叫号码进行路由选择及电话网的管理和维护等功能。

（2）按照信令的传送方向分类

按照信令的传送方向，可分为前向信令和后向信令两类。前向信令是指从主叫终端到被叫终端方向发送的信令；后向信令是指从被叫终端到主叫终端方向发送的信令。

（3）按照信令的功能分类

按照信令实现的功能分类，可分为监视信令、地址信令和维护管理信令。

监视信令具有监视的功能，用于监视线路的接续状态，包括用户线上标识主叫和被叫的摘机、挂机的信令，以及中继线上标识线路的占用、应答和前向、后向拆线及拆线证实等信令。

地址信令具有路由选择的功能，包括用户线上标识主叫拨出的被叫号码的信令、以及中继线上在发端交换机向收端交换机发送的被叫号码及反方向传送的证实信令。

维护管理信令仅在局间中继线上传送，用于检测和传输网络的拥塞信息、提供呼叫计费信息和远端维护信息等，在通信网的运行中起着维护和管理作用，以保证通信网能有效地运行。

（4）按照信令的传送信道分类

按照信令的传送信道来划分，可分为随路信令方式和公共信道信令方式两类。

随路信令（Channel Associated Signaling，CAS）是指信令和语音在同一条话路中传送的信令方式，如图 4-2 所示，信令是由信令设备进行发送和接收的，也连接到语音通道上。目前我国采用的随路信令为中国 1 号信令系统（即中国 No. 1 信令系统）。中国 No. 1 信令是和用户的语音信息一起以同步时分复用的方式分时隙进行传送，即将 125 μs 的一帧长度划分为 32 个时隙传输，分别为 TS_0 ~ TS_{31}，其中 30 个时隙用来传输用户的语音信息，另外的 TS_0用来传输帧同步信息，TS_{16}用来传输信令信息，即是中国 No. 1 信令。由此可见，中国 No. 1 信令系统的信令容量有限，在一个传输周期中每个用户只有 4 bit 的空间，不能再进行新业务功能的扩展，另外，大家可能有所疑问，一个周期中的 30 个用户的 TS_0 ~ TS_{15}和 TS_{17} ~ TS_{31}时隙却只有这 1 个传送信令的时隙空间 TS_{16}，那么是否 30 个用户的信息与该信令时隙有

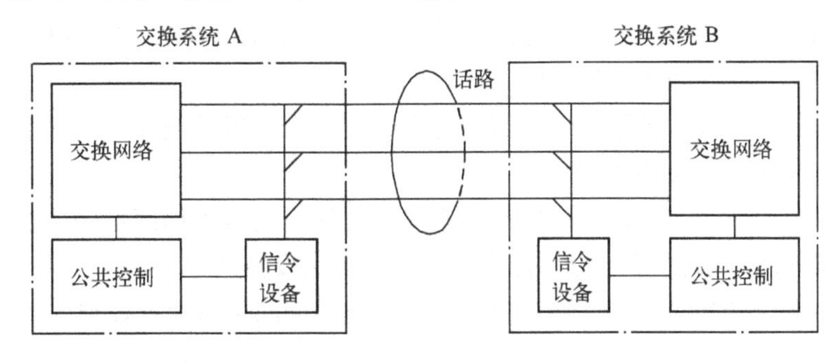

图 4-2　随路信令系统

一定的对应关系呢？答案当然是确定的，即用户与信令时隙有时间位置上的相关性，这样才能准确标识出 TS_{16} 的信令是对应哪个用户信息的，这个问题我们将在 4.2 节中详细介绍。

由此可见，随路信令系统有两个基本的特征：

1）共路性：信令和用户的语音信息在同一个通信信道上传送。

2）相关性：TS_{16} 的信令和用户的语音信息有着固定的一一对应关系。

与公共信道信令相比，随路信令的传送速度慢，信令容量小，传送与呼叫无关的信令能力有限，不便于信令功能的扩展，支持通信网中新业务的能力较差。

公共信道信令（Common Channel Signaling，CCS），也叫共路信令，是指信令和语音在不同的信道中传送，即信令有专用的信道来传输，如图 4-3 所示。公共信道信令是以时分复用方式在一条高速数据链路上传送呼叫控制信令和其他业务信息的传送方式，属于局间信令，它是在程控交换机和数字脉冲编码技术的基础上发展起来的一种新的信令方式。目前我国采用的公共信道信令是 No.7 信令，No.7 信令系统将信令和语音信道分开，是通过一张独立的信令网络传输的，因此采用高速数据链路传送信令，具有传输速度快、呼叫建立时间短、信令容量大、灵活性强、易于扩展，便于开放新业务等特点。

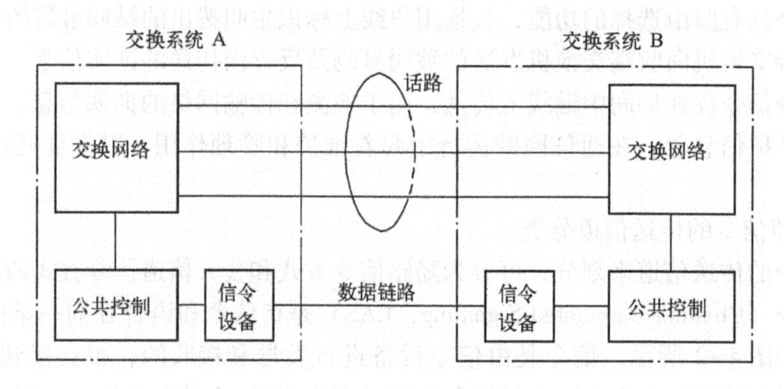

图 4-3　公共信道信令系统

相对于随路信令方式，公共信道信令也有两个基本的特征：

1）分离性：信令和用户的语音信息各自在不同的通信信道上传送。

2）独立性：信令通道与用户信息通道之间不具有时间位置的关联性，彼此相互独立。

显然，公共信道信令系统具有如下的优点：

1）增加了信令系统的灵活性。在公共信道信令方式中，话路的信令以统计时分复用的方式在独立的高速信令链路上传送，信令系统的发展可不受语音系统的约束，具有提供大量信令的潜力，便于根据业务的需要更改信令和增加信令。

2）信令采用高速数据链路传送，信令传送速度快，使得呼叫建立时间大为缩短，提高了传输设备和交换设备的使用效率。

3）信令以统一格式的消息信令单元形式传送，从而实现了局间信令传送形式的高度统一，不再像随路信令方式那样，分别传送线路信令和记发器信令。

4）信令与语音分开信道传送和交换，因而在通话期间可以随意处理信令。

5）每条链路不再配备各自专用的信令设备，而是共用一组高速数据链路及其信令设备传送，节省了信令设备的总投资，利于向综合业务数字网过渡。

公共信道信令方式是20世纪60年代发展起来的一种新型的信令技术。ITU-T提出的第一个公共信道信令方式是No.6信令方式，其设计目标是用于模拟电话网，信令传输速率为2.4 kbit/s。为了适应数字网的需要，ITU-T于1972年提出了No.6信令方式的数字方式实现的建议，信令传输速率为4 kbit/s和56 kbit/s。但该信令方式的数字方式也并未改变其最初的模拟信令方式的特点，不能满足通信发达国家发展综合业务数字网的需要，所以其数字方式并未得到应用。

ITU-T自1976年开始研究No.7信令方式，1980年提出了有关电话网和电路交换数据网应用No.7信令方式的技术建议。随着No.7信令方式的研究深入，其技术趋于更加成熟。目前世界上越来越多的国家采用这种信令方式，我们将在4.3节介绍No.7信令系统。

4.1.3 信令方式

信令的传送要遵守一定的规约和规定，以便于不同的通信设备能够正常工作和互联互通，这些规约和规定就是信令方式，它包括信令的结构形式，信令在多段路由上的传送和控制方式。选择合适的信令方式，关系到整个通信网通信质量的好坏和投资成本的高低。

（1）结构形式

信令的结构形式是指信令传送信息的表现形式，有未编码信令和已编码信令两种。

未编码信令是直接用原始的脉冲信号形式来表示命令信息，按脉冲幅度不同、脉冲持续时间不同、脉冲在时间轴上的位置、脉冲频率的不同以及脉冲数量的不同来区分，比如主叫以拨号脉冲的形式发出的被叫号码，就是以脉冲信号的方式，用脉冲的数量不同来表示不同的号码，比如用5个连续的脉冲信号表示数字“5”，用8个连续的脉冲信号表示数字“8”，不同号码之间需要有合理的位间隔才能正确标识出被叫号码；而拨号音、忙音、回铃音是由相同频率的脉冲采用不同的脉冲断续时间来标识的。未编码信令的特点是信息量少、传输速率慢。

已编码信令主要有模拟编码信令、数字线路信令两种。

模拟编码信令是指对信令用多种频率进行编码组成，比如中国No.1记发器信令和双音多频信令（Dual Tone Multi-Frequency，DTMF）都是采用多频方式进行编码的。记发器信令是电话自动接续中，在记发器之间传送的控制信令，主要包括选择路由所需的选择信令（也称地址信令或数字信令）和网络管理信令；DTMF用于发送被叫号码。

数字线路信令是指用二进制数字信号进行编码的信令，当局间采用PCM设备时，局间的线路信令必须采用数字型线路信令。我国的No.1信令系统采用30/32路PCM系统中的TS16时隙，用于传输中继线上呼叫状态的监视并控制呼叫接续的线路信令，且固定分配给每一话路，就是采用4位二进制方式进行编码的，还有No.7信令系统也都是以二进制编码的方式进行传输的。

（2）传送方式

信令传送方式是指信令在多段路由上的传送方式，包括端到端方式、逐段转发方式和混合方式3种。

1）端到端传送方式。

端到端传送方式是指在电话接续过程中每一转发局只接收为完成转接所需要的号码，被叫用户号码是由发端局直接向终端局发送。例如，某终端局局号为ABCD，用户号码为

××××，其转发的方式如图 4-4 所示。发端局通过多次路由依次和多个转发局建立连接，直到正确找到收端局建立连接后再进行信令传输。

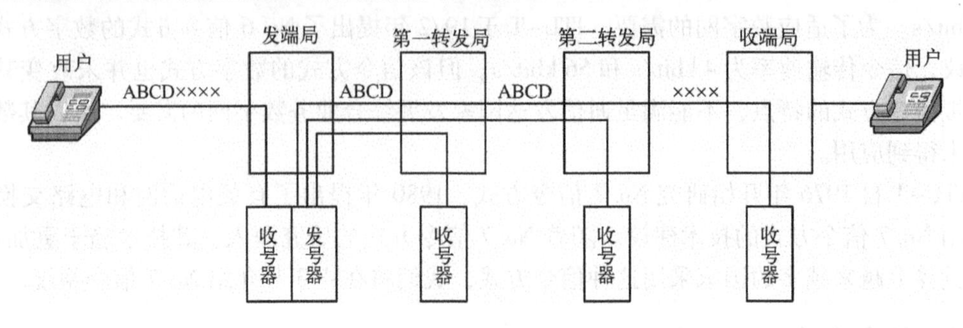

图 4-4　端到端传送示意图

图 4-4 是信令端到端传送的示意图，假设主叫用户此时拨打被叫用户号码，由地址信令传送 ABCD ××××，其中 ABCD 是被叫所在的端局局号，××××是被叫在端局内的用户号码。主叫所在的发端局收到号码后，首先将局号 ABCD 发给第一转接局进行选路，并将话路接续到该转接局；接着第一转接局依据 ABCD 选路到第二转接局，再由发端局建立与第二转接局的连接并将局号 ABCD 再发给第二转接局进行选路；第二转接局依据 ABCD 选路到终端局，这样才由发端局向终端局发送用户编号××××来建立端到端的话路连接。由此可见，整个信令传送的过程采用的是端到端的方式，都是由发端局依次和转接局连接直到路由到终端局为止。该方式的特点是对线路传输质量要求较高，信令传送速度快，接续时间短，但要求在多段路由上所传送的信令是同一类型的。

2）逐段转发方式。

逐段转发方式是指在电话接续过程中，信令由发端局开始，由转接局把全部号码完整地接收并逐段进行转发，直到接通终端局用户为止，即每个转发局须先接收上一转接局送来的全部号码，而后再转发给下一转发局全部号码。如图 4-5 所示是逐段转发的示意图，我们看到，当主叫用户此时拨打被叫用户号码，由地址信令传送 ABCD1234，发端局先传送全部的被叫号码 ABCD1234 到第一转发局，由第一转发局通过收号器接收到全部号码后再进行选路从而查找到第二转发局后，再由第一转发局的发号器转发全部的号码 ABCD1234 到第二转发局；依次进行，直到找到被叫所在的端局再转发全部的号码到收端局。

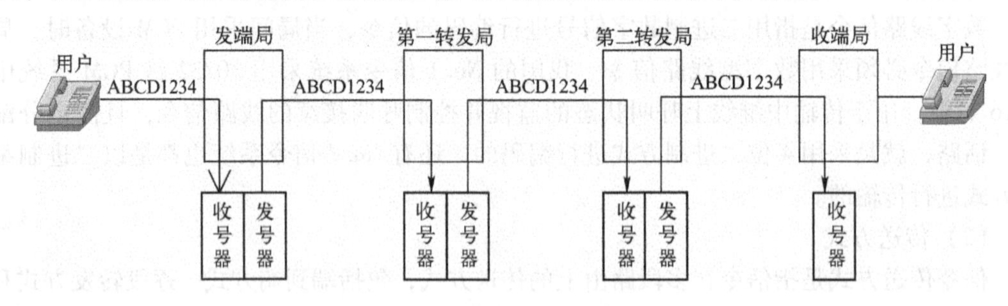

图 4-5　逐段转发方式示意图

逐段转发方式的信令传送速度慢；连接建立时间较长，但对链路质量要求不高；每一段链路上的信令类型可以不同。

3）混合方式。

混合方式就是在信令传送时既采用端到端方式又采用逐段转发方式，混合方式的特点是可根据电路的情况灵活采用不同的控制方式，以达到信令传送既快速又可靠的目的。

比如中国 No. 1 信令的记发器信令传送方式采用的原则一般是：信令在优质电路上传送采用端到端的方式，在劣质电路上传送采用逐段转发的方式；No. 7 信令的传送一般采用逐段转发的方式，在某些情况下也可支持端到端的方式。

（3）信令的控制方式

信令的控制方式是指控制信令发送的方式，有非互控方式、半互控方式和全互控方式 3 种。

1）非互控方式。

非互控方式是指在信令发送过程中，信令发送端发送信令不受接收端的控制，不管接收端是否收到，发端可不断地发送信令，如图 4-6 所示。非互控方式的特点是信令控制设备简单，信令速度快，但信令传送的可靠性差，适用于误码率很低的数字信道，No. 7 信令采用非互控方式来传送信令，以求信令快速的传送，并采取有效的可靠性保证机制，以克服可靠性不高的缺点。

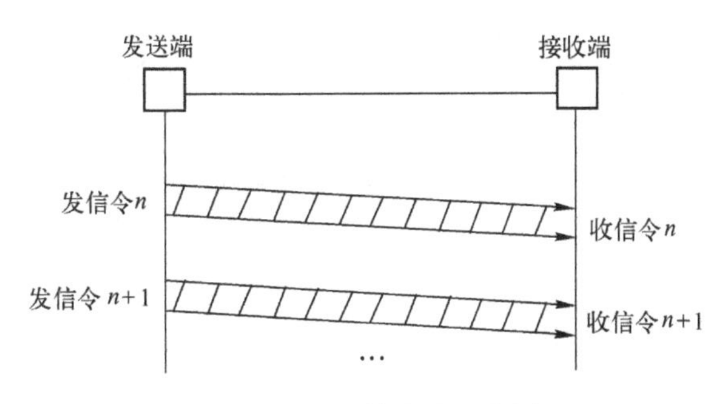

图 4-6　非互控方式示意图

2）半互控方式。

半互控方式是指在信令发送过程中，信令发送端每发一个信令，都必须等到接收端返回的证实信令或响应信令后，才能接着发下一个信令，也就是前向信令受控于后向信令，如图 4-7 所示。半互控方式的特点是其信令发送的控制设备相对简单，信令传送速度较快，信令传送的可靠性有保证。

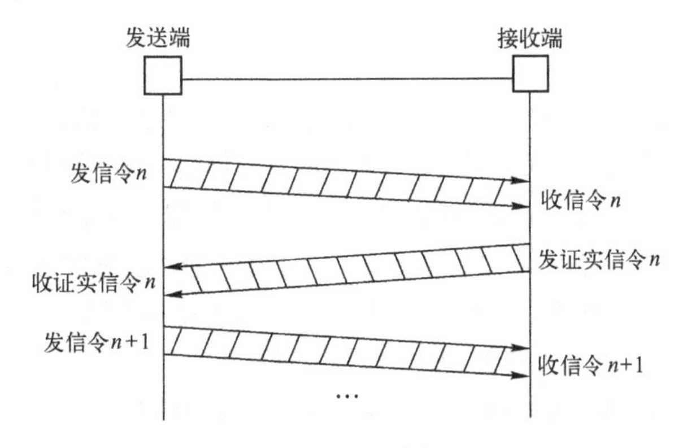

图 4-7　半互控方式示意图

3）全互控方式。

全互控方式是指信令在发送过程中，发送端发送信令受到接收端的控制，接收端发送信令也要受到发送端的控制，如图 4-8 所示。显然，全互控方式的特点是抗干扰能力强，信令传送可靠性高，但信令收发设备复杂，信令传送速度慢。

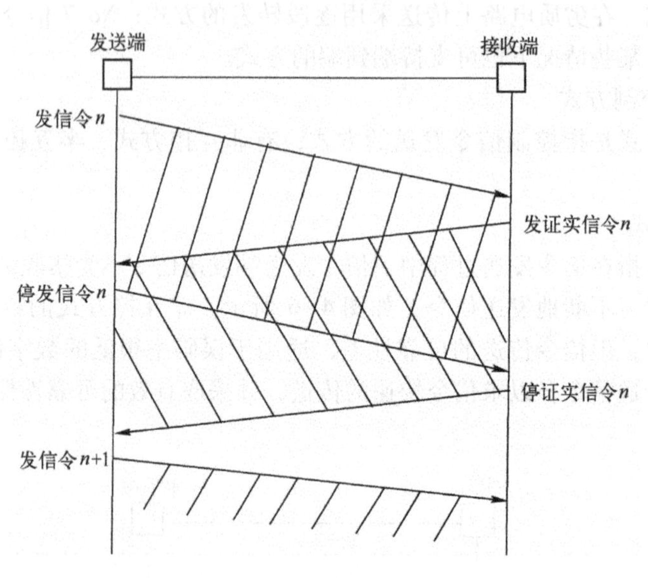

图 4-8　全互控方式示意图

4.2　中国 No.1 信令系统

中国 No.1 信令是我国自主研发的信令系统，是适合我国国情的通信标准。中国 No.1 信令是在中国电信交换系统中广泛使用的一种数字随路中继信令，它分为线路信令及记发器信令两种，线路信令用来表示相应的通道的呼叫状态，记发器信令用来交互呼叫双方的主被叫信息。本节主要介绍中国 No.1 信令系统，前面已经说明过，中国 No.1 信令属于随路信令，即信令和语音在同一条话路中传送，具有共路性和相关性的特点，且信令的传输处理与其服务的话路严格对应和关联。

4.2.1　线路信令

线路信令用来表示对于线路的占用请求和线路忙/闲状态的监视信令。线路信令采用脉冲编码调制（PCM）信号的方式把信令和用户的语音信息一起以同步时分复用的方式分时隙进行传送，即在一帧 125 μs 为周期的时间片上划分为 32 个时隙进行复用，表示为 TS_0 ~ TS_{31}，因此每个信道传输速率都为 64 kbit/s，一帧的传输总速率为 32 × 64 kbit/s = 2.048 Mbit/s，也称为 E1 标准。其中，第 1 个时隙 TS_0 用来传输帧同步信息，TS_{16} 用来传输中国 No.1 信令，其他 30 个时隙用来传输用户的语音数据。

为了给复用的 30 路用户都提供一个传送自身信令的空间，就需要以复帧的形式才能实现，如图 4-9 所示。中国 No.1 信令是以 16 个子帧的复帧结构承载，每个子帧记为 F0 ~

F15，每个子帧仍以 30/32 时分复用系统的形式传输语音和信令编码信息。

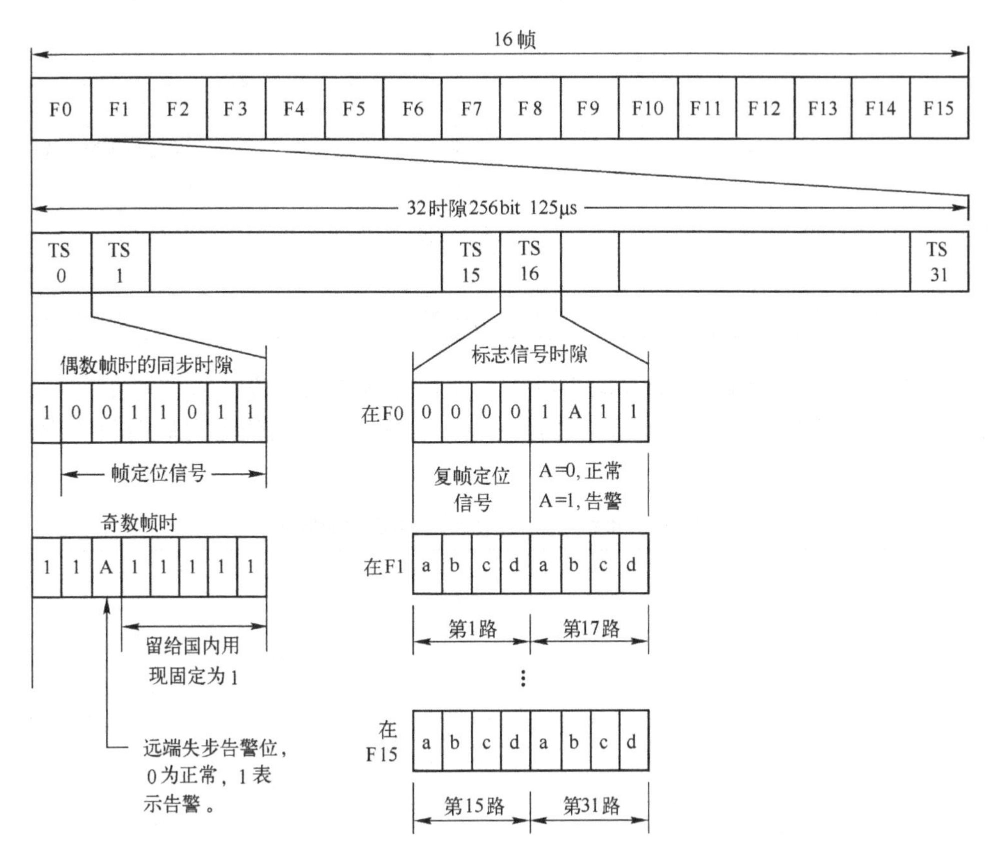

图 4-9　30/32 路 PCM 时分复用系统的复帧及中国 No. 1 信令

每个子帧上的时隙 TS_0都是用来进行帧同步的；TS_1 ~ TS_{15}时隙及 TS_{17} ~ TS_{31}分别传输 30 用户的语音 PCM 编码信息，TS_{16}时隙用来承载中国 No. 1 线路信令；F0 子帧的 TS_{16}时隙的前 4 bit 用来传输复帧同步信息，后 4 bit 用来传输线路传输正常和预警信息；其余的 F1 ~ F15 共 15 个子帧的 15 个 TS_{16}时隙都用来传输中国 No. 1 线路信令，每个 TS_{16}时隙 8 bit 的空间都分为前 4 bit 和后 4 bit 两部分，分别传输 2 路用户线路信令，这样 15 个子帧就一共有 30 个传送线路信令的空间，正好一一对应了 30 个用户的信令空间位置。具体对应为 F1 ~ F15 子帧的前 4 位分配给第 TS_1 到 TS_{15}通道的用户传送线路信令；F1 ~ F15 子帧的后 4 位分配给第 TS_{17}到 TS_{31}通道的用户传送线路信令，显然，只有构成 16 个子帧的复帧结构才能为 30 个用户分别提供独立的传送线路信令的空间。

线路信令按照主叫、被叫的发送方向分为前向信令和后向信令，各 4 bit，分别用 A、B、C、D 符号来表示，占用各子帧的 TS_{16}时隙来传送。为了区分前向信令和后向信令，增加下标选项，前向信令采用 A_f、B_f、C_f三位码，后向采用 A_b、B_b、C_b三位码来表示，最后一位 D 固定为 1，C 位一般表示话务员的呼叫状态，通常这位也保持为 1。根据我国国家标准 GB3971. 2—1983《电话自动交换网局间中继数字型线路信令方式》规定了具体的技术指标，规定了线路信令的编码方式，如表 4-1 所列。

表 4-1　线路信令编码表

前向信令					
A_f	发话局状态	B_f	故障状态	C_f	话务员再振铃或强拆
0	主叫摘机（占用）	0	正常	0	再振铃或强拆
1	主叫挂机（拆线）	1	故障	1	未进行再振铃或强拆
后向信令					
A_b	被叫用户状态	B_b	受话局状态	C_b	话务员回振铃
0	被叫摘机（应答）	0	示闲	0	回振铃
1	被叫挂机（拆线）	1	占用或闭塞	1	未进行回振铃

表 4-2 是市话交换局之间的局间中继的线路信令编码表，表 4-3 是市话局和长途局之间的线路信令编码表，从表中可以看出 A、B、C 各位在前向信令和后向信令中的标识作用。

表 4-2　市话交换局之间的线路信令编码表

<table>
<tr><th colspan="3" rowspan="3">接续状态</th><th colspan="4">编　码</th></tr>
<tr><th colspan="2">前　向</th><th colspan="2">后　向</th></tr>
<tr><th>A_f</th><th>B_f</th><th>A_b</th><th>B_b</th></tr>
<tr><td colspan="3">示闲</td><td>1</td><td>0</td><td>1</td><td>0</td></tr>
<tr><td colspan="3">占用</td><td>0</td><td>0</td><td>1</td><td>0</td></tr>
<tr><td colspan="3">占用确认</td><td>0</td><td>0</td><td>1</td><td>1</td></tr>
<tr><td colspan="3">被叫应答</td><td>0</td><td>0</td><td>0</td><td>1</td></tr>
<tr><td rowspan="17">复原</td><td rowspan="6">主叫控制</td><td>被叫先挂机</td><td>0</td><td>0</td><td>1</td><td>1</td></tr>
<tr><td rowspan="2">主叫后挂机</td><td rowspan="2">1</td><td rowspan="2">0</td><td>1</td><td>1</td></tr>
<tr><td>1</td><td>0</td></tr>
<tr><td rowspan="3">主叫先挂机</td><td rowspan="3">1</td><td rowspan="3">0</td><td>0</td><td>1</td></tr>
<tr><td>1</td><td>1</td></tr>
<tr><td>1</td><td>0</td></tr>
<tr><td rowspan="5">互不控制</td><td rowspan="2">被叫先挂机</td><td>0</td><td>0</td><td>1</td><td>1</td></tr>
<tr><td>1</td><td>0</td><td>1</td><td>0</td></tr>
<tr><td rowspan="3">主叫先挂机</td><td rowspan="3">1</td><td rowspan="3">0</td><td>0</td><td>1</td></tr>
<tr><td>1</td><td>1</td></tr>
<tr><td>1</td><td>0</td></tr>
<tr><td rowspan="6">被叫控制</td><td rowspan="2">被叫先挂机</td><td>0</td><td>0</td><td>1</td><td>1</td></tr>
<tr><td>1</td><td>0</td><td>1</td><td>0</td></tr>
<tr><td>主叫先挂机</td><td>1</td><td>0</td><td>0</td><td>1</td></tr>
<tr><td rowspan="2">被叫后挂机</td><td rowspan="2">1</td><td rowspan="2">0</td><td>1</td><td>1</td></tr>
<tr><td>1</td><td>0</td></tr>
<tr><td>闭塞</td><td>1</td><td>0</td><td>1</td><td>1</td></tr>
</table>

表 4-3　市话局和长途局之间的线路信令编码表

<table>
<tr><th colspan="3" rowspan="3">接续状态</th><th colspan="6">编　　码</th></tr>
<tr><th colspan="3">前　　向</th><th colspan="3">后　　向</th></tr>
<tr><th>A_f</th><th>B_f</th><th>C_f</th><th>A_b</th><th>B_b</th><th>C_b</th></tr>
<tr><td colspan="3">示闲</td><td>1</td><td>0</td><td>1</td><td>1</td><td>0</td><td>1</td></tr>
<tr><td colspan="3">占用</td><td>0</td><td>0</td><td>1</td><td>1</td><td>0</td><td>1</td></tr>
<tr><td colspan="3">占用确认</td><td>0</td><td>0</td><td>1</td><td>1</td><td>1</td><td>1</td></tr>
<tr><td colspan="3">被叫应答</td><td>0</td><td>0</td><td>1</td><td>0</td><td>1</td><td>1</td></tr>
<tr><td rowspan="18">复原</td><td rowspan="6">主叫控制</td><td>被叫先挂机</td><td>0</td><td>0</td><td>1</td><td>1</td><td>1</td><td>1</td></tr>
<tr><td rowspan="2">主叫后挂机</td><td>1</td><td>0</td><td>1</td><td>1</td><td>1</td><td>1</td></tr>
<tr><td>1</td><td>0</td><td>1</td><td>1</td><td>0</td><td>1</td></tr>
<tr><td rowspan="3">主叫先挂机</td><td>1</td><td>0</td><td>1</td><td>0</td><td>1</td><td>1</td></tr>
<tr><td>1</td><td>0</td><td>1</td><td>1</td><td>1</td><td>1</td></tr>
<tr><td>1</td><td>0</td><td>1</td><td>1</td><td>0</td><td>1</td></tr>
<tr><td rowspan="6">互不控制</td><td rowspan="3">被叫先挂机</td><td>0</td><td>0</td><td>1</td><td>1</td><td>1</td><td>1</td></tr>
<tr><td>1</td><td>0</td><td>1</td><td>1</td><td>1</td><td>1</td></tr>
<tr><td>1</td><td>0</td><td>1</td><td>1</td><td>0</td><td>1</td></tr>
<tr><td rowspan="3">主叫先挂机</td><td>1</td><td>0</td><td>1</td><td>0</td><td>1</td><td>1</td></tr>
<tr><td>1</td><td>0</td><td>1</td><td>1</td><td>1</td><td>1</td></tr>
<tr><td>1</td><td>0</td><td>1</td><td>1</td><td>0</td><td>1</td></tr>
<tr><td rowspan="6">被叫控制</td><td rowspan="3">被叫先挂机</td><td>0</td><td>0</td><td>1</td><td>1</td><td>1</td><td>1</td></tr>
<tr><td>1</td><td>0</td><td>1</td><td>1</td><td>1</td><td>1</td></tr>
<tr><td>1</td><td>0</td><td>1</td><td>1</td><td>0</td><td>1</td></tr>
<tr><td>主叫先挂机</td><td>1</td><td>0</td><td>1</td><td>0</td><td>1</td><td>1</td></tr>
<tr><td rowspan="2">被叫后挂机</td><td>1</td><td>0</td><td>1</td><td>1</td><td>1</td><td>1</td></tr>
<tr><td>1</td><td>0</td><td>1</td><td>1</td><td>0</td><td>1</td></tr>
</table>

4.2.2　记发器信令

在接续过程中，局间需要传送选择路由所需的地址信令以及与接续有关的网络管理等信令，称为记发器信令。No. 1 信令的记发器信令是属于选择信令，用来选择路由或用户，采用多频互控（Multi-Frequency Compelled signaling，MFC）方式，用于电话呼叫建立期间，在终端与电路的记发器及记发器之间传送的呼叫接续的各种控制信令。在 MFC 信令方式中，前向信令和后向信令都是连续协作发送的，属于前面讲述的信令控制方式中的全互控传送方式。发送 MFC 信令流程如下：首先发端局发送一个前向信令；收端局接收和识别此前向信令，然后回送给发端局一个后向信令作为证实信令，表明已经接收到这个前向信令，并在这个后向信令中指示准备接收的下个前向信令的标识；发端局收到这个后向信令后，了解到收端局已经确认收到前一个前向信令，于是发端局停发该前向信令；接着收端局识别出前向信令已停发后，再停发后向信令；最后发端局识别后向信令已停发后，根据收到的后向信令的要求，才开始发送下一个前向信令，从而完成一个前向信令和后向信令的全互控传送过程。

由于全互控信令的前向信令和后向信令是采取证实方式在收、发端是连续发送的，所以全互控方式的信令能适应有不同响应时间和识别时间的各种接收器，具有传输可靠、适应性较强等优点，但这种方式需要双向的证实确认信令，因此全互控方式的传送速度慢。在中国No. 1 记发器信令的前向信令与后向信令采用 120 Hz 等差级频，前向信令采用 1380 ~ 1980 Hz 高频群，按六中取二编码，最多可组成 15 种信令。后向信令采用 780 ~ 1140 Hz 低频群，按四中取二编码，最多可组成 6 种信令。前向信令由 15 个双频信令组成，以 A1 ~ A15 表示，后向由 6 个双频信令组成，以 B1 ~ B6 表示，记发器信令也是在 PCM 通道上收发的。

我国 MFC 记发器信令分为前向信令和后向信令。前向信令分为Ⅰ组和Ⅱ组。相应的后向信令分为 A 组和 B 组。Ⅰ组和 A 组相对应，Ⅱ组和 B 组相对应。前向信令又可以分为 KA、KC、KD、KE 和数字信号（其中 KD 为前向Ⅱ组信令，其余为前向Ⅰ组信令）。前向Ⅰ组信令由接续控制信令（KA、KC、KE）和数字信号组成。对应表 4-4 的记发器信令的基本含义如下。

表 4-4　记发器信令的基本含义

前向信令			
组　别	名　称	基 本 含 义	容量（占用信号个数）
Ⅰ	KA	主叫用户类别	10
	KC	长途接续类别	5
	KE	长市（室内）接续类别	5
	数字信号	1 ~ 10（10 表示数字 0）	10
Ⅱ	KD	发送端呼叫业务类别	6
后向信令			
组　别	名　称	基 本 含 义	容量（占用信号个数）
A	A 信令	收码状态和接续状态的回控证实	6
B	B 信令	被叫用户状态	6

1）KA 信令是发送端市话局向发送端长话局或发端国际局前向发送的主叫用户类别信令，它提供本次接续的计费种类（定期、立即、免费）、用户等级（普通、优先）和通信业务类别（电话、传真、数据）。这三种信息的相关组合用一位 KA 编码表示，因此，KA 为组合类别信令，KA 信令中有关用户等级和通信业务类别信息由发送端长途局译成相应的 KC 信令。含义如表 4-4 所列。

2）KC 信令是长话局前向发送的接续控制信令，具有保证优先用户通话质量、满足多种业务的传输质量、控制卫星电路段数、完成指定呼叫及其他指定接续（如测试呼叫）的功能。

3）KE 信令是终端长话局向终端市话局以及市话局间前向传送的接续控制信令。

4）数字信号："1 ~ 10" 数字信号用来表示主叫用户号码、被叫区号和被叫用户号码。此外，发端市话局向发送端长话局发送的 "15" 信号表示主叫用户号码已发送完毕。

5）前向Ⅱ组信令（KD）发送端业务性质信号，表明呼叫能否插入市话和能否被长途话务员插入。

后向A组信令是前向Ⅰ组信令的互控信令，起控制和证实前向Ⅰ组信令的作用。分为A1～A6信令。记发器后向A信令的基本含义见表4-5。

表4-5　记发器后向A信令的基本含义

后向A信令	
数字信号	含　义
1	A1：发下一位号码
2	A2：由第一位发起
3	A3：转至B信令
4	A4：通道拥塞
5	A5：空号
6	A6：发KA及主叫号码

1）A1、A2、A6信令：统称为发码位次控制信令，控制前向数字信号的发码位次。

2）A3信令：转至B组信令的控制信令。有互控形式和脉冲形式（150±30 ms）两种。

3）A4信令：接续尚未到达被叫用户之前遇忙致使呼叫失败的信令，有互控形式和脉冲形式（150±30 ms）两种。

4）A5信令：接续尚未到达被叫用户之前遇到空区号或空局号时的信令，有互控形式和脉冲形式（150±30 ms）两种。

5）后向B组信令（KB）表示被叫用户状态信令，起证实前向Ⅱ组信令和控制接续的作用。

记发器前向KD信令及后向KB信令见表4-6。

表4-6　记发器前向KD信令及后向KB信令

前向KD信令		后向KB信令		
KD编码	KD信令内容	KB编码	KB信令内容	
			长途接续时或测试继续时（KD=1，2，6）	市话接续时（KD=3，4）
1	长途话务员半自动呼叫	1	0被叫用户空闲	被叫用户空闲，互不控制复原
2	长途自动呼叫，用户呼叫话务员	2	被叫用户忙	备用
3	室内电话	3	被叫用户忙	
4	室内用户传真或用户数据通信，优先用户	4	线路拥塞	被叫用户忙或线路拥塞
5	半自动核对主叫号码	5	被叫用户空号	被叫用户空号
6	测试呼叫	6	备用	被叫用户空闲主叫控制复原

4.3　No.7信令系统

由于随路信令传送速度慢、信令容量有限及无法进行扩展等诸多局限性，ITU-T于1980年提出了通用性很强的No.7信令系统，并且经过多次的扩展和修改，形成了一个完整的信令系统。No.7 信令和 No.6 信令采用的是共路信令方式，而 No.5 信令系统和以前的其他信令系统采用的是随路信令方式。No.7 信令是一种局间信令系统，只在端局交换机之间、局间交换机和其他电信设备等所构成的信令点之间进行信令传输和处理，与语音通路分开而采用单独的双向高速信令链路进行信令传送，因而，No.7 信令系统具有信令传送速度高、呼叫接续时间短、信令容量大、灵活且易于扩充、对话路干扰小，以及话路利用率高等特点。No.7 信令系统除了提供公共电话网的语音交换业务信令规范，还广泛应用于非话路业务、智能网业务、蜂窝移动通信网络业务及综合业务数字网中，在国际上得到广泛的应用，因此，No.7 信令系统是通信网向综合化、智能化发展不可缺少的支撑系统，下面就对 No.7 信令系统进行介绍。

4.3.1 No.7 信令系统的体系结构

现代通信系统中，No.7 信令的通用性决定了整个系统必然包含着许多不同的应用功能，而且结构上应该能够灵活扩展，因此 No.7 信令系统是采用模块化功能结构，以实现一个框架内多种应用的并存，其实质是在通信网的控制系统之间传送有关通信网的控制信息。图 4-10 表示 No.7 信令系统的体系结构及与 OSI 参考模型的对应关系，由图 4-10 可知，No.7 信令系统共分为 4 层，自下而上分别为 MTP1、MTP2、MTP3 及用户部分（User Part，UP）。其中，消息传送部分（Message Transfer Part，MTP）的主要功能是在信令网中提供可靠的信令消息传送，并在系统和信令网故障情况下，为保证可靠的信息传送，采取措施避免或减少信令的丢失和差错。MTP 共分为 MTP1（信令数据链路层）、MTP2（信令链路功能层）和 MTP3（信令网功能层），它们分别对应于 OSI 的第 1 至第 3 层；高层的 UP 对应了 OSI 的第 4 层以上的高层。

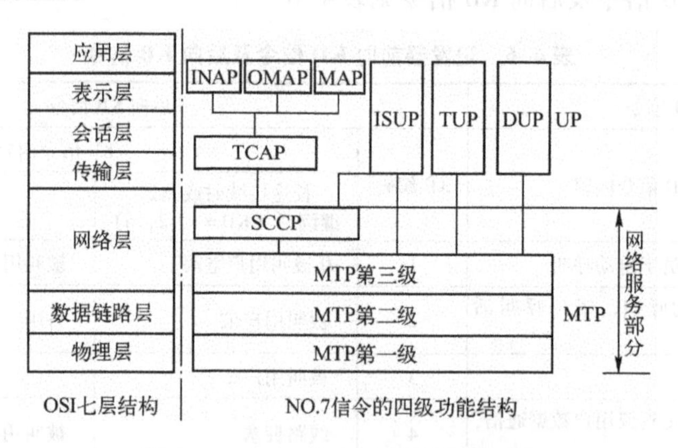

图 4-10　No.7 信令系统的体系结构

MTP1（信令数据链路层）是用于信令传输的通路，由传输速率相同的双向信令数据通路组成。功能等同于 OSI 的物理层，在这里定义了信令数据链路的物理、电气和功能特性，确定与数据链路的连接方法。

MTP2（信令链路功能层）相当于 OSI 的数据链路层，用于把消息信令传送到数据链路，与 MTP1 共同保证在两个信令点之间提供一条可靠传送信令的链路。它包括信令单元的分界、定位、差错检测、差错校验、初始定位和处理机故障等，还包括流量控制和信令链路差错监视等功能。

MTP3（信令网功能层）相当于 OSI 的网络层。MTP3 规定了在信令点之间传送消息的功能和程序。该功能用于在信令网中当信令链路和信令转接点发生故障时，为保证可靠地传送各种信令消息，在信令点之间传送管理消息。MTP3 信令网功能划分为信令消息处理和信令网管理两部分。

信令消息处理功能是在分析消息信令标记的基础上，将信令消息送往相应的信令链路或高层的用户部分。信令消息处理功能由消息路由、消息鉴别和消息分配三部分组成。

1）消息路由部分完成消息路由的选择，也就是利用路由标记中的信息，为信令消息选择一条信令链路，以使信令消息能传送到目的信令点。

2）消息鉴别部分的功能是接收来自第二级的消息，以确定消息的目的地是否是本信令点。如果目的地是本信令点，消息鉴别部分将消息传送给消息分配部分；如果目的地不是本信令点，消息鉴别部分将消息发送给消息路由部分。

3）消息分配部分的功能是将消息鉴别部分发来的消息，分配给相应的用户部分以及信令网管和测试维护部分。

信令网管理功能在信令网故障时重组信令网结构、维持和恢复消息信令单元的正常传送。信令网管理由信令业务管理、信令链路管理和信令路由管理三部分组成。

1）信令业务管理的目的是在信令网发生故障时将信令数据从一条链路或路由转移到另一条或多条可用的链路或路由，或在信令点发生拥塞的情况下临时减少信令业务。

2）信令链路管理的目的是在信令网中恢复、启用和退出信令链路，并保证能够提供一定的预先确定的链路群的能力，一般由人机命令创建信令数据链路和信令终端的连接关系。

3）信令路由管理的目的是保证可靠地在信令点间交换有关信令路由可用性的信息，以便对信令路由进行闭塞或解除闭塞，主要由禁止传送、允许传送、受控传送、受限传送、信令路由组测试、信令路由组拥塞测试等程序组成，这些程序仅用于发端信令业务通过信令转接点到目的地的情况。

No. 7 信令系统的第四级具有 OSI 模型的 4 ~ 7 层及第 3 层的部分功能，它包括的主要功能模块有：

信令连接控制部分（Signaling Connection and Control Part，SCCP）是为了加强 MTP 的功能，相当于 OSI 的第 3 层，实现虚电路和数据报的分组交换功能。SCCP 主要被应用在智能网、移动通信、智能管理中各项新业务的网络服务功能、编路功能和管理功能及信令网之间的互通。

事务处理能力部分（Transaction Capability，TC）是指为各种应用和一种网络业务之间提供的标准接口，与特定的应用无关。TC 支持 SCCP 提供的两种数据业务：面向连接服务和面向无连接服务。在信息量少而实时性要求高的应用采用无连接服务，而在信息量大而实时性要求低的应用采用面向连接服务。

事务处理能力应用部分（Transaction Capability Application Part，TCAP）定义了事务处理能力的信号消息、编码和信号程序。在面向连接的服务中，为了面向所有用户提供统一的服务，TCAP 将不同节点间的信息交换抽象为一个操作，TCAP 的核心就是执行远程操作。在面向无连接的服务中，TCAP 指的就是 TC，即直接利用 SCCP 的无连接服务传送数据，因此 TC 在无连接服务中有广泛应用。

电话用户部分（Telephone User Part，TUP）规定了 No. 7 信令系统中用于电话网呼叫处理的功能和程序所必需的呼叫控制信令，可用来控制电话的呼叫建立和释放，同时又支持部分用户补充业务。

数据用户部分（Data User Part，DUP）用于定义使用 No. 7 信令系统的电路交换数据传输业务。

ISDN 用户部分（ISDN User Part，ISUP）定义了 ISDN 通信网的信号程序和实现这些程序的消息及消息编码，协议定义了包括语音业务和非语音的数据业务通信控制所必须的信令消息、功能和过程。ISUP 能完成 TUP 和 DUP 的功能，并且能实现范围广泛的 ISDN 业务，具有非常广阔的应用范围。ISUP 消息均通过 MTP 传送，同时 SCCP 提供对 ISUP 端到端信令业务的支持。

4.3.2 No. 7 信令单元格式

No. 7 信令采用数字编码以分组传送模式中的数据报方式传送各种信令消息，并且基于统计时分复用，其信令分组的最小单元称作信令单元（Signaling Unit，SU），用于传输信令网管理、信令链路状态管理和业务接续控制等。由于信令消息本身的长度不相等，如摘挂机等监视信令较短，而地址信令则较长，故采用不等长的信令单元，由若干个 8 位位组组成。在 No. 7 信令系统中，为保证信令信息可靠地传送，各信令点和信令转发终端必须具有对 SU 同步、定位和差错控制功能，同时 SU 中必须包含一个标记，以识别该信令单元传送的信令属于哪一个通信链路。

整体来说，No. 7 信令有三种信令单元格式，分别为来自第四级用户级（用户部分或信令网管理功能）产生的消息信令单元（Message Signaling Unit，MSU）、来自第三级用来传送链路状态信息的链路状态信令单元（Link State Signaling Unit，LSSU）和来自第二级用于链路空闲或链路拥塞时来填补位置的填充信令单元（Fill-In Signaling Unit，FISU）。

图 4-11 ~ 图 4-13 分别为三种信令单元的格式，其中除了 MSU 的中间字段 SIF 和 SIO 及 LSSU 的 SF 字段有所不同外，其余的三种信令单元都有如下公共字段，其具体含义如下。

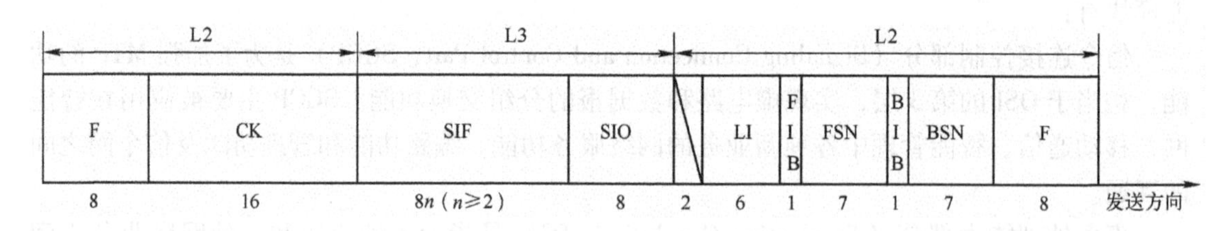

图 4-11 MSU 消息信令单元（LI >2）

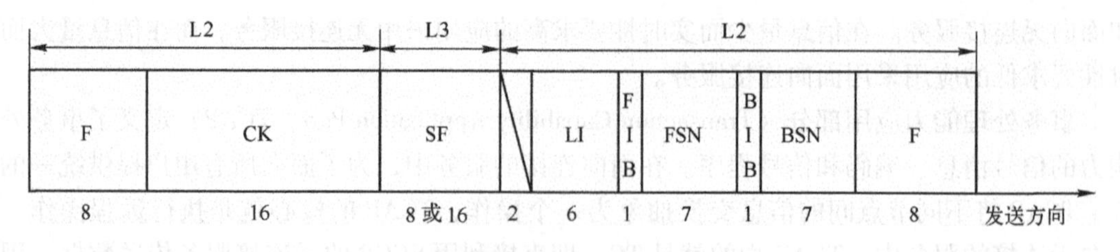

图 4-12 LSSU 链路状态信令单元（LI =1，2）

F（Flag）：标志码，固定码型为01111110，标识每个SU的开始或结尾；

BSN（Backward Sequence Number）：后向序号；

FSN（Forward Sequence Number）：前向序号；

BIB（Backward Indicator Bit）：后向指示位；

FIB（Forward Indicator Bit）：前向指示位；

BSN、FSN、BIB和FIB这四个字段相互配合，用于信令的基本差错校验，完成信令单元的顺序控制、证实和重发及纠错等功能。

LI（Length Indicator）：长度指示码，用于指示LI和CK间的字节数，显然，这三种信令单元的LI和CK间的字段区域长度不同，MSU包含SIF和SIO字段，因此MSU的LI长度大于2个字节；LSSU包含SF字段域，内容为8 bit或16 bit，因此LSSU的LI长度为1 B或2 B；FISU在LI和CK字段间没有内容，因此FISU的LI长度为0。

CK：校验码。

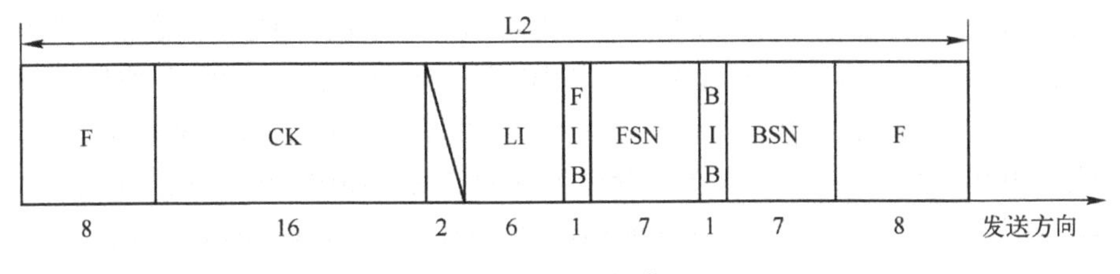

图4-13　FISU填充信令单元（LI＝0）

（1）MSU的SIF（Signaling Information Field）为信令信息字段，SIO（Service Information Octet）为业务信息字段，下面分别介绍其内容及含义。

1）SIF的内容就是实际发送的信令信息，其长度为8 bit的整数倍，其最大长度可存储272字节信息，因此SIF的长度范围是2～272区间的数值，为不改变原有的信令消息格式，规定凡是SIF的字段内容大于或等于63字节时，MSU的LI字段值都存储为63。

由于SIF能传送不同网络的信令信息内容，因此它在不同的网络用户部分的结构有所不同，它可进一步划分为标记、标题码（H0、H1）和信令信息，具体见图4-14所示。SIF的各字段的含义如下：

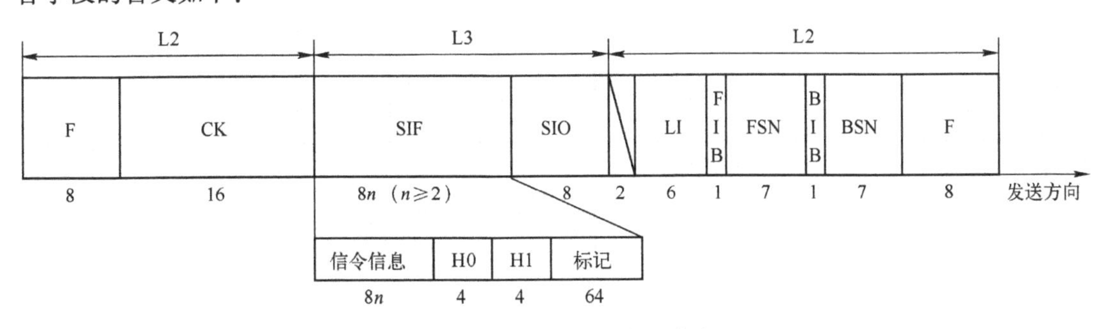

图4-14　MSU的SIF字段格式

标记的长度是64 bit，每一条信令消息都包含标记。MTP3的消息路由功能根据它的路由标记部分选择适当的信令路由，而TUP则用它识别消息所属的某一次呼叫。电话信令消息的标记的具体格式如图4-15所示。其中包含DPC字段为目的信令点编码、OPC为源信令点编码；在信令网中，产生信令的源端和接收信令的目的端以及信令传输路径的每一个转接点都由唯一的地址编码来标识，这就是信令点编码。我国国内电话网采用 24 bit 编码来标识信令点编码。其具体编码规则在 4.4.3 节中有详细的讲述。CIC（Circuit Identification Code）是电路识别码，标识 DPC 与 OPC 之间多条语音电路中的一条语音电路，占 12bit，包括语音电路的时隙编码以及 DPC 和 OPC 信令点之间 PCM 系统的编码。CIC 电路识别码是由交换局按照双方协商或预先确定的原则分配给各电话电路呼叫连接。

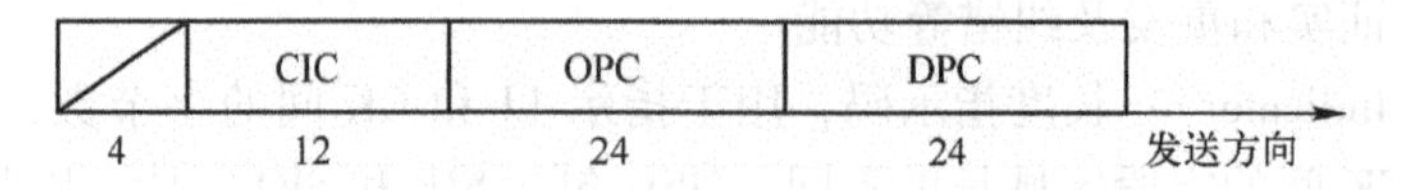

图 4-15　电话信令消息中标记字段的具体格式

标题码用于区分每个信令信号，所有电话信令消息都包含标题码，它由标题码 H0 和标题码 H1 两部分组成。H0 标识消息群，H1 标识消息群中的一个具体的消息，或在更复杂消息的情况下标识这些消息的格式。标题码 H0 为 4 bit，可以提供 16 个消息群，具体编码为：0000 为国内备用，0001 为前向地址消息、0010 为前向建立消息、0011 为后向建立消息、0100 为后向建立成功消息、0101 为后向建立不成功消息、0110 为呼叫监视消息、0111 为电路监视消息、1000 为电路群监视消息、1001 为国际备用、1010 为电路网管理消息、1011 为国际和国内备用、1100 为国内后向建立成功消息、1101 为国内呼叫监视消息、1110 为国内后向建立不成功消息。标题码 H1 为 4 bit，可标识一个 H0 消息组里的一个具体的消息，4 bit 编码总共可以标识 16 个消息。

信令消息是可变长度的，长为 $8n$ bit，即为字节的整数倍，由标题码 H0 和 H1 确定消息的含义。信令消息为各种 TUP 的消息信令提供了可变长的附加信令信息，这正是各种 TUP 信令消息长短各异的原因所在，而且并非所有的 TUP 信令都含有此段内容。

2）SIO 的长度为 8 bit，包括指定不同的用户部分和用于消息分配。由 SIO 的内容判定是哪类用户产生的信令信息，并据此选择相应路由表。即通过其包含的两部分内容：业务指示语（Service Indicator，SI）和子业务字段（Sub-Service Field，SSF）来选择路由表，如图 4-16 所示。

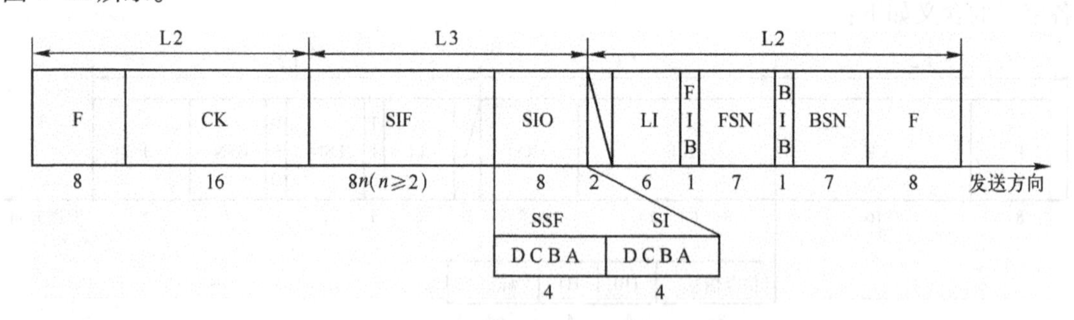

图 4-16　MSU 的 SIO 字段格式

SI 的长度为 4 bit 的长度，用于指明该 MSU 是属于第三级的信令网管理模块还是属于第四级的某一个用户部分（UP）的。

其 DCBA 四位分别对应以下内容，0000：信令网管理消息；0001：信令网测试和维护消息；0011：SCCP 信号连接控制部分；0100：TUP 电话用户部分；0101：ISUP ISDN 用户部分；0110：DUP 数据用户部分（与呼叫和电路有关的消息）；0111：DUP 数据用户部分（性能登记和撤销消息）；1001：B-ISUP 宽带综合业务数字网用户部分。

SSF 是子业务字段，为 4 bit 的长度，其“DCBA”四位编码中，A 和 B 备用，而 D 和 C 为网络指示语，用来区分国内消息或国际消息。其中，DC 为 00 表示国际网；DC 为 01 表示国际网备用；DC 为 10 表示国内网，采用 24 bit 的信令点编码；DC 为 11 表示国内网备用，采用 14 bit 的信令点编码。

（2）图 4-12 中 LSSU 的 SF（Status Field，状态字段）用于标识两端交换链路的状态信息；当 SF 采用一个 8 位位组时，其高 5 位为备用，低 3 位的编码如下定义，000：失去定位（SIO）；001：正常定位（SIN）；010：紧急定位（SIE）；011：业务中断（SIOS）；100：处理机故障（SIPO）；101：链路忙（SIB）。

4.4 No.7 信令网

用来产生和传输信令的控制设备和传输线路构成信令网。No.7 信令通过 No.7 信令网络进行信令信息的传输。No.7 信令网是现代通信网的三大支撑网（数字同步网、No.7 信令网、电信管理网）之一，是通信网向综合化、智能化发展的不可缺少的基础支撑。No.7 信令网是具有多种功能的业务支撑网，它不仅可用于电话网和电路交换的数据网的信令传送，还可用于 ISDN 和智能网，可以传送与电路无关的各种信令信息，实现网路的运行、管理、维护和开放各种补充业务。

No.7 信令网是一个专用的分组交换数据网，逻辑上独立于通信网，是专门用于传送信令的网络。信令网与通信网分离，便于运行维护和管理，可方便地扩充新的信令规范，适应未来信息技术和各种业务发展的需要。No.7 信令网的运行质量直接影响到电信网及其各种业务网的运行稳定性。

4.4.1 No.7 信令网的组成

No.7 信令网由信令点（Signaling Point，SP）、信令转接点（Signaling Transfer Point，STP）和信令链路三部分组成。如图 4-17 所示，信令点之间或者通过直接相连的信令链路传送信令信息，或者通过若干个信令转接点进行信令的转发。信令网中的信令点对应电话网中的本地交换机，信令转接点对应中继交换机。

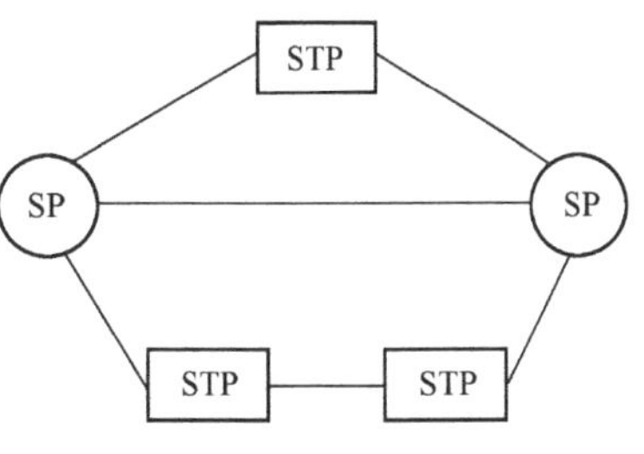

图 4-17 信令网的组成

1）信令点是信令消息的起始点和目的点，产生消息的信令点为该消息的源信令点，接收消息的信令点为该消息的目的信令点。信令点可以是具有 No.7 信令功能的各种交换局（如电话交换局、数据交换局、ISDN 交换局和业务交换点、业务控制点等），也可以是各种特服中心（如网管中心、维护中心、业务交换点等）。信令点是由 No.7 信令系统中的 MTP 和 UP 组成，用于程控交换局局间信令的传送和处理，控制电话网或 ISDN 中呼叫的建立和释放。信令点也可以具有业务控制点（Service Control Point，SCP）功能，这时它包括 MTP、SCCP 及 TC，主要用于智能网中。

2）信令转接点具有信令转接功能，它可以将一条信令链路的信令消息转发至另一信令点，信令转接点可分为独立的信令转接点和综合的信令转接点。

独立的信令转接点是指专用的STP，即只完成信令转接功能，只具有MTP功能的STP。

综合的信令转接点既完成信令转接的功能，同时又是信令消息的起始点和目的点，即兼具有No.7信令系统中的MTP和UP功能，如具有信令转接功能的程控交换机等。

3）信令链路是信令网中连接信令点和信令转接点的数据通路，其传输速率为64 kbit/s，它由No.7信令功能的MTP1和MTP2组成。

在电信网中使用No.7信令系统时，根据信令消息的传送路径以及该消息所属信令点之间的结合关系，可采用下述3种工作方式：

1）直联工作方式：两个相邻信令点之间的信令消息通过直接相连的信令链路传送。

2）准直联工作方式：两个信令点之间的信令消息通过两条或两条以上串接的信令链路来传送，但只允许通过预定的路由和信令转接点，这也是我们现在普遍采用的一种连接方式。

3）全分离工作方式：这种方式与准直联工作方式基本一致，但不同之处在于，它可以按照自己选择路由的方式来选择信令通路，比较灵活，但在信令消息的寻址方面就要考虑全面和周密。由于全分离工作方式较复杂，因此，目前未被采用，而是采用直联与准直联相结合的工作方式，以满足通信网的要求。当局间话路足够大，从经济上考虑合理时，采用直达的信令链；当两个交换局之间的话路较小，设置直达信令链不经济时，采用准直联工作方式。

4.4.2 No.7信令网的结构

信令网可分为不含STP的无级信令网和含有STP的分级信令网。无级信令网如图4-18a所示，它是指信令网中不引入STP，所有的信令点均处于同一等级，各信令点之间采用直连的工作方式进行信令交互。无级的信令网结构比较简单，其缺点是需要很多SP，信令传输时延大，在容量上和经济上不能满足国际和国内电信网的需求，故未广泛采用，实际上都采用分级信令网。

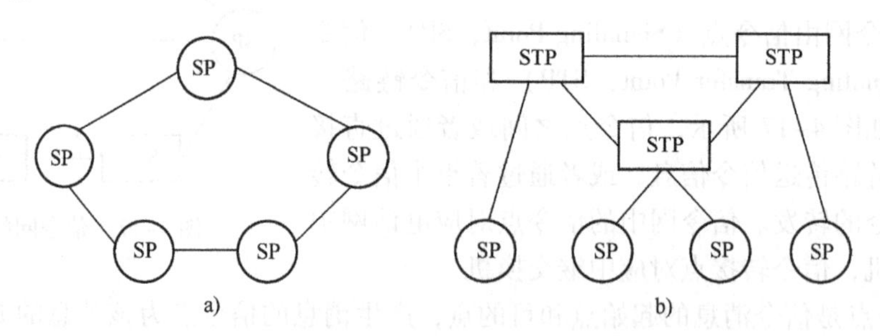

图4-18 信令网的组成
a）无级信令网 b）分级信令网

分级信令网如图4-18b所示，它含有STP，信令点间可采用准直连方式工作，又称非直连信令网。分级信令网具有如下的优点：网络所容纳的信令点数多；增加信令点容易；信令路由多、信令传送时延相对较短等。分级网一般分为二级信令网和三级信令网两种，决定采用二级或三级的主要因素有：

1）STP 容量，即 STP 可以处理的最大信令链路数。

2）信令处理能力，即每秒钟可以处理的最大 MSU 的数量。

3）信令网容量，即信令网含有 SP 的数量。

4）可靠性，即信令路由和链路的冗余度。

在保证信令网容量、性能和可靠性的条件下，应尽可能采用二级信令网。当二级信令网不能满足要求时，采用三级信令网。

我国采用三级信令网结构，是由 A、B 两个平面构成的，包括高级信令转接点（HSTP）、低级信令转接点（LSTP）和信令点（SP），如图 4-19 所示。其中长途信令网三级，大中城市本地网二级。

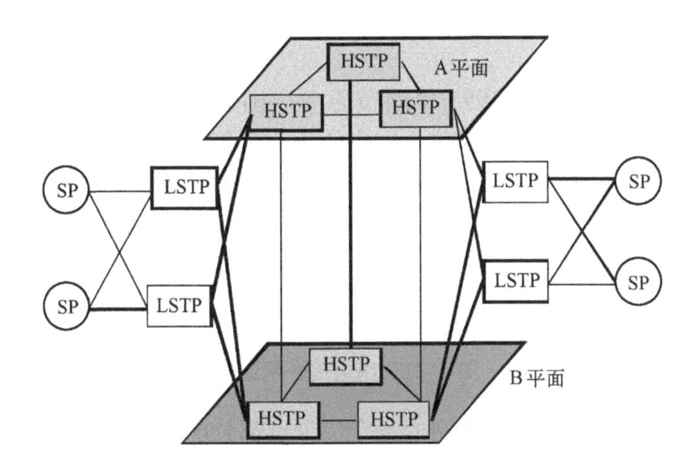

图 4-19　我国 No. 7 信令网的三级结构

第三级为 HSTP，负责转接它所汇接的 LSTP 和 SP 的信令消息，每个主信令区内设置成对的 HSTP，这是为了保证信令网的可靠性采用的双备份措施，分别采用两个平行的 A、B 平面网，每个信令链路组至少包括两条信令链。A、B 平面内部的各个 HSTP 间分别为网状相连。HSTP 采用独立型信令转接点设备。

第二级为 LSTP，负责转接它所汇接的信令点的信令消息。每个 LSTP 通过信令链路至少要分别连接至 A、B 平面内成对的 HSTP，这样两个 HSTP 的信令链路组间就能采用负荷分担方式工作，负责转接它所汇接的第三级 SP 的信令消息。

第一级为 SP，每个 SP 至少连至两个 STP（HSTP、LSTP）。信令点由各种交换局和特种服务中心（业务控制点、网管中心等）组成。

4.4.3　信令点的编码

在 No. 7 信令网中，信令消息的传送是通过识别源信令点编码（OPC）和目的信令点编码（DPC），进而选择信令路由来实现的，因而我们必须对 No. 7 信令网中的每一个信令点进行编码，来唯一地标识它，以便信令消息按照目的信令点的编码选择正确的信令链路到达目的地。为便于信令网的管理，国际和国内信令网的编号是彼此独立的，即各自采用独立的编号计划。信令点编码规则依次说明如下。

ITU-T 在 Q. 708 建议中规定了国际信令点的编码采用 14 bit，即 DPC 和 OPC 均为 14 bit，

编码容量为 $2^{14}=16384$。每一个编码分 3 级，如图 4-20 所示。

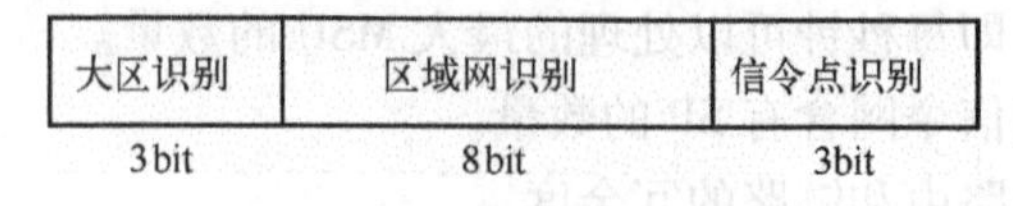

图 4-20 国际信令网编码

在图 4-20 中，3 bit 大区识别编码字段用于识别世界各大区，我国所在的大区识别编号为 4。8 bit 区域网识别编码字段用于识别每个大区内的各个国家或地区的编码，这两级均为 ITU-T 分配，如我国被分配在 4 ~ 120，即第 4 个世界大区，区域网编码为 120。3 bit 信令点识别编码字段用于识别区域网中的各个信令点，一共可标识国内的 8 个信令点。由此可得，我国大区编码为 4，区域网编码为 120，在国际网中分配有 8 个信令点，其编码为 100-01111000-XXX。

我国国内信令点编码，根据 1993 年颁布的《中国 No. 7 信令网体制》，规定采用 24 bit 全国统一的编号计划。这样，可以为信令网中的每一个信令点分配唯一的编码，以方便识别信令网中所有信令点。我国国内信令点编码也采用分级的编号计划，正好和全国信令网的三级结构一致，便于维护和管理。国内信令点编码格式如图 4-21 所示。

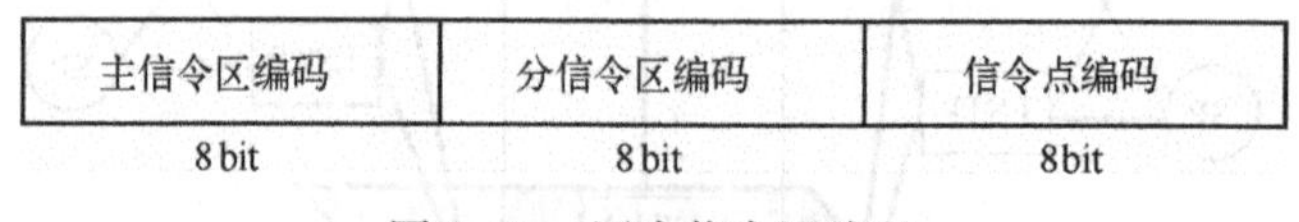

图 4-21 国内信令网编码

国内信令点编码是指为国内信令网的每个信令点都分配一个唯一的信令点编码，由主信令区编码、分信令区编码、信令点编码三部分组成。主信令区编码原则上以省、自治区、直辖市为单位编排，其编码为 8 bit，各主信令区信令点对应 No. 7 信令网的 HSTP，我国一共划分为 33 个主信令区；分信令区编码原则上以一个地区或一个地级市来进行编排，标识每个主信令区划分成的若干个分信令区，其编码为 8 bit，各分信令区信令点对应 LSTP；信令点编码标识每个分信令区含有的各个信令点。

4.5 电话通信网

电话通信网是为满足处于不同地理位置用户间进行交互型语音通信，开放电话业务所建立的通信网，简称电话网，是最早出现并广泛使用的通信网，距今已有一百多年的历史了。电话通信网技术发展迅速，交换设备采用数字程控交换系统，应用数字传输技术，从原有的随路信令过渡到 No. 7 信令，以支持更多的业务和功能，实现大容量信令传送。电话通信网可兼容其他多种非语音业务网，是电信网的基本形式和基础，包括本地电话网、长途电话网和国际电话网。

4.5.1 本地电话网

本地电话网是由一个长途编号区内的若干市话端局和市话汇接局、局间中继线、长市中继线、用户接入设备和用户终端设备组成的电话网络，主要用于完成本地电话通信。本地电话网按规模可分为特大城市的千万级用户的本地电话网、大城市百万用户级的本地电话网、中等城市几十万用户级的本地电话网和更小规模的小城市和县级市的本地电话网。

本地电话网按照所覆盖区域的大小和服务区域内人口的多少采用不同的组网方式，主要可采用单局制、多局制和汇接制组网方式。

（1）单局制电话网

单局制电话网是由一个电话局，即一个交换节点构成的电话网，其拓扑结构为星形网。只有一个中心交换局，其覆盖范围内的所有用户终端通过用户线与中心交换局相连，中心交换局还连接着其他用户交换机和长途交换中心。这种网络组网简单，覆盖范围小，应用于小城镇或县级的本地电话网。但缺点是网络的可靠性较差，一旦中心交换局出现故障，全网瘫痪，网内任何用户无法进行电话通信。所以一般在星形网中设置两个中心局，平时采用负荷分担方式，当一个交换局出现故障时，另一个可承担全网的话务处理，如图 4-22 所示。

（2）多局制电话网

多局制电话网是由多个电话局，即多个交换节点构成的电话网，其拓扑结构为网状互连结构，如图 4-23 所示。多局制电话网由于覆盖范围比单局制电话网大，所以需要设置多个交换局，交换局之间两两通过中继线互连，所有用户终端通过用户线与最近的交换局相连。多局制电话网有效地分散了话务量，因而对各交换局的容量可降低要求，用户线的平均长度缩短，节省了网络投资，网络的可靠性得到提高。

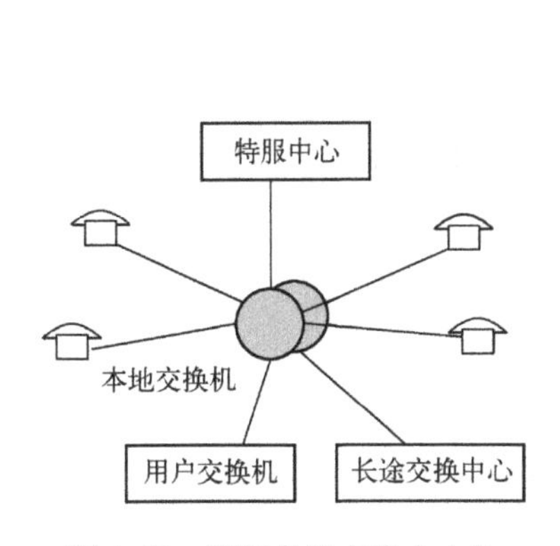

图 4-22　配置备份交换中心的单局制本地电话网

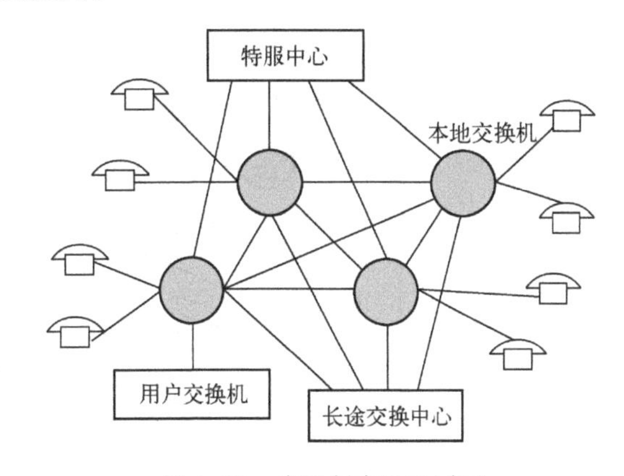

图 4-23　多局制本地电话网

（3）汇接制电话网

汇接制电话网是在多局制电话网的基础上进行的改进，为了减少多局交换机之间两两互连的中继线数量，节省线路投资，增大电话网覆盖范围，而采用部分互连的方式，即通过汇接方式间接建立话路连接。

汇接制电话网是将本地电话网分为若干个汇接区，每个汇接区设置一个汇接局，与该区内的所有交换局相连并负责汇接该区域的所有通话业务；然后各汇接区的汇接局连接在一起，就可实现位于不同汇接区的用户间通话。如果汇接区的用户数较多、覆盖范围较大，则还可以进一步分区，形成子汇接区，这样就形成了多级汇接，拓扑结构成为分层的树形结构，如图 4-24 所示的二级汇接方式的本地电话网。多级汇接方式解决了较大的城市中分局过多，局间互联中继线路剧增的问题。

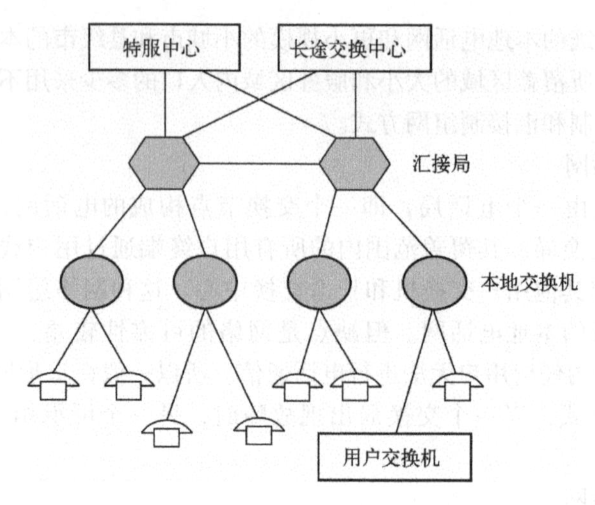

图 4-24　多级汇接制本地电话网

汇接制电话网有去话汇接、来话汇接、来去话汇接和主辅汇接等汇接方式。

1）去话汇接方式。

对于双方的电话呼叫业务，本汇接区内的汇接局只负责汇接主叫拨打的去话连接，而不汇接本汇接区的被叫的来话，如图 4-25 所示。去话汇接是实际电话网实现中普遍采用的一种汇接方式。

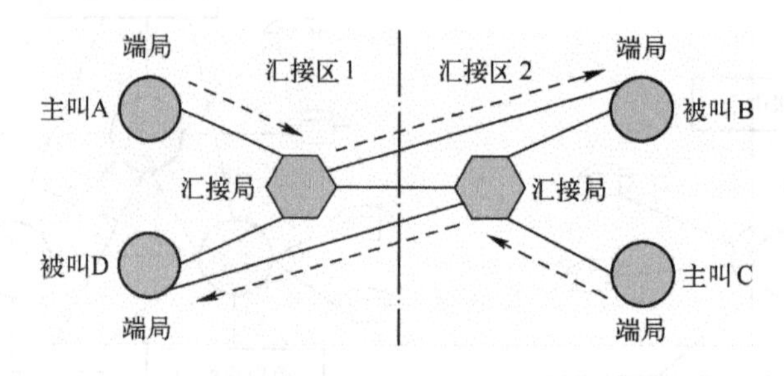

图 4-25　去话汇接方式

2）来话汇接方式。

来话汇接方式与去话汇接方式相反，本汇接区内的汇接局只对来自其他汇接区的被叫来话进行汇接，而不汇接到本汇接区的主叫的去话，如图 4-26 所示。

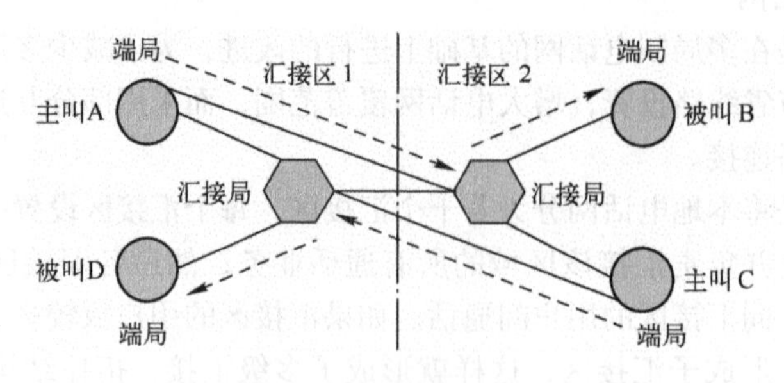

图 4-26　来话汇接方式

3）来去话汇接方式。

来去话汇接方式是指汇接区内的所有来去话业务均通过本汇接区内的汇接局汇接完成，如图 4-27 所示。来去话汇接是实际电话网实现中普遍采用的一种汇接方式。

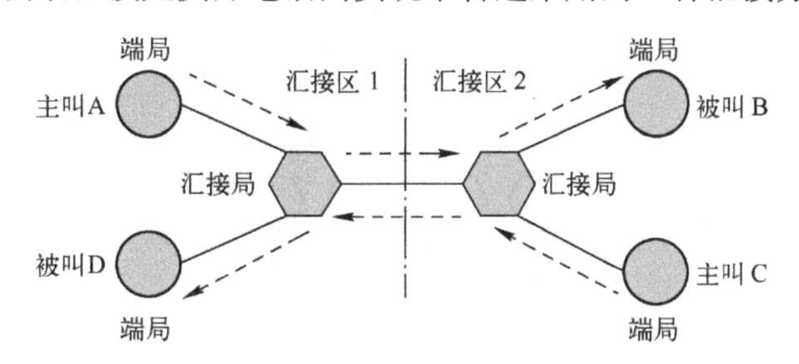

图 4-27　来去话汇接方式

4）主辅汇接方式。

主辅汇接方式是指建立一个呼叫连接既可由本汇接区内的主叫方可通过本汇接区的汇接局汇接，也可通过被叫方所在的汇接区的汇接局汇接；将主叫所在的汇接区叫作主汇接区，将被叫所在的汇接区叫作辅汇接区。当主汇接区汇接采用去话汇接，辅汇接区汇接采用来话汇接，这样的汇接方式叫作主辅汇接方式，如图 4-28 所示。

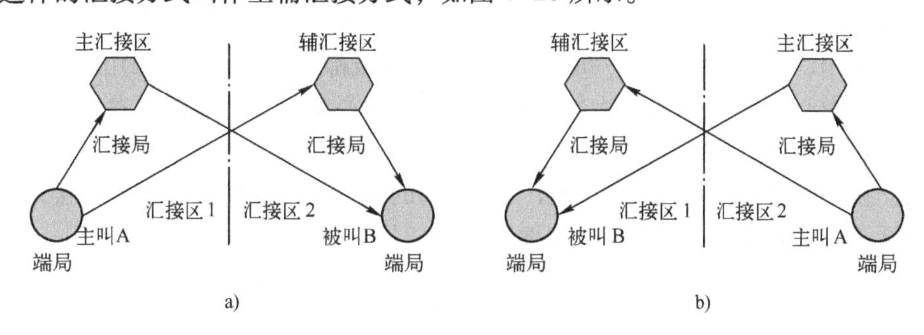

图 4-28　主辅汇接方式

a）汇接区 1 发起呼叫的主辅汇接　b）汇接区 2 发起呼叫的主辅汇接

4.5.2　长途电话网

长途电话网，简称为长途网，它承担了县以上城市之间的长途电话业务，也包括部分非语音业务（如话路数据、用户传真等）。长途电话网是用传输设施把各个分散的本地交换局有组织地相互连接起来实现语音和信令的传输。长途电话网可分为国内长途电话网和国际长途电话网。国内长途电话网是由各个国家地理范围内的长途汇接局和长途终端局以及它们之间的中继线路组成，主要负责国内长途通信；国际长途电话网是由分布在全球不同地理位置的国际交换中心以及它们之间的国际长途中继线路组成，范围覆盖全球，负责全球的国际通信。

（1）国内长途电话网的网络结构

长途电话网相对于本地电话网覆盖面积更大，距离更长，服务的用户数量以及所需的交换设备也更多，因此在组建长途电话网时多采用分级分区汇接方式。早期根据我国的电话业务流量和行政区的实际划分，把国内长途电话网的构成划分为 4 个等级的长途交换中心 C1、C2、C3 和 C4，C5 是本地电话网，如图 4-29 所示。

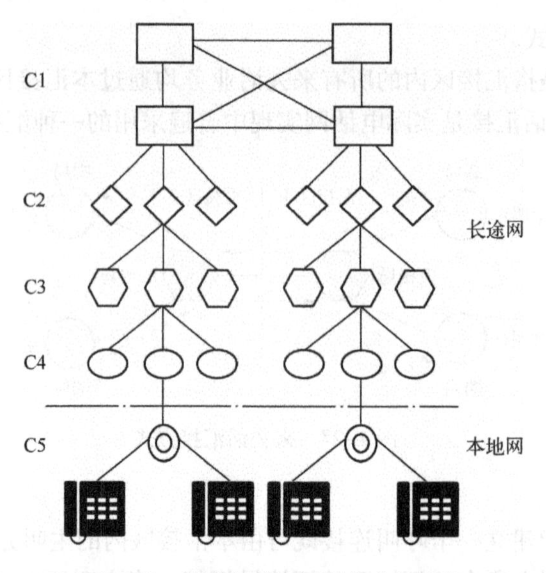

图 4-29 国内长途电话网的分级结构

一级交换中心 C1，是设置在全国的 8 个大区，每一个大区设一个大区中心，负责汇接大区内的长途话务和各大区之间的话务转接，到 1992 年底，我国共有 8 个交换中心，分别设在北京、沈阳、上海、南京、广州、武汉、西安和成都，各交换中心采用网状结构互联。

二级交换中心 C2，是由每个大区内包括的省级中心构成，负责汇接省内的长途话务和话务转接，我国共有 30 个省中心。

三级交换中心 C3，是设置在每个省（区）内的若干个地区中心，负责汇接地区内的长途话务和话务转接，全国共有 350 多个地区中心。

四级交换中心 C4，设置在县、市中心，一般为一个长途编号区内，负责汇接县、市内的长途话务，为县中心，全国共有 2200 多个县中心。

五级交换中心即为本地网端局，用 C5 表示，可设置汇接局和端局两个等级的交换中心，或者只设置端局一级交换中心，通过线路连接本地用户和其他端局，用来负责汇接本地电话的接续及转接和长途电话业务。

（2）国内长途电话网结构的改进

随着电话网的规模迅猛发展，用户终端数量的不断增加，原有的长途网的四级结构转接效率低，制约着电话网络的良性发展，因此，需要对网络结构不断地调整和优化。1998 年 4 月，由原邮电部和电子部共同组建的国家信息产业部颁布了现阶段我国电话网的新体制，明确了我国长途电话网的二级结构和本地电话网的二级结构，目前我国长途电话网已由四级向两级转变，然后逐步向无级网和动态无级网过渡，如图 4-30 所示。

改进的长途电话网是把原来的四级结构中的 C1 与 C2 合并为一级交换中心 DC1，设在各省会、自治区首府和中央直辖市，其主要功能是汇接所在省（自治区、直辖市）的省际和省内的长途话务业务，各交换中心网状互联构成高级平面，成为省际网部分，同时也对应 No. 7 信令网的高级信令转接平面 HSTP；原四级结构 C3 与 C4 合并为二级交换中心 DC2，是长途网的终端长途交换中心，设在各省本地网的中心城市，其主要功能是汇接所在地区的长途话务业务和省内各地区本地网之间的长途汇接话务以及 DC2 所在中心城市的终端长途话

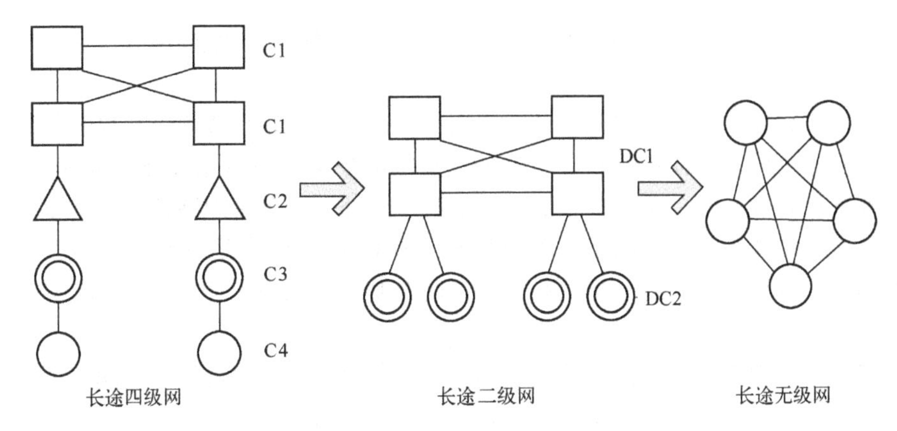

图 4-30　国内长途电话网的改进

务业务。DC2 构成低级平面，成为省内网部分，同时也对应 No. 7 信令网的低级信令转接平面 LSTP，这样 DC1、DC2 构成了改进的二级长途电话网，最终两级合并成为无级长途电话网。

二级长途电话网与四级长途电话网相比较减少了网络层次，提高了电路可靠性，加快了接续速度，网络组织变得简单、清晰，网管更加方便。二级长途电话网的形成为向无级长途电话网过渡创造了条件。

无级长途电话网是指电话网中的各个中心交换机不分等级，处于同一级别；动态无级网是采用动态无级路由选择技术实现路由选择的通信网络，动态无级路由选择技术通过非固定的、可随着实际话务变化状况动态调整的路由算法，自动选择最直接、最经济的空闲路由。动态无级网具有网络线路资源利用率高、路由集中控制和选路方案成本低等优势，顺应了话务业务的迅猛发展，是电话交换网的未来趋势。

（3）国际电话网的网络结构

国际电话通信是通过国际电话局完成的，每一个国家都设有国际电话局，国际局之间形成国际电话网，也就是为进行各个国家之间的通信，在一个国家内将设置一个或几个国际交换中心，以疏通国际话务。

目前我国有三个国际交换中心，分设在北京、上海、广州，这三个国际交换中心均具有转接和终端话务的功能。三个国际电话交换中心分别与国内电话网连接。

北京国际交换中心与现有 8 个大区中心的 C1，与北京、沈阳、西安大区所属的 C2，以及相应的经济发达城市、旅游地区、港口城市等所在地区的长途交换中心相连。

上海国际交换中心与现有 8 个大区中心的 C1，与上海、南京、武汉、成都大区所属的 C2，以及相应的经济发达城市、旅游地区、港口城市等所在地区的长途交换中心相连。

广州国际交换中心与现有 8 个大区中心的 C1，与广州大区内的长沙、南宁、海口的 C2，以及相应的经济发达城市、旅游地区、港口城市等所在地区的长途交换中心相连。

4.6　本章知识点小结

信令是在交换设备之间相互交换的“信息”，必须遵守一定的协议和规约，是控制交换机产生动作的命令。即信令是通信网中规范化的控制命令。信令系统是实现信令消息收集、转发和分配的一系列通信设备和相关协议实体，是通信网的重要组成部分，保证了通信网的正常运行。

信令有很多种分类方式，按照信令的作用范围，可分为用户线信令和局间信令；按照信令的传送方向，可分为前向信令和后向信令；按照信令实现的功能分类，可分为监视信令、地址信令和维护管理信令；按照信令的传送信道来划分，可分为随路信令和共路信令；随路信令系统具有共路性和相关性两个基本的特征，中国 No. 1 信令是典型的随路信令系统：相对于随路信令，共路信令具有分离性和独立性两个基本的特征，中国 No. 7 信令是典型的共路信令系统。

信令在传送过程中需要遵循一些规约和规定，以便于不同的通信设备能够正常工作和互联互通，这些规约和规定就是信令方式，它包括信令的结构形式、信令在多段路由上的传送方式和信令的控制方式。信令的结构形式是指信令传送信息的表现形式，有未编码信令和编码信令两种；信令在多段路由上的传送方式包括端到端方式、逐段转发方式和混合方式三种；信令的控制方式是指控制信令发送的方式，有非互控方式、半互控方式和全互控方式三种。

中国 No. 1 信令是我国自主研发的信令系统，是适合我国国情的通信标准，它分为线路信令及记发器信令两部分，线路信令用来表示相应的信道的呼叫状态；记发器信令用来交互呼叫双方的主被叫信息。中国 No. 1 信令属于随路信令，即信令和语音在同一条话路中传送，具有共路性和相关性的特点。线路信令主要用于中继线上呼叫状态的监视并控制呼叫接续的进行，它采用 PCM 的方式把信令和用户的语音信息一起以同步时分复用的方式分时隙进行传送，即在 TS16 用来传输中国 No. 1 信令，并以 16 个子帧的复帧结构承载为 30 个用户提供线路监视的信令信息的传送。No. 1 信令的记发器信令是使用 MFC 实现的，用于电话接续过程中传送选择路由所需的地址信令以及与接续有关的网络管理等信令。

由于随路信令具有传送速度慢、信令容量有限及无法进行扩展等诸多局限性，ITU-T 于 1980 年而提出了通用性很强的 No. 7 信令系统。No. 7 信令系统是一种局间信令系统，采用单独的双向高速信令链路传送信令，因而信令具有传送速度高，呼叫接续时间短，信令容量大，灵活而易于扩充，对话路干扰小，话路利用率高的特点。No. 7 信令系统除了提供公共电话网的语音交换业务信令规范之外，还广泛应用于非话路业务、智能网业务、蜂窝移动通信网络业务及综合业务数字网中。

No. 7 信令系统是采用模块化功能结构，其体系结构共分为 4 层，自下而上分别为信令数据链路层（MTP1）、信令链路功能层（MTP2）、信令网功能层（MTP3）及用户部分（UP）。MTP 的主要功能是在信令网中提供可靠的信令信息传送，它们分别对应于 OSI 模型的第 1 至第 3 层；高层的 UP 对应于 OSI 模型的第 4 层以上的高层。MTP1 是用于信令传输的通路，功能等同于 OSI 的物理层，在这里定义了信令数据链路的物理、电气和功能特性；MTP2 相当于 OSI 的数据链路层，包括信令单元的分界、定位、差错控制和流量控制等功能。MTP3 相当于 OSI 的网络层，用于信令链路和信令转接点发生故障时，在信令点之间可靠地传送各种信令消息管理。

No. 7 信令采用数字编码，以分组传送模式中的数据报方式传送各种信令消息，并且基于统计时分复用，其信令分组的最小单元称作信令单元（SU）。No. 7 信令有 3 种信令单元格式，分别为来自第四级用户级产生的信令消息信令单元（MSU）、来自第三级用来传送链路状态信息的链路状态信令单元（LSSU）和来自第二级用于链路空闲或链路拥塞时来填补位置的填充信令单元（FISU）。

No. 7 信令是通过 No. 7 信令网进行信令信息的传输，用来产生和传输信令的控制设备和传输线路构成信令网。No. 7 信令网是现代通信网的三大支撑网之一，是通信网向综合化、智能化发展的不可缺少的基础支撑。No. 7 信令网是一个专用的分组交换数据网，逻辑上独立于通信网，专门用于传送信令的网络。

No. 7 信令网由信令点（SP）、信令转接点（STP）和信令链路三部分组成。信令网可分为不含 STP 的无级网和含有 STP 的分级网。由于无级的信令网结构比较简单，在容量上和经济上不能满足国际和国内电信网的需求，故未广泛采用，实际上都采用分级信令网。分级信令网含有 STP，在保证信令网容量、性能和可靠性的条件下，常采用二级信令网或三级信令网的结构。我国长途信令网采用三级结构，包括高级信令转接点（HSTP）、低级信令转接点（LSTP）和信令点（SP），由 A、B 两个平面构成。

在 No. 7 信令网中，必须对 No. 7 信令网中的每一个信令点进行编码，以此来识别正确的信令点并选择路径到达目的地。为便于信令网的管理，国际和国内信令网的编号是彼此独立的。ITU-T 规定国际信令点的编码采用 14 bit；我国国内信令点编码规定采用 24 bit 的编号计划，为信令网中的每一个信令点分配唯一的编码。

电话通信网是为满足处于不同地理位置用户间进行交互型语音通信所建立的，是最早出现并广泛使用的通信网。电话通信网包括本地电话网、长途电话网和国际电话网。本地电话网按照所覆盖区域的大小和服务区域内人口的多少采用不同的组网方式，主要可采用单局制、多局制和汇接制组网方式；汇接制电话网有去话汇接、来话汇接、来去话汇接和主辅汇接等汇接方式。长途电话网是用传输设施把各个分散的本地交换局有组织地相互联接起来实现语音和信令的传输。长途电话网可分为国内长途电话网和国际长途电话网。早期根据我国的电话业务流量和行政区的实际划分，把国内长途电话网的构成划分为成四个等级的长途交换中心；随着电话网的规模迅猛发展，原有的长途网的四级结构转接效率低，需要对网络结构不断调整和优化，目前我国长途电话网已由四级向两级转变，然后逐步向无级网和动态无级网过渡。国际电话通信是通过国际电话局完成的，每一个国家都设有国际电话局实现各个国家之间的通信，目前我国有三个国际交换中心，分设在北京、上海、广州。

4.7 习题

1. 什么是信令？信令有哪些分类？
2. 什么是信令方式？它包括哪些内容？
3. 比较说明端到端方式和逐段转发方式的工作原理及特点。
4. 非互控、半互控、全互控三种控制方式有何区别？
5. 试简述随路信令和共路信令的区别。
6. 试简述用户线信令和局间信令的作用。
7. 简要说明 No. 7 信令系统的应用及其特点。
8. No. 7 信令系统的信令单元有几种？它们的作用如何？

9. No. 7 信令系统使用哪四层结构？试简述各层的功能。

10. 共路信令主要优点有哪些？

11. 简要说明 No. 7 信令网的工作方式。

12. 为什么说 No. 7 信令网是一个分组数据传送网？

13. 信令网是由什么构成的？

14. 某城市本地网采用分区汇接方式，主叫在 A 汇接区，被叫在 B 汇接区，两个汇接区之间采用主辅汇接方式，试画出主被叫通话的汇接方式。

15. 本地电话网的汇接方式有哪几种？

16. 简要说明国际信令网和我国国内信令网中信令点编码的编号计划。

第5章　ATM 交换

综合业务数字网（ISDN）是把语音、数据和图像等业务综合在一个通信网内，并用数字信号形式处理各种不同通信业务的网络。本章主要介绍了综合业务数字网（ISDN）和宽带综合业务数字网（B-ISDN）的产生背景、基本概念、特点、标准等相关技术，重点讲述B-ISDN 的核心技术——异步传送模式（ATM），包括其定义及特点、信元结构、协议参考模型、ATM 网络和 ATM 交换原理等。

5.1　ISDN 技术

现代通信是以实现信息的数字化及通信业务的多样化为发展方向的，随着信息技术的飞速发展，人们对通信业务的需求已经从传统的电话、传真、电报业务向更多的要求中高速传输速率的数据通信业务扩展，还有很多未知的层出不穷的新业务类型，这些业务的到来和发展对传统的通信网提出的要求。现存的各种网络（如电话网、计算机网络、有线电视网等）采用了最适合于某一特定业务的交换机制及相应的通信协议，但对其他业务往往不能经济而有效地支持；这些相互独立的通信网用途各异，因而存在技术体制各异、重复建设、经济性差、使用不便（需采用不同的接口），归属于不同部门或行业，管理不便，很难甚至不能互连等诸多缺陷，严重阻碍着通信网络的发展。在这种背景下，ITU-T 提出了将语音、数据、图像等业务综合在一个网络实现的设想，即建立综合业务数字网（ISDN）。

5.1.1　ISDN 的基本概念

综合业务数字网（Integrated Service Digital Network，ISDN）是一种专用的全数字化网，它能以迅速、准确、高效的方式为通信网络中现有的多种业务提供服务，不论是语音、图像，还是多媒体视频流都可以转换成数字信息进行传输。而对于不同的业务类型，他们所要求的传输速率、传送方式都不尽相同，而且考虑到未来可能出现的多种业务类型也都必须适应在同一个网络中传输，因此，ISDN 具有 3 个重要特征：端到端的数字连接、综合的业务、标准的入网接口。ITU-T 对 ISDN 是这样定义的：“ISDN 是以综合数字网（Integrated Digital Network，IDN）为基础发展演变而成的通信网，能够提供端到端的数字连接，支持包括语音、数据、图像等多种通信业务，用户能够通过一组有限的标准的多用途用户—网络接口接入 ISDN 网内。”

5.1.2　ISDN 的研究进展

1. IDN 与 ISDN

ISDN 是在 IDN 的基础上发展起来的，它们既有密切的联系，又有严格的区别。相同的是它们都是用数字技术实现的通信网络，即把业务信息数字化后在网络中传输，但 IDN 所支持的业务主要是64 kbit/s 的电路交换业务，也就是，网络本身传输和交换的基本速率单位是64 kbit/s，但对于要求传输速率低于64 kbit/s 的业务类型网络也只能按照64 kbit/s 分配资源，降低了网络资源的利用率，因此 IDN 网络的构成方式与传送的业务无关，对技术发展的适应性差。

而 ISDN 在 IDN 的基础上增加了分组交换方式，在同一个网络中可支持语音、数据、图像等多种业务，并且对每种业务分配适当的传输速率。为了实现 ISDN，在公共电话网的基础上实现了全网络的数字传输，再改造成 IDN，在 IDN 的基础上提供了标准的多用途用户—网络接口以及支持多种业务，从而发展成 ISDN。

2. ISDN 的发展历程

ISDN 在 IDN 的基础上先增加 No. 7 信令的 ISDN 用户部分，这样可通过 IDN 的64 kbit/s 的电路交换方式实现语音与数据业务的传输。随着用户对通信业务要求的不断升级，ISDN 着力研究如何提供多用途的用户—网络接口来实现多种业务通过用户线进行传输。ISDN 技术从20 世纪70 年代开始构思，80 年代开始研究和试验。追溯 ISDN 的发展历程，大致可分为以下4 个阶段：

第一阶段：1985 ~ 1990 年，实现64 kbit/s 电路交换的 ISDN，即由 IDN 演变形成 ISDN。

第二阶段：1991 ~ 1995 年，实现用户数字化以及通过数字接口使得系统能够和64 kbit/s 的电路交换网及分组交换网实现连接。

第三阶段：1995 ~ 2000 年，提供各种已有的和新出现的业务，实现语音、数据及图像等多种业务的融合，形成高速电路和高速分组交换的宽带综合业务数字网（B-ISDN）。

第四阶段：2000 年以后，B-ISDN 成为能够提供各种通信业务，具有智能功能的综合性网络。

5.1.3 ISDN 的基本结构

ISDN 的基本结构如图5-1 所示。它包含了4 项基本功能，分别为：电路交换功能、分组交换功能、专线连接功能和公共信道信令功能。在一般情况下，网络只提供低层（对应 OSI 模型的1 ~3 层）功能。当一些增值业务需要网络内部的高层（对应 OSI 模型的4 ~7 层）功能支持时，这些高层功能可以在 ISDN 网络内部实现，也可以由单独的服务中心来提供。

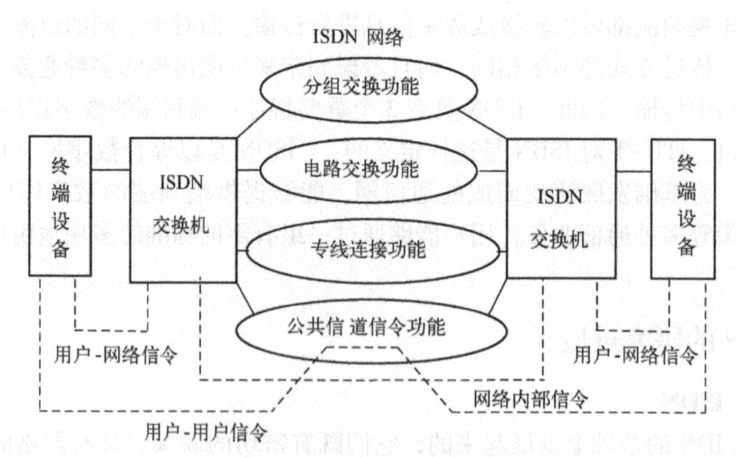

图5-1 ISDN 的基本结构

下面对这几项功能分别进行说明。

电路交换功能提供64 kbit/s和大于64 kbit/s的电路交换连接。因为ISDN是从IDN网络上发展的，它保留了电路交换信道用于平常语音业务和大容量数据业务的传输。

分组交换功能实现了某些业务的可变速率数据用分组交换的模式传输，使ISDN网络具有适合多种类型业务处理的能力。

专线功能是指不通过网内的任何交换方式，直接在两终端间建立永久或半永久连接的功能。

同时，ISDN还必须具有信令功能，因为早期的ISDN网络就是在IDN网络的基础上增加了一些控制信令从而可以利用IDN的64 kbit/s电路交换功能实现语音、数据、图像等的传输；后来由ITU-T定义了具有通用性的共路信令方式，即No.7信令方式，它能以共同的设备及方式处理电话、数据等交换业务以及对网络进行维护与运行管理。ISDN的全部信令从工作范围来看，可分成三类（在图5-1中用虚线进行相应的标注）。

1）用户—网络信令，即用户终端和网络之间的控制信令。

2）网络内部信令，这是ISDN网中交换机之间的控制信令。

3）用户—用户信令，即终端用户设备间的控制信令，它透明地穿过网络，在用户之间传送。

ISDN的全部信令都采用公共信道信令方式，因此在用户—网络接口及网络内部都存在单独的信令信道，和用户信息信道完全分开。这部分将在下节网络接口部分阐述。

5.1.4 ISDN用户—网络接口参考配置模型

ISDN用户—网络接口的作用在于使用户和ISDN之间相互交换信息。实现用户—网络接口的标准化，可使用户方便地在任何地方接入ISDN网络，使用其提供的业务。

为了使ISDN网络具有为终端用户方便提供多种业务服务的能力，要求ISDN网络的接口必须具备以下功能：

1）具有接口变换的能力，即利用同一接口提供多种业务。

2）多终端配置功能。

3）具有终端的移动性。

4）在终端用户之间进行兼容性检查。

ITU-T的I.411建议中以协议的形式规定了用户终端设备与网络连接的条件，以及实现连接的用户—网络接口设备和接口标准。定义标准化接口后，可使用户携带一个终端就能在任何地方利用ISDN提供的服务。

接口标准定义的基本内容包括：

1）结构标准，即明确用户和网络分担的功能，以及各结构单元的功能，划分终端和网络的分界点。

2）通路类型，即规定各种通路，使其具有与被传送信息相适应的容量和能力。

3）接入形式，即规定接口结构，或对各种接入形式规定了各种通路的最佳组合方法。比如2×64 kbit/s+16 kbit/s（或64 kbit/s）构成的基本接口形式，适合于PABX等多路接入的多路复用接口形式，适用于电视会议等超过64 kbit/s终端的高速接入接口形式等。

图5-2用功能群和接入参考点的概念给出了ISDN用户—网络接口的参考配置模型。

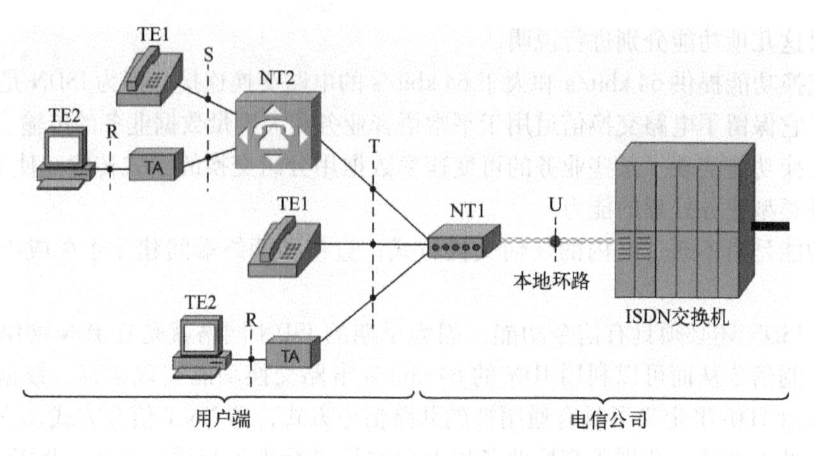

图 5-2　ISDN 用户—网络接口参考配置

在图 5-2 中：

（1）功能群是一个抽象的概念，是指用户接入 ISDN 所需的一组功能，这些功能可以由一个或多个物理设备来完成。如图 5-2 中的 TE1、TE2、NT1、NT2 和 TA 都是功能群。

各功能群的具体含义如下：

网络终端（Network Termination，NT）的功能是把用户终端设备连接到用户，为用户信息和信令信息提供透明的传输通道，它分为 NT1 和 NT2 两类。

NT1 实现 OSI 参考模型的第 1 层（物理层）的各种功能，即实现线路传输、线路维护和性能监控功能，以及完成定时、供电、多路复用及接口等功能。

NT2 实现 OSI 参考模型的 1～3 层的部分或全部功能，完成用户和网络的连接和交换，以及协议处理等。NT2 可以是用户小交换机（PBX）、集中器和局域网（LAN）等终端控制设备，它们可以根据用户要求把终端与网络互联起来。

终端设备（Terminal Equipment，TE）用于 ISDN 中的语音、数据等业务的输入或输出。ISDN 有两类终端设备：TE1 和 TE2。

终端设备 TE1 是 ISDN 的标准终端，它符合 ISDN 用户—网络接口协议，相当于用 ISDN 接口连接的设备。如语音和数据终端、数字电话、可视电话等。

终端设备 TE2 是指不符合 ISDN 接口标准的终端，又称为非标准终端。如 X. 21 或 X. 25 数据终端模拟话机。TE2 经过终端适配器 TA 的转换，就可以成为 ISDN 的标准终端接入网络。

终端适配器（Terminal Adaptor，TA）完成接口的变换，包括接口速率和协议的变换，使 TE2 能接入到 ISDN 用户—网络接口上。TA 是为 ISDN 和现有终端进行通信而设置的。

（2）接入参考点是用户访问网络的连接点，也是不同功能群的分界点，如图 5-2 中 R、S、T、U。在实际中，一个参考点可以对应也可以不对应于一个物理接口。设置这些参考点，有助于定义 ISDN 用户—网络接入配置。在 ISDN 中，为了利用各式终端提供不同的业务，要求有多种业务接入点，并规定各业务接入点所对应的业务。

1）参考点 R（Rate）是非 ISDN 终端与终端适配器之间的参考点，相当于 TE2 和 TA 间的速率变换点。

2）参考点 S（System）相当于 ISDN 终端与网络的接口。

3）参考点 T（Terminal）是网络用户端与传送端之间的参考点，连接 TN1 和 TN2。

4）参考点 U（User）是网络终端接入传输线路接口的参考点，即用户线接口。

5.1.5 ISDN 的信道类型及接口标准

1. 信道类型

ISDN 用户—网络接口的信息传送能力可用信道来定义。信道在每个接口上有一个固定的比特率，用户和网络通过信道收发信息。根据用户信息的类型和接口速率，将信道分成 B 信道、D 信道、H 信道三种类型。

B 信道：用来传送用户信息，如语音、数据、传真或图像，比特率为 64 kbit/s。B 信道上可建立电路交换连接、分组交换连接和半固定连接（相当于租用电路）。

D 信道：比特率为 16 kbit/s 或 64 kbit/s。它有两个用途：第一，它可以传送公共信道信令，这些信令用来控制同一接口的 B 信道上用户信息的准确、有效传输；第二，当没有信令信息传送时，D 信道也可用来传送遥测或低速分组交换数据。

H 信道：用来传送高速的用户信息，如视频信号、高速数据和优质音频信号等。可建立电路交换连接、分组交换连接和半固定连接。H 信道根据传输速率可分为多种信道，例如 H_0信道速率为 384 kbit/s，H_{11}信道速率为 1536 kbit/s，H_{12}信道速率为 1920 kbit/s。

2. 接口标准

根据基本信道类型的不同组合又构成了不同的接口类型，ITU-T 规定了两种用户—网络接口，即基本速率接口和基群（一次群）速率接口。

（1）基本速率接口（Basic Rate Interface，BRI）

基本速率接口是把现有电话网的普通用户线作为 ISDN 用户线而规定的接口。它是 ISDN 最基本的用户—网络接口。它是由两个传输速率为 64 kbit/s 的 B 信道和一个传输速率为 16 kbit/s 的 D 信道构成，通常称为 2B + D。其中一个 B 信道用来传送语音信号，另一个 B 信道用来传送数据或传真业务，D 信道用来传送信令或分组数据信息。两个 B 信道和一个 D 信道时分复用在一对用户线上，用户可利用的最高信息传输速率是 144 kbit/s，再加上帧定位、同步及其他控制比特，其基本速率可达到 192 kbit/s。基本速率接口主要用于一般 ISDN 用户。

（2）基群速率接口（Primary Rate Interface，PRI）

基群速率接口也称为一次群速率接口。主要面向设有专用用户交换机 PBX 的用户或者开电视会议需要的高速信道等大业务量的用户。一次群是由多个 B 信道和 D 信道或者由 H 信道和 B 信道组合而成。考虑到一次群中所要控制的信道数量大，故其中的 D 信道传输速率规定为 64 kbit/s。国际上现有两种规格的基群速率，如在美国和日本采用的 1.544 Mbit/s 基群速率和在我国和西欧等国采用的 2.048 Mbit/s 基群速率。

采用 1.544 Mbit/s 速率时，接口的信道结构为 23B + D，其中 B 信道和 D 信道的传输速率都为 64 kbit/s，23B + D 的传输速率为 1.536 Mbit/s，再加上一些控制比特，接口的物理速率为 1.544 Mbit/s。

采用 2.048 Mbit/s 速率时，接口的信道结构为 30B + D，30B + D 的传输速率再加上一些控制比特，接口的物理速率为 2.048 Mbit/s。

5.2 B-ISDN 的基本概念与协议参考模型

5.2.1 ISDN 的基本概念

5.1 节所介绍的 ISDN 就是指窄带综合业务数字网（Narrowband-ISDN，N-ISDN），其主要业务是 64 kbit/s 的电路交换业务，虽然它综合了分组交换业务，但这种综合仅在用户—网络接口上实现，其网络内部仍由独立分开的电路交换和分组交换实体来提供不同的业务。N-ISDN 通常只能提供基群速率以内的通信业务，这种业务的特点使得 N-ISDN 对技术的发展适应性较差，存在固有的局限性，具体表现在以下几方面。

1）N-ISDN 采用传统的铜线来传输，使用户入网接口处的速率不能高于基群的速率，这种速率不可能用于传送高速数据或图像业务（如视频信号等），因而不能适应新的宽带业务发展的需求。

2）N-ISDN 的网络交换系统相当复杂，虽然它在用户—网络接口上提供了包括分组交换业务在内的综合业务，其网络内部实际上是用相互分离的电路交换与分级交换两种体制的混合实现不同业务的传输与交换。在用户环路只能获得 B 信道和 D 信道两种标准通信速率。

3）N-ISDN 对新业务的引入有较大的局限性，由于 N-ISDN 只能以固定的速率（如 64 kbit/s、384 kbit/s、2.048 Mbit/s 等）来支持现有的电信业务，这将很难适应未来通信业务的突发特性、可变速率特性和多种速率特性的要求。

为了克服 N-ISDN 的局限性，人们开始寻求一种新型的网络，它不是从现有网络转变的，而是采用新的传输方式、交换方式、用户接入方式和网络协议的宽带通信网络。这种网络可提供高于基群速率的传输信道，能适应全部现有的和将来可能出现的业务，无论是每秒几十比特的低速率遥测业务，还是要求传输速率高达几百 Mbit/s 的高清晰电视业务，或是更高速率的数据业务，都能以同样的方式在网络中交换和传送，共享网络的资源。这是一种灵活、高效、经济的网络，它可以适应新技术、新业务的需要，并能充分、有效地利用网络资源。ITU-T 将这种网络命名为宽带综合业务数字网（Broadband-ISDN，B-ISDN）。

B-ISDN 的特点如下：

1）B-ISDN 主要以光纤作为传输媒体。光纤的带宽大、传输质量高，这不仅保证了传输的业务质量，同时减少网络运行环节中的差错控制机制，提高了网络的传输速率。因而 B-ISDN 可以提供多种高质量的信息传送业务。

2）B-ISDN 采用新的异步传送模式（Asynchronous Transfer Mode，ATM），以信元作为传输、交换的基本单位。信元是固定格式的等长分组，以信元为基本单位进行信息传输和交换带来极高的通信效率。

3）B-ISDN 网络信息的传送方式与业务种类无关，网络将信息统一地传输和交换，真正做到用统一的交换方式支持不同的业务。

5.2.2 B-ISDN 的协议参考模型

在 ITU-T 的 I.321 建议中定义了 B-ISDN 协议参考模型，如图 5-3 所示。它包括 3 个平面：用户面、控制面和管理面，而在每个面中又是分层的，自下而上依次为物理层、ATM

层、ATM 适配层（AAL 层）和高层。

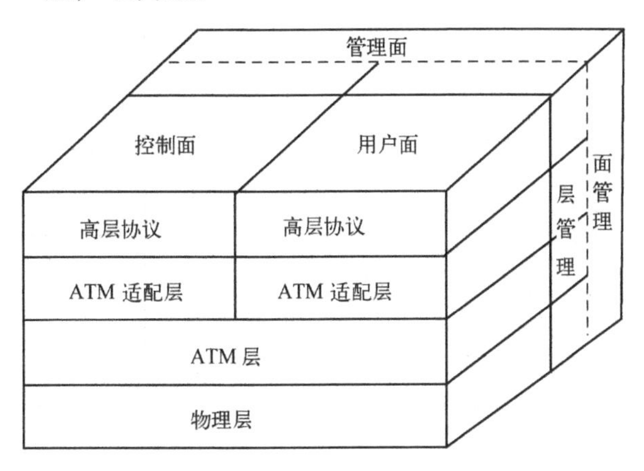

图 5-3 B-ISDN 的协议参考模型

1. 平面功能

1）用户面：采用分层结构，提供用户信息流的传送，同时也具有一定的控制功能，如流量控制、差错控制等。

2）控制面：也采用分层结构，完成呼叫控制和连接控制功能，通过传送信令进行呼叫和连接的建立、监视和释放。

3）管理面：负责网络的维护与操作，提供各平面的协调，包括性能管理、故障管理及各个面间的综合协议，又可分为层管理和面管理。

其中层管理的功能主要是监控各层的操作，管理协议实体中的资源和参数，处理各协议层有关的 OAM 信息流，存在协议分层。面管理不分层，它进行与系统全局有关的管理和各平面间的协调。

2. 层次功能

（1）物理层

负责通过物理媒体正确、有效地传送信元。为了实现信元无差错的传输，物理层又被分为传输汇聚子层（Transmission Convergence Sub-layer，TC）和物理媒体子层（Physical Media Sub-layer，PM），如图 5-4 所示，它们分别保证在光、电物理媒体和信号级上对信元的正确传送。

1）物理媒体子层（PM）：在物理媒体上正确地发送和接收比特流，定义物理传送接口，进行线路编码，保证比特流的定时、同步等。

2）传输汇聚子层（TC）：主要功能是实现比特流和信元流之间的转换，即在发送侧将信元流按照传输系统的要求组成比特流，在接收侧将比特流中的信元正确地识别出来，具体包括：传输帧的产生/恢复和适配、信元定界和扰码、信头差错控制。

（2）ATM 层

ATM 层位于物理层之上，与物理媒体无关，如图 5-5 所示。ATM 层的主要工作是产生和处理 ATM 信元的信头部分，ATM 信头的主要部分是 VPI 和 VCI，而 ATM 交换设备和交叉连接设备都是依据 VPI 或 VCI 来进行 VP 链路或 VC 链路的连接，因此，ATM 层的功能非常重要，包括以下 4 种主要功能：

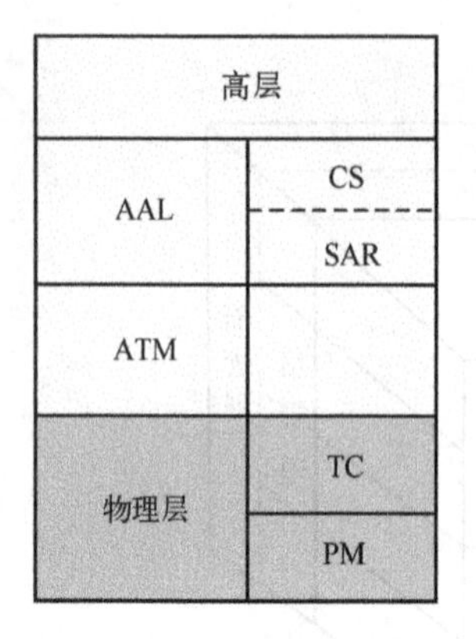

图 5-4　B-ISDN 的物理层结构

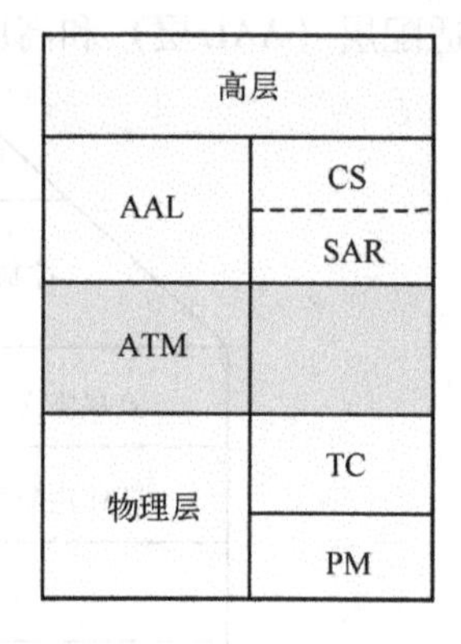

图 5-5　B-ISDN 的 ATM 层结构

1）信元复用和解复用。

在源端点负责对来自各个虚连接的信元进行复用，在目的端点对接收的信元流进行解复用。

2）VPI/VCI 翻译。

负责在每个 ATM 节点对信头进行标记/识别，ATM 虚连接是通过 VPI 和 VCI 来识别的。

3）信头处理。

负责在源端点产生信头（除 HEC 域外），在目的端点翻译信头。

4）一般流量控制。

在源端点负责产生 ATM 信头中的一般流量控制域，而在接收点则依靠它来实现流量控制。

在 B-ISDN 中为了实现高速通信，尽量缩短了网内的处理时间，因此对网内的传输协议作了极大地简化。网络只提供 ATM 层以下的处理功能，负责信元传送功能，而流量控制、差错控制等与业务有关的功能全部交给终端系统的高层去完成，如图 5-6 所示，ATM 网内无 AAL 连接。

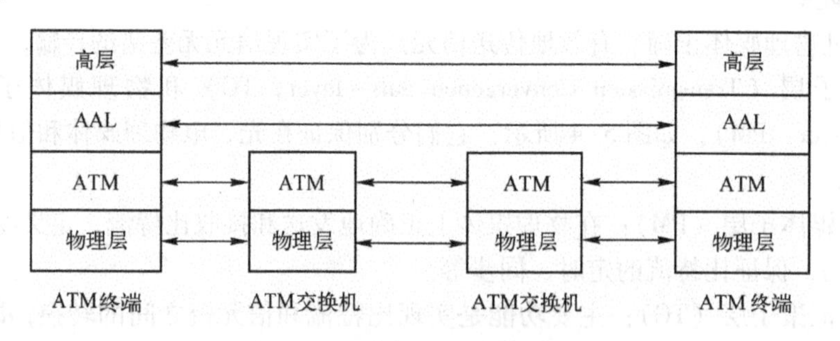

图 5-6　ATM 网内通信的协议栈

ATM 层负责生成信元，它接收来自 ATM 适配层的 48 字节净荷并附加上相应 5 字节信头。ATM 层支持连接的建立，并汇集到同一输出端口的不同应用的信元，同样也分离从输入端口到各种应用或输出端口的信元。当 ATM 层收到信元净荷时，它并不知道、也不关心净荷的内容，净荷只不过是要被传输的 0 或 1 信息符号。

因为 ATM 层并不关心净荷的内容，所以它与服务无关，它只负责为净荷生成信头，以形成信元标准格式。跨越 ATM 层到物理层的信息单元只能是53 个字节的信元。

（3）ATM 适配层（ATM Adaptation Layer，AAL）

1）AAL 功能。

负责适配从用户平面来的信息，以形成 ATM 网可利用的格式，同时增强 ATM 层提供的业务，以适合特殊业务的需要。AAL 将用户/控制/管理的协议数据单元映射到 ATM 虚连接中一个或多个连续 ATM 信元的信息段中去，实现高层数据与 ATM 信元的相互映射。

比如，适配层接收到上层传送的一个 IP 数据分组，这个分组可能非常大，其长度是几百或几千字节，而 ATM 网只传输 53 字节的信源，所以必须要进行数据包的分割，从而将大的 IP 分组适配成 ATM 网络可接受的格式。由 AAL 协议将 IP 分组分割成48 字节的单元用来作为信元的净荷部分，信元净荷信息再提交给 ATM 层，作为信元协议数据单元的一部分。

2）AAL 结构

AAL 层的功能由两个子层来实现：拆装子层（Segmentation and Reassembly Sublayer，SAR）和会聚子层（Convergence Sublayer，CS），如图 5-7 所示。图 5-7 中的"业务接入点"为高层协议与 AAL 层的接口。

会聚子层（CS）位于 AAL 上部，与高层功能相接。其主要功能是从 AAL 业务接入点接收业务数据单元，将其作为 CS 协议数据单元的有效净荷，还进行误码检测、流量控制等，其功能与业务有关。

拆装子层（SAR）实现上层数据分组到 ATM 信元的拆装，即把用户数据单元分割以装配到适当虚连接的 ATM 信元序列中去。

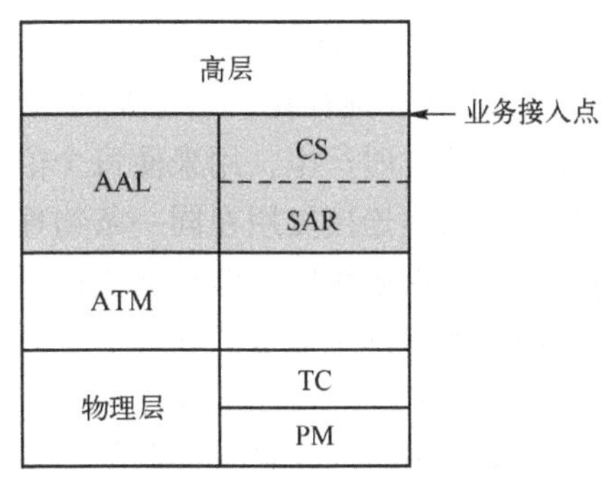

图 5-7　B-ISDN 的 AAL 层结构

（4）高层

相当于各种业务的应用层或信令的高层处理，可根据不同的业务（数据、信令或用户信息）的特点，完成其端到端的协议功能。如支持计算机网络通信和 LAN 的数据通信，支持图像、视频及电话业务等。

5.3　ATM 基本原理

异步传送模式（ATM）技术是实现 B-ISDN 的核心技术，它是以分组传送模式为基础并融合了电路传送模式的优点发展而来，兼具分组传送模式和电路传送模式的优点。ATM 具有以下几个特点：采用了固定长度的信元；信头简化；采用面向连接的工作方式；采用异步时分复用方式；适用于语音、数据、图像、视频等任意业务。

5.3.1　ATM 定义及特点

ATM 把信元（Cell）作为复用与交换的基本单位，信元是一个固定长度（53 字节）的短分组，它包括信头（Header）5 字节和"信息"域（Payload）48 字节两部分。信头中包括各种控制信息，主要有表示信元在物理传输信道中统计复用的逻辑通路标记、信息域类型、优先级和拥塞指示等信息，以及用于信头差错控制（HEC）的字段。信息域承载按事先规定方法切割封装的任何类型的用户信息，以及网络控制与管理信息。

1. ATM 定义

ITU-T 的 I. 113 是这样定义 ATM 的：ATM is a transfer mode in which the information is organized into cells; It is asynchronous in the sense that the recurrence of cells containing information from an individual user is not necessarily periodic。我们可以这样理解：ATM 是一种传送模式，在这种模式中，信息被分成信元来传送，而包含同一用户信息的信元不需要在传输链路上周期性地出现，因此这种传送模式是异步的。

ATM 使用异步时分复用技术将不同速率的各种数字业务（如语音、图像、数据、视频）信息流分割成固定字节长度的信元，在网络中进行快速分组传输和交换。每个信元由信头和信息域组成，信头主要用来标志异步时分复用上属于同一虚通路的信元，并完成适当的选路功能。

在 ATM 这种传送方式中，来自某一用户信息的各个信元不是周期性地出现，这种方式是异步的，也叫异步时分复用。

2. ATM 的特点

ATM 有以下技术特点。

1）信头功能简化，它主要的功能就是根据其包含的标志域来识别每个虚连接，这个标志在呼叫建立时产生，用来使每个信元在网络中找到合适的路由。依靠这个标志可以很容易地将不同的虚连接复用在同一条物理链路上。信元头还包括一些非常有限的维护功能，对于传统分组交换系统的差错和流量控制用的一些分组头域，都被取消了。这样 ATM 分组头功能有限，使得网络节点的处理十分简单，提高了交换处理的速度，降低了时延。

2）ATM 采用面向连接的方式工作。在信息从终端传送到网络之前，先建立一个逻辑上的虚连接，进行网络带宽资源的预留，此时如果网络无法提供足够的资源，就会向请求的终端拒绝这个连接。当信息传送结束后，断开连接，资源被释放。这种面向连接的工作方式使网络在任何情况下都能保证最小的信元丢失率，从而获得高的传输质量。

3）采用异步时分复用方式进行信元的交换。

4）信元短小且固定长度，降低交换节点内部缓存器的容量，可以保证实时业务所要求的小时延。

5）网络中链路质量很高，没有逐段链路基础上的差错保护和流量控制，即网络内部没有针对差错的任何措施，只在端到端之间进行差错控制，从而减少信息传输的时延。

6）用户信息透明地穿过网络。ATM 网络中的各节点只对 5 字节的信元头部进行处理，而每个信元 48 字节信息段的内容在整个通信过程中保持不变，这种方式也保证了 ATM 信元的快速传输。

综上所述，ATM 以单一的网络结构、综合的方式实时地处理各种业务信息，能有效地利用带宽支持现有的和未来新业务的需求。ATM 的传输速率可达 Gbit/s 级，具有很高的网络吞吐量，且信元处理速度快，时延小，可在网络内进行高速地交换，使得 B-ISDN 的实现成为现实。基于 ATM 的 B-ISDN 具有如下优势：

1）实现网络业务的完全综合化。

2）支持任何业务，可实现不同速率、不同突发性、不同实时性的业务信息传输。

3）带宽按需动态分配，用户之间共享带宽。

4）提供 QoS 保证。

5.3.2 ATM 的信元结构

1. ATM 信元的组成

信元是 ATM 所特有的分组，语音、数据、图像、视频等所有的数据信息被分成长度一定的数据块。ITU-T 最终选择的信元结构包含 48 字节信息域和 5 字节信头，信元总长度为 53 字节（见图 5-8）。这种小而固定长度的数据单元就是为了减少组装、拆卸信元以及信元在网络中排队等待所引起的时延，确保更快、更容易地执行交换和多路复用功能，从而支持更高的传输速率。

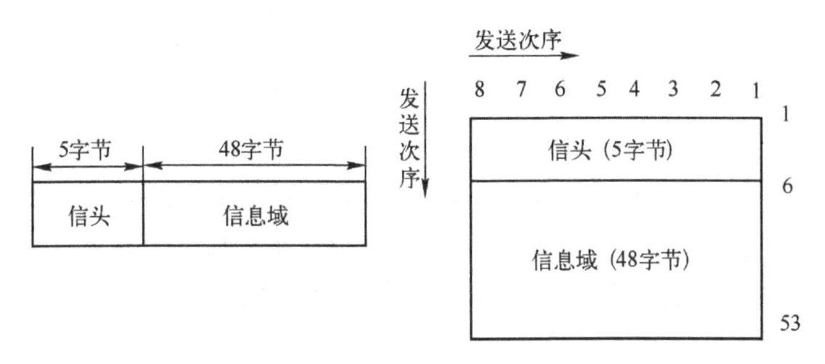

图 5-8　ATM 信元结构

信头含有信元逻辑地址、优先级等控制信息；后面 48 字节信息域的内容是来自不同用户、不同业务的信息。任何业务的信息都经过拆分封装成相同长度、统一格式的信元分组，在每个分组中加上头部，形成信元再发送到目的地。

由于 ATM 是面向连接的，同一用户信息拆分的信元在一条链路中传送，因此各信元到达目的地的顺序保持不变。53 字节信元内部的比特位以连续流形式在线路上传输，发送顺序是从信头的第 1 字节开始，然后按顺序增加；在一个字节内发送顺序是从第 8 位开始，然后递减。对 ATM 的所有段，首先发送的总是最高有效位。

2. ATM 信头结构

ATM 信元在网络中的功能由信头来实现。在传送信息时，网络只对信头进行操作而不处理信息段的内容，网络中各节点靠信头标记的信息来识别该信元究竟属于哪一个连接。因此，在 ATM 信元中，信头载有地址信息和控制功能信息，完成信元的复用和寻路，具有本地意义，它们在交换节点处被翻译并重新组合。图 5-9 分别是用户—网络接口（User To Network Interface，UNI）的信头结构和网络节点接口（Network Node Interface，NNI）的信头结构。

下面介绍 ATM 信元中各信息域的意义及它们在 ATM 网络中的作用。

（1）GFC

GFC（Generic Flow Control，通用流量控制域）占 4 bit，在 B-ISDN 中，为了控制共享传输媒体的多个终端的接入而定义的。GFC 能够在保证通信质量的前提下，公平而有效地处理各个终端发送信元的请求，控制产生于用户终端方向的信息流量，减小用户侧出现的短期过载。

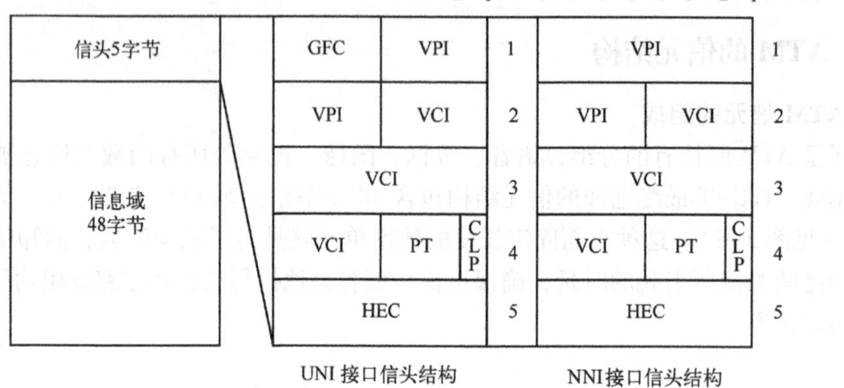

图 5-9 ATM 信头结构

(2) VPI/VCI

在信元结构中，VPI/VCI（Virtual Path Identifier/Virtual Channel Identifier，虚通道标识符/虚信道标识符）是最重要的两部分。这两部分合起来构成一个信元的路由信息，表示这个信元从哪里来，到哪里去。ATM 交换机就是根据各个信元上的 VPI 和 VCI 来决定把它们送到哪一条线路上去的。

在 ATM 中，使用 VP（Virtual Path，虚通道）和 VC（Virtual Channel，虚信道）的概念，表示一条通信线路划分成的若干个逻辑子信道（不是物理存在的）。VPI 和 VCI 分别表示 VP 和 VC 的标识符。可以这样理解，将物理媒介划分为若干个 VP 子信道，又将 VP 子信道进一步划分为若干个 VC 子信道。例如在一条宽带 ISDN 用户线路上，要进行 5 个通信，其中到 A 地两个通信，到 B 地三个通信，这些通信里有电话通信、数据通信、图像通信等。我们可以这样划分：VPI =1 表示向 A 地的通信，VPI =2 表示向 B 地的通信。到 A 地的三个通信分别用 VCI =1、VCI =2 来代表，到 B 地的两个通信用 VCI =3、VCI =4、VCI =5 来表示（见图 5-10）。在线路上所有 VPI =1 的信元属于一个子信道（虚通道），所有 VPI =2 的信元属于另一个子信道，这个例子包括 2 个虚通道和 5 个虚通路。对于 VP 和 VC 的带宽可以由用户根据业务需求任意设定，这就是 B-ISDN 网络可以为业务提供多种传输率，满足信息传输实时性和突发性的原因了。

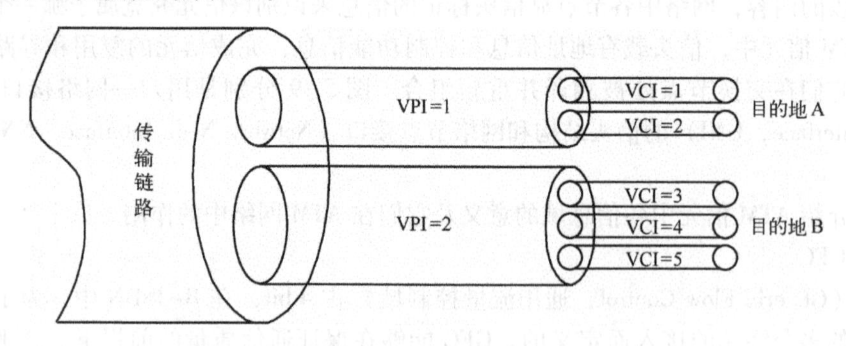

图 5-10 宽带 ISDN 划分成虚通道和虚信道举例

图 5-11 说明了物理链路上的虚通道和虚信道之间的逻辑关系，可以看到一条物理链路可划分多条虚通道，一条虚通道可携带多条逻辑虚信道。

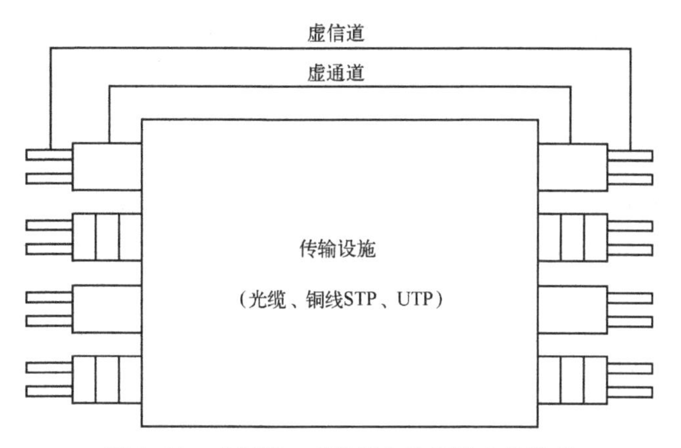

图 5-11　虚通道、虚信道和物理媒介的关系

宽带 ISDN 用户线路采用 ATM 方式的重要优点是可以灵活地把用户线路分割成速率不同的各个子信道，以适应不同的通信要求。这些子信道就是 VP 和 VC。根据用户的各种通信要求，合理使用 VP 和 VC。当需要为某一用户传送信息时，ATM 交换机就可为该用户选择一个空闲中的 VPI 和 VCI，在通信过程中，该 VPI 和 VCI 就一直被占用着，当该通信使用完毕后，这个 VPI 和 VCI 就可以被其他通信所用了。这种通信过程就称为建立和释放虚通道、虚信道连接。

每个 ATM 连接分配唯一的 VPI 和 VCI。VPI/VCI 的组合用来区分 ATM 网络内部的一个连接。采用 VPI/VCI 标识符，ATM 网上的许多端点可以互相映射。UNI 的 ATM 信元有 8 bit 的 VPI 域和 16 bit 的 VCI 域，表示在 UNI 的物理链路上可以划分 2^8 个 VP，而每个 VP 又可分成 2^{16} 个 VC，也就是一条物理链路可建立 2^{24} 个虚信道连接；同理，NNI 的 ATM 信元有 12 bit 的 VPI 域和 16 bit 的 VCI 域，表示在 NNI 的物理链路上可以划分 2^{12} 个 VP，而每个 VP 又可分成 2^{16} 个 VC，也就是一条物理链路可建立 2^{28} 个虚信道连接。

ATM 信元在 ATM 网络中从源端点传递到目的端点需要经过多个交换节点的转发，在每段链路上传输信元都占用了预先分配的一个个逻辑子信道，它们都是用 VPI 和 VCI 标识的。这样将每段链路的逻辑子信道串接起来，就构成了源端到目的端的一个虚连接。如果选定的逻辑子信道是在虚通道这个层次上，即每个逻辑子信道用 VPI 来标志，则各段链路的 VP 串连起来就构成了 VPC（Virtual Path Connection）连接；如果选定的逻辑子信道是在虚信道这个层次上，即每个逻辑子信道用 VCI 来标志，则各段链路的 VC 串连起来就构成了 VCC（Virtual Channel Connection）连接。

（3）PT（Payload Type）

PT 为净荷类型，3 bit 长，用于指出后面 48 字节信息域的信息类型是用户信息还是控制信息。

PT 中的第 1 位为“0”时，代表用户信息信元。这时第 2 位为拥塞指示位，第 3 位表示用户信息。用户发送信元时，先将拥塞指示位置成“0”，当信元通过拥塞或可能发生拥塞的 ATM 设备时该位置成“1”，然后将网内出现的拥塞通知给接收方用户和发送方用户，接到拥塞通知后，发送方用户抑制发送信元，从而降低流量以便尽快恢复正常状态。

PT 中的第 1 位为“1”时，代表控制信息信元。一般为 ATM 网络中的 OAM 信元。

（4）CLP（Cell Loss Priority）

CLP 为信元丢弃优先级指示，1 bit 长。

当网络发生过载、拥塞后必须丢弃某些信元时，优先级低的信元先于优先级高的信元被丢弃。CLP 可用来确保重要的信元不丢失。具体为：CLP = 0，信元具有高优先级；CLP = 1，信元被丢弃。

（5）HEC（Header Error Control）

HEC 为信头差错控制，8 bit 长。HEC 采用 8 位循环冗余编码方式，用于信头差错的检测、纠正，而不检测 48 字节的信息域，这个字节用来保证整个信头的正确传输。

3. 特殊信元

（1）信令信元

在 B-ISDN 用户线路上传送的信息都是 ATM 信元，所以信令也用 ATM 信元来传送，传送信令的 ATM 信元叫作信令信元。

为了区别信令信元和其他 ATM 信元，将信令信元的信头规定一个特定值。例如，可以规定一个特定的 VPI/VCI 专供信令信元使用，其他 ATM 信元都不可以使用。也可以规定一个其他 ATM 信元永远不用的净荷类型（PT），专供信令信元使用。

（2）OAM 信元

除了承载用户信息的信元和信令信元之外，还有空闲信元，如操作管理维护信元 OAM。如果在线路上没有其他消息发送，则发送“空闲信元”可以起“填充”空闲信道的作用。OAM 信元上承载的是宽带 ISDN 的运行和维护的信息，如故障、告警等信息，它是 ATM 交换机经常定时发送的，其 48 字节信息域的内容是事先规定好的，收到这些信元的交换机，根据这些信元误码来判断线路质量，如是否有故障、告警等。

4. 信元传输

ATM 信元是定长的，所以时间是被划分成一个个等长的小片段，每个小片段就是 ATM 的信元，它有点类似于同步时分复用情况，但不同于分组交换网中的情况。

此外，作为一个高速的数据网，ATM 网络采用了一些有效的业务流量监控机制，对网上用户数据进行实时监控，把网络拥塞发生的可能性降到最低。对不同业务赋予不同的“特权”，如语音的实时性特权最高，一般数据文件传输的正确性特权最高，网络对不同业务分配不同的网络资源，这样不同的业务在网络中才能做到“和平共处”。

如图 5-12 所示就是 ATM 的一般入网方式，与网络直接相连的可以是支持 ATM 协议的路由器或装有 ATM 网卡的主机，也可以是 ATM 子网。在一条物理链路上，可同时建立多条承载不同业务的虚电路，如语音、图像、文件传输等。

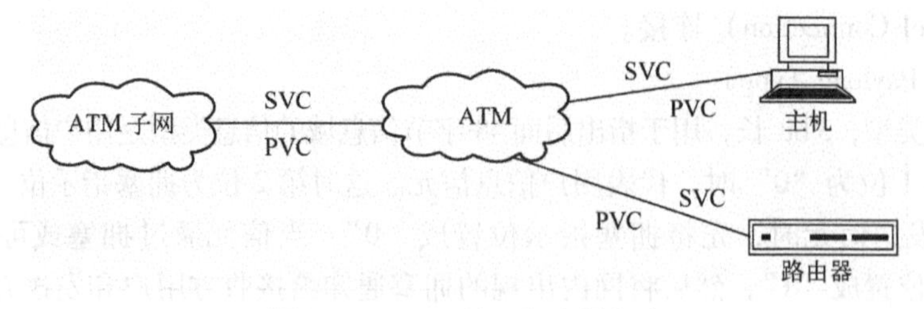

图 5-12　ATM 的一般入网方式

5.3.3　ATM 协议参考模型

ATM 协议参考模型参考 5.2.2 节，这里不再详述。我们通过图 5-13 让读者对 ATM 层次模型与 OSI 模型对应关系有直观的了解。

图 5-14 画出了数据流在 ATM 网络中的信元化过程。符号①表示从高层传过来的协议单元数据（Data-PDU）；②到达 AAL 层后，先在 AAL 的子层 CS 层中按照业务的类型把数据进行协议封装，即加上协议单元数据的 CS-PDU 头部和 CS-PDU 尾部；③然后在 SAR 层进行数据段的拆分，把长的 CS 层协议封装数据拆分成一些大小合适的数据段，再加上 SAR 层的协议数据单元的头部和尾部形成 48 字节的信元信息段内容；④在 ATM 层组装成信元，继承 SAR 层的 48 字节数据作为信元的净荷，再根据 ATM 层协议构造 5 字节的信头。

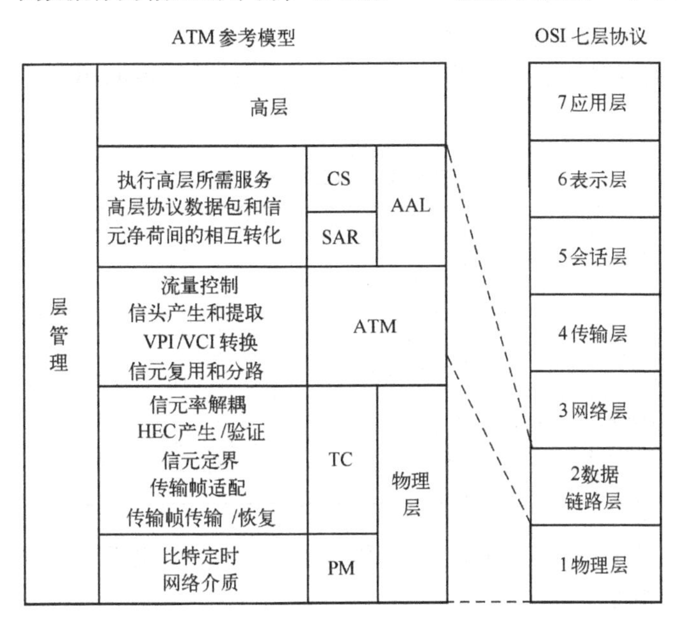

图 5-13　ATM 层次模型与 OSI 模型对应图

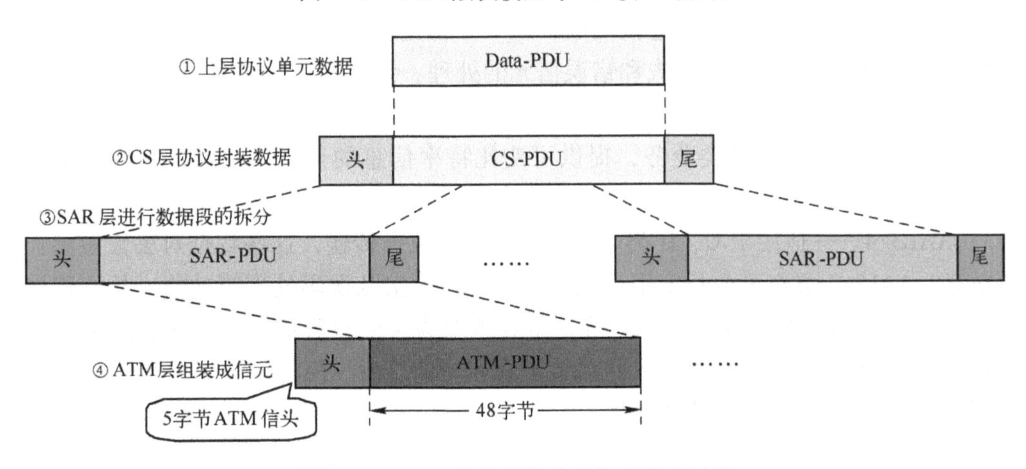

图 5-14　ATM 的协议结构和信元形成过程

下面介绍一下 AAL 的业务类别和协议类型。

用户信息可能有多种格式，如数据、语音以及视频信息，每一种业务都要求 ATM 网络有不同的适配。根据业务的传输速率（恒定、可变）、信元和信宿之间定时关系（实时、非实时）和连接方式（面向连接、面向无连接）三个业务特征参数，每个参数有两种选择，可以形成 8 类业务，去掉实际上不存在的业务组合，ITU-T 定义了 A、B、C、D 四类业务（如表 5-1 所列）。

1）A 类业务，源和目的地之间存在时间关系，比特流是恒定的，业务是面向连接的。典型的例子就是在 ATM 上传输的 64 kbit/s 语音业务和固定比特流图像。

2）B 类业务，源和目的地之间存在时间关系，也是针对面向连接的业务，但是和 A 类业务不同的是 B 类的源具有可变比特率。典型的例子是可变比特率的图像和声音。

3）C 类业务，源和目的地不存在时间关系，比特率是可变的，业务是面向连接的。例如面向连接的数据传送和信令传送业务。

4）D 类和 C 类不同的是 D 类为无连接型业务。这种业务的例子是无连接的数据传送业务。

表 5-1　AAL 业务类型

	A 类	B 类	C 类	D 类
信源与终端的定时关系	需要	需要	不需要	不需要
比特率	恒定	可变	可变	可变
连接方式	面向连接	面向连接	面向连接	无连接
典型例子	ATM 网中传输的 64 kbit/s 语音业务和固定比特率的图像业务	采用可变比特率的图像和音频业务	面向连接的数据传送和信令传送业务	无连接的数据传送业务

为了适配四类（A、B、C、D）AAL 用户业务，ITU-T 定义了四类 ATM 适配层功能，即四种 AAL 协议，它们是：

1）AAL1——适用于 A 类业务，即恒定比特率业务（Constant Bit Rate，CBR），该业务要求在源和目的地之间建立起虚连接之后，以一个恒定的比特率来传送信息。AAL1 的功能包括用户信息的分段与重组、丢失和错误信元的处理、信元到达时间的处理以及在接收端恢复源时钟频率。

2）AAL2——适用于 B 类业务，提供可变比特率信息的传送，此外，还在源和目的地之间传送定时信息。

3）AAL3/4——适用于 C、D 类业务，主要用于数据传输，这些数据对丢失敏感而对时延不敏感。AAL3/4 具有可变长度用户数据的分段与重组及误码处理等功能。从应用层到达 CS 子层的报文最大可达 65535 字节。首先将其填充为 4 的整数倍字节。接着加上头和尾信息。在 CS 子层对报文进行了重构，并加上了头和尾信息后，便将报文传送给 SAR 子层，由 SAR 子层将报文分为 44 字节的数据片。

4）AAL5——适用于 C 类业务和 ATM 信令，提供高速的数据传送，类似于简化了的 AAL3/4。虽然 AAL3/4 对每个报文只增加 4 字节的头信息，但它还要为每个信元增加 4 字节的头信息，因而使有效净荷的容量减少到 44 字节。AAL5 的每个报文有一个稍大的尾部（8 字节），但每个信元无额外开销。信元中没有顺序号，可以通过长的校验和来弥补，从而可以检测丢失的、误插的或错误的信元，而不需要使用顺序号。到目前为止，AAL5 是实现最为广泛的 AAL。

5.3.4 ATM 网络

用 ATM 构成的网络采用光传输、电交换的形式，它以光纤线路为传输介质，故信道容量大，传输损失小。在 ATM 网中，信息被拆分后形成固定长度的信元，由 ATM 交换机对信元进行处理，实现交换和传输功能。

ATM 网络由 ATM 复用设备、ATM 传输系统和 ATM 交换机组成，如图 5-15 所示。发送端 ATM 复用系统的任务是将用户终端接入到 ATM 网中，将用户端产生的各类信息（即各类业务：电话、数据、图像等）变换成 ATM 信元的形式，并进行异步时分复用，按用户终端的实际需要动态地分配带宽，使带宽得到高效的利用。接收端 ATM 复用系统则进行反变换。ATM 复用系统和 ATM 交换机之间的接口称为公用用户—网络接口（Public UNI）。

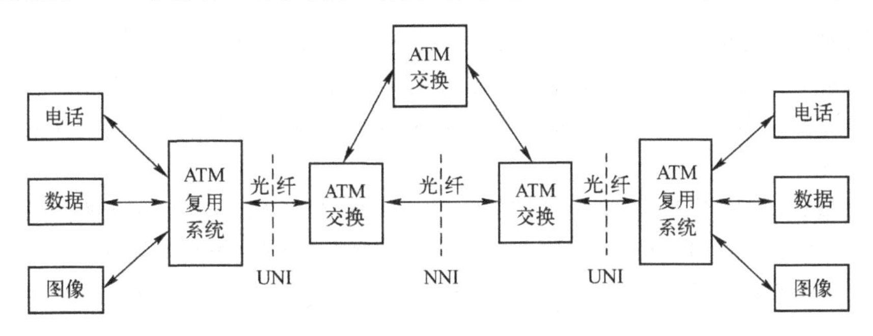

图 5-15　ATM 网络结构

公用 ATM 网内各公用 ATM 交换机之间（即 NNI 处）传输线路均采用光纤，传输速率为 155 Mbit/s、622 Mbit/s，甚至可达 2. 4 Gbit/s。公用 UNI 处一般也使用光纤作为传输媒体，而专用 UNI 处则既可以使用非屏蔽双绞线（Unshielded Twisted Pair，UTP）或屏蔽双绞线（Shielded Twisted Pair，STP）（近距离时），也可以使用同轴电缆或光纤连接（远距离时）。

5.4 ATM 交换

交换就是要在网络中的任意两个用户之间以某种方式进行通信，ATM 交换是 ATM 网络的核心技术，其设计对 ATM 网络的性能（如信元丢失率、延时和延时抖动等）起着决定性的作用。ATM 交换应能实现高速、高吞吐量和高服务质量的信息交换，提供灵活的带宽分配，适应从低速率到很高速率的宽带业务的交换要求。

5.4.1 ATM 交换的基本原理

1. ATM 交换机的组成

如图 5-16 所示，ATM 交换机可以由四大功能模块组成，即入线处理模块、出线处理模块、ATM 交换机构和控制模块。

入线处理模块将信元转换成适合送入 ATM 信元的形式，包括信元定界、信元有效性检验、信元类型分离。因为输入线路上的信息流实际上是符合物理层接口信息格式的比特流，入线处理模块首先要将这些比特流分解成长度为 53 字节的信元。然后再检测信元的有效性，将空闲信元、未分配信元及信头出错的信元丢弃，然后根据有效信元信头中的PTI标志，将OAM信元交控制模块处理，其他用户信息信元送交换结构进行交换。

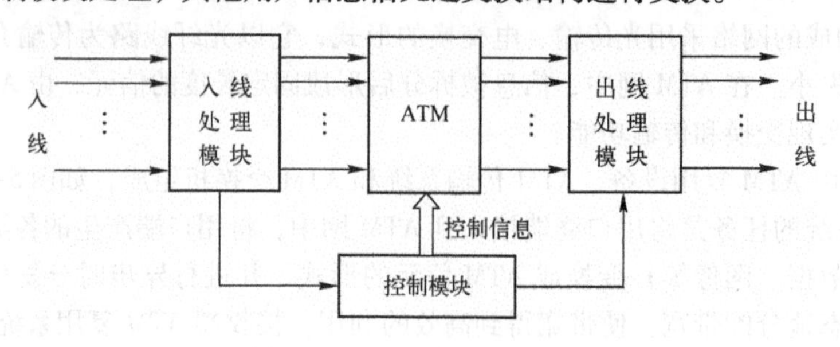

图5-16　ATM交换机的组成

出线处理模块完成与入线处理模块相反的处理，主要将ATM交换结构输出的信元转换成适合在线路上传输的形式，把交换结构输出的信元流和控制模块输出的信元流以及相应的信令信元流复合，形成送往出线的特定形式的比特流，并完成信息信元流速率和线路传输速率的适配。

ATM交换机构是实际执行交换动作的实体，完成ATM信元交换的功能。根据路由选择信息修改输入信元的VPI/VCI域的值，实现将信元送到指定输出线的目的。

控制模块对交换结构进行控制，完成VP和VC连接的建立、释放、带宽的分配以及维护和管理功能。

2. ATM交换的基本原理

ATM交换机构是实现ATM交换的核心部分。它应能实现任意入线和任意出线之间的信元交换，也就是任意入线的任意逻辑信道的信元要能够被交换到任意出线上的任意逻辑信道上去。为此，ATM交换机构应具有选路（空分交换）、信头变换（时分交换）和排队这三项基本功能。

（1）选路功能

选路功能指的是一条物理入线上的信息交换到另一条物理出线上，即将信息从一条物理入线交换到另一条物理出线上。如图5-17所示，经过空分交换后，入线2上的信息a被交换到出线4上。

在实现选路中，需要解决的关键问题是路由选择问题，也就是说在交换机内部，信息如何选择一条合适的路由（或通路），能够使信息从一条入线到达指定的出线。

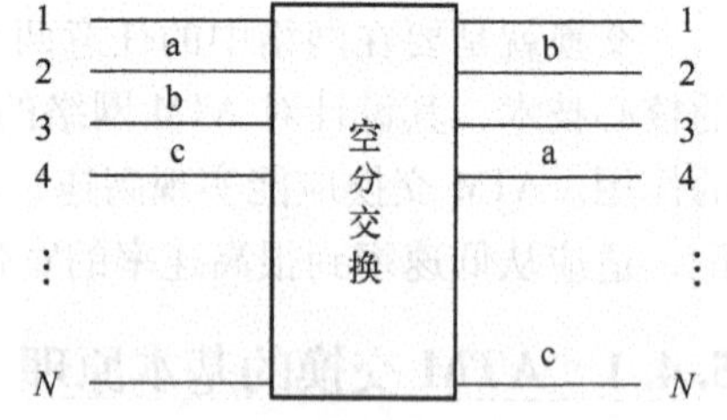

图5-17　ATM的空分交换功能

（2）信头变换

经过时分交换后，入线上某逻辑信道中的信元被交换到出线上另一个逻辑信道上，同时该信元的逻辑信道VPI/VCI的值也进行转换，即信头变换，如图5-18所示。为了实现信头变换，应建立翻译表，将入线上某逻辑信道中的信息交换到对应出线上另一个逻辑信道。所不同的是，STM中信道是通过在每一个STM帧中划分固定时隙来标识的（每一个信道对应于一个固定的时隙）；而在ATM中，信息交换是用逻辑信道来标识的，没有了固定时隙的概念。

图 5-18　ATM 的时分交换功能

(3) 排队功能

ATM 交换由于没有了预先分配的固定时隙，因此就有可能出现在同一个时刻或时间片内，多个输入逻辑信道同时竞争同一个输出逻辑信道的问题，也就是竞争。为了解决竞争问题，通常需要在交换系统内部引入缓存机制，通过暂时排队来缓存竞争失败的信元以防止信元丢失。因此，在 ATM 交换系统中，排队功能是一个重要功能。

在 ATM 基本的交换单元模块中，设置信元排队和缓存机制来解决竞争问题。根据交换单元的结构和所需的信息速率，需要在交换单元的入线、出线或单元内部设计信元的缓存队列。根据缓存器在交换单元中的物理位置，可采用四种缓存策略：输入缓存、输出缓存、输入输出缓存和环回缓存（在 5.4.3 节中有详细的分析）。其中输出缓存如图 5-19 所示。

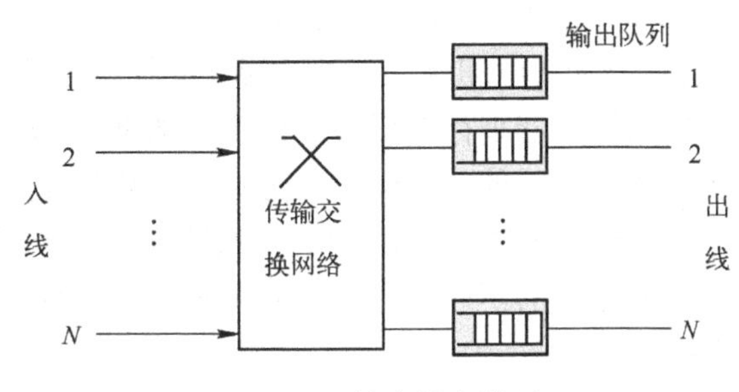

图 5-19　输出缓存模型

输出缓存是在每一条出线处设置缓存队列来存储同时到达同一出线的信元，采用先进先出的原则，信元在此队列中排队等待，在该出线空闲时依次输出，从而解决出线竞争问题。

图 5-20 给出了 ATM 交换的基本原理。该交换单元中有条 n 入线（I_1 ~ I_n），q 条出线（O_1 ~ O_q）。每条入线和出线上传递的都是 ATM 信元流，信元的信头中 VPI/VCI 值表明该信元所在的逻辑信道 VP 和 VC。ATM 交换的基本任务就是将任一入线上的任一逻辑信道中的信元交换到所目的的任一出线上的任一逻辑信道上去，比如说入线 I_1上的输入信元被交换到出线 O_2上，同时根据信元头翻译表改变其信头值，即 VPI/VCI 值由输入值 u 变为输出值 b。

图 5-20 中的交换是在一张信元头翻译表（同时又是一张路由控制表）的控制下进行。例如，表中规定，入线 I_1上 VCI 等于 u 的信元被输出到出线 O_2，同时，信元头中 VCI 标识 u 被翻译成 k，……，输入、输出链路的转换及信头 VPI/VCI 值的改变就按照翻译表的规定进行。

在 ATM 交换单元中还可能出现竞争的情况，也就是说，当来自不同入线的两个信元同时到达，并竞争同一出线时出现了冲突。如入线 I_1的第一个信元 u 和 I_n的第一个信元 z 根据翻译表都要到达出线 O_2，并分别被翻译成了新的逻辑信道标识 k 和 n，为了解决竞争问题，需要在交换系统内部设置相应的缓存队列，这里，在输出端口上设置了队列，并且 k 和 n 的信元输出顺序也有随机性。

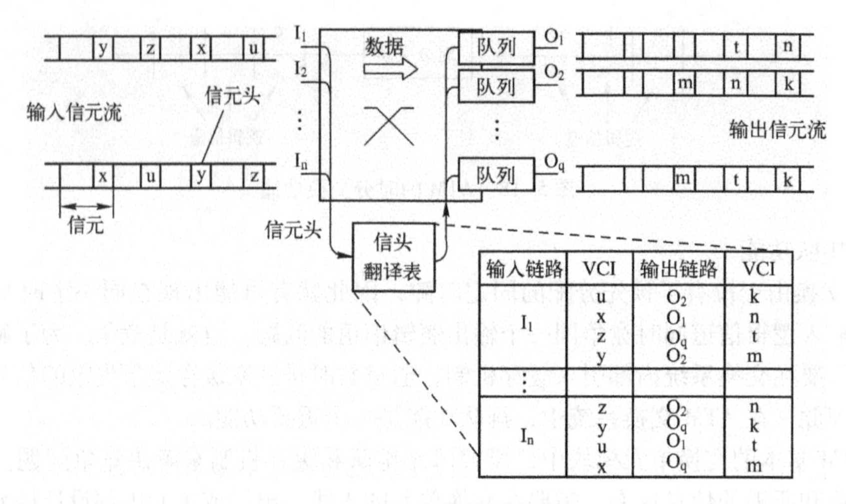

图 5-20　ATM 交换的基本原理

下面总结一下 ATM 交换的基本功能构成：

1）ATM 交换机构最基本功能是选路和信头变换。

2）时分交换主要解决竞争和排队问题，也就是说，交换机不能同时输出发生冲突的信元，因此必须在适当的位置用缓存器来存储暂时不能得到服务的信元。由于 ATM 交换采用异步时分复用，因此这种方式是必需的，以保证冲突的信元不会被丢弃。

3）总体来说，ATM 交换机完成的基本功能就是选路（空分交换）、排队和信头交换。由于这三项功能的实现方式和位置的不同，将会导致交换机设计的巨大差异。

3. VP 交换与 VC 交换

前面已经讨论过，交换的过程包括两个方面：一是信息从交换节点的入线被交换到某个出线；另一个是信头交换，即输入信元的 VPI/VCI 值被交换为新的 VPI/VCI 值然后输出。

由于 ATM 连接分为 VPC 和 VCC 两种，因此对应的交换过程也分为 VP 交换和 VC 交换两类。

（1）VP 交换

VP 交换只提供 VP 连接的交换，实现输入信元的 VPI 值到输出信元 VPI 值的映射。在此交换中，被交换的 VP 连接（VPC）中所包含的所有 VC 连接（VCC）作为整体被交换。VP 交换常被应用于骨干网中大量 VC 连接的成组交换，通常不需信令功能，通过网管控制实现。VP 交换的示意图如图 5-21 所示。

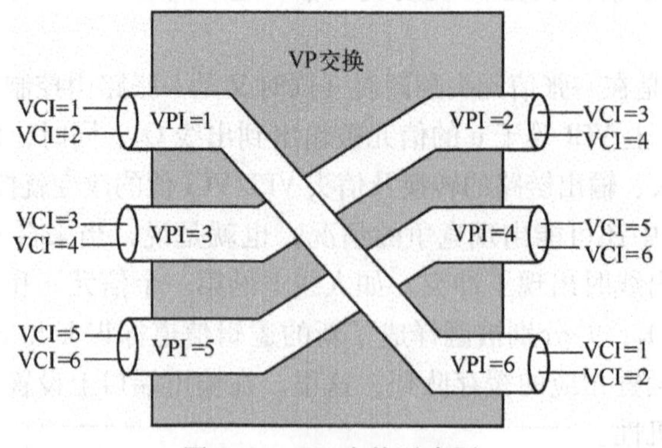

图 5-21　VP 交换示意图

通过 VP 交换后，实现输入 VPI 到输出 VPI 之间的映射；如输入的 VPI = 1 的 VPC 被交换到输出端后，其 VPI = 6；VPC 中的各 VCC 保持不变，它们被成组交换，保持了各 VCC 的 VCI 不变。

（2）VC 交换

VC 交换的功能涵盖了 VP 交换，它除提供 VP 交换外，还提供不同 VPC 中的各 VCC 之间的信息交换，同时实现输入 VPI/VCI 值到输出 VPI/VCI 值的映射，如图 5-22 所示。

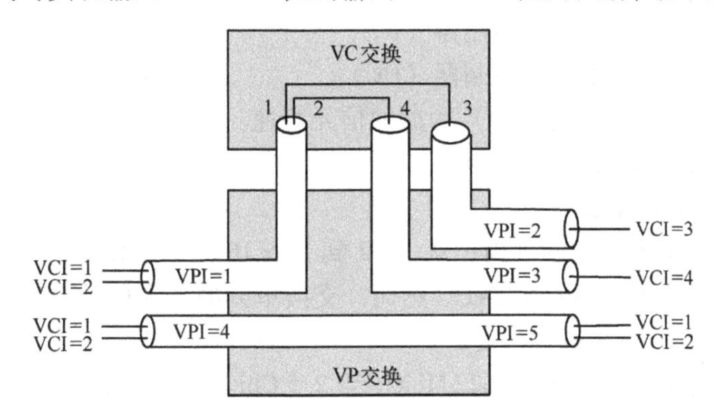

图 5-22　VC 交换示意图

可以看出，VC 交换除了完成 VPC 交换的功能外，还提供不同 VPC 内部 VCC 之间的交换。VCC 连接的 VPI/VCI 值被同时交换为新的 VPI/VCI 值。如输入端 VPI = 1/VCI = 2 的 VCC 经过 VC 交换后，在输出端被交换为 VPI = 3/VCI = 4，而输入端同一 VP 中的另一个 VCC 则被交换为 VPI = 2/VCI = 3。

5.4.2　ATM 基本交换模块

1. 基本定义

基本交换模块也称为交换单元，是用于构造 ATM 交换机构的最小通用模块，多个相同的基本交换模块经过多级联接可组成交换机构。设计中需要解决的主要问题是排队问题。

交换机构（Switching Fabric）由相同的基本交换模块以特定的拓扑结构互连而成。只有在基本交换模块和网络拓扑确定的情况下，才能定义交换机构。在设计中需要解决的主要问题是路由选择。

ATM 交换系统也就是 ATM 交换机的构成。交换系统是由交换机构组成的，交换机构的组成示意图如图 5-23 所示。

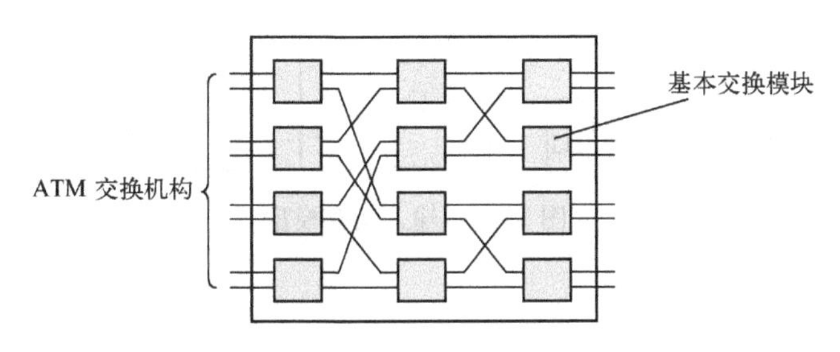

图 5-23　ATM 交换机构的组成

在我们的讨论中，主要针对交换单元和交换机构来进行。

2. 基本交换模块的结构

基本交换模块（或称为交换单元）是构成 ATM 交换系统的最小单位。ATM 交换功能由交换机构完成，而交换机构由基本交换模块构成。

基本交换模块是由三个部分构成的，如图 5-24 所示。

① 用于控制各输入线的入线控制器（IC）。

② 用于控制各输出线的出线控制器（OC）。

③ 由超大规模集成电路（VLSI）构成的信元高速传输交换通路，即物理传输网络。

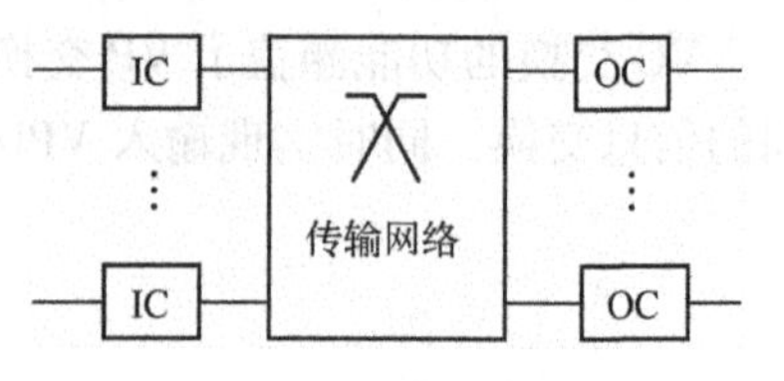

图 5-24　基本交换模块的结构

3. 基本交换模块的特征

1）典型的基本交换单元的规模：从 2×2 到 16×16。一般来说交换单元是很小的，其值从 2 入线/2 出线到 16 入线/16 出线。然而，交换单元的最大值并没有被限制，其规模取决于所采用的技术和设计集成化程度。

2）信息速率：从 155 Mbit/s、622 Mbit/s 到 2.5 Gbit/s，同样取决于工艺水平。

4. 基本交换模块的排队功能

我们在 5.4.2 节分析 ATM 交换原理时已经知道，基本交换模块的基本功能是排队，这是因为：在基本交换模块内部会出现竞争，即多个信元需要同时使用相同资源（内部线路、出线等）的情况下。在出现竞争时，需要对冲突的信元进行缓存（排队）。

因此在基本交换单元中应设置缓存器，供信元排队使用。当缓存器设置在交换结构的外部时，根据缓存器的位置可以分成四种缓存方式：输入缓存、输出缓存、输入输出缓存和环回缓存。

（1）输入缓存方式

输入缓存是在交换单元的输入端解决可能的竞争问题，即在每一条入线配置一个缓存队列，信元在队列中排队；在一个信元周期内，如果出现多个入线上的信元竞争同一条出线时，则由一个仲裁逻辑来决定哪些入线队列中的信元是允许通行的，而其他队列中的信元需要等待；经过仲裁后的信元不会再出现竞争，如图 5-25 所示。

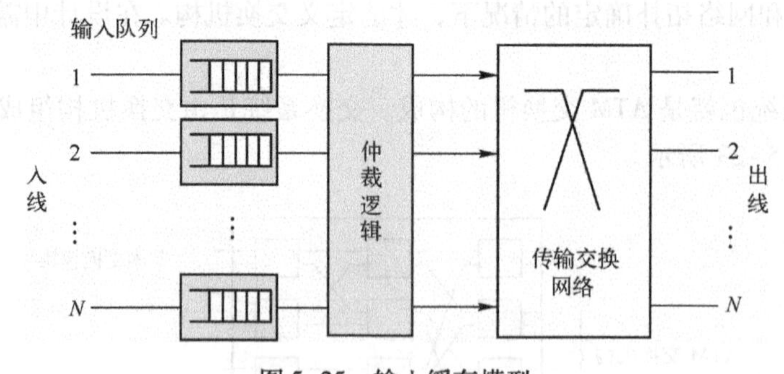

图 5-25　输入缓存模型

输入缓存的缺点：

1）在入线处的队列将需要更多的缓存容量。

2）存在队头阻塞（HOL）。在一个信元周期内，任一条出线都只能为一个信元提供输出服务，而选择该出线的其他信元必须在输入队列中等待。若一条入线上的队列的排头信元因竞争失败而阻塞，该队列中的所有后续信元也被迫阻塞，即使该队列中的后续信元所选择的出线当前是空闲的。例如，入线 i 上的信元被选择传送到出线 p，如果入线 j 上也有一个信元要传送到出线 p，仲裁逻辑裁定 i 上的信元被传送，j 上的信元和其后继信元将被停下来；假设排在入线 j 队列中的第二个信元想输出到出线 q，这时即使出线 q 是空闲的，这个信元也不能被服务，因为这个信元的前头已有一个信元阻挡着他的传送，这就是队头阻塞。

3）交换效率。

一个信元周期内，通过传输交换媒体传输的信元数 P 不超过交换单元的入线总数 N，即 $P \leqslant N$。

4）在输入缓存模型中，仲裁逻辑是必须的，用于确定可以得到服务的入线。

（2）输出缓存队方式

来自入线的信元可以自由通过传输交换媒体传送（交换）到所需的出线上，在出线上设置缓冲队列解决多信元对出线的竞争。具体为：在一个信元周期内，所有信元都可无需仲裁地从入线到达所需的出线；每条出线配置一个队列，以便缓存同时到达的竞争该出线的多个信元；一个信元周期内，一条出线只能为一个信元服务，未服务的信元将暂存在该出线的缓存队列中。输出缓存的示意图我们在讨论交换原理时提到过，如图 5-19 所示。

输出缓存的优点：

1）在出线上的队列所需的缓存空间较小。

2）去往同一条出线的多个信元可以在同一个信元周期内交换到出线上，不存在队头阻塞。

3）不需要仲裁逻辑。

输出缓存的缺点：

1）为保证没有信元丢失，在传输交换媒体中信元的传输交换的速率必须 N 倍于入线的速率。

2）输出缓存策略对缓存器的访问速度要求很高。

在一个信元周期内需要对队列缓存器进行 N 次信元写操作和一次信元读操作。

（3）输入输出缓存

输入输出缓存综合了输入缓存与输出缓存的优点，在每一条入线和出线都设置了缓存队列，如图 5-26 所示。假设其加速因子为 L（$1<L<N$）（N 为输入端口数目），则其输出缓存器在一个信元时隙内最多能接收 L 个信元，若在某一时隙内有超过 L 个信元要交换到同一个目的端口，这些超过的信元将会被存储在输入缓存器中，而不像输出缓存方式中那样把它们丢弃。

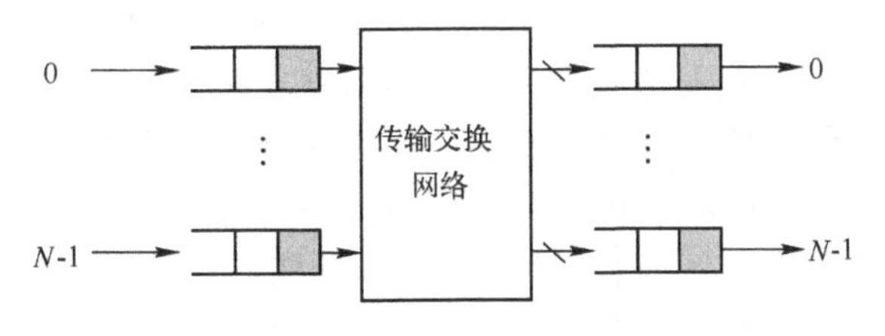

图 5-26　输入输出缓存模型

(4) 环回缓存

环回缓存包括环回端口以及环回缓存器，如图 5-27 所示，该缓存器的设置通过环形方式可以被输入端口和输出端口所共用。当发生出线竞争的时候，在竞争中失败的信元会通过环回端口先存储在环回缓存器中，并且可以通过环回端口回送到输入端口，等待在下一时隙与新到来的信元重新进行竞争。环回缓存的交换网络可以具有较高的吞吐量和较低的信元丢失率，但交换结构要增加用于环回的端口，环回还会使得属于同一虚连接的信元失序，时延也较大。

(5) 四种缓存模型策略的直观分析

1) 平均等待时间。

同样的外部业务负荷，输入缓存的平均等待时间比其他三种缓存策略更长。

2) 队列缓存器需求。

输入缓存需要队列缓存器最大，环回缓存需要队列缓存器最少。

3) 信元丢失率。

在队列缓存容量相同的情况下，输入缓存信元丢失率明显高于其他三种缓存模型。

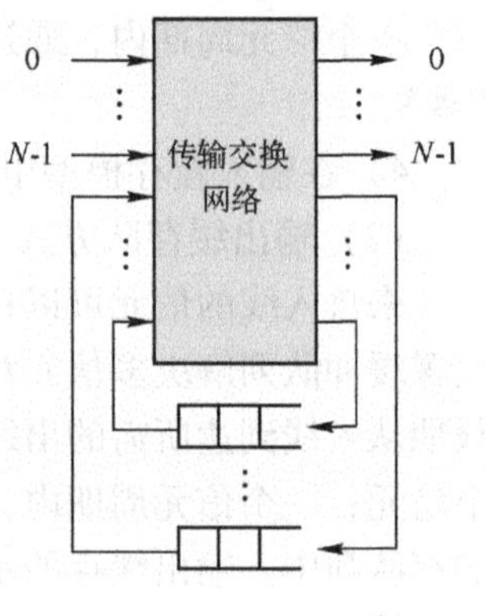

图 5-27　环回缓存模型

5.5 ATM 网络的应用和发展

ATM 是电信业为实现宽带综合业务数字网而提出的一种独立于终端和业务，面向连接的通用信息传输和交换体系。ATM 网络的发展目标是一个综合的、通用的网络来提供全部现有的和将来可能的业务。以 ATM 交换机为基础的宽带网因具有严格的 QoS，支持多业务、可以动态地分配和管理带宽等优点，使其在电信核心网络上有主要的应用。此外，LANE 也是它的一个重要应用。

5.5.1 ATM 局域网仿真

ATM 网络虽然具有很多优点，但相比之下，它的技术以及配置和使用比以太网复杂得多，而且在现有网络上运行的网络应用软件也不能直接在 ATM 网络上应用，在 ATM 环境下运行的应用软件还需要进一步开发。因此，大多数用户不愿意采用纯 ATM 的设计方案，而是希望 ATM 与现有局域网（如以太网）共存，采用两者结合起来的网络方案。但由于 ATM 与现有局域网存在着很大的差异，传统以太网的帧不能在 ATM 网上直接传输。为此，ATM 论坛制定了 ATM 局域网仿真（LAN Emulation Over ATM，LANE）协议。

目前，大多数数据都是在 LAN 上传送，例如以太网等。LANE 是在 ATM 网上模拟传统局域网。它提供一种有效的集成方法，使 ATM 与传统局域网互联起来。LANE 解决了 ATM 网与现有局域网之间的通信问题，在 ATM 网上应用 LANE 技术，我们就可以把分布在不同区域的局域网互联起来，在广域网上实现局域网的功能。对于用户而言，他们接触的仍然是传统的局域网的范畴，根本感觉不到 LANE 的存在。因此，ATM 就像是一条高速通路，使现有局域网上的主机可以和 ATM 网络上的主机透明地通信。

LAN 仿真至少需要两个不同的服务器在网络上工作：一个用于对地址进行登记和处理的 LAN 仿真服务器（LANE Server，LES）和一个广播与未知地址服务器（Broadcast and Unknown Server，BUS）。LES 服务器自动列出每个用户的 MAC 层和 ATM 地址，BUS 服务器用以分发广播和多信道广播包。LES 也可以放在一台单独的工作站中，主要进行 MAC - to - ATM 的地址转换，因为以太网用的是 MAC 地址，ATM 用的自己的地址方案，通过 LES 地址转换可以把分布在 ATM 边缘的 LANE Client 之间连接起来。

下图 5-28 就是 LANE 的工作方式：

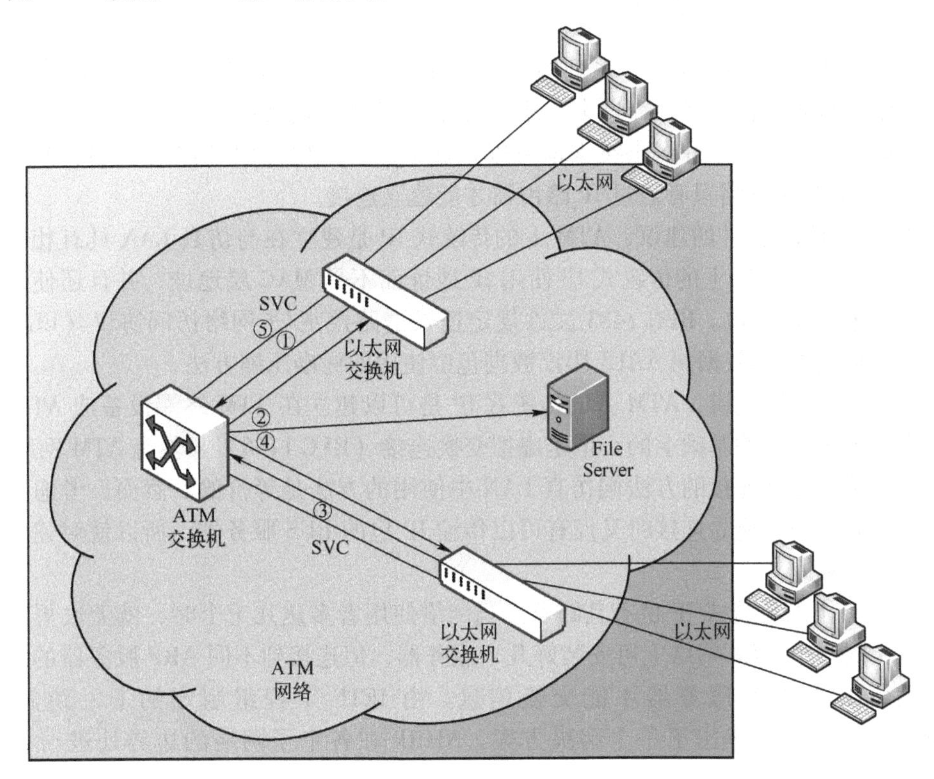

图 5-28　LANE 的工作原理

1）LAN 交换机从以太网终端接收到一个帧，这个帧的目的地址是 ATM 网络另一端的一台以太网终端。然后，LAN 仿真服务器（LANE Client，LEC）就发送一个 MAC - to - ATM 地址转换请求到 LES。LEC 和 LES 均驻留在 ATM 交换机中。

2）LES 发送多点组播至网络上的其他 LEC。

3）在地址表中含有被叫 MAC 地址的 LEC 向 LEC 做出响应。

4）LEC 接着便向其他 LEC 广播这个响应。

5）发送地址转换请求的 LEC 认知这个响应，并得到目的地的 ATM 地址，接着便通过 ATM 网建立一条 SVC 至目的 LEC，用 ATM 信元传送数据。

同时，Internet 以其网上信息资源丰富、互联方便以及网络成熟的优势，抢先占领了市场。有一种观念认为，随着 IP 技术和互联网的发展，未来的电信网将由 IP 技术一统天下，而 ATM 技术将退出历史舞台。其实这种观念是片面的，对于电信网络或计算机网而言，它的发展是不会随着新技术的出现而发生突变的，只能是逐步演进，现有电信网已形成的资源十分庞大，不可能一下子消失，而且现有的 IP 网络虽然通过采用新技术（例如：IP over SDH 或 IP over DWDM），在一定程度上解决了传送带宽的瓶颈问题，但仍然还是传统的路由器加专线的组网方式，存在逐跳寻址与转发等问题，而在 QoS 方面，还是按照尽力而为的方式来传送各种业务信息，不能保证 QoS。ATM 技术所具有的端到端 QoS 保证、完善的流量控制和拥塞控制、灵活的动态分配带宽与管理、支持多业务以及技术综合等方面的优势，目前仍是 IP 技术仍不能及的。所以，ATM 网络的发展策略是“与 Internet 共存和过渡”。

5.5.2 ATM 上的传统式 IP

Internet 工程组已经制定了一系列不需要另外的 MAC 层就可在一个 ATM 网络上传输 IP 包数据的细节规定。在文献中，这个方法通常称为 ATM 上的传统式 IP，因为它保留了 IP 子网络的传统概念。任何一种网络技术都可以在这个子网络中使用（包括 ATM、帧中继和以太网），但不同的子网络只有通过 IP 路由器才能建立连接。

根据 RFC 1577 文件的建议，ATM 上的传统式 IP 是建立在与仿真 LAN 具有相同结构的基础上的。然而，ATM 上的传统式 IP 使用 IP 地址而不是 MAC 层地址，并且还使用了一种不同的方法来压缩 IP 包。RFC 1483 文件规定逻辑链路控制/子网络访问协议（LLC/SNAP）压缩方法是重组 IP 包数据到 AAL5 协议数据包中使用的标准压缩方法。

就其最简单的形式讲，ATM 上的传统式 IP 是可以建立在 ATM 终端设备或 ATM 路由器之间的固定虚拟连接的基础上的。但是虚拟交换连接（RFC 1755）显然是 ATM 网络上 IP 通信的优先连接。建立连接的方法同仿真 LAN 中使用的方法是等价的。然而，考虑到建立连接时会有延迟，而当建立连接时又没有可以传输 IP 包的 BUS 服务器，所以就对建立连接提出了更高的要求。

ATM 网络上的传统式 IP 也有其缺点。当网络使用者多达几千个时，就无法再进行地址判别了。在同一个 ATM 网络上可安装好几个服务器，但连接到不同 ARP 服务器的用户不能直接通信，因为 ARP 服务器不能交换信息。由 IETF 工程组制定的下一跳解析协议（NHRP）为这个问题提出了一个解决方案。NHRP 在各个子网络的边界处进行扩展地址判别。

5.5.3 基于 ATM 的多协议（MPOA）

经过 ATM 论坛的讨论，ATM 网上的多协议（MPOA）将提供一种在网络层（端对端交互操作层连接）建立直接连接的方法，并且以一种统一的结构将仿真 LAN、ATM 网上的传统式 IP 和 NHRP 上的传统式 IP 结合在一起。

MPOA 服务器包含运行 MPOA 网络必需的不同的功能组。这些功能组可以在一台单机中也可以分布在几个服务器中。MPOA 服务器提供下列功能：地址判别和登记、协调和配置功能、处理广播、多路广播和未知包、路由服务器功能等。MPOA 是设计用于不包括广播通信的环境中的，因此，只要有可能就可以使用直接通信。

MPOA 方案将使用路由服务器。路由服务器确定地址，这些地址位不在局部因特网地址子群组（IASG）内。IASG 表示一群网络工作层的地址，这些地址在网络连接时将汇集在一起由路由器分配。使用 NHRP，路由服务器可以确定不在同一个 IASG 组的终端和主机。路由服务器还可引导互联网工作层的路径选择协议如开放最短路径优先（OSPF）等。甚至还可将非 ATM 网络（如传统的网络）主机的地址与离目标地址最近的路由器的 ATM 地址相连接。由于具有分布式结构，MPOA 在很大的网络上也应该支持 IP 通信的传输。

在已有的 ARP 服务器和 NHRP 服务器之外，再安装 MPOA 服务器，网络管理员就能从 ATM 上的传统式 IP 升级到 NHRP 甚至到 MPOA。安装 MPOA 软件后，终端设备和主机就能逐渐转换到 MPOA，而其他终端设备仍可使用 ATM 上的传统式 IP。

有了 MPOA，将来就有可能提供 ATM 上的全面的、快捷的 IP 服务，但仍有一些技术问题需要解决。比如说，基于 NHRP 的地址判别应答时间就有可能在 ATM 连接建立之前产生不容忽视的延迟。

5.5.4 IP 与 ATM 的集成

如何将 IP 路由技术的灵活性和 ATM 交换的高速性优点相结合，如何将路由和交换结合起来，如何解决 IP 无连接和 ATM 面向连接的矛盾，支持规模日益增长的 Internet 和多媒体业务，成为网络发展研究的热点。众多厂商和学者提出了许多新方案，如 IP 交换、Tag 交换、ARIS、MPLS 等技术相继研究问世。这部分内容将在第 6 章进行介绍。

5.6 本章知识点小结

ISDN 具有 3 个重要特征：端到端的数字连接、综合的业务和标准的入网接口。

ISDN 根据基本信道类型的不同组合又构成了不同的接口类型，ITU-T 规定了两种用户—网络接口，即基本速率接口（BRI）和基群（一次群）速率接口（PRI）。

B-ISDN 协议参考模型包括 3 个平面：用户面、控制面和管理面，而在每个面中又是分层的，自下而上依次为物理层、ATM 层、ATM 适配层（AAL 层）和高层。其中，物理层为了实现信元无差错传输，又被分为传输汇聚子层（TC）和物理媒体子层（PM），分别保证在光、电物理媒体和信号级上对信元的正确传送。ATM 层的主要工作是产生和处理 ATM 信元的信头部分，接收来自 ATM 适配层的 48 字节净荷并附加上相应 5 字节信头，然后生成信元。ATM 适配层包括拆装子层（SAR）和会聚子层（CS），负责适配从用户平面来的信息，以形成 ATM 网可利用的格式，同时增强 ATM 层提供的业务，以适合特殊业务的需要。用户信息可能有多种格式，如数据、语音以及视频信息，每一种业务都要求 ATM 网络有不同的适配。根据业务的传输速率（恒定、可变）、信元和信宿之间定时关系（实时、非实时）和连接方式（面向连接、面向非连接）三个业务特征参数，ITU-T 定义了四类 ATM 适配层功能：AAL1、AAL2、AAL3/4、AAL5。

异步传送模式（ATM）技术是实现 B-ISDN 的核心技术，它是以分组传送模式为基础并融合了电路传送模式的优点发展而来，兼具分组传送模式和电路传送模式的优点。ATM 具有以下几个特点：采用了固定长度的信元；信头简化；采用面向连接的工作方式；采用异步时分复用方式；适用于语音、数据、图像、视频等任意业务。

ATM 信元结构包含 48 字节信息域和 5 字节信头，信元总长度为 53 字节。

ATM 交换机构应具有选路（空分交换）、信头变换（时分交换）和排队这三项基本功能。

ATM 交换由于没有了预先分配的固定时隙，因此就有可能出现在同一个时刻或时间片内，多个输入逻辑信道同时竞争同一个输出逻辑信道的问题，也就是竞争。为了解决竞争问题，通常需要在交换系统内部引入缓存机制，通过暂时排队来缓存竞争失败的信元以防止信元丢失。因此，在 ATM 交换系统中，排队功能是一个重要功能。根据缓存器的位置可以分成 4 种缓存排队方式：输入缓存、输出缓存、输入输出缓存和中央排队。

ATM 的交换过程包括 VP 交换和 VC 交换两类。VP 交换时，VCI 值不变，VPI 值变化。VC 交换时，VCI 值和 VPI 值都会发生变化。

ATM 作为一种灵活、高速、多业务、安全和可靠的宽带信息传送技术已得到了广泛的应用。21 世纪初，我国 ATM 核心网络和本地宽带处在高速发展的时期，对现有的电信网所提供的各种业务支持，以及对 ATM 的兼容性在电信网演进方面也在进行积极的探索和研究，这些都为 ATM 技术的广泛应用奠定了扎实的基础。尽管近年来 ATM 技术受到了 IP 技术的冲击，但是，根据电信网的发展趋势和 ATM 技术的特点以及其应用领域的重新定位，ATM 仍在未来的电信网中发挥十分重要的作用，而且其相关技术仍然会继续发展。

5.7 习题

1. 为什么说 ATM 技术是融合了电路传送模式和分组传送模式的特点？
2. 画出 ATM 信元的格式，并说明 UNI 和 NNI 信元格式有何区别。
3. 一个信元中，VPI/VCI 的作用是什么？
4. 简述 ATM 参考模型中物理层的内容及其作用是什么。
5. 简要叙述 ATM 层的作用是什么。
6. 在 ATM 系统中，虚通路和虚信道指的是什么？它们之间有何关系？
7. 简述 ATM 交换的基本原理，ATM 交换机的输入/输出模块的作用是什么？
8. ATM 交换机的输入模块由哪些功能模块组成？并简述各功能模块的主要功能。ATM 交换机的输出模块由哪些功能模块组成？并简述其主要功能。
9. AAL 层有哪几类，各有何作用？
10. 简单介绍 ATM 的业务类型和各自的特点。
11. 简要说明 ATM 技术的基本特点。

第6章　IP交换与多协议标记交换

随着因特网的飞速发展，IP技术广为流传，已经成为一种事实上的开放系统互连标准，IP技术也成为网络级互联协议，容易实现异种网络的互联。随着越来越多的数据流量和多媒体业务的传输，使得因特网的网络阻塞、路由器瓶颈和QoS的问题日益严重，而另一方面伴随着B-ISDN的出现，其核心的ATM交换技术的先进性和优势越来越引起业界的关注，ATM技术具有动态分配带宽、可满足多业务实现快速交换的优势，并且能够提供QoS的保障，而这些正是IP网络的不足所在。因此学者们把目光投向以IP技术为代表的传统网络层协议技术和以ATM技术为代表的高速传输技术相结合的方式来改善目前网络的不足。本章主要讲述了IP交换技术的产生背景、IP技术和ATM技术的融合模型以及产生的一系列新的网络互联技术方法、标签（Tag）交换的基本原理和体系结构，并重点讲述了多协议标记交换（MPLS）的特点和工作原理。

6.1　IP交换技术概述

6.1.1　IP交换技术的产生背景

随着Internet在全球范围内的迅猛发展，给人们生活带来巨大的变化，信息通信的传输更加快捷，传输的信息内容也更加丰富多彩，各种各样的多媒体业务的传输往往需要更高的传输速率、更大的带宽及更小的时延，使得Internet的带宽资源变得非常宝贵，网络的拥塞率不断增加，用户业务的QoS得不到保证。

因为Internet的网络层采用的IP技术是一种无连接的传输协议，用户数据在网络层是以IP数据分组的形式进行封装的。而IP数据分组在发送前不需要建立连接，每个数据分组都依靠网络上的路由器以存储—转发的方式进行传输，需要在每个分组头部封装全球唯一的目的主机IP地址进行寻路和转发。对于IP数据分组传送路径上所经过的路由器，要进行正确的路径转发，需要提取目的IP地址，然后根据本机路由表进行匹配查找下一跳的路由器的转发出口地址，再进行发送。因此，IP数据分组是以“Hop by Hop”的方式进行逐跳转发，最后到达目的地。IP的传输方式没有接入控制，不能为业务进行资源预留的服务，IP数据分组到达可能出现丢失、失序、延迟等问题，所以无法提供良好的QoS保障，只是一种尽力而为的服务方式，不断出现越来越多的问题和挑战，具体如下。

1）Internet发展迅猛，用户数、主机数和Web服务器数都高速增长，多媒体应用丰富的WWW成为其主要业务，使得越来越多的流量穿越子网，造成骨干网的传送容量小，带宽资源不足。

2）由于路由器数量的相应增加，各节点路由器独立路由机制使得路由表查询时间过长，路由的计算、匹配变得很复杂，转发速度慢。

3）路由器的吞吐量不够，处理能力有限，使得路由器成为网络数据传输的瓶颈，网内和网间经常发生拥塞。

4）Internet 所使用的无连接的 IP 对实时业务、灵活的路由机制、流量控制和安全性能的支持不够，不能提供业务所要求的 QoS 的保障。因此，如何提高 Internet 网络的 QoS，成为科学家们亟待解决的问题。

ATM 技术是 20 世纪 80 年代提出的为实现语音、数据和多媒体等多种业务传输的 B-ISDN 而发展起来的网络技术，ATM 技术被设计成能够传输目前的所有业务并能够适应未来的新业务，对不同速率、不同突发性和实时性要求及质量要求的业务，都能提供满意的 QoS。ATM 技术的出现为解决 Internet 困境带来了契机，因为 ATM 交换技术的优势就在于能够为多种业务提供良好的 QoS 保障，同时 ATM 具有技术先进，动态分配带宽，可满足多业务需求，快速交换、传输效率高等优势；但由于 ATM 考虑得过于复杂，技术上追求完善，从而极大地增加了系统的复杂度，使得设备的成本较高，同时相应业务开发没有跟上网络的发展，导致它举步艰难。而 Internet 网络的优势在于应用广泛、技术简单，可扩展性好，路由灵活；但是传输效率低（分组数据报方式），无法保证 QoS；显然，对于 ATM 和 IP 这两种发展前景良好的技术，针对它们在各自的发展过程中都遇到的一些问题，学者们想到，如果把这两项技术结合起来，利用 ATM 网络为 IP 用户提供高速直达数据链路，既可以充分利用 ATM 网络的资源优势，发展 ATM 上的 IP 用户业务，又可以解决 IP 网络发展中遇到的问题，进一步推动 IP 业务的发展。

因此，如何将 IP 路由技术的灵活性和 ATM 交换的高速性的优点相结合，如何将路由和交换结合起来，如何解决 IP 无连接和 ATM 面向连接的矛盾，支持规模日益增长的 Internet 和多媒体业务，成为网络发展研究的热点。众多厂商和学者提出了许多新方案，如 IP 交换、CSR、Tag 交换、ARIS、MPLS 等技术被相继研究问世。

6.1.2 IP 与 ATM 的融合模型

在讨论 IP 协议与 ATM 技术的融合模式之前，首先分析一下两种网络的协议结构模型。Internet 网是采用 TCP/IP 协议集互联起来的网络，它传输的是长度不一的 IP 数据分组，其中 IP 位于 TCP/IP 协议集的网络层，相当于 OSI 模型的第三层；IP 是 TCP/IP 协议集中最重要的协议之一，因为 IP 是实施数据分组的路由选择的，从上层来的数据是通过 IP 进行源 IP 地址和目的 IP 地址的封装从而经过正确的路由选择到达目的端的，因此 Internet 网络是通过第三层协议实现数据分组的寻址路由的。

ATM 的体系结构分为 4 层，作为面向连接的方式，ATM 的交换发生在体系结构的 ATM 层，相当于 OSI 模型的数据链路层，通过预先建立的 VPI 和 VCI 实现 ATM 信元的标记交换，所以，ATM 网络是通过第二层协议实现信元交换的。

因此，通过 IP 技术与 ATM 技术的结合，既能保持 IP 无连接的特性，又可以结合 ATM 硬件交换所提供的高性能，从而通过 IP 技术进行选路，建立基于 ATM 面向连接的传输通道，并利用第二层交换来加速 IP 分组转发的机制，从而使 IP 分组的转发速度提高到了交换的速度。这样，在充分考虑 IP 技术与 ATM 技术的体系结构模型，即如何把第三层的路由与第二层的交换结合起来，可以采用以下两种模型：重叠模型和集成模型。

1. 重叠模型

重叠模型是利用了两种技术对应的 OSI 模型的不同层次，因此得到很直接的实现，即 IP 层直接叠加在 ATM 层之上，相当于把 ATM 网络看成另一种承载 IP 数据分组的异型子网，即将 ATM 网络看作与现有的以太网、令牌环网地位相等的网络，只是作为一种物理网络存在。利用重叠模型的规范，用户可以在 ATM 网络上直接运行基于 IP 的网络协议和基于 IP 的网络应用（如 WWW、FTP 等）。重叠模型技术将 IP 数据分组封装在 ATM 信元中，IP 分组以 ATM 信元形式在信道中传输和交换，使得 IP 数据分组的转发速度提高到了 ATM 信元交换的级别上，如图 6-1 所示。这样，ATM 网络和 IP 网络都可以使用各自网络原来的选路协议和地址编码，只需要增加数据分组从第三层选路时封装的目的 IP 地址到下层 ATM 信元封装的 ATM 地址之间的解析功能，即 IP 地址和 ATM 地址之间的映射和转换。基于重叠模型提出的技术有：IETF 提出的 IPOA 和 CIPOA、ATM 论坛提出的 LANE 和 MPOA 等技术。重叠模型的优点是对 IP 和 ATM 双方的技术和设备无需进行任何改动，只需要在网络的边缘进行协议和地址的转换，减少了 ATM 与 IP 的相互限制，有利于它们独立发展；缺点是 IP 技术和 ATM 技术不能有效地结合，需要维护两个独立的网络拓扑结构；地址重复、路由功能重复，因而网络扩展性不强、不便于管理、传送 IP 分组的效率较低。

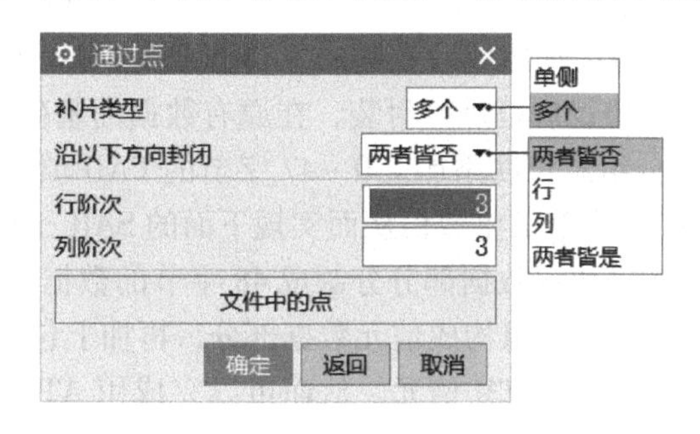

图 6-1　重叠模型

ATM 承载传统 IP（Classical IP over ATM，CIPOA）是由 IETF 的 RFC1577 以及后来的 RFC2225 所定义。CIPOA 的结构如图 6-2 所示，CIPOA 继承了 TCP/IP 的基本思路，并引入了逻辑 IP 子网（Logical IP Subnet，LIS）的概念，相当于把 ATM 网看成是一种异型子网来承载 IP 数据分组，并把传送 IP 数据分组的 ATM 网络当成是 LIS。LIS 是指根据用户和网络管理者的连接要求，对直接连接到 ATM 网络的任意主机、路由器进行组合，这种组合形成了一个 LIS。不同的 LIS 可以相互独立操作和通信，在一个 LIS 内，IP 包可以在点到点的 ATM 的 PVC 或 SVC 上传送，但不在同一个 LIS 内的主机需要经过路由器进行转发，用下一跳解析协议（Next Hop Resolution Protocol，NHRP）实现网间路由。

CIPOA 具有 IP 地址和 ATM 地址两套地址，每个 LIS 中配备一个 ATM 地址解析服务器（ARP Server）运行 ARP 协议来实现 ATM 地址与 IP 地址的转换；ARP Server 具有统一的 ATM 地址，在 LIS 内每安装一个新 IP 主机，都要利用配置好的地址向 ARP Server 建立连接，当 ARP Server 检测到来自新主机的连接后，向该主机发送反向 ARP 请求（InARP），从而获得新主机的 IP 和 ATM 地址来建立映射表，这样 ARP Server 通过不断检测 LIS 网内各主机的信息以实时更新 IP 地址和 ATM 地址的映射表。当一个主机需要向目的主机发送 IP 数据分组时，由于它不知道对方的 ATM 地址，需要首先向 ARP Server 发送 ARP 请求来获得目的主机的 ATM 地址，再建立到目的主机的 ATM 连接，然后才能进行通信。

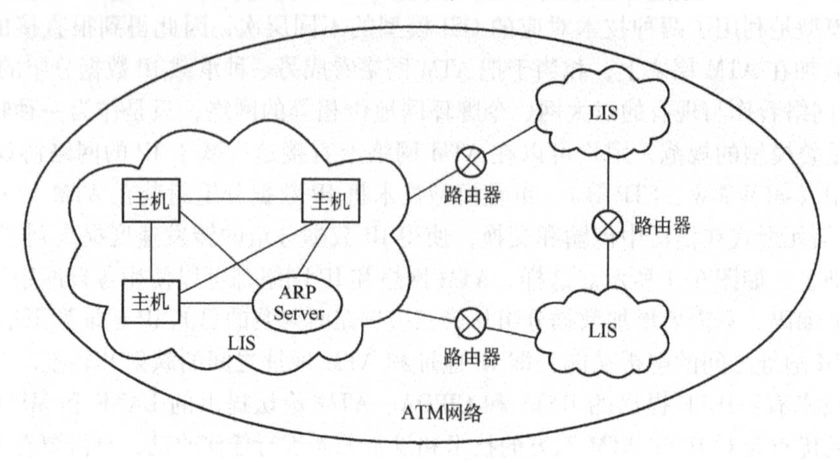

图 6-2　CIPOA 的网络结构

ATM 信元是这样进行 IP 数据分组的封装的，其封装格式如图 6-3 所示。首先根据 RFC1483 协议将 IP 数据分组封装入 AAL5 的 CS 子层的协议数据单元（PDU）中，然后根据 CS 的 PDU，加上 8 字节的 LLC 头部域后一起向下传送成为 AAL-CS 子层的协议数据区域；在 AAL-CS 子层根据 CPCS 协议规范进行封装，在原有数据的基础上加上 8 字节的 CPCS 尾部字段域后根据现有数据分组总长度添加上 0～47 字节的 PAD 填充域字段，以便使整个 CS 子层的单元数据长度成为 48 字节的整数倍从而实现下面的 SAR 子层的顺利拆分；接下来传送到 AAL-SAR 子层，依次把协议数据部分分割成 48 字节的数据长度后传送给 ATM 层；在 ATM 层依次接收 48 字节的数据分组构成信元数据部分，再加上包含 VPI/VCI 路径等信息的 5 字节的 ATM 信头一起封装形成 ATM 信元，从而可以完成用 ATM 信元实现对 IP 数据分组的承载。

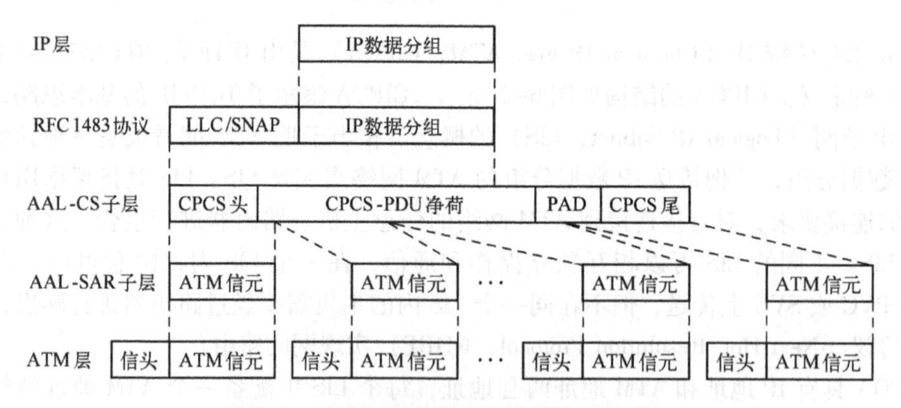

图 6-3　CIPOA 重叠模型 IP 数据分组的封装

因此，在 CIPOA 网络中的路由器接收到 IP 数据分组后，首先根据其目的 IP 地址通过下一跳解析协议 NHRP 进行选路，即在当前路由表中找到要转发的下一跳路由器的 IP 地址，再从 ARP Server 服务器中查到该路由器的 ATM 地址进行目的地址从 IP 地址到 ATM 地址的转换，就可通过 ATM 网络建立面向连接的 VPI/VCI 路径来传输承载该 IP 数据分组的 ATM 信元来完成。因此，CIPOA 利用 IP 地址和 VPI/VCI 虚信道之间的转化，即 ATM 的地址解析，实现了IP数据分组在ATM信元上的承载。

在重叠技术中，CIPOA解决了IP地址和ATM地址的直接映射，在LIS上采用点对点的方式传送，其技术成熟，实现简单，网络的资源利用率较高；但CIPOA规定，即使两个LIS之间可以存在ATM连接，也必须通过路由器转发才能通信，因此在路由器的转接过程中呼叫建立和处理的过程都带来了额外时延，也无法充分利用ATM的资源，所以路由器的转发速度远低于ATM在广域网中的传输速度。此外，CIPOA只限于处理ATM上的IP协议，无法处理其他的网络层协议，并且不支持组播和广播的方式，限制了它的应用范围。因此，CIPOA并未得到广泛的应用。

2. 集成模型

从上面可知，重叠模型保持IP的广泛适应性，基本不作改动直接映射到ATM层，使得两层的许多功能有所重复，从而导致效率的降低，而集成模型在一定程度上解决了这些问题。集成模型是把ATM层和IP层看成是同样的对等层，这样可以消除复杂的网络间映射，简化了重叠模型的复杂选路协议，只保留一套地址（IP地址）和一种选路协议（IP选路协议），如内部网关路由协议（Interior Gateway Routing Protocol，IGRP）、开放最短路径优先（Open Shortest Path First，OSPF）等来为IP分组选择路由，建立基于ATM面向连接的传输通道，而不像重叠模型那样需要地址解析。集成模型的优势体现在结合了IP路由的灵活性和ATM交换的快速性，并保障了QoS；它继承了IP技术的应用广泛，并改进了传统的IP分组逐跳转发方式及路由寻址的低效性，不需要地址解析协议；还继承了ATM交换的大容量和高速度，从无连接方式转变为面向连接方式，使用短的标记替代长的IP地址进行IP数据分组的转发，达到了快速高效的目标。集成模型的主要技术有：Ipsilon公司提出的IP交换（IP Switching）技术、Toshiba公司提出的信元交换（Cell Switching Router，CSR）、IBM公司提出的基于聚合路由的IP交换（Aggregate Route based IP Switching，ARIS）、CISCO公司提出的标签交换（Tag Switching）和IETF提出的多协议标记交换（Multi-Protocol Label Switching，MPLS）等技术。

在集成模式中，提出了“流”的概念。“流”定义为在源端和目的端之间要进行传送的一串IP分组，并对这些分组进行分类，同类型定义成一个分组流然后进行同等处理，一个流由公共IP分组头信息，如源和目的IP地址及TCP或UDP端口号的一个分组序列所标志，这个分组序列全部遵循相同的路径在网络中传播，并在各路由器上享受相同的服务策略。比如一个数据流就是一个从特定源点到特定目的点发送的IP数据分组序列，它们使用相同的UDP或TCP等协议类型或端口号、服务类型和其他一些特性等；这些分组流沿同一路由轨迹从源端传送到目的端，其轨迹非常类似于ATM和帧中继这类面向连接网中的一个连接通路。如何把特定的流映射到面向连接的标记交换呢，主要有两种驱动方式，一种是数据驱动方式，另一种是控制驱动方式。

（1）数据驱动方式

数据驱动方式也叫作流驱动，采用数据驱动时，是在一个特定IP流上操作，即该IP流为具有相同源IP地址、目的IP地址和端口号的一个分组序列，当该流通过寻路找到源IP地址端到目的IP地址端的转发路径后，该路径经过的所有IP交换机便触发建立该端到端的直通路径并将IP流定向到直通路径，于是该流的所有分组都沿着直通路径上传输并被沿路的各转发节点的IP交换机交换。基于数据驱动方式的技术有：Ipsilon公司的IP Switching，

Toshiba 公司的 CSR 等都是数据驱动方式。

(2) 控制驱动方式

控制驱动方式是数据流传送前预先通过一些控制信息建立虚连接，并将特定的流映射到虚连接上。控制驱动模式没有数据驱动模式那样的流划分过程，而是事先设定相应的规则，符合这些规则的流被送往虚连接传送。虚连接的建立是由第三层控制协议如路由刷新和资源保留请求来实现的，由于交换路径建立与数据传输分离，数据流使用交换路径几乎没有延时。控制驱动模式允许通过扩展控制协议或标记分布协议中的域来添加更多的信息，交换路径的状态刷新可以通过与路由变化同步来达到。基于控制驱动方式的技术有 IBM 公司的 ARIS、CISCO 公司的标签交换、IETF 制定的 MPLS 等，本章将在 6.3 节中介绍最广泛使用的 MPLS 交换技术。

控制驱动方式又可分为拓扑驱动方式和请求驱动方式。

拓扑驱动模式是将选路拓扑映射到虚连接直通路径，其所采用的控制信息根据第三层路由选择协议（如 OSPF 或 BGP），即路由器根据路由选择协议所得到的最优化的路由信息建立虚连接通路。因此拓扑驱动的直通路径是基于目的网络的存在而建立，其路径一直保持连接直到拓扑结构发生变化后才重建。

请求驱动模式，是由高层应用发起建立某个流与 ATM 虚连接的映射请求，底层协议便为该流建立一条虚连接，所有属于该流的分组都从虚连接上传送，例如保证 QoS 的 RSVP，也称为预留驱动协议，就是将资源预留请求映射到一条虚连接通路。

集成模型特点如下：

1）传统的 IP 分组转发采用无连接方式逐条转发，选路基于软件查表，采用地址前缀最长匹配算法，速度慢。

2）集成模型将三层的选路映射为二层的交换连接，变无连接方式为面向连接方式，使用短的标记替代长的 IP 地址，基于标记进行数据分组的转发，速度快。

综上所述，重叠模型与集成模型的比较见表 6-1 所列。

表 6-1　重叠模型与集成模型的比较

特　性	重叠模型	集成模型
地址	二套（IP 和 ATM 地址）	一套 IP 地址
选路协议	IP 和 ATM 选路协议	IP 选路协议
地址解析协议	需要	不需要
ATM 信令	需要	不需要
IP 映射至 ATM 连接专用协议	不需要	需要

6.2　标签交换

标签交换（Tag Switching）是 CISCO 公司于 1996 年提出的一种多层交换技术。标签交换是一种利用附加在 IP 数据分组上的标签（Tag）进行快速转发的 IP 交换技术。由于标签短小，所以根据标签建立的转发表也就很小，这样就可以快速简便地查找转发表，从而大大提高了数据分组的传输速度和转发效率。标签交换把第二层交换技术和第三层路由技术结合起来，能充分利用 ATM 的 QoS 特性、支持多种上层协议，是一种性能比较优越的 IP 和 ATM 结合技术。标签交换是在 IETF 的 MPLS 标准颁布之前的预标准实现，以后 CISCO 与 IETF 共同将标签交换的功能和优点合并到了 MPLS 中。标签交换属于集成模型技术，它克服了 CIPOA、MPOA 等重叠模型技术效率低下的缺陷，同时提高了 Internet 的灵活性和扩展性。

6.2.1 标签交换基本概念

标签交换技术不是基于数据流驱动的，而是基于拓扑驱动的，即在数据流传送之前预先建立二层的直通连接，并将选路拓扑映射到直通连接上。标签交换所基于的二层技术不局限于 ATM 网络，还可以为帧中继、802.3 等。

标签交换技术是通过添加在 IP 数据分组上的标签进行快速转发的，标签是数据分组上附加的一个字段，在标签交换中，对三层分组头进行分析后，将其映射到一个固定长度、无结构的值中，这个值就叫作标签。在传统的数据分组存储转发过程中，路由器基于复杂的分组头信息进行分析和选路，并且一个数据分组在它所经过的所有的路由器上都要进行独立的分组头分析和选路，使转发速度减慢。在标签交换中，路由器只根据简单的标签来决定数据分组的下一跳，与数据分组头相比，标签信息简单，因此采用标签交换大大提高了数据分组的转发速度。

标签交换网络组成部件包括标签边缘路由器（Tag Edge Routers，TER）和标签交换路由器（Tag Switch Routers，TSR）。

标签边缘路由器位于标签交换网络的边缘。它负责给进入到标签交换网络的数据分组加上标签，也负责将离开标签交换网络的数据分组的标签去除，对数据分组进行第三层转发。

TER 使用标准的路由协议（OSPF、BGP 等）来创建转发信息库（Forwarding Information Base，FIB）。TER 根据 FIB 的内容，使用标签分发协议（Tag Distribution Protocol，TDP）向其他 TER 或 TSR 分发标签。

标签交换路由器位于标签交换网络内部，负责根据标签来转发数据分组。TSR 接收来自 TER 的 TDP 消息，并根据这些消息所携带的信息建立自己的标签信息库（Tag Information Base，TIB）。在标签交换网络中，只依据标签进行数据分组的转发。

TIB 存储着有关数据分组按照标签转发的相关信息，这些信息包括输入端口号、输出端口号、输入标签、输出标签、目的网段地址等。TIB 中的这些信息由标签分发协议负责控制更新。

标签交换设备 TSR 和 TER 使用 TDP 向其相邻节点通知标签关联信息和更新标签信息库。TDP 结合标准路由协议（OSPF、BGP 等）支持标签关联信息的分发、标签转发路径的请求和释放。TER 和 TSR 使用标准的路由协议建立它们的 TIB，然后相邻的 TER 和 TSR 运用 TDP 协议互相分发标签。

在标签交换网络中的边缘路由器主要根据下列信息对 IP 包加上标签：

1）目的地址前缀：以路由表中的路由为基础，允许来自多个源地址的 IP 包向同一个目的地址发送时共享同一个标签，从而节省了标签资源。

2）边界路由：对标签交换系统的边缘路由器进行标签分配。在某些情况下，这种技术使用的标签比使用目的地址前缀技术少。

3）业务量调节：使 IP 包沿着指定的且与路由算法选择不同的路径流动，从而达到平衡中继线路上的负荷流量调节的目的。

4）应用业务流：同时考虑 IP 包的源地址和目的地址，以提供更精确的控制。如在源地址和目的地址之间根据所需的 QoS 进行标签的分配。

标签交换的关键在于采取拓扑结构的选路方式。它使用 TDP 与第三层路由协议，在标签交换网络的各设备间分发标签信息，共同建立合适的直通路由，并且只有在网络拓扑结构发生变化时，才需要使用 TDP 重新计算节点的标签，从而大幅度降低了整个网络的开销。

6.2.2 标签交换的工作过程

标签交换网络通过 TSR 和 TER 设备，并采用 TDP 和标准的路由协议（OSPF、BGP 等）来实现标签交换，其过程可分为 4 个步骤：

1）当一个要转发的 IP 数据分组进入标签交换网络时，TER 和 TSR 使用标准的路由协议来确定数据分组的转发路由，并将这些转发路由信息存入 FIB。TSR 根据 TIB 的内容产生标签，并将标签关联信息通过 TDP 协议分发。相邻 TSR 接收到 TDP 信息后会建立标签信息库 TIB。

2）当一个 TER 接收到一个要转发的 IP 数据分组时，TER 会分析网络层 IP 分组头，匹配 FIB 为这个数据分组选择一个可用路由，给数据分组加上一个标签后，将其转发给下一个 TSR。

3）在标签交换网中，TSR 接收到加有标签的数据分组，不用再次分析数据分组头，而是根据头部标签基于 TIB 对数据分组进行快速地交换。

4）加有标签的数据分组到达网络边缘的 TER 时，TER 会去掉标签，恢复成 IP 数据分组，从而完成数据分组在标签交换网络中的传送。

由此可见，标签交换是采用面向连接的传送方式。

6.2.3 标签分配方法

在一个标签交换网络中，TER 和 TSR 是根据 TIB 的信息匹配数据分组携带的标签进行转发的，所以，TIB 中标签的构建至关重要。Tag 交换中标签的分配使用 TDP 协议，并且分配标签采用一定的顺序。在标签交换网络中按照数据分组的转发方向，把 TSR 分为上游 TSR 和下游 TSR，根据标签分配的顺序有上游分配、下游分配和下游按需分配 3 种方法。

（1）上游分配方法

上游分配方法是指由上游节点先按照路由分配标签，然后再将标签信息传送到相邻的下游节点。如图 6-4 所示，由入口 TER1 和出口 TER2 及 TSR1、TSR2、TSR3 组成的一个标签交换网络实例，此时为源地址 A 到目的地址 B 传输的 IP 数据分组进行转发，建立转发一条路径，即为路径上的各个交换节点建立 TIB 并分配标签。若采用上游分配原则，那么首先由最上游的入口 TER1 先给 A→B 路由对应的 TIB 表中表项分配一个输出标签 3，然后把标签 3 关联信息从 1 号输出端口发送给该路径路由的相邻的下游节点 TSR1；下游 TSR1 通过输入端口 2 接收到标签 3 关联信息后，按照路径 A→B 查找自己的 TIB 表项，找到相应表项后，把输入标签 3 填入到对应的输入标签字段，然后给这一表项分配一个输出标签 7，填入到相应的输出标签字段；之后再向路由的临近下游节点 TSR2 发送输出标签关联信息 7，以此类推，直到最下游节点出口 TER2 分配输入标签 5，则整个通路的标签交换设备都建立起 TIB。

（2）下游分配方法

下游分配方法是指由下游节点先分配到路由标签，然后再将标签信息传送到相邻的上游节点。如图 6-5 所示，标签交换网络同图 6-4 的配置，该网络仍为源地址 A 到目的地址 B 传输的 IP 数据分组进行转发，此时采用下游分配方法建立转发一条路径。则首先由最下游的出口 TER2 先给 A→B 路由对应的 TIB 表中表项分配一个输入标签 5，然后把标签 5 关联信息发送给该路径路由的相邻的上游节点 TSR3；TSR3 通过端口 1 接收到标签 5 关联信息后，按照路径 A→B 查找自己的 TIB 表项，找到相应表项后，把输出标签 5 填入到对应的输出标签字段，然后给这一表项分配一个输入标签 8，填入到相应的输出标签字段；之后再向路由的临近上游节点 TSR2 发送输出标签关联信息 8，以此类推，直到最上游节点入口 TER1 分配输出标签 3，则整个通路的标签交换设备都建立起 TIB。

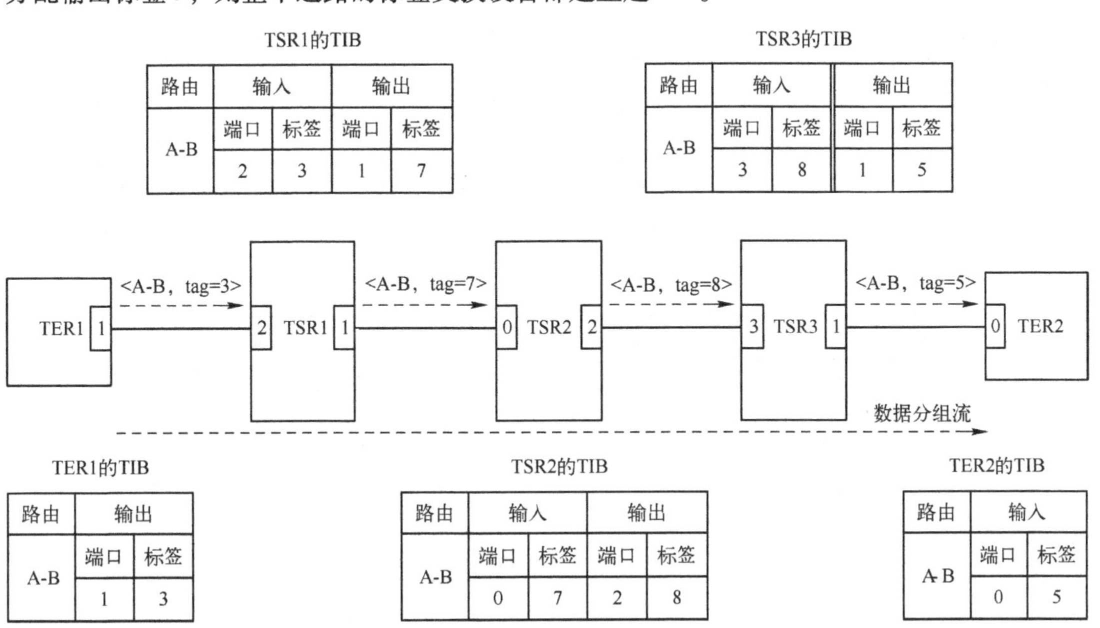

图 6-4　标签上游分配方法示意图

（3）下游按需分配方法

下游按需分配方法与下游分配方法相似，即由下游节点先分配路由标签，不同点在于需要由上游节点先通过 TDP 提出分配请求，由下游节点响应请求并分配标签。如图 6-6 所示，标签交换网络同上图的配置，该网络仍为源地址 A 到目的地址 B 传输的 IP 数据分组进行转发，此时采用下游按需分配方法建立转发一条路径。则首先由最上游的入口 TER1 根据路由协议对 A→B 寻路，找到相邻的下游节点 TSR1，并向其通过 TDP 发送标签关联信息请求，下游节点 TSR1 收到请求后继续对该路径的相邻的下游节点 TSR2 发送标签关联信息请求，依次传送，一直到达最下游节点出口 TER2 收到标签关联信息请求；接下来如同下游标签分配方法一样，由最下游的出口 TER2 根据对应的 TIB 表项分配，首先分配输入标签 5，然后把标签 5 关联信息发送给该路径路由的相邻的上游节点 TSR3，以此类推，直到最上游节点入口 TER1 分配输出标签 3，则整个通路的标签交换设备都建立起 TIB。

标签交换的主要优点是：标签交换不依赖于路由过程中使用的特定网络层协议，因此标

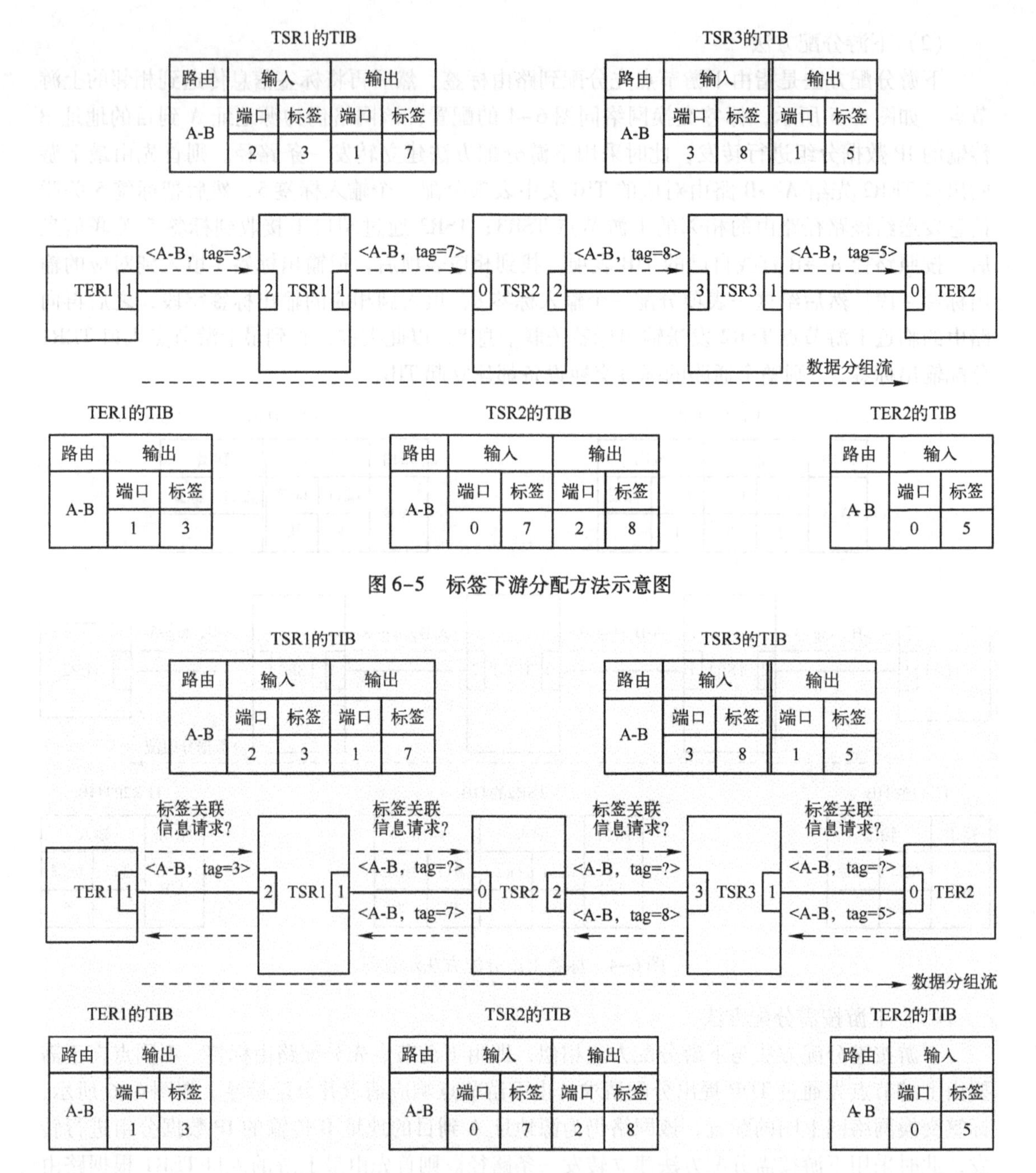

图 6-5　标签下游分配方法示意图

图 6-6　标签下游按需分配方法示意图

签交换技术支持不同的路由协议（如 OSPE、BGP 等）以及各种网络层协议（如 IP、IPX 等）；标签交换还借助标准的多点广播协议，利用 ATM 交换机现有的广播硬件支持多点广播功能；另外，通过为不同的服务质量等级分配不同的标签，并在标签交换机中使用排队和缓冲机制加以控制，使得标签交换可以保证具有一定服务质量要求的用户数据的传送；在网络内部，标签交换机按照标签进行寻路，不再依赖于 IP 地址，使得网络的交换速度大大提高，扩展能力增强。标签交换虽然有很多优点，但由于标签交换是 CISCO 的专有技术，要求网络中端到端都有 CISCO 的设备才能完成通信，推广使用受到了限制；但标签交换为后来广泛使用的多协议标记交换技术提供了很好的技术保障。

6.3 MPLS 交换技术

多协议标记交换（Multi-Protocol Label Switching，MPLS）起源于 CISCO 公司的标签交换，后来由 IETF 提出的技术标准规范。MPLS 结合了第二层 ATM 技术的高速交换和流量管理、第三层路由技术的可扩展性和灵活性；采用面向连接的工作方式，吸取了 ATM 技术的 VPI/VCI 交换的优势，在整个数据转发过程中，交换节点仅根据标记进行转发，而不改变现有的路由协议；MPLS 通过 RSVP 来保障 QoS 服务质量；MPLS 具有“多协议”特性，支持多种网络层协议，对上兼容 IPv4、IPv6 等多种主流网络层协议，对下支持 ATM、FR、PPP 等多种数据链路层协议，从而使得多种网络的互联互通成为可能；为 Internet 骨干网业务承载能力和管理能力的提高提供了很好的解决方案，担负起下一代网络（NGN）骨干传输的重任。

6.3.1 MPLS 技术的基本概念

MPLS 是基于定长的标记进行数据转发的，由此简化了转发机制，使得转发路由器容量很容易扩展；并且充分在原有的 IP 路由的基础上加以改进，保证了 MPLS 网络路由的灵活性；并结合 ATM 的高效传输变换方式，抛弃了复杂的 ATM 信令，无缝地将 IP 技术的优点融合到 ATM 高效硬件转发中；MPLS 技术将路由选择和数据转发分开进行，在数据转发之前先进行路由选择，实现边缘路由、核心交换，即在网络边缘，当数据分组进入网络时，先进行路由选择，通过固定长度的短的标记来标识所选路由，并将标记与分组封装在一起；而在网络的核心，仅根据标记实现数据的转发和交换。

MPLS 网络由位于网络边缘部分的标记边缘路由器（LER）和位于网络核心部分的标记交换路由器（LSR）组成，LER 位于 MPLS 网络的边缘，是把其他网络和 MPLS 相连接的路由器，并可划分为入口 LER 和出口 LER。入口 LER 把从其他网络传入 MPLS 网络的输入数据分组进行数据流分类，添加标记和根据转发表将标记分组转发到下一个 LSR；出口 LER 对从 MPLS 网络输出到其他网络的分组的标记进行删除，恢复成 IP 分组后转发到目的网络。LER 执行全部的第三层路由的功能，完成和相应标记的映射和去除；它是通过标记分发协议（LDP），实现 IP 数据分组上标记的分配和绑定功能，LER 可由执行标记分配协议的路由器或局域网交换机升级而成，并与传统 IP 技术进行适配。

位于 MPLS 网络内部的路由器称为 LSR，可以看作 ATM 交换机和传统路由器的结合，具有第三层转发分组和第二层交换分组的功能，通过 LDP 建立标记信息库 LIB，完成标记交换实现分组转发的过程。核心 LSR 可以是支持 MPLS 的路由器，也可以是由其他交换机等升级而成的 LSR。MPLS 网络内部的 LSR 之间使用 MPLS 标记和协议进行通信。

图 6-7 的示意图展示了一个 MPLS 网络的基本结构，其中画出了编号为 LER0 ~ LER7 标记边缘路由器和 LSR0 ~ LSR4 标记交换路由器。在 MPLS 网络中，数据分组是以面向连接的方式按照已经建立好的标记交换路径（Label Switching Path，LSP）进行数据传输，图 6-7 用双箭头虚线标识了由 LER0 ~ LER5 传送的 IP 数据分组，在进入 MPLS 网络内部传送时需要预先建立 LSP 传送路径，然后按照这条 LSP 路径转发数据分组。图 6-7 标识出目的地址 129.23.5.16 的 IP 数据分组进入该 MPLS 网络的标记边缘路由器 LER0 的输入端口“0”时，

由 MPLS 网络内部各交换节点根据该 IP 数据分组的目的地址，通过标记分发协议在相邻交换节点之间分配 MPLS 标记，从而建立起该标记交换路径，如图中所标识，该 IP 数据分组从 LER0 的“0”号输入端口，添加上由 LER0 分配的初始 MPLS 标记，从“1”号端口输出，按照已建立的 LSP 路径到达下一个交换节点 LSR1，从“0”号端口输入，并经过 LSR1 进行标记交换后，从“1”号端口输出，依此同理进行 LSR3 的标记交换输出，到达 MPLS 网络边缘 LER5 后，去掉 MPLS 的标记，从而完成该 IP 数据分组在 MPLS 网络的传输过程。

MPLS 网络的 LSP 接近于 ATM 网络的虚通路 VP 和 VC，点到点的 LSP 路径是由各段被分配的标记链路串接在一起构成的。LSP 的建立就是路径映射的过程，通过在每个数据分组前添加一个标记，并在中间经过的交换节点建立相应的标记信息表，在转发数据分组时就直接根据标记信息和标记信息表中的表项进行转发，不再进行传统的路由表的查询转发。标记交换路径 LSP 分为静态 LSP 和动态 LSP 两种。静态 LSP 由管理员手工配置，动态 LSP 则利用路由协议和标记分发协议动态产生。

标记（Label）是 MPLS 网络的重要概念，它是一个短而定长的字段，包含在 MPLS 协议的头部域中。MPLS 规定标记的长度是 20 bit，加上 3 bit 的业务类型指示、1 bit 的标记栈底指示和 8 bit 的 TTL 生存时间，一共构成 32 bit 的 MPLS 协议的头部封装内容。每段链路的标记仅具有局部的意义，即指交换节点之间的链路上标记都是独立分配的。每一个交换节点都维持一个标记信息表，主要包括他所连接的各个端口及为相应线路上传输数据分组分配的标记等内容，如表 6-2 所列，列举出 LSR3 交换节点的标记转发信息表的部分内容，包含该段链路多个输入输出端口为传输的 IP 数据分组所添加的 MPLS 标记分配实例，如图 6-7 标记的已建立的 LSP 路径，就是为传输的目的网络地址 129. 23. 0. 0 的 IP 数据分组分配了从 LSR0 的“1”号输出端口到节点 LSR3 的“0”输入端口之间分配的传输 MPLS 标记“23”，以及从 LSR3 的“3”号输出端口到标记边缘路由器 LER5 的“1”输入端口之间分配的传输 MPLS 标记“18”等。

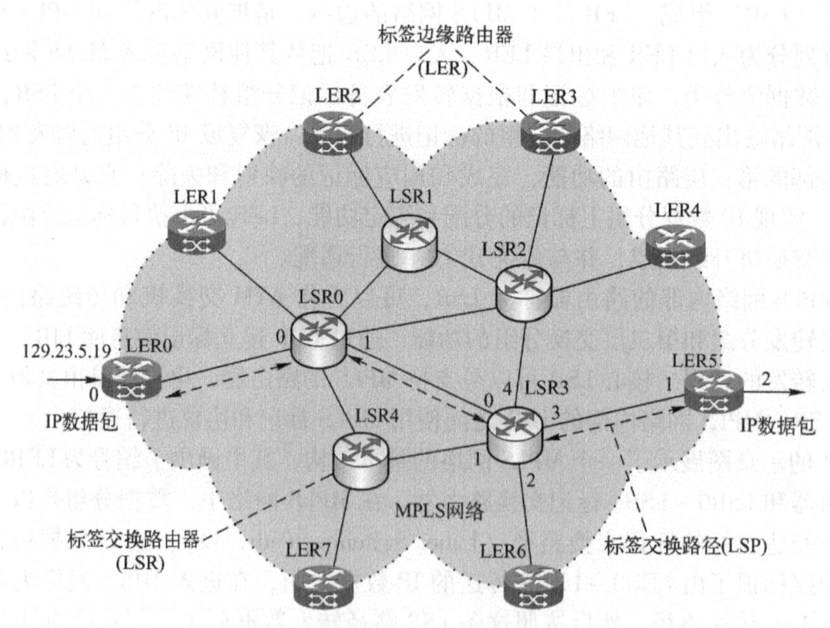

图 6-7　MPLS 网络的基本结构示意图

表 6-2　某交换节点的标记转发信息表

目的网络地址	输入端口	输入标记	输出端口	输出标记
129.23.0.0	0	23	3	18
101.0.0.0	1	32	3	15
202.204.58.0	4	8	2	27

在 MPLS 网络中，标记的分发和传送是由 LDP 来完成的，LDP 是 MPLS 技术的网络的路由协议，用于 LSR 之间交换和分发标记绑定信息，利用路由转发表完成 LSP 的请求建立。LDP 通过标准路由协议（OSPF、IS-IS、RIP、EIGRP 或 BGP）逐跳方式建立 LSP，利用沿途各 LSR 路由转发表中的信息来确定下一跳，而路由转发表中的信息一般是通过 OSPF、BGP 等路由协议收集的。虽然 LDP 是专门用来实现标记分发的协议，但 LDP 并不是唯一的标记分发协议。通过对 BGP、RSVP 等已有协议进行扩展，也可以支持 MPLS 标记的分发。

还有一个重要的概念是转发等价类（Forwarding Equivalence Class，FEC）。在传统的 IP 转发机制中，每个路由器对接入端口到达的数据分组都要分析其包含在分组头中的信息并做相应处理。在 MPLS 网络中，如果对于某一类数据分组，他们具有相同特性并以相似的方式在网络中进行转发，或网络节点对其作相同处理，如源地址和目的地址相同的一组分组、目的地址和特定地址前缀匹配的一组分组、预留相同的网络资源、服务等级参数相同的一组分组、具有相同选路策略等，那么把这一类分组定义为转发等价类 FEC。转发等价类是以封装在每个分组头部 MPLS 协议的标记来标识和区分的，在某些情况下，例如要进行负载分担，对应一个 FEC 可能会有多个标记，但是一个标记只能代表一个 FEC。

6.3.2　MPLS 网络的协议结构

MPLS 协议层所完成的功能在 OSI 的七层模型中没有相对应的位置，可以认为 MPLS 是处于第二层数据链路层和第三层网络层之间的一个协议。MPLS 通过相应机制将网络层的转发路径映射到数据链路层的交换路径，完成这种路径映射的方法是在每个 IP 数据分组前添加一个标记，并在中间经过的路由器中建立相应的标记信息表 LIB，在转发时就直接根据标记信息和匹配 LIB 中的表项内容进行转发，不再进行传统的路由查询转发。MPLS 的实质是将路由器移到网络的边缘，将快速交换机置于网络中心，对转发的数据分组实现边缘路由，核心交换。

标记是一个长度固定、只具有局部意义的短标识符，用于唯一标识一个分组所属的转发等价类 FEC。标记由数据分组的头部所携带，不包含拓扑信息。标记的长度为 4 个字节，32 bit，封装结构如图 6-8 所示。

标记共有如下 4 个域组成：

1）Label：标记值字段，20 bit，用于转发的指针。

2）CoS（Class of Service）：业务类型指示，3 bit。

3）S：栈底指示，1 bit。MPLS 支持标记的分层结构，即多重标记，S 值为 1 时表明为最底层标记。

4）TTL（Time To Live）：生存时间，8 bit，和 IP 分组中的 TTL 意义相同。

MPLS 的标记与 ATM 的 VPI/VCI 以及帧中继的 DLCI 类似，是一种虚连接标识符。如

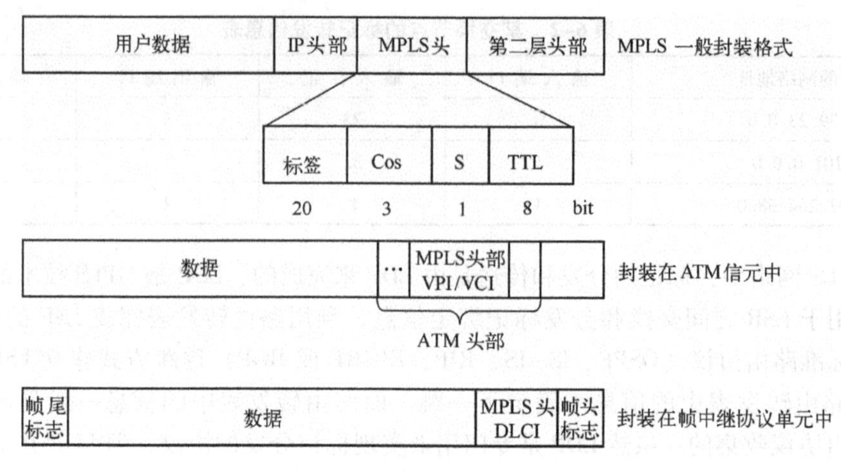

图 6-8　MPLS 标记的封装格式

图 6-8 所示，MPLS 的标记封装在第二层数据链路层协议头部和第三层网络层 IP 头部之间的一个垫层中。但是如果数据链路层协议具有虚连接标记域，如 ATM 的 VPI/VCI 或帧中继的 DLCI，则 MPLS 标记就代替这些标记直接封装在 VPI/VCI 或 DLCI 这些域中。

标记交换路由器（LSR）是 MPLS 网络中的基本元素，所有 LSR 都支持 MPLS 协议。LSR 由两部分组成：控制单元和转发单元。控制单元负责标记的分配、路由的选择、标记转发表的建立、标记交换路径的建立、拆除等工作；转发单元则依据标记转发表对收到的分组进行转发。

6.3.3　MPLS 的基本交换原理

MPLS 是在多种第二层媒质上（ATM、FR、Ethernet 以及 PPP 等）进行标记交换的网络技术，因此结合了第二层的交换和第三层路由的特点，在第三层的路由在网络的边缘实施，而在 MPLS 的网络核心采用第二层交换。MPLS 通过在每一个节点的标记交换来实现数据分组的转发，它不改变现有的路由协议，充分发挥第二层良好的流量设计管理以及第三层"Hop-By-Hop（逐跳寻径）"路由的灵活性，以实现端到端的 QoS 保证。

每个 MPLS 设备运行一个单一的 IP 路由协议，进行标记交换路由表的更新并维护一个拓扑结构和一个地址空间。标记表示转发数据分组的路径和业务的属性，在 MPLS 网络入口的边缘、流入的数据分组被处理加上标记，位于核心的设备仅仅读这些标记，然后根据标记转发这些数据分组。对这些数据分组的分析、分类和过滤只发生一次，就是在进入边缘设备时；而经过出口的边缘设备时，标记被移去，数据分组转发到最终目的地。这就是 MPLS 交换的本质，"边缘路由，核心交换"，或者说明为"一次路由，多次交换"。

由此可见，MPLS 是采用面向连接的源路由方式，我们可以用一个例子来说明。比如我们到达一个陌生的城市游玩，要去一个景点，选择路线大概有两种方法：一种是问路方式，即从起点开始每过一个街区就问一次路，根据每次指向下一步的路线最终可以到达目的地；另外一种方法是地图导航方式，即出发前就查好地图，从起点到终点规划好路线，只要按照预定路线行走，一定可以到达终点。

这样可以把日常生活中寻路的方式对应于网络数据分组的路由方式，第一种问路方式可以对应于逐跳转发的 IP 路由方式；第二种地图导航方式也可以对应于源路由方式。当然，如果我们查找好路线后在每段路线上贴上标记，这样所有去该景点的游客都可以按照标记指示正确到达，那么这种方式就和 MPLS 的标记交换基本过程类似。同样，标记交换和 ATM 网络使用 VPI/VCI 作为虚链路标记，帧中继采用 DLCI 作为逻辑链路标记进行面向连接的虚电路传送一样的道理。

因此，MPLS 是采用面向连接的工作方式，并基于标记交换，一个数据分组在 MPLS 网络中进行转发要经过建立连接、数据传输和拆除连接三个阶段。

1. 建立连接阶段

对 MPLS 来说，建立连接是形成标记交换路径 LSP 的过程。MPLS 网络使用现有的路由协议，例如 OSPF、IGRP 等建立源点到目的点的网络连接，同时使用 LDP 匹配各个交换节点路由表中的信息建立相邻设备的标记，建立标记转发信息库，从入口 LER 到出口 LER 之间各节点分配的标签映射串联起来构成标签交换路径 LSP，从而完成从起点到终点网络的标记映射；MPLS 标记的分配方法来自于 CISCO 的标签交换，根据标记分配的顺序仍然有上游分配、下游分配和下游按需分配三种方法，具体细节请参阅 6.2.3 节中的介绍。

图 6-9 展示了 MPLS 网络中，在路径 A→B 上要传送到达目的网络地址是 129.23.0.0 的数据分组，需预先建立一条 LSP 路径的过程。该示例采用标记下游按需分配的方法，由网络入口路由器 LER0 根据其路径 A→B 对应某一类 FEC，并连同目的地址 129.23.0.0 匹配本地路由表，查找到下一跳的节点 LSR1，向 LSR1 发出标记请求；LSR1 收到 LER0 的标记请求后，在本地路由表记录标记请求信息，并匹配路由表获得该 FEC 目的地址前缀对应的转发下一跳地址是 LSR2，接着向 LSR2 继续标记请求；依此类推，直到网络出口边缘路由器 LER1 收到标记请求。这时，由 LER1 首先为该 FEC 选定一个标记“10”，并将其填入标记信息表的输入端口“2”对应的标记位置上，然后把该标记“10”与 FEC 的映射传送给相邻的上游节点 LSR2；LSR2 收到下游节点发送的映射关系，把收到的标记“10”和输出端口“0”一起填入对应该 FEC 的标记转发表中，同时选定一个标记“6”分配给对应的输入端口“3”也填入标记转发表中，并把标记“6”和该 FEC 的映射信息继续发送给相邻的上游节点 LSR1；同理，直到网络入口标记边缘路由器 LER0 收到下游节点 LSR1 分配的标记“12”及其与 FEC 的映射信息后，把它们和输出端口“2”一起填入本地标记信息表中，这样，路径 A→B 标记的一个 FEC 在 MPLS 网络的 LSP 就建立完成了，该 FEC 对应的数据分组凭 MPLS 标记沿着该 LSP 进行快速的传输。

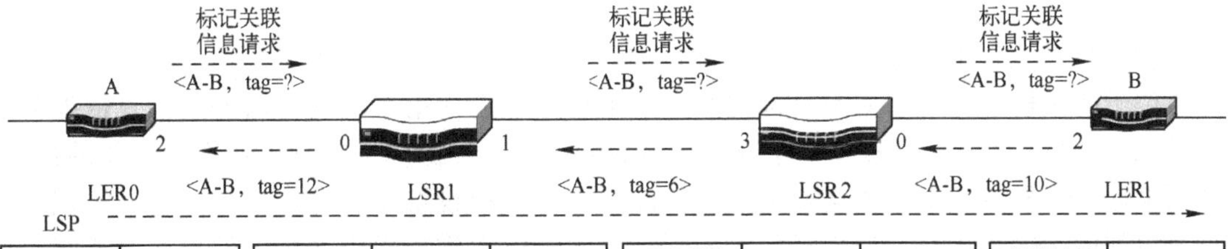

目的地址前缀	输出	
	端口	标记
129.23.0.0	2	12

目的地址前缀	输入		输出	
	端口	标记	端口	标记
129.23.0.0	0	12	1	6

目的地址前缀	输入		输出	
	端口	标记	端口	标记
129.23.0.0	3	6	0	10

目的地址前缀	输入	
	端口	标记
129.23.0.0	2	10

图 6-9　LSP 的建立过程

2. 数据传输

数据传输就是数据分组沿 LSP 进行转发的过程。在这里分别说明入口 LER、网络中部 LSR 及出口 LER 的不同的工作机制。

(1) 入口 LER 进行边缘一次路由的过程

入口 LER 完成数据分组到 LSP 的映射、将数据分组封装成标记分组、再将标记分组从相应端口转发出去的操作。

当 IP 数据分组到达一个 MPLS 网络入口 LER 时，要划分转发等价类来将输入的数据分组映射到一条 LSP 上，并对分组添加标记。具体过程为：首先，LER 要分析 IP 数据分组头部的信息，将该分组映射为某个 FEC，这样的 FEC 就与某条 LSP 相对应。LER 根据分组的目的地址，通常采用 FEC 所含的主机地址匹配优先和最长地址前缀匹配优先的规则，将数据分组与某个 FEC 相匹配；对于每一个 FEC，LER 都建立一条独立的 LSP 到达目的地。数据分组分配到一个 FEC 后，LER 就可以根据标记信息库（LIB）来为其生成一个标记。标记通常添加在网络层头部和数据链路层头部之间，对于 ATM 和帧中继网络则直接用 MPLS 标记替代协议头部的 VPI/VCI 或 DLCI 字段。

这样，入口 LER 把标记封装到数据分组的头部后，从标记信息库所规定的输出端口把该分组发送出去。

图 6-10 描述了一个传输目的地址 129. 23. 5. 19 的数据分组，在进入 MPLS 网络的入口 LER 时，根据其目的网络地址 129. 23. 0. 0，匹配某一 FEC 及建立 LSP 后，LER 由目的网络地址查找标记信息表，搜索到其发送的输出端口“2”和输出标记“12”后，把标记“12”添加到数据分组的头部后，沿着 LSP 发送出去。

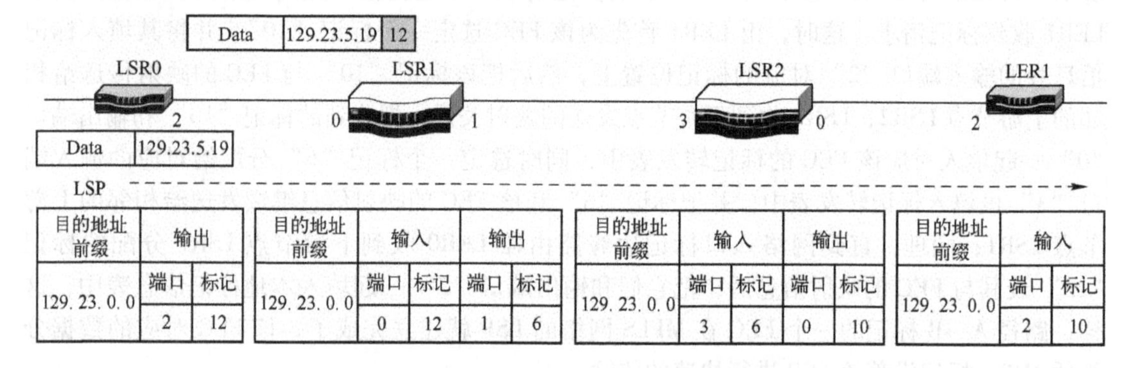

图 6-10　MPLS 网络入口 LER 为数据分组添加标记

(2) 网络内部 LSR 进行多次交换的过程

位于网络核心的 LSR 对带有标记的分组不再进行任何第三层的路由处理，只依据分组上的标记进行转发。它读取每一个数据分组的标记，并根据标记转发表替换一个新的标记，然后根据 LSP 转发到下一个交换节点，依此不断在交换设备中转发；当一个带有标记的数据分组到达 LSR 的时候，LSR 提取输入标记，同时以它作为索引在标记信息库中查找。当 LSR 找到相关信息后，取出输出标记，并由输出标记代替分组头部的输入标记重新封装，再从标记信息库中所描述的下一跳输出端口送出数据分组。

图 6-11 描述了传输目的地址 129. 23. 5. 19 的数据分组，在 MPLS 网络内部经过 LSR 多次标记交换转发的过程。当该分组从输入端口“0”到达 LSR1 时，LSR1 提取目的地址网络

信息，在本地标记信息库中查找“129.23.0.0”的信息，取出对应的输出标记“6”，并进行标记交换，用输出标记“6”代替原来的标记在分组头部重新封装，再按照 LSP 从输出端口“1”转发分组。同理，到达下一跳节点 LSR2 时也进行标记交换和数据转发，将输入标记“6”替换成输出标记“10”，从“0”端口输出并向 LSP 的下一跳节点继续转发。

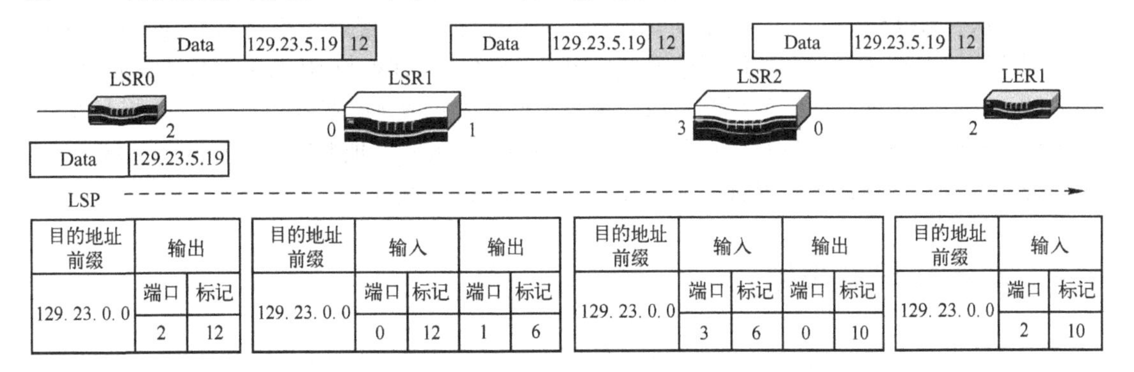

目的地址前缀	输出	
	端口	标记
129.23.0.0	2	12

目的地址前缀	输入		输出	
	端口	标记	端口	标记
129.23.0.0	0	12	1	6

目的地址前缀	输入		输出	
	端口	标记	端口	标记
129.23.0.0	3	6	0	10

目的地址前缀	输入	
	端口	标记
129.23.0.0	2	10

图 6-11　MPLS 网络内部 LSR 根据标记转发分组

（3）出口 LER 拆除标记的处理过程

当数据分组到达 MPLS 网络的出口 LER 时，进行标记拆除的操作，然后仍然按照 IP 包的路由方式将数据分组继续传送到目的地。

图 6-12 描述了在 MPLS 网络出口 LER 对数据分组拆除标记的处理过程。当数据分组到达出口路由器 LER1 时，LER1 去掉分组头部封装的 MPLS 标记 10，恢复成原来的 IP 数据分组，然后继续传送到目的地。

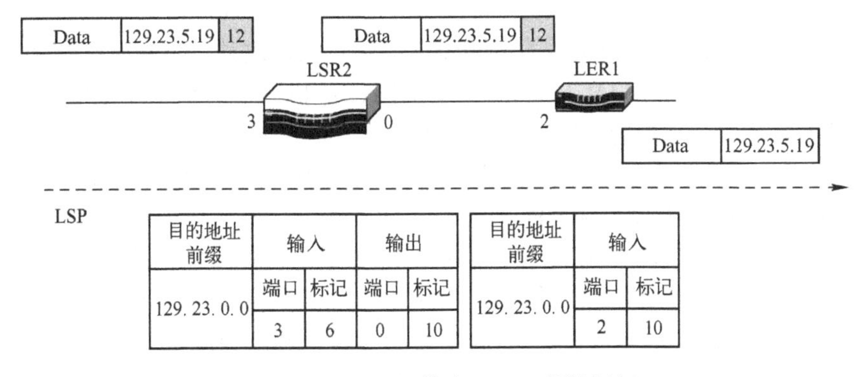

目的地址前缀	输入		输出	
	端口	标记	端口	标记
129.23.0.0	3	6	0	10

目的地址前缀	输入	
	端口	标记
129.23.0.0	2	10

图 6-12　MPLS 网络出口 LER 拆除标记

3. 拆除连接

面向连接的 MPLS 网络传输的最后一阶段就是拆除连接，当数据通信结束或发生故障异常时就要进行拆除连接，就是释放 LSP 的过程。因为 LSP 路径是由各转发节点的标记串接而成，所以连接的拆除也就是标记的取消。标记取消的方式主要有两种。一种是采用计时器方式，也就是分配标记的时候为标记确定一个生存时间，并将生存时间与标记一同分发给相邻的 LSR，相邻的 LSR 设定定时器对标记计时。如果在生存时间内收到此标记的更新消息，则标记依然有效并更新定时器，否则，标记将被取消。第二种标记取消方法是在网络拓扑结构发生变化或者链路出现故障时通过 LSR 发送 LDP 消息来取消标记。

综上所述，MPLS 最显著的益处在于能够分配标记，这有非常特殊的意义，不同的标记可以区分路由信息、应用类型和业务级别。MPLS 减少了数据转发分析 IP 数据分组头部协议的时间，因为它使用了标记交换的机制从而实现进行快速转发；由于标记只受本地局限，因此用尽标记的可能性几乎没有，这种特性是实施 IP 增值服务（如 QoS、VPN 流量工程）的基础，其次，MPLS 能够在 IP 层上实现对第二层协议的路由管理和各种配置的一体化的管理，因此能够保证可靠性和控制通信质量。MPLS 简化了 ATM 与 IP 的集成技术，推动了它们的统一，消除了现有网络的限制，由此减少了网络维护成本和扩展性问题；另外 MPLS 可用于多种链路层技术，做到对下层与上层的多协议，最大限度地兼顾了原有的各种技术，保护了现有投资和网络资源，促进了网络互联互通和网络的融合。

6.4 本章知识点小结

随着信息技术的高速发展，各种业务及巨大通信量的需求，使得基于 IP 路由的网络无法满足呈指数增长的用户数以及多媒体通信对带宽的需求，也无法提供服务质量的保证。而另一方面，ATM 具有的高带宽、快速交换和可靠服务质量的优点正好可以解决 IP 网络的严重问题，因此，如何把 IP 网络的灵活路由能力与 ATM 网络的快速交换能力结合到一起，使 IP 网络获得 ATM 性能上的优势，成为网络发展进一步的研究目标。

在充分考虑 IP 技术与 ATM 技术的体系结构模型的基础上，把第三层的路由与第二层的交换结合起来，可以采用以下两种模型：重叠模型和集成模型。重叠模型是把 ATM 网络看成另一种承载 IP 数据分组的异型子网，将 IP 层直接叠加在 ATM 层之上，这样 IP 数据分组封装在 ATM 信元中，使得 IP 数据分组的转发速度提高到了 ATM 信元交换的级别上。重叠模型的优点是对 IP 和 ATM 双方的技术和设备无需进行任何改动，只需要在网络的边缘进行协议和地址的转换，减少了 ATM 与 IP 的相互限制，有利于它们独立地发展；缺点是 IP 技术和 ATM 技术不能有效地结合，需要维护两个独立的网络拓扑结构，地址重复、路由功能重复，因而网络扩展性不强、不便于管理、传送 IP 分组的效率较低。基于重叠模型提出的技术有：IPOA、CIPOA、LANE 和 MPOA 等。

集成模型是把 ATM 层和 IP 层看成是同样的对等层，这样可以消除复杂的网络间映射，只保留一套 IP 地址和一种 IP 选路协议，结合了 IP 路由的灵活性和 ATM 交换的快速性，并保障了 QoS；它继承了 IP 应用广泛和 ATM 交换的大容量和高速度，从无连接方式转变为面向连接方式，使用短的标记替代长的 IP 地址进行 IP 数据分组的转发，达到了快速高效的目标。集成模型的主要技术有：IP 交换、信元交换、Tag Switching 和 MPLS 等技术。

标签交换（Tag Switching）属于集成模型技术，是 CISCO 公司于 1996 年提出的一种多层交换技术。标签交换是一种利用附加在 IP 数据分组上的标签进行快速转发的 IP 交换技术。由于标签短小，所以根据标签建立的转发表也就很小，这样就可以快速简便地查找转发表，从而大大提高了数据分组的传输速度和转发效率。标签交换网络组成部件包括标签边缘路由器（TER）和标签交换路由器（TSR）。标签边缘路由器位于标签交换网络的边缘，负责给进入到标签交换网络的数据分组加上标签，也负责将离开标签交换网络的数据分组的标签去除。标签交换路由器位于标签交换网络内部，负责根据标签来转发数据分组。TSR 和 TER 设备采用 TDP 和标准的路由协议（OSPF、BGP 等）来实现标签交换，标签交换是采用面向连接的传送方式。在标签交换网络中按照数据分组的转发方向，把 TSR 分为上游 TSR 和下游 TSR，根据标签分配的顺序有上游分配、下游分配和下游按需分配三种方法。

MPLS 起源于 CISCO 公司的标签交换，后来由 IETF 提出的技术标准规范。MPLS 在网络中的分组转发是基于定长标记，由此简化了转发机制；充分采用原有的 IP 路由，在此基础上加以改进，保证了 MPLS 网络路由的灵活性；采用 ATM 的高效交换方式，抛弃了复杂的 ATM 信令，无缝地将 IP 技术的优点融合到 ATM 的高效转发中；MPLS 网络的数据传输和路由计算分开，是一种面向连接的传输技术，它同时支持 X. 25、帧中继、ATM、PPP、SDH、DWDM 等，保证了多种网络的互联互通，将各种不同的网络传输技术统一在同一个 MPLS 平台上。

MPLS 网络由位于网络边缘部分的标记边缘路由器（LER）和位于网络核心部分的标记交换路由器（LSR）组成。LER 可划分为入口 LER 和出口 LER。入口 LER 把从其他网络传入 MPLS 网络的输入数据分组进行数据流分类，添加标记和根据转发表将标记分组转发到下一个标记交换路由器 LSR；出口 LSR 对从 MPLS 网络输出到其他网络的分组的标记进行删除，恢复成 IP 分组后转发到目的网络。

位于 MPLS 网络内部的路由器称为标记交换路由器（LSR），可以看作 ATM 交换机和传统路由器的结合，具有第三层转发分组和第二层交换分组的功能，通过标记分发协议（LDP）建立标记信息库（LIB），完成标记交换从而实现分组转发的过程。

MPLS 网络的 LSP 接近于 ATM 网络的虚通路 VP 和 VC，点到点的 LSP 路径是由各段被分配的标记链路串接在一起构成的，LSP 的建立就是路径映射的过程。标记（Lable）是 MPLS 网络的重要概念，它是一个短而定长的字段，包含在 MPLS 协议的头部域中。MPLS 规定标记的长度是 20 bit，加上 3 bit 的业务类型指示、1 bit 的标记栈底指示和 8 bit 的 TTL 生存时间，一共构成 32 bit 的 MPLS 协议的头部封装内容。在 MPLS 网络中，标记的分发和传送是由 LDP（标记分发协议）来完成的，LDP 是 MPLS 技术的网络的路由协议，用于 LSR 之间交换和分发标记绑定信息，利用路由转发表完成 LSP 的请求建立。在 MPLS 网络中，如果对于某一类数据分组，它们具有相同特性并以相似的方式在网络中进行转发，或网络节点对其作相同处理，如源地址和目的地址相同的一组分组、目的地址和特定地址前缀匹配的一组分组、预留相同的网络资源、服务等级参数相同的一组分组、具有相同选路策略等，那么把这一类分组定义为转发等价类 FEC。

MPLS 交换的本质可概括为“边缘路由，核心交换”。它采用面向连接的工作方式，并基于标记交换，一个数据分组在 MPLS 网络中进行转发要经过建立连接、数据传输和拆除连接三个阶段。对 MPLS 来说，建立连接是形成标记交换路径（LSP）的过程。数据传输就是数据分组沿 LSP 进行转发的过程，由入口 LER 完成数据分组到 LSP 的映射、将数据分组封装成标记分组、再将标记分组从相应端口转发出去的操作；位于网络核心的 LSR 读取每一个数据分组的标记，并根据标记转发表替换一个新的标记，然后根据 LSP 转发到下一个交换节点；当数据分组到达 MPLS 网络的出口 LER 时，进行标记拆除的操作，然后仍然按照 IP 包的路由方式将数据分组继续传送到目的地。面向连接的 MPLS 网络传输的最后一阶段就是拆除连接，当数据通信结束或发生故障异常时要进行拆除连接，就是释放 LSP 的过程。

6.5 习题

1. IP 与 ATM 的结合有哪两种模型？
2. Tag 交换所必需的组件是什么？各完成什么功能？
3. 标签分配有哪些方法？
4. 试简要叙述采用下游分配标签的 Tag 交换的过程。
5. LDP 的作用是什么？
6. MPLS 交换的特点是什么？
7. LER 和 LSR 所完成的功能有何不同？
8. 简要说明 MPLS 网络的基本组成和各部分功能。
9. MPLS 中标记是如何定义的？
10. 简要说明多协议标记交换（MPLS）的工作过程。

第7章　光　交　换

光交换是指不经过任何光/电转换，在光域内为输入光信号选择不同输出信道的交换方式。本章从引入光交换的必要性开始，介绍了光交换的优点、光交换的原理和分类，以及光交换的基本器件。然后，介绍了光交换网络和光交换系统。最后，介绍了自动交换光网络。

7.1　概述

7.1.1　光交换的必要性

全光网络是指信息流在网络中进行传输和交换时始终以光信号的形式存在，而不需要经过光/电、电/光转换，即信息在从源节点到目的节点的传输过程中始终在光域内，并且其在网络节点进行交换时也是在光域内进行的，并不需要进行电信号的转换。全光网络的相关技术主要包括光交换技术、光交叉连接技术、全光中继技术、光分插复用技术等。光交换技术是全光网络的核心技术之一，它的出现较好地解决了高速光通信网络受限于电子交换技术速率较低的问题，这是因为目前商用光通信系统的速率已经高达几十吉兆比特每秒（采用波分复用技术），实验室的速率已突破太比特每秒。但是电子交换机的端口速率一般只有几兆比特每秒至几十兆比特每秒，为了充分利用光通信系统的巨大带宽资源，人们只好将多个端口的低速信号复用起来，这就要求在网络的众多节点中进行频繁的复用/解复用、光/电和电/光转换，增加了设备的成本和复杂性。另外，如此低的端口速率也无法满足带宽业务的需求。采用 ATM 技术可以缓解这一矛盾，因为 ATM 技术可以提供 155 Mbit/s 的端口速率（或更高），但电子线路的极限速率只有 20 Gbit/s 左右，仅采用电子系统进行交换不可能突破这一极限速率所形成的“瓶颈”，只能利用光交换节点来解决。

7.1.2　光交换的定义和优点

光交换技术是指不经过任何光/电转换，在光域内直接将光信号交换到不同的输出端的技术。光交换系统主要由输入接口、光交换矩阵、输出接口和控制单元 4 部分组成，如图 7-1 所示。

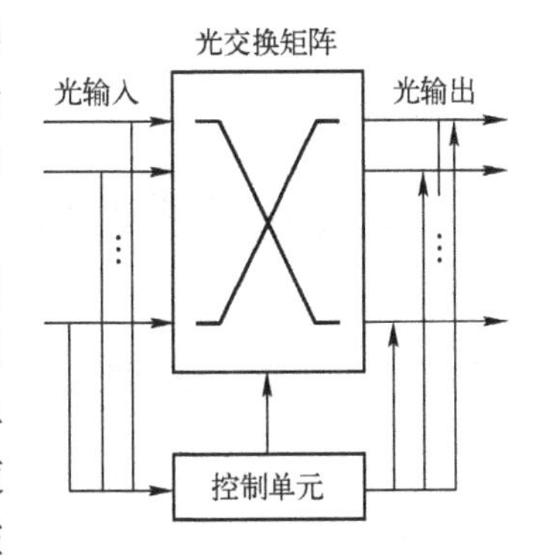

图 7-1　光交换系统组成示意图

由于目前光逻辑器件的功能还比较简单，不能完成控制部分复杂的逻辑处理功能，因此国际上现有的光交换的控制单元还要由电信号来完成，即所谓的电控光交换，在控制单元的输入端进行光/电转换，而在输出端完成电/光转换。随着光器件技术的发展，光交换技术的最终发展趋势将是光控光交换。

光交换的优点主要集中在以下几方面：

1）光信号具有极大的带宽。一个光开关就可有每秒数百吉比特的业务吞吐量，可以满足大容量交换节点的需要。

2）光交换对比特速率和调制方式透明，即相同的光器件能应用于比特速率和调制方式不同的系统，便于扩展新业务。

3）具有空间并行传输信息的特性。光交换不受电磁波影响，可在空间进行并行信号处理和单元连接，可做二维或三维连接而互不干扰，是增加交换容量的新途径。

4）光器件体积小，便于集成。光器件与电子器件相比体积更小，集成度更高，并可提高整体处理能力。

5）光交换与光传输匹配可进一步实现全光通信网。从通信发展演变的历史可以看出交换遵循传输形式的发展规律：模拟传输产生机电制交换，而数字传输将引入数字交换。那么，传输系统普遍采用光纤后，很自然地产生光交换，通信全过程由光完成，从而构成完全光化的通信网，有利于高速大容量的信息通信。

6）降低网络成本，提高可靠性。光交换无需进行光/电转换，以光信号形式直接实现用户间的信息交换，这对提高通信质量和可靠性、降低网络成本有很大的益处。

7.1.3 光交换的实现方案

目前实现光交换有两种基本方案，如图 7-2 所示。图 7-2a 显示的是电控光交换方案，图 7-2b 显示的才是真正的光交换，即控制信号和被控制信号都是光信号，是将来要实现的目标，这需要等到光随机存取存储器、逻辑和控制等技术成熟为止。而目前所面临的困难是纯光器件不是消耗功率太大，就是同电子器件相比其速度更慢，或者二者兼有。

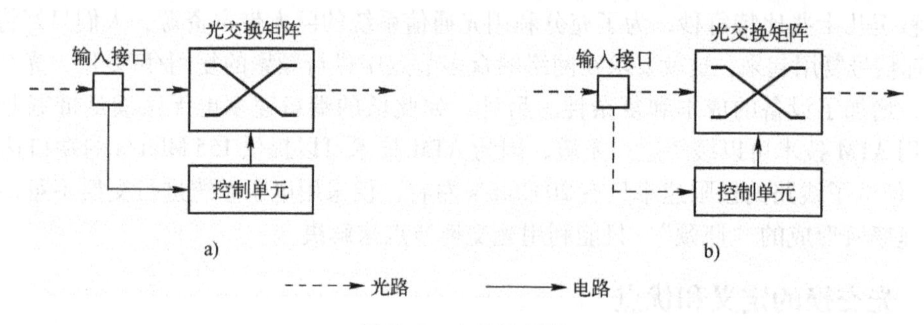

图 7-2　光交换方案
a）电控光交换　b）光控光交换

7.2 光交换的原理和分类

7.2.1 光交换的原理

在光交换网络中，来自用户或支路的信号通常会在交换或传输时进行复用/解复用转换，与电信号的复用/解复用技术相似，光的复用可以是空间域、时间域或波长（频率）域的复用，也可以是它们的综合复用。因而光交换相应地也存在空分、时分和波分三种光交换，它们分别完成空分信道、时分信道和波分信道的交换。如果光信号同时采用多种分割复用方式，则完成这样光信号的交换需要相应的复合光交换，如空分—波分交换。

（1）空分多路复用（Space Division Multiplexing，SDM）

SDM 是指在光网络中每条信道都用自己的物理通道，在大多数通信情况下，此复用方式显得过于浪费。如果线路是由网络用户之间共享的话，则可更好地利用现有的网络资源。因此，SDM 通常与其他复用方式结合使用，使每条线路中有更多的通道，可以有多条信道在同时使用。

（2）时分多路复用（Time Division Multiplexing，TDM）

TDM 是把链路上的传输按时间分成许多帧（通常 125 μs/帧），每帧又分为若干时隙，一个传输通道由每帧内的一个时隙所组成。TDM 的缺点是它们都各自以固定份额组成通道，当容量不够时，这些分配好的资源无法再扩容，而当容量富裕时又有些浪费。

（3）波分复用（Wavelength，WDM）

WDM 是将一条链路上的光学频带分成固定的、不重叠的许多谱带，每条这样的谱带内都有一个波长，可以用特殊的、与其他通道的设置无关的码速和传输技术传输信号，这被认为是“码速率和码元格式透明”。

7.2.2 光交换技术的分类

光交换技术可以分为两大类：光路交换（Optical Circuit Switching，OCS）方式和光分组交换（Optical Packet Switching，OPS）方式，如图 7-3 所示。

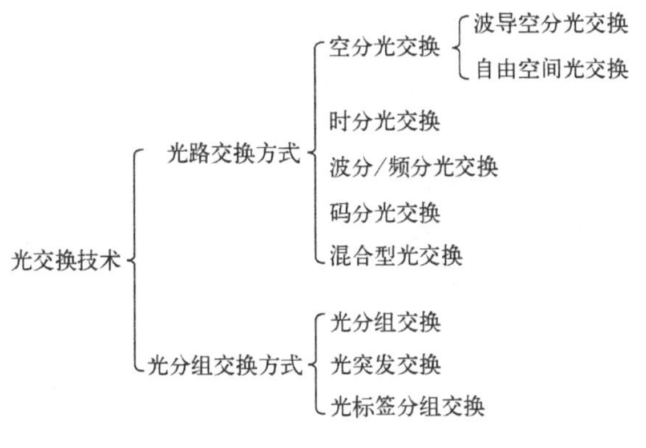

图 7-3　光交换技术分类

光路交换类似于电路交换，采用光交叉连接器（Optical Cross Connector，OXC）、光分插复用器（Optical Add and Drop Multiplexer，OADM）等光器件设置光通路，中间节点不需要使用光缓存。目前对光路交换方式的研究已经较为成熟，根据复用方式的不同，光路交换方式又可分为空分、时分、波分/频分、码分复用光交换形式，以及这几种交换形式的组合形式。空分光交换按光矩阵开关所使用的技术又分成两类：一类是采用波导技术的波导空分，另一类是采用自由空间光传播技术的自由空间光交换。

在光分组交换方式中，根据对控制分组头处理及交换粒度的不同又可分为光分组交换（OPS）、光突发交换（OBS）和光标记分组交换（OMPLS）。

(1) 空分光交换技术

空分光交换技术根据需要在两个或多个点之间建立物理通道，这个通道可以是光波导，也可以是只有空间的波束，信息交换通过改变传输路径来完成。

空分光交换的基本原理是将光交换节点组成可控的门阵列开关，通过控制交换节点的状态可实现使输入端任一信道与输出端的任一信道连接或断开，完成光信号的交换。简言之，空分光交换就是使按空间顺序排列的各路信息进入空分交换阵列后，交换阵列节点根据信令对信号的空间位置进行重新排列，然后输出，从而完成交换。空分光交换的交换过程是在光波导中完成的，有时也称为光波导交换。空分光交换的交换节点可由机械、电、光、声、磁、热等方式进行控制，目前机械式控制光节点技术是比较成熟和可靠的空分光交换节点技术。

(2) 时分光交换技术

时分光交换方式的原理与电子学中时分交换的原理基本相同，只不过它是在光域里实现时隙互换而完成交换的，因此，它能够和时分多路复用的光传输系统匹配。时分光交换系统采用光器件或光电器件作为时隙交换器，通过光读/写门对光存储器的受控有序读/写操作完成交换动作。由于时分光交换可按时分复用各个光器件，因此能够减少硬件设备，构成大容量的光交换机。由于时分光交换系统能很好地与光传输系统配合构成全光网，因此时分光交换技术的研究和开发进展很快，其交换速率几乎每年提高 1 倍，目前已研制出几种时分光交换系统。例如，1985 年日本 NEC 成功地实现了 256 Mbit/s（4 路 64 Mbit/s）彩色图像编码信号的光时分交换系统，它采用 1 ×4 铌酸锂定向耦合器矩阵开关作选通器，双稳态激光二极管作存储器（开关速度 1 Gbit/s），二者组成单级交换模块。20 世纪 90 年代初又推出了 512 Mbit/s 试验系统。

时分交换可以按比特交换，也可以按字交换，每个字由若干比特组成。在时分光交换系统中，各信道的数据速率相互有关，且与网络的开关速率有关，特别是按比特交换时，开关速率等于数据速率。由于时分交换系统必须知道各信道的比特率，因此需要有光控制电路的高速存储器、光比特同步器和复接/分接器，故而发展光时分交换的关键在于实现高速光逻辑器件。

(3) 波分光交换技术

波分光交换技术是指光信号在网络节点中不经过光/电转换而直接将所携带的信息从一个波长转移到另一波长上。在光时分复用系统中，可采用光信号时隙互换的方法实现交换，而在光波分复用系统中，则可采用光波长互换（或光波长转换）的方法来实现交换。光波长互换的实现时通过从光波分复用信号中检出所需的光信号波长，并将其调制到另一光波长上去进行传输。在波分光交换系统中，精确的波长互换技术是关键。波分光交换方式能充分利用光路的宽带特性获得电子线路所不能实现的波分型交换网。可调波长滤波器和波长变换器是实现波分光交换的基本元件，可调波长滤波器的作用是从输入的多路波分复用光信号中选出所需波长的光信号，而波长变换器则将可调波长滤波器选出的光信号变换为所需的波长后输出。用分布反馈型和分布喇格反射型半导体激光器可以实现这两类元件的功能。

(4) 码分光交换技术

码分光交换是指对进行了直接光编码和光解码的码分复用光信号在光域内进行交换的方法，是由具有光编/解码功能的光交换器将输入的某一种编码的光信号变成另一种编码的光信号进行输出，由此达到其交换的目的。随着光码分复用（OCDMA）技术的发展，码分光交换技术必将得到迅速发展和应用。

（5）混合型光交换方式

由于各种光交换技术都有其独特的优点和不同的适应性，因此将几种光交换技术合适地复合起来进行应用能更好地发挥各自的优势，以满足实际应用的需要。混合型光交换系统主要有空分—时分光交换系统、波分—空分光交换系统、频分—时分光交换系统、时分—波分—空分光交换系统等。例如，将时分和波分技术合起来可以得到一种极有应用前景的大容量混合型光交换模块，其复用度是时分多路复用度与波分复用度的乘积。如果它们的复用度分别为8，则可实现64路时分2波分混合型交换，将此种交换模块用于4级链路连接的网络可以构成最大终端数为4096的大容量交换网络。

（6）光分组交换（OPS）技术

OPS以光分组作为最小的交换单元，数据包的格式分为3个字段：固定长度的光分组头、净荷和保护时间。在交换系统的输入接口完成光分组读取和同步功能，同时用光纤分束器将一小部分光功率分出并送入控制单元，用于完成光分组头识别、恢复和净荷定位等功能。光交换矩阵为经过同步的光分组选择路由，并解决输出端口的竞争。最后输出接口通过输出同步和再生模块来降低光分组的相位抖动，同时完成光分组头的重写和光分组的再生。

（7）光突发交换（OBS）技术

OBS的特点是数据分组和控制分组独立传送，在时间上和信道上都是分离的，它采用单向资源预留机制，以光突发作为最小的交换单元。OBS克服了OPS的缺点，对光开关和光缓存的要求降低了，并能够很好地支持突发性的分组业务。与OCS相比，OBS大大提高了资源分配的灵活性和资源的利用率，被认为是很有可能在未来的互联网中扮演关键的角色。

（8）光标记分组交换（OMPLS）技术

OMPLS也称为通用多协议标记交换（GMPLS）或多协议波长标记交换（MPλLS），它是MPLS技术与光网络技术的结合，MPLS是多层交换技术的最新进展，将MPLS控制平面贴到光的波长路由交换设备的顶部就具有MPLS能力的光节点。由MPLS控制平面运行标签分发机制，向下游各节点发送标签，标签对应相应的波长，由各节点的控制平面进行光开关的倒换控制，建立光通道。2001年5月NTT开发出了世界首台全光交换MPLS路由器，结合WDM技术和MPLS技术，实现全光状态下的IP数据包的转发。

7.3 光交换的基本器件

7.3.1 光交叉连接器

光交叉连接器（OXC）是光交换系统中不可缺少的器件，分为机械式和非机械式两类。机械式光开关通过移动（机电的方法）光纤或反射镜来转换光路，其优点是插入损耗小、串扰低，缺点是速度慢、磨损大、功耗大、寿命短。非机械式光开关正好可以克服机械式光开关的缺点，它可以分为电光开关、磁光开关和集成光路开关3种。电光开关通过对电介质实施电场使其折射率分布发生改变，导致偏振光反射特性改变，从而实现光开关特性。磁光开关利用某些旋磁材料在外加磁场的作用下产生旋光特性使这些材料的光偏振面发生旋转而实现光开关特性。集成光路开关利用马赫-曾德尔干涉仪的热光效应和电光效应来实现光开关特性。

图 7-4 显示的是一个 2×2 光交叉连接器的逻辑表示，图中有 2 个输入、2 个输出，它们通过一定的控制得到图 7-4 所示的直通（平行）和交叉两种交换状态，从而实现 2×2 光交叉连接器的逻辑功能。这种 2×2 光交叉连接器可以在多种光网络中实现光交换，下面介绍两种实现形式。

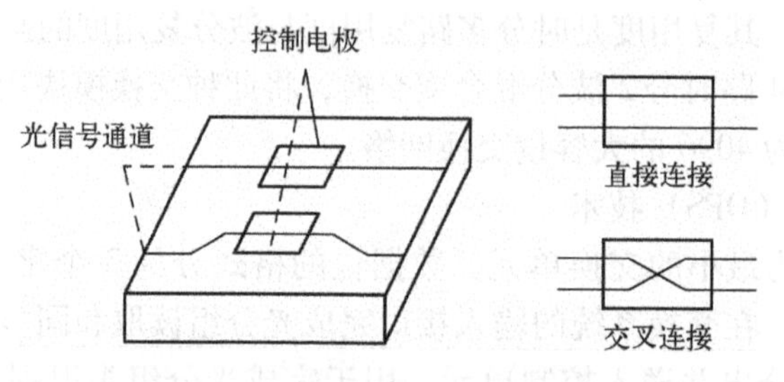

图 7-4　2×2 光交叉连接器的逻辑表示

（1）由微机械式光开关组成的 2×2 光交叉连接器

一种由微机械式光开关组成的 2×2 光交叉连接器如图 7-5 所示，图 7-5a 是一个 1×2 光开关，在 1 个微继电器的控制下移动图中的小反射镜就可以实现 1×2 光开关功能。将 4 个这种 1×2 的光开关装在一起，利用控制电路使反射镜联动就可以实现如图 7-5b 所示的 2×2 光交叉连接器的功能。这种 2×2 光交叉连接器的动作时间为毫秒级，插入损耗可以做到 0.1 dB，隔离度大于 30 dB。2×2 光交叉连接器可以实现 2 路或多路光信号之间的切换，是一种简单的光交换方法。

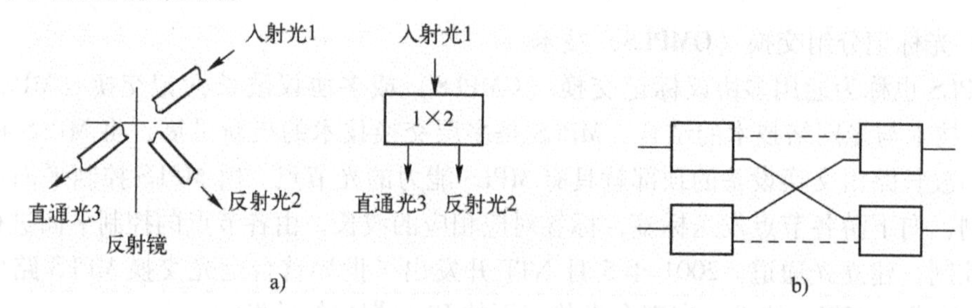

图 7-5　微机械式的 1×2 光开关和由其组成的 2×2 光交叉连接器

a）1×2 光开关　b）2×2 光交叉连接器

（2）利用热效应组成的 2×2 光交叉连接器

利用热效应组成的 2×2 光交叉连接器如图 7-6 所示，它是由不对称 X 结和马赫—曾德尔干涉仪组合的聚合物波导 2×2 光交叉连接器。左边和右边的 X 结分别起 3 dB 功分器和干涉功率组合器的作用。器件中间有控制相应波导相位的热光调制电极，当把光束引入 2 个输入波导的任意一个时，在左边 1 个 X 结上相等地激励出奇、偶模，然后通过模式分选

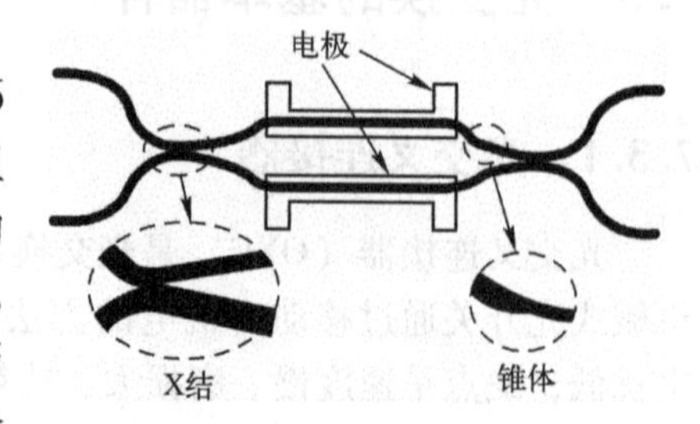

图 7-6　利用热效应组成的 2×2 光交叉连接器

将这2个模分离到马赫－曾德尔干涉仪的2个臂上。经热光相位调制后，在输出X结的中心处发生模式干涉，当奇、偶模之间的相位差为0和π时，导通模分别进入直通端口或交叉端口。

当宽波导、窄波导和标准波导宽度分别为8 μm、4 μm和6 μm，2个不对称波导间的分支角等于1/400 rad（0.19°）时，可以获得的性能如下：串扰小于－20 dB，开关功率为10 mW，插入损耗为4.5 dB，开关时间小于2 ms。

7.3.2 半导体光放大器光开关

半导体光放大器（Semiconductor Optical Amplifier，SOA）光开关由分支光波导和半导体光放大器组成，可以用平面光波导与SOA单片集成，也可以用光纤等无源器件与SOA连接而成。其工作原理和结构比较简单，即加上电压的SOA支路工作实现光信号的直通，另一路SOA对光吸收而不导通。

图7-7显示的是1个4×4 SOA门控光开关，该器件使用铟—磷砷化镓/磷铟（InGaAsP/InP）材料，在1.57 μm波长下的串扰小于－45 dB，插入损耗为2 dB，开关电流小于23 mA。

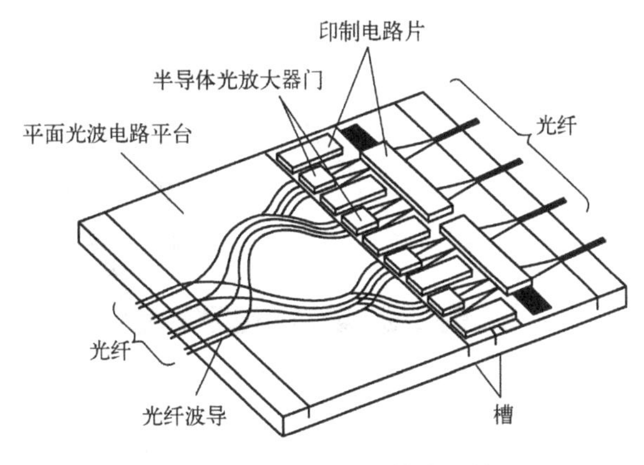

图7-7　4×4 SOA门控光开关

此外，随着SOA的进一步完善和发展，采用SOA作为门控开关和开关阵列也逐步受到人们的重视。日本NEC开发了Tbit/s级的超大容量光通信SOA开关，进行了吞吐量为2.56 Tbit的光开关试验，共计16路波长，试验证明该开关在误码率为10^{-14}以下能稳定工作，通过光开关后输出的信号无大的畸变，切换速度在1 ms以下。

7.3.3 光耦合器

由光耦合器组成的2×2光交叉连接器如图7-8所示，其中，1、2端之间是隔离的，1到3、2到4或4到2端的分光比是固定的，但是在熔制时可以在1:1到1:10之间控制，隔离度一般大于25 dB，在输出端加上一定的滤光片就可以去除所需波长的光信号。这种连接器在波分复用系统中用的比较多，利用定向光耦合连接器还可以做成4×8、8×8或16×16的光交叉连接器，其优点是响应速度快，缺点是有分光比引起的插损。

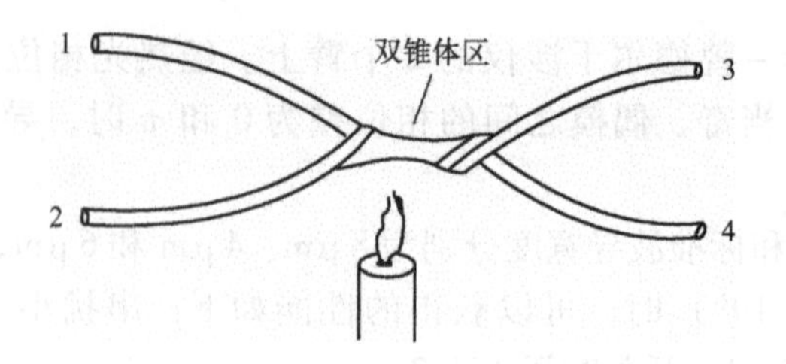

图 7-8　光耦合器组成的 2×2 光交叉连接器

7.3.4　阵列波导光栅

阵列波导光栅（Arrayed Waveguide Grating，AWG）由于其性能可以与光栅相媲美，而且便于使用通常的光刻技术生产，因此被认为是密集波分复用光通信系统中最优应用前景的器件之一，它可以用来实现光滤波器、光交叉连接器和分插复用器等多种功能。

图 7-9 为阵列波导光栅原理图。根据杨氏（Thomas Young）双缝实验原理，当某相邻 2 根光波导在输出光波导面上的光程差满足 $\Delta\Phi_i = \Delta L_i\beta_i = 2\pi m_i$ 时就会形成光栅效应，输出光会在汇聚平面上相互叠加而形成明亮点，从而实现波长分离的功能。

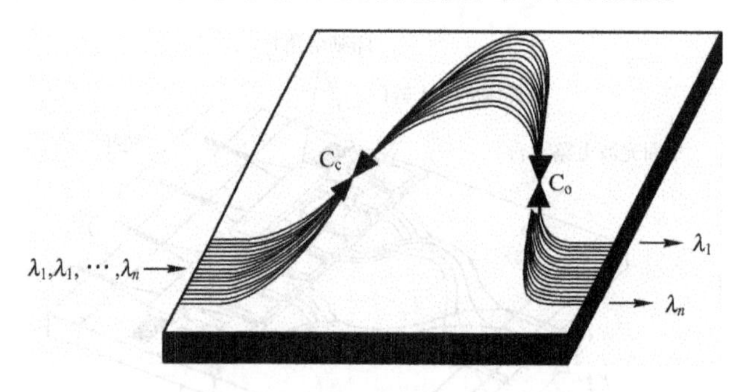

图 7-9　阵列波导光栅原理图

7.3.5　波长转换器

交换中使用的另一种重要器件就是波长转换器。波长转换器的实现也有多种方法，一种是光—电—光的变换方法，如图 7-10 所示，其中图 7-10a 是将波长为 λ_1 的输入光信号经过光电探测器转换为电信号，然后利用这个电信号驱动一个波长为 λ_2 的激光器，这样波长

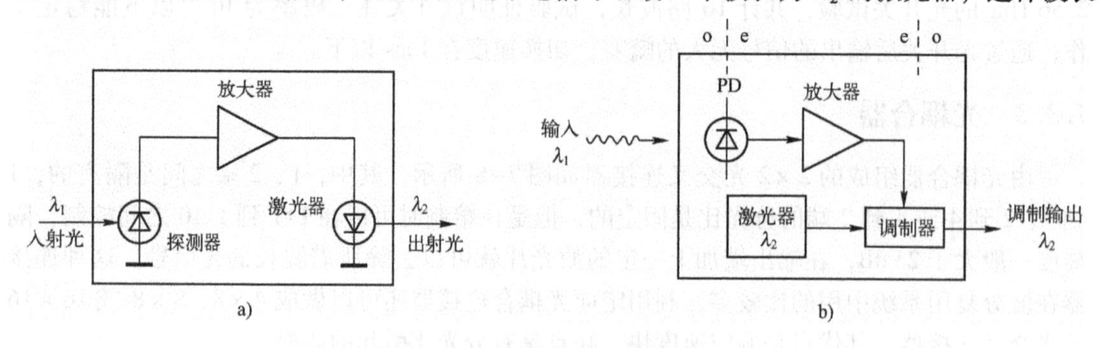

图 7-10　光－电－光波长转换器

a）电信号驱动　b）电信号外调制

为 λ_2 的激光器输出光信号中就携带了原来波长为 λ_1 的光信号上所携带的信息，或者说，波长为 λ_1 的光信号被变换成了波长为 λ_2 的光信号，而原来携带的信息基本上没有变。图 7-10b 所示的是利用前面得到的电信号外调制波长为 λ_2 的输出光，同样也实现了波长的转换。

另一种方法是利用差频转换器（Difference Frequency Converter，DFC）实现波长的转换，如图 7-11 所示。其原理与电信号系统中的混频器类似，光频率为 v_s 的输入信号在一个具有二阶非线性特性的光媒质中与频率为 v_p 的泵浦光信号作用，在输出端会产生一系列的和频和差频光信号。如果转换器满足一定的相位匹配条件，在输出端只会出现 $v_c = v_p - v_s$ 的差频信号，从而实现波长的转换。图 7-11b 是其谱线关系图，在标称频率为 v_c 的波带内有 3 根谱线。

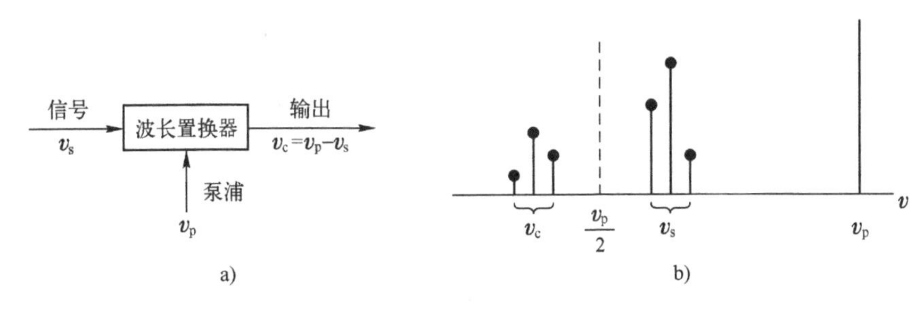

图 7-11　差频转换原理的波长转换器

a）原理图　b）谱线关系图

7.3.6　光存储器

在电交换中，存储器是常用的存储电信号的器件。在光交换中，同样需要存储器实现光信号的存储，常用的光存储器有光纤时延线存储器和双稳态激光二极管光存储器。

（1）光纤时延线存储器

光纤时延线作为光存储器使用的原理较为简单，它利用了光信号在光线中传输时存在时延的性质，在长度不同的光纤中传播可得到时域上不同的信号，这就使光信号在光纤中得到了存储。N 路信号形成的光时分复用信号被送入到 N 条光纤时延线，这些光纤的长度依次相差 Δl，这个长度正好是系统时钟周期内光信号在光纤中传输的时间。N 路信号光时分复用信号要有 N 条时延线，这样，在任何时间各光纤的输出端均包含 1 帧内所有 N 路信号，即间接地把信号存储了 1 帧时间，这对光交换应用已经足够了。

光纤时延线光存储法比较简单，成本低，具有无源器件的所有特性，对速率几乎没有限制，而且具有连续存储的特性，不受各比特之间的界限影响，在现代分组交换系统中应用较广。光纤时延线光存储器的缺点是其长度固定，时延也就不可变，故其灵活性和适应性受到了限制，因此，出现了一种“可重入式光纤时延线光存储器”，可实现存储时间可变。

（2）双稳态激光二极管光存储器

双稳态激光二极管光存储器的原理是利用双稳态激光二极管光对输入光信号的响应和保持特性来存储光信号。双稳态半导体激光器具有类似电子存储器的功能，即可以存储数字光信号。光信号输入到双稳态激光器中，当光强超过阈值时，由于激光器事先有适当偏置，可产生受激辐射，对输入光进行放大，其响应时间小于 10^{-9} s，以后即使去掉输入光，其发光状态也可以保持，直到有复位信号（可以是电脉冲复位或光脉冲复位）到来才停止发光。由于上述2种状态（受激辐射状态和复位状态）都可保持，因此它具有双稳特性。

用双稳态激光二极管作为光存储器件时，由于其光增益很高，可以大大提高系统信噪比，并可进行脉冲整形。但由于存在剩余载流子影响，其反应时间较长，使速率受到一定限制。

7.3.7 光调制器

在光纤通信中，通信信息由发光二极管（Light Emitting Diode，LED）或激光视盘（Laser Disk，LD）发出的光波所携带，光波就是载波，把信息加载到光波上的过程就是调制。光调制器是实现电信号到光信号转换的器件。

调制按照调制方式与光源的关系来分有直接调制和外调制。直接调制是信号直接调制光源的输出光强，外调制是信号通过外调制器对连续输出光进行调制。直接调制是激光器的注入电流直接随承载信息的信号而变化，如图7-12a所示，但是用直接调制来实现调幅和幅移键控时，注入电流的变化非常大，并会引入不希望有的线性调频。在直接检测接收机中，光检测之前没有光滤波器，在低速系统中，较大的瞬时线性调频影响还可以接受，但是在高速系统、相干系统或用非相干接收机的波分复用系统中，激光器可能出现的线性调频使输出线宽增大，使色散引入的脉冲展宽较大，信道能量损失并产生对临近信道的串扰，从而成为系统设计的主要限制。如果把激光的产生和调制过程分开，就完全可以避免这些有害影响。外调制方式是让激光器连续工作，把外调制器放在激光器输出管之后，如图7-12b所示，利用承载信息的信号通过调制器对激光器的连续输出进行调制，只要调制器的反射足够小，激光器的线宽就不会增加。为此，通常要插入光隔离器，最常用的光调制器是铌酸锂（LiN-bO_3）电光调制器、马赫—曾德尔型光调制器和电吸收半导体光调制器。

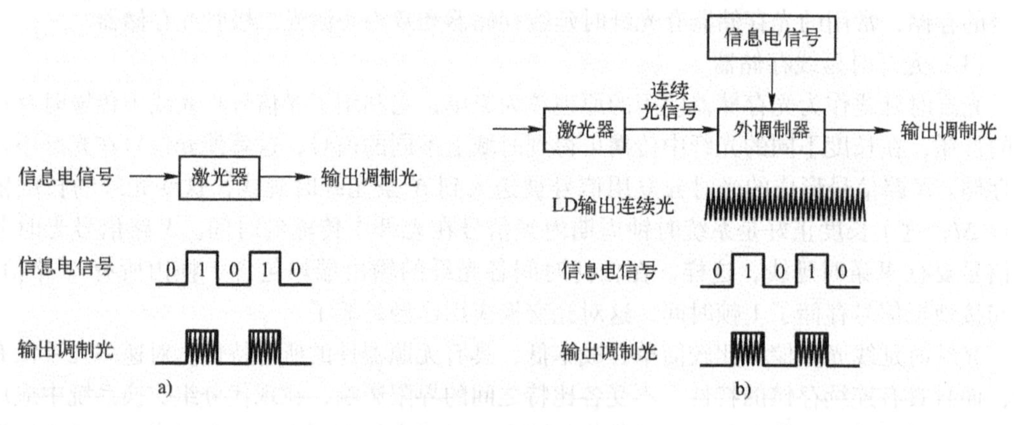

图7-12 调制方式比较
a）直接调制 b）外调制

电光调制的机理是基于线性电光效应实现的，即光波导的折射率正比于外加电场变化的效应。利用电光效应的相位调制，光波导折射率的线性变化，使通过该波导的光波有了相位移动，从而实现相位调制。单纯的相位调制不能调制光的强度，由两个相位调制器和两个Y分支波导构成的马赫—曾德尔干涉仪型调制器可以调制光的强度。

高速电光调制器有很多用途，如高速相位调制器可用于相干光纤通信系统，在密集波分复用光纤系统中用于产生多光频的梳形发生器，也能用作激光束的电光移频器。

马赫—曾德尔型光调制器具有良好的特性，可用于光纤有线电视（CAble TeleVision，CATV）系统、无线通信系统中基站与中继站之间的光链路和其他的光纤模拟系统，还可在光时分复用（OTDM）系统中用于产生高重复频率、极窄的光脉冲或光孤子，在先进雷达的欺骗系统中用作光子宽带微波移相器和移频器，在微波相控阵雷达中用作光子时间时延器，用于高速光波元件分析仪，测量微弱的微波电场等。

电吸收半导体光调制器的机理是利用量子阱中激光吸收的量子限制效应，当调制器无偏压时，调制器中的光波处于通状态，随着调制器上偏压的增加，原波长处吸收系数变大，调制器中的光波处于断状态，调制器的通断状态即为光强度调制。电吸收半导体光调制器的最大特点在于其调制速率可以达到100 Gbit/s以上，而且其消光比的值非常高。

7.4 光交换网络

7.4.1 空分光交换网络

与空分电交换一样，空分光交换是几种光交换方式中最简单的一种，它通过机械、电或光三种方式对光开关及相应的光开关阵列/矩阵进行控制，为光交换提供物理通道，使输入端的任一信道与输出端的任一信道相连。空分光交换网络的最基本单元是2×2光交换模块，如图7-13所示，输入端有两根光纤，输出端也有两根光纤，它有两种工作状态：平行状态和交叉状态。

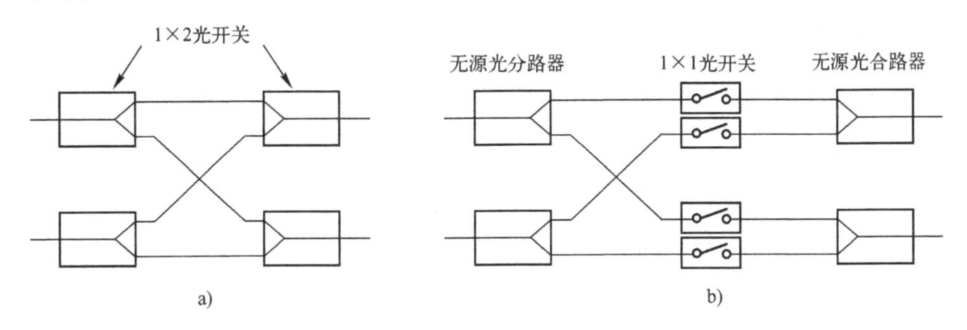

图7-13 1×2光开关和基本的2×2空分光交换模块
a）4个1×2光开关 b）2×2空分光交换模块

空分交换模块可以采用以下方式组成：

1）用4个1×2光开关（又可称为Y分叉器）组成2×2的光交换模块，1×2光开关（Y分叉器）可由铌酸锂（$LiNbO_3$）耦合波导光开关来实现，只需少用1个输入端/输出端即可，如图7-13a所示。

2）用4个1×1光开关器件和4个无源光分路/合路器组成2×2的光交换模块，如图7-13b所示。1×1光开关器件可以是半导体光开关或光门电路等，无源光分路/合路器可采用T形无源光耦合器件，光分路器能把1个光输入分配给多个光输入，光合路器能把多个光输入合并到1个光输出。T形无源光耦合器不影响光信号的波长，只是附加了损耗。在此方案中，T形无源光耦合器不具备选路功能，选路功能由 1×1 光开关器件实现。另外，由于光分路器的两个输出都具有同样的光信号输出，因此它具有多播功能。

通过对上述基本交换模块进行扩展、多级复接可以构成更大规模的光空分交换单元。空分光交换的优点是各信道中传输的光信号相互独立，且与交换网络的开关速率无严格的对应关系，并可在空间进行高密度的并行处理，因此能较方便地构建容量大而体积小的交换网络。空分光交换网络的主要指标是网络规模和阻塞性能，交换系统对阻塞要求越高，则对组网器件的单片集成度要求就越高，参与组网的单片器件数量越多，互连越复杂，损耗也就越高。

7.4.2 时分光交换网络

在电时分交换方式中，普遍采用电存储器作为交换器件，通过顺序写入、控制读出或控制写入、顺序读出的读写操作把时分复用信号从一个时隙交换到另一个时隙。对于时分光交换，则是按时间顺序安排的各路光信号进入时分交换网络后在时间上进行存储或时延，对时序有选择地进行重新安排后输出，即基于光时分复用的时隙交换。

光时分复用与电时分复用类似，也是将一条复用信道分成若干个时隙，每个数据光脉冲流被分配占用一个时隙，N 路数据信道复用成高速光数据流进行传输。时隙交换离不开存储器，由于光存储器和光计算机还没有达到实用阶段，因此一般采用光时延器件实现光存储。采用光时延器件实现时分光交换的原理是：先把时分复用光信号通过光分路器分成多个单路光信号，然后让这些信号分别经过不同的光时延器件获得不同的时延，再把这些信号通过光合路器重新复用起来。上述光分路器、光合路器和光时延器件的工作都是在电/计算机的控制下进行的，可以按照交换的要求完成各路时隙的交换功能，也就是光时隙互换。由时分光交换网络组成的交换系统如图 7-14 所示。

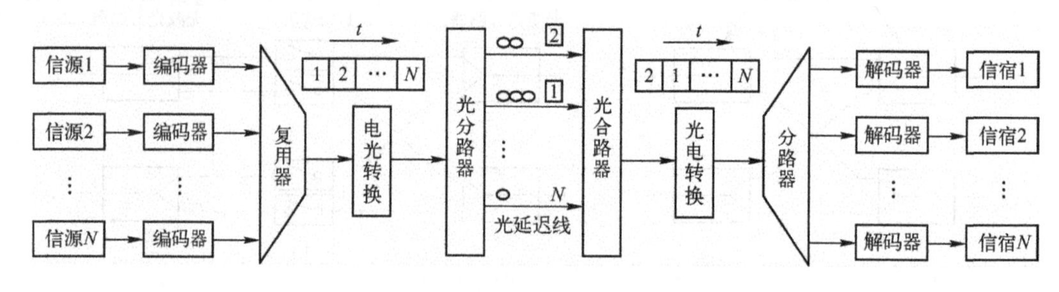

图 7-14 时分光交换系统

时分光交换的优点是能与现在广泛使用的时分数字通信体制相匹配，但它必须知道各路信号的比特率，即不透明。另外还需要产生超短光脉冲的光源、光比特同步器、光时延器件、光时分合路/分路器、高速光开关等，技术难度较空分光交换大得多。

7.4.3 波分光交换网络

波分光交换网络由波长复用/解复用器、波长选择空间开关和波长转换器（波长开关）组成，在该网络中，采用不同的波长来区分各路信号，从而可以用波分交换的方法实现交换功能，其交换原理如图 7-15 所示。

波分交换的基本操作是从波分复用信号中检出某一波长的信号，并把它调制到另一个波长上去。信号检出由相干检测器完成，信号调制则由不同的激光器来完成。为了使采用波长交换构成的交换系统能根据具体要求在不同的时刻实现不同的连接，各个相干检测器的检测波长可以由外加控制信号来改变。

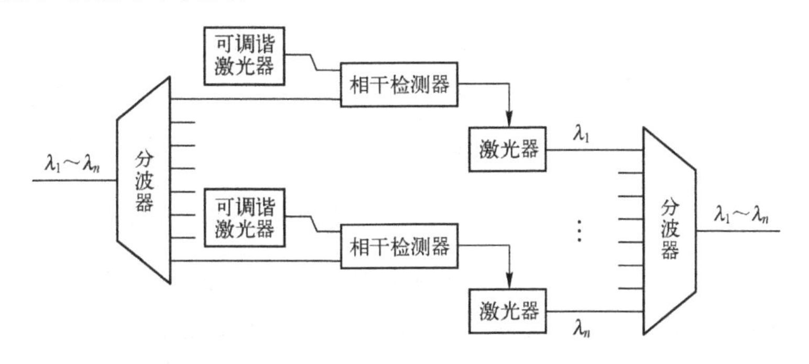

图 7-15　波分交换原理

图 7-16 所示的是一个 $N\times N$ 阵列波长选择型波分交换网络结构，用输入端的 N 路电信号分别去调制 N 个可变波长激光器，产生 N 个波长的光信号，经星型耦合器耦合后形成 1 个波分复用信号，并输出到 N 个输出端上，每个输出端可以利用光滤波器或相干光检测器检出所需波长的信号。在该方案中，输入端和输出端之间的选择（交换）既可以在输入端通过改变激光器波长来实现，也可以在输出端通过改变光滤波器的调谐电流或相干检测本振激光器的振荡波长来实现。

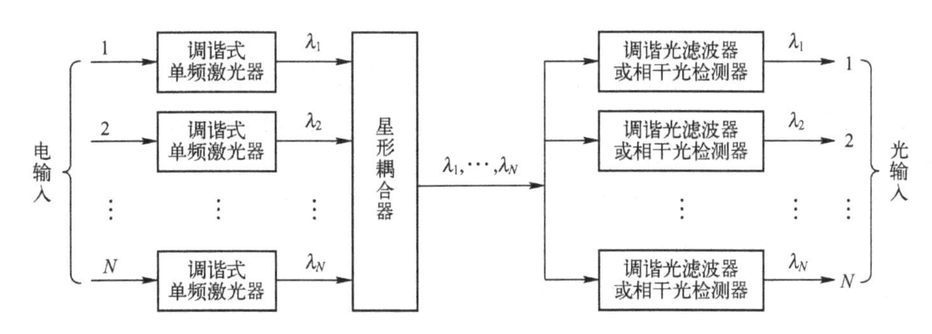

图 7-16　波长选择型波分交换网络结构

与光时分交换相比，光波分交换的优点是各个波长信道的比特率相互独立，各种速率的信号都能透明地进行交换，不需要特别高速的交换控制电路，可采用一般的低速电子电路作为控制器，此外它还能与 WDM 传输系统相配合。

7.4.4　混合型光交换网络

将上述几种光交换方式结合起来就可以组成混合型光交换网络，如波分与空分光交换相结合组成波分—空分—波分混合型光交换网络，其结构如图 7-17 所示。

在图 7-17 中，将输入波分复用光信号进行解复用得到 M 个波长分别为 $\boldsymbol{\lambda}_1$、$\boldsymbol{\lambda}_2$、⋯、$\boldsymbol{\lambda}_M$ 的光信号，然后对每个波长的信号分别应用空分光开关组成的空分光交换模块完成空间交换，之后再把不同波长的光信号进行波分复用，完成波分和空分混合光交换功能。

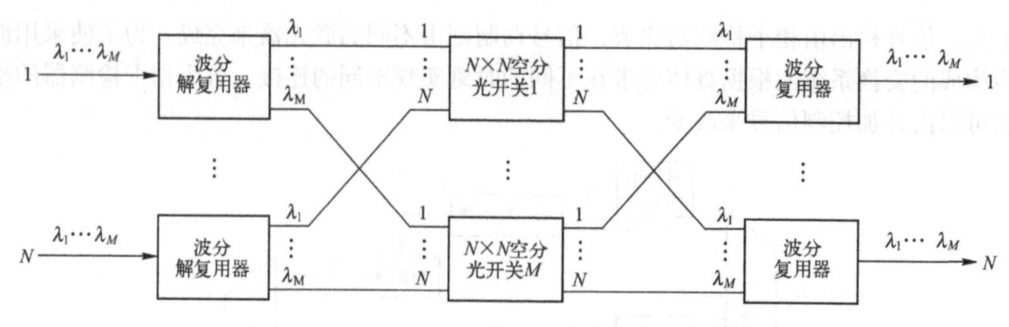

图 7-17　波分 - 空分 - 波分混合型光交换网络结构

利用混合型光交换方式大大扩大了光交换网络的容量，而且具有链路级数和交换元件较少、网络结构简单等优点。例如，图 7-17 所示的网络总容量是空分交换网络容量与波分多路复用度的乘积（共 $N\times M$ 个信道）。另外，将时分光交换与波分光交换相结合又可以得到一种混合型光交换网络，即时分 - 波分光交换网络，其复用度是时分多路复用与波分多路复用度的乘积。

7.4.5　自由空间光交换网络

在空分光交换网络中，光学通道是由光波导组成的，其带宽受材料特性限制远远没有达到光高密度、并行传输时应该达到的程度。另外，由平面波导开关构成的光交换网络一般没有逻辑处理功能，不能做到自寻路由。为此，采用一种在空间无干涉的控制光路径的光交换方式，称之为自由空间光交换。

自由空间光交换通过简单的移动棱镜或透镜来控制光束，进而完成交换功能。自由空间光交换时，光通过自由空间或均匀的材料（如玻璃等）进行传输；而光空分波导交换时，光由波导所引导并受其材料特性的限制，远未发挥光的高密度和并行性的潜力。与光空分波导交换相比，自由空间光交换具有高密度装配的能力，它采用多达三维高密度组合的光束互连来构成大规模的光交换网络。

自由空间光交换网络可以由多个 2×2 光交换器件组成，除了耦合光波导元件具有平行连接和交叉连接两种状态可构成 2×2 光交叉连接外，极化控制的两块双折射片也具有该特性。由两块双折射片构成的空间光交叉连接元件如图 7-18 所示，前一块双折射片对两束正交极化的输入光束复用，后一块双折射片对其进行解复用。输入光束偏振方向由极化控制器控制，可以旋转 0°或 90°。旋转 0°时，输入光束的极化状态不会变化，而旋转 90°时，输入光束的极化状态发生变化，正常光束变为异常光束，异常光束变为正常光束，从而实现 2×2 的光束交换。如果把 4 个交换元件连接起来就可以得到一个 4×4 的交换单元，当需要更大规模的交换网络时，可以按照 Banyan 网络的组网规则把多个 2×2 光交换元件互连起来实现。

自由空间光交换网络也可以由光逻辑开关器件组成，自电光效应器件（S-SEED）就具有这种功能，其结构及特性如图 7-19 所示。自电光效应器件实际上是一个 i 区多量子阱结构的 PIN 光敏二极管，在对它供电时，其出射光强并不完全正比于入射光强。当入射光强（偏置光强 + 信号光强）大到一定程度时，该器件变成一个光能吸收器，使出射光信号减小。利用这一性质可以制成多种逻辑器件，如逻辑门。当偏置光强和信号光强足够大时，其

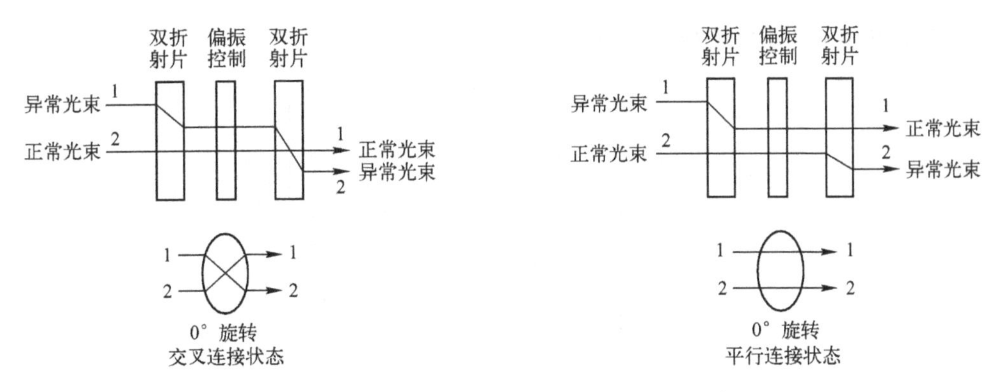

图 7-18　由两块双折射片构成的空间光交叉连接元件

总能量足以超过器件的非线性阈值电平，使器件的状态发生改变，输出光强从高电平“1”下降到低电平“0”，借助减少或增加偏置光束和信号光束的能量即可构成一个光逻辑门。

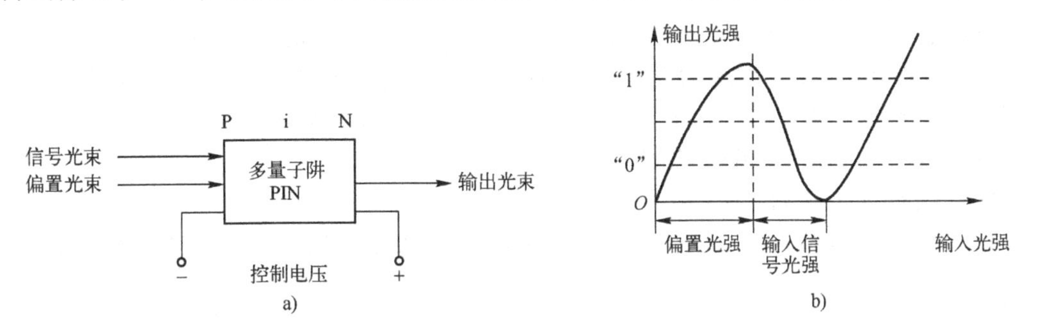

图 7-19　自由光效应器件结构及其特性曲线

a）自由光效应器件结构　b）特性曲线

自由空间光交换的优点是光互联不需要物理接触，且串扰和损耗小；缺点是对光束的校准和准直精度有很高的要求。

7.5　光交换系统

7.5.1　光分插复用器和光交叉连接器

在基于 WDM 的光网络中，属于光纤和波长级的粗粒度宽带处理的光节点设备主要是光分插复用器（OADM）和光交叉连接器（OXC），通常由 WDM 复用/解复用器、光交换矩阵（由光开关和控制部分组成）、波长转换器和节点管理系统组成，主要完成光路上下、光层的带宽管理、光网络的保护、恢复和动态重构等功能。

OADM 的功能是在光域内从传输设备中有选择地上、下波长或并行传输信号，实现传统 SDH 设备中电分插复用功能。OADM 能从多波长通道中分出或插入一个或多个波长，有固定型和可重构型两种类型。固定型只能上下一个或多个固定波长，节点的路由是确定的，缺乏灵活性，但性能可靠，时延小。可重构型能动态交换 OADM 节点上、下通道的波长，可实现光网络的动态重构，使网络的波长资源得到合理分配，但结构复杂。一种基于波分复用

/解复用和光开关的 OADM 结构示意图如图 7-20 所示。

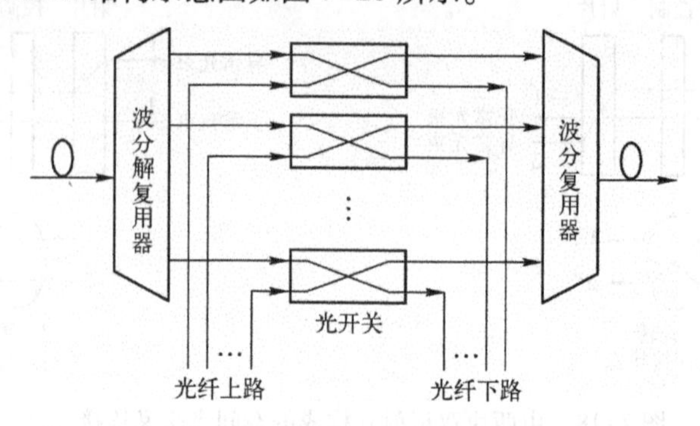

图 7-20　基于波分复用/解复用和光开关的 OADM 结构示意图

OXC 的功能与 SDH 数字交叉连接设备（SDH Digital CroSs-Connect，SDXC）类似，它主要在光纤和波长两个层次上提供带宽管理，如动态重构光网络，提供光信道的交叉连接，以及本地上、下话路功能，动态调整各根光纤的流量分布，提高光纤的利用率。此外，OXC 还在光层提供网络保护和恢复等功能，如出现光纤断裂时可通过光开关将光信号倒换至备用光纤上，实现光复用段 1+1 保护。通过重新选择波长路由实现更复杂的网络恢复，处理包括节点故障在内的更广泛的网络故障。

OXC 的实现方式有以下 3 种：

1）光纤交叉连接：以一根光纤上所有波长的总容量为基础进行的交叉连接，容量大但灵活性差。

2）波长交叉连接：可将一根光纤上的任何波长交叉连接到使用相同波长的另一根光纤上，它比光纤交叉连接具有更大的灵活性。波长交叉连接示意图如图 7-21 所示。但由于不进行波长交换，波长交叉连接方式将受到一定限制。

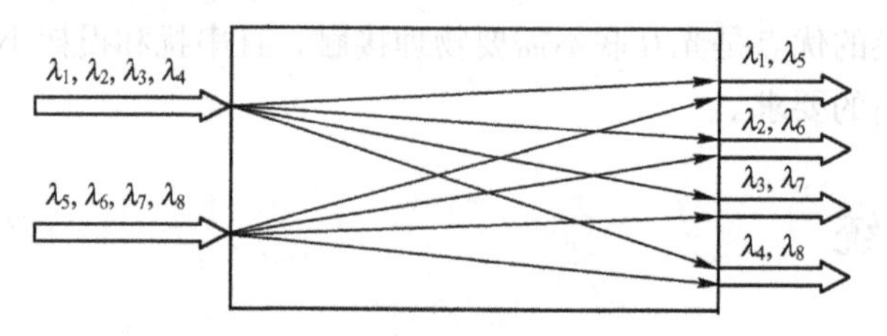

图 7-21　波长交叉连接示意图

3）波长变换交叉连接：可将任何输入光纤上的任何波长交叉连接到任何输出光纤上。由于采用了波长变换，这种方式可以实现波长之间的任意交叉连接，具有最高的灵活性。波长变换交叉连接示意图如图 7-22 所示。

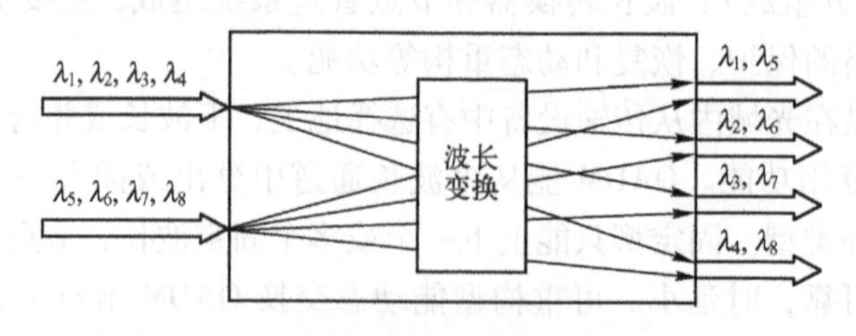

图 7-22　波长变换交叉连接示意图

7.5.2　光分组交换系统

光分组交换能在细粒度实现光交换/选路，极大地提高了光网络的灵活性和带宽利用率，非常适合数据业务的传输，是未来全光网络的发展方向。

1. 光分组交换节点结构

光分组交换节点主要由输入/输出接口、交换模块和控制单元等部分组成，其结构示意图如图 7-23 所示。

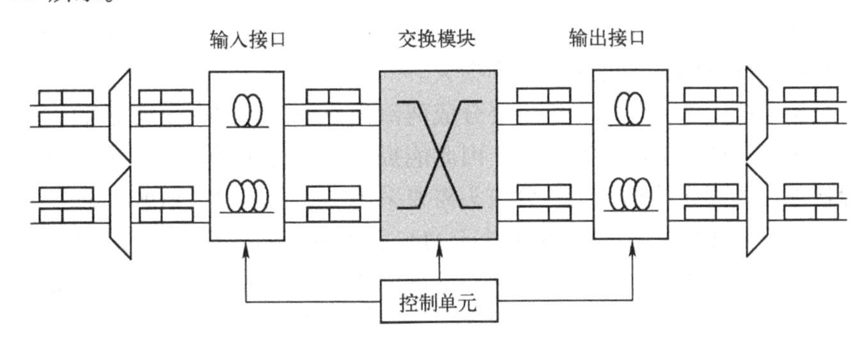

图 7-23　光分组交换节点结构示意图

输入接口完成的功能：1）对输入的数据信号整形、定时和再生，形成质量完善的信号，以便进行后续的处理和交换；2）检测信号的漂移和抖动；3）检测每一个分组的开头和末尾、分组头和有效负载；4）使分组获取同步并与交换的时隙对准；5）将分组头分出并传送给控制器，由控制器进行处理；6）将外部 WDM 传输波长转换为交换模块内部使用的波长。

控制单元完成的功能：借助网络管理系统（Network Management System，NMS）的不断更新，参考在每一节点中保持的转发表处理分组头信息，进行分组头更新（或标记交换），并将新的分组头传给输出接口。目前这些控制功能都是由电子器件操作的。

交换模块就是按照控制单元的指示对信息有效负载进行交换操作。

输出接口完成的功能：1）对输出信号整形、定时和再生，以克服由于交换引起的串扰和损伤，恢复信号的质量；2）给信息有效负载加上新的分组头；3）分组的描绘和再同步；4）按需要将内部波长转换为外部用的波长；5）由于信号在交换模块内路程不同、插损不同，因此信号功率也不同，需要均衡输出功率。

由于分组业务具有很大的突发性，如果用光路交换的方式处理将会造成带宽资源的浪费。在这种情况下采用光分组交换是最理想的选择，它将大大提高链路的利用率。在光分组交换网络中，每个分组都必须包含自己的选路信息，通常是放在分组头中。交换机根据分组头信息发送信号，而其他信息（如净荷）则不需要由交换机处理。

2. 光分组交换实现方法

光分组交换的实现方法一般有两种：一种是比特序列分组交换（Bit Sequence Packet Switching，BSPS），另一种是并行比特分组交换（Bit Parallel Packet Switching，BPPS）。二进制的 BSPS 是最简单的分组交换方式，它由电分组交换直接演化而来。对于一个给定波长通道的分组交换，分组头采用二进制比特顺序编码，通常使用开关信号。如果将这些二进制的比特序列进行波分复用，可以增加传输带宽，因为多个分组信号可以同时在不同的波道上传送。但是这些通道信号必须在进入交换机之前解复用，以便进行选路，然后在交换机输出端再复用。

BPPS 可以采用两种编码技术来实现，一种是副载波复用，另一种是多波长的 BPPS。在这两种情况中，BPPS 的编码技术采用同一光纤中的不同波道来传送分组头和负载信息，可保证分组头和负载并行传送，从而可增加网络的吞吐量。多波长的分组交换较适合于光网络，首先，它可采用简单的无源光滤波器从分组信号中提取分组头；其次，它在交换机内对分组头进行处理，使得分组路由对负载是透明的；再次，由于每个波长使用单独的光源，分组头和负载光源是分开的，因此没有功率损失。

光分组交换系统中的光数据分组主要分成两部分处理，其中光分组交换中的载荷部分采用不经过光电—电光处理的路由与转发，因此能提高数据分组的转发速度和节点的吞吐量；载有地址和管理信息的光数据分组的分组头需要采用同步、帧识别和地址识别等较复杂的光信号处理。由于目前光信号处理技术尚处于初步发展阶段，尚难实现非常复杂的光信号处理，因此采用多种光分组头处理方案，从而形成了不同的光分组交换技术，如光突发交换、光标记交换和光时隙路由技术。在光突发交换系统中，光分组头的处理采用电子处理技术；在光标记交换系统中，光标记写入、读取、删除和交换等简单的光信头处理功能采用光子技术，其他复杂的信头处理采用电子技术；在光时隙路由系统中，同步、地址识别和处理等复杂的功能均采用光子技术。

7.5.3 光突发交换系统

在光突发交换（OBS）系统中，基本的交换单位是突发（Burst）。OBS 系统由核心节点和边缘节点构成，核心节点的任务是完成突发数据的转发与交换，而边缘节点则负责突发数据包的封装和分类，并提供各类业务接口。边缘节点将具有相同出口路由器地址和 QoS 要求的 IP 分组汇聚成突发包，生成突发数据分组和相应的控制分组。突发数据分组直接在端到端的透明传输通道中传输和交换，控制分组先于数据分组在特定的通道中传送。核心节点对先期到达的控制分组进行电处理，根据控制分组中的路由信息和网络当前状态为相应的数据分组预约资源，并建立全光通道，因此，突发数据分组全程无需光-电-光转换处理。资源预约是单向的，而且不需要下游节点的确认。数据分组经过一段延时后直接在预先设置的全光通道中透明传输。突发数据分组和控制分组发送的时间差称为偏置时间。出口边缘路由器将突发数据分组解封后发送至其他子网或终端用户。

OBS 这种将数据通道与控制通道分离和单向资源预留的实现方法简化了突发数据交换的处理过程，减小了建立通道的延时等待时间，进一步提高了带宽的利用率。由于控制分组长度很短，因此可以进行高速处理。数据分组与控制分组的分离、大小适中的交换粒度、较低的控制开销降低了对光器件的要求和中间节点的复杂度。在 OBS 系统中，中间节点无需使用光存储器，也不存在系统内的时间同步问题。

OBS 技术是为了满足业务增长的需要而发展起来的，具有时延小（单向预留）、带宽利用率高、交换灵活、数据透明、交换容量大（电控光交换）等优点，可以达到 Tbit/s 级的交换容量，因此 OBS 网络主要应用于不断发展的大型城域网和广域网，可以支持传统业务，也可以支持具有较高突发性的各种业务，如 FTP、Web、视频点播、视频会议等。

尽管 OBS 在标准和协议方面还不够成熟，但 OBS 仍是一种非常有前途的光交换技术，随着快速波长变换技术的成熟，光突发交换将得到进一步发展，成为光交换网络的核心技术。

7.6 自动交换光网络

7.6.1 自动交换光网络概述

自动交换光网络（Automatically Switched Optical Network，ASON）的概念是 ITU-T 在 2000 年 3 月提出来的，所谓 ASON，指的是在信令网控制下完成光网络连接自动交换功能，具有网络资源按需动态配置能力的光传送网络。其核心内容是在光传送网中引入控制平面，实现网络资源实时、动态地按需配置，优化对 WDM 网络波长资源的使用，从而实现光网络的智能化。采用 ASON 技术后，传统的多层复杂网络结构变得简单和扁平化，光网络层开始直接承载业务，避免了传统网络中业务升级时受到的多重限制，可以满足用户对资源动态分配、高效保护恢复能力以及波长应用新业务等方面的需求。另外，ASON 的概念和思想可以扩展应用于不同的传送网技术，具有普遍适应性。

ASON 具备一些基本的功能，包括：

1）发现功能，如邻居发现、拓扑发现和业务发现。

2）路由功能，各种条件下路由的计算、更新与优化。

3）信令功能，完成信令模式下的连接管理，并结合流量工程。

4）保护和恢复功能，网络在出现问题时快速实现业务恢复。

5）策略功能，链路管理、连接允许控制业务优先管理。

6）业务提供功能，方便开展波长批发、波长出租、带宽贸易以及光虚拟专用网等新型业务。

与传统光网络技术相比，ASON 具有以下特点：

1）以控制为主的工作方式。ASON 的最大特点就是从传统的传输节点设备和管理系统抽象分离出了控制平面，控制平面的自动控制取代了传统光网络中的管理，成为 ASON 最主要的工作方式。

2）分布式智能。ASON 的重要标志是实现了网络的分布式智能，即网元的智能化。具体体现为依靠网元实现网络拓扑发现、路由计算、链路自动配置、路径的管理和控制、业务的保护和恢复等功能。

3）多层统一与协调。在传统光网络中，各层网络是独立管理和控制的，它们的协调需要网管参与。在 ASON 中，网络层次细化，体现了多种粒度，但多层的控制却是统一的，通过公共的控制平面来协调各层的工作。

4）面向业务。ASON 业务提供能力强大，业务种类丰富，能在光层直接实现动态业务分配，不仅缩短了业务部署时间，而且提高了网络资源的利用率。更重要的是，ASON 支持客户与网络间的服务等级协定（Service Level Agreement，SLA），可根据业务需要提供带宽，可根据客户信号的服务等级来决定所需要的保护等级，是面向业务的网络。

7.6.2 自动交换光网络关键技术

ASON 作为新一代的智能交换网络，其核心技术有以下几种：

1）自动邻居发现技术。ASON 中的自动邻居发现技术主要包括邻接发现和业务发现等，邻接发现对于跟踪相邻网络元素的连接至关重要，它要求本节点连接到邻接节点链路的各种状态参数可以通过协议自动配置或手动配置；业务发现机制可显示客户端设备的处理能力和从传送网获取业务信息的过程，通过业务发现并能够了解其他网元提供的服务和确定可选的接口。

2）网络路由技术。ASON 的路由协议主要完成拓扑发现、链路状态信息综合和路由计算等功能，具体包括相邻节点的发现、链路状态的广播、整个网络拓扑的计算和维护、路径的管理和控制、路由指标值的计算，以及保护和恢复等。

3）信令技术。信令网通过传送用户与网络以及网络与网络之间的业务相关信息来支持控制平面的工作。为了支持交换连接请求，信令网必须具有支持传送能够描述所需业务特征的信息元的能力。ASON 信令的主要功能是在 ASON 内建立端到端的呼叫连接，包括请求呼叫、请求连接和为创建一个连接而建立的各种不同的资源。信令对于网络发生故障时的快速反应和恢复至关重要。

4）呼叫和连接控制。在 ASON 体系结构中，呼叫连接控制是独立的，这样就能支持多业务传输，包括动态带宽需求、多链路传输和多重连接等。

7.6.3 自动交换光网络体系结构

ASON 的体系结构包括 3 个平面：传送平面、控制平面和管理平面，如图 7-24 所示。各平面之间通过相关接口连接，其中，控制平面是 ASON 最具特色的部分。此外，该体系结构还包括用于控制和管理通信的数据通信网（Data Communication Network，DCN）。

（1）传送平面（TP）

TP 由一系列的传送实体组成，它是业务传送的通道，可提供端到端用户信息的单向或者双向传输。ASON 传送网络基于网状网结构，也支持环网保护，光节点使用具有智能的光交叉连接器（OXC）和光分插复用（OADM）等光交换设备。另外，TP 具备分层结构，支持多粒度光交换技术。多粒度交换技术是 ASON 实现流量工程的重要物理支撑技术，同时也适应带宽的灵活分配和多种业务接入的需要。

（2）控制平面（CP）

CP 是 ASON 最具特色的核心部分，它由路由选择、信令转发以及资源管理等功能模块和传送控制信令信息的信令网络组成，完成呼叫控制和连接控制等功能。CP 通过使用接口、协议以及信令系统，可以动态地交换光网络的拓扑信息、路由信息以及其他控制信令，实现光通道的动态建立和拆除，以及网络资源的动态分配，还能在连接出现故障时对其进行恢复。

（3）管理平面（MP）

MP 的重要特征就是管理功能的分布化和智能化。传统的光传送网管理体系被基于 TP、CP 和信令网络的新型多层面管理结构所替代，构成了一个集中管理与分布智能相结合、面向运营者（MP）的维护管理需求与面向用户（CP）的动态服务需求相结合的综合化的光网

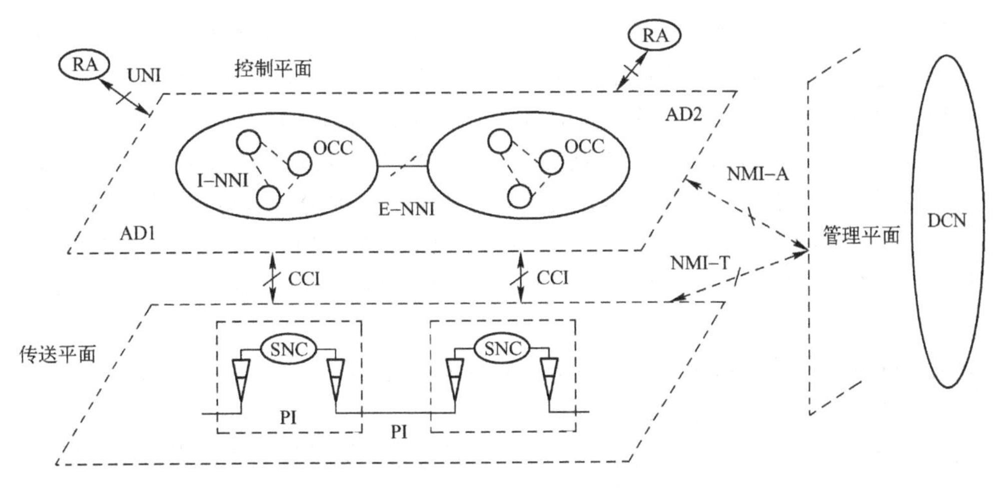

UNI—用户网络接口　CCI—连接控制接口　PA—特理接口　NE—网络网元
NNI—网络网络接口　OCC—光连接控制器　AD—管理域　NMI-T—传送网络网元网管接口
I-NNI—内部NNI　RA—请求代理　NMI-A—ASON控制平面网络接口
E-NNI—外部NNI　SNC—子网连接

图 7-24　ASON 体系结构示意图

络管理方案。ASON 的 MP 与 CP 技术互为补充，可以实现对网络资源的动态配置、性能监测、故障管理以及路由规划等功能。

在 ASON 网络中，为了和网络管理域的划分相匹配，CP 和 TP 也分为不同的自治域，其划分的依据可以是按照资源的不同地域或者是所包含的不同类型设备。即使在已经被进一步划分的域中，为了可扩展的需求，CP 也可以被划分为不同的路由区域，ASON TP 的资源也将据此分为不同的部分。

三大平面之间通过 3 个接口实现信息的交互。CP 和 TP 之间通过连接控制接口（Connection Control Interface，CCI）相连，交互的信息主要为从控制节点到 TP 网元的交换控制命令和从网元到控制节点的资源状态信息。MP 通过网络管理接口（包括 NMI-A 和 NMI-T）分别与 CP 和 TP 相连，实现 MP 对 CP 和 TP 的管理，接口中的信息主要是网络管理信息。CP 上还有 UNI、内部网络—网络接口（I-NNI）和外部网络—网络接口（E-NNI）。UNI 是客户网络和光层设备之间的信令接口，客户设备通过此接口动态地请求获取、撤销、修改具有一定特性的光带宽连接资源，其多样性要求光层的接口必须满足多样性，既能够支持多种网元类型又要满足自动交换网元的要求，即要支持业务发现、邻居发现等自动发现功能，以及呼叫控制、连接控制和连接选择功能。I-NNI 是在一个自治域内部或者在有信任关系的多个自治域中的控制实体间的双向信令接口。E-NNI 是在不同自治域中控制实体之间的双向信令接口。为了连接的自动建立，NNI 需要支持资源发现、连接控制、连接选择和连接路由寻径等功能。

7.7　本章知识点小结

光交换技术是指不经过任何光/电转换，在光域内直接将光信号交换到不同的输出端的技术。光交换系统主要由输入接口、光交换矩阵、输出接口和控制单元 4 部分组成。

光信号的分割复用方式有空分、时分和波分三种，因而光交换相应地也存在空分、时分和波分三种光交换，它们分别完成空分信道、时分信道和波分信道的交换。如果光信号同时采用多种分割复用方式，则完成这样光信号的交换需要相应的复合光交换。

光交换技术可以分为两大类：光路交换（OCS）方式和光分组交换（OPS）方式。其中，根据复用方式的不同，光路交换方式又可分为空分、时分、波分/频分、码分复用光交换形式，以及这几种交换形式的组合形式；在光分组交换方式中，根据对控制分组头处理及交换粒度的不同又可分为光分组交换（OPS）、光突发交换（OBS）和光标签分组交换（OMPLS）。

光交换的基本器件包括光交叉连接器、半导体光放大器、光开关、光耦合器、阵列波导光栅、波长转换器、光存储器和光调制器。

光交换网络包括空分光交换网络、时分光交换网络、波分光交换网络、混合型光交换网络和自由空间光交换网络。

在基于 WDM 的光网络中，属于光纤和波长级的粗粒度宽带处理的光节点设备主要是光分插复用器（OADM）和光交叉连接器（OXC），通常由 WDM 复用/解复用器、光交换矩阵（由光开关和控制部分组成）、波长转换器和节点管理系统组成，主要完成光路上下、光层的带宽管理、光网络的保护、恢复和动态重构等功能。光分组交换能在细粒度实现光交换/选路，极大地提高了光网络的灵活性和带宽利用率，非常适合数据业务的传输，是未来全光网络的发展方向。光突发交换系统将数据通道与控制通道分离和单向资源预留的实现方法简化了突发数据交换的处理过程，减小了建立通道的延时等待时间，进一步提高了带宽的利用率。

与传统光网络技术相比，ASON 具有以下特点：以控制为主的工作方式；分布式智能；多层统一与协调；面向业务。

7.8 习题

1. 什么是光交换？光交换技术是如何分类的？
2. 为什么要引入光交换，光交换和传统电交换的主要区别有哪些？
3. 光交换技术按交换方式来划分，可分为哪两大类？各自有什么特点？
4. 什么是光交叉连接器？如何实现光交叉连接器的功能？
5. 请对直接调制和外调制进行说明和比较。
6. 光时分交换网络使用光延时线或光存储器的作用是什么？
7. 简述光波分复用交换网络的工作原理。
8. 自由空间光交换网络的主要特点是什么？
9. 目前光分组交换有哪些新技术和方法？
10. 简述 ASON 的体系结构及其功能。

第8章 移动交换

移动通信可以让人们随时随地与通信的另一方进行可靠的信息交流，它使通信变得更加方便快捷。移动通信自出现以来，发展非常快速，目前第四代移动通信系统已经商用。本章首先介绍了移动通信的基本概念、分类和特点，并对移动通信网络的发展演进过程进行了概述。其次，以第二代数字移动通信系统（GSM）为例，介绍了GSM移动通信网络的结构和接口，说明了各主要部分的功能。最后，介绍了移动交换的基本原理，包括接入阶段、鉴权加密阶段、位置登记与更新、越区切换与漫游等移动通信系统中典型的处理流程。同时，介绍了移动交换的接口与信令系统的结构。

8.1 移动交换技术概述

移动通信既可以是移动体之间进行的通信，也可以是移动体与固定体之间进行的通信。移动体可以是人，也可以是汽车、火车、轮船、收音机等在移动状态中的物体。它的终极目标是实现任何时间、任何地点与任何通信对象之间的通信。与有线通信相比，移动通信最主要的特点是用户的移动性，它可以看成是有线通信的延伸。

8.1.1 移动通信的基本概念和分类

所谓移动通信，是指通信双方或至少其中一方在移动状态下进行的通信过程。移动通信不受时间和空间的限制，可以灵活、快速、可靠地实现信息互通，是实现理想通信的重要手段之一，也是信息交换的重要物质基础。

移动通信按照不同使用要求和工作场合可以分为集群移动通信、公用移动通信、卫星移动通信和无绳电话等。

（1）集群移动通信

集群移动通信是使用多个无线信道为众多用户服务，就是将有线电话中继线的工作方式运用到无线电通信系统中，把有限的信道动态地、自动地、迅速地和最佳地分配给整个系统的所有用户，以便在最大程度上利用整个系统的信道频率资源。

（2）公用移动通信

公用移动通信是一种为公众提供移动通信业务的移动通信方式。按照服务区的体制，可分为大区制移动通信和小区制移动通信。小区制移动通信又称为蜂窝移动通信，即采用蜂窝无线组网方式，在终端和网络设备之间通过无线信道连接起来，进而实现移动用户之间的通信。

（3）卫星移动通信

卫星移动通信是利用卫星作中继站来实现区域乃至全球范围的移动通信。对于车载移动通信，可采用静止卫星；而对于手持终端，采用中低轨道的卫星则较为有利。

（4）无绳电话

对于室外慢速移动的手持终端的通信，可采用通信距离近、功率小、体积轻便的无绳电话机。

8.1.2 移动通信的特点

移动通信与固定通信方式不同，具有以下主要特点。

（1）无线电波传播环境复杂

移动台可能在各种环境中运动，因此，电磁波在传播时不仅有直射信号，而且还会产生反射、折射、绕射等现象，从而产生多径效应。地理条件不同，多径效应所造成的信号传播延迟或展宽也不同，使得同一移动台的通信效果不同。严重时则会导致移动通信传输特性出现畸变，直接影响数字移动通信质量。

（2）噪声和干扰影响严重

在移动通信中，由于多个移动台是同时使用多频道进行信息通信的，因而常受到来自其他移动台的信号干扰，如同频干扰、邻道干扰和互调干扰等。除此之外，还会受到噪声的影响，这些噪声主要是人为因素造成的，如汽车点火、电火花、发动机噪声等。

（3）频谱资源有限

每个移动用户在通信时都要占用一定的频率资源，无线通信中频率的使用必须遵守国际和国内的频率分配规定，而无线电频率资源有限，分配给移动通信的频带比较窄，随着移动通信用户数量和业务量的急剧增加，现有规定的移动通信频段已非常拥挤，如何在有限的频段内满足更多用户的通信需求是移动通信必须解决的一个重要问题。

（4）组网技术复杂

移动通信的特殊性就在于移动，为了实现移动通信，必须解决几个关键问题。由于移动台在整个通信区域内可以自由移动，因此移动交换中心必须随时确定移动台的位置，这样在需要建立呼叫时，才能快速地确定哪些基站可以与之建立联系，并可为其进行信道分配；在小区制组网中，移动台从一个小区移动到附近另一个小区时，要进行越区切换；移动台除了能在本地交换局管辖区内进行通信外，还要能在外地移动交换局管辖区内正常通信，即具有所谓的漫游功能；很多移动通信业务都要进入市话网，如移动终端和固定电话通话，但移动通信进入市话网时并不是从用户终端直接进入的，而是经过移动通信网的专门线路进入市话网，因此，移动通信不仅要在本网内联通，还要和有线通信网联通。上述这些都使得移动通信的组网比固定的有线通信组网要复杂得多。

8.1.3 移动通信网络的发展历程

20世纪80年代，商业化的移动通信网络得到迅速发展。同时，移动通信网络发展的里程碑都是以无线技术的发展为基准的，已经经历了第一代模拟移动通信（1G）、第二代数字移动通信（2G）和第三代移动通信（3G）时代，目前正处于第四代移动通信（4G）商业应用阶段，第五代移动通信也开始进入研究阶段。图8-1描述了移动通信网络技术发展历程。

（1）第一代模拟移动通信系统（1G）

第一代移动通信系统是模拟制式的蜂窝移动通信系统，典型代表是美国贝尔实验室于

1978 年底研制成功的高级移动电话系统（Advanced Mobile Phone System，AMPS）和后来英国的改进型系统 TACS（Total Access Communication System，全接入通信系统）等。第一代移动通信系统的主要特点是：采用频分多址接入（FDMA）模拟制式，语音信号为模拟调制；蜂窝网，即小区制，由于实现了频率复用，极大提高了系统容量。但第一代移动通信系统的弊端明显，如频谱利用率低、业务种类有限、无高速数据业务、保密性差、易被窃听和盗号、设备成本高、体积大、重量大等。

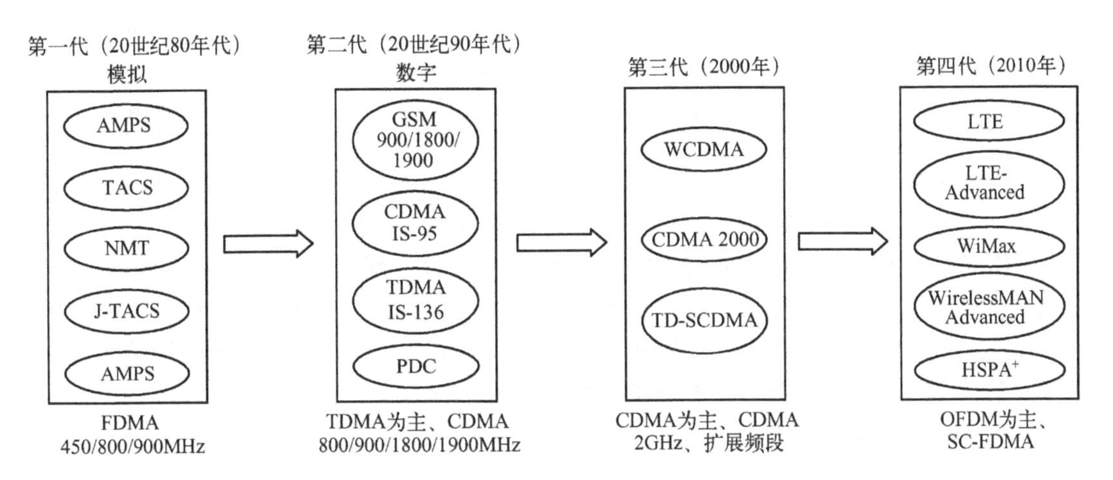

图 8-1　移动通信网络技术发展历程

（2）第二代数字移动通信系统（2G）

为了解决模拟系统中存在的这些根本性技术缺陷，数字移动通信技术应运而生了，出现了两种典型的第二代（2G）移动通信系统：基于时分多址接入（Time Division Multiple Access，TDMA）所发展的、源于欧洲的全球移动通信系统（Global Systems for Mobile communications，GSM）和基于 CDMA 所发展的、源于美国的 IS-95。数字移动通信网相对于模拟移动通信网，提高了频谱利用率，支持多种业务服务，并与 ISDN 等兼容。GSM 采用频分双工（Frequency Division Duplex，FDD）方式和 TDMA 多址方式，每个载频支持 8 个信道，信号带宽 200 kHz。2G 移动通信系统以传输语音和低速数据业务为目的，因此又称为窄带数字通信系统。

从 1996 年开始，为了解决中速数据传输问题，又出现了第 2.5 代（2.5G）的移动通信系统，如通用分组无线业务（General Packet Radio Service，GPRS）和 IS-95B。

（3）第三代移动通信系统（3G）

由于网络的发展，数据和多媒体通信有了迅猛的发展势头，所以第三代（3G）移动通信的目标就是宽带多媒体通信。3G 移动通信系统称为 IMT-2000（International Mobile Telecommunication-2000），意即该系统工作在 2000 MHz 频段，最高业务速率可达 2000 kbit/s，预期在 2000 年左右得到商用。3G 阶段无线接入技术发生了根本的改变，以 WCDMA 技术为主。主要体制有 WCDMA（Wideband CDMA，宽带码分多址）、CDMA2000 和 TD-SCDMA（Time Division-Synchronous Code Division Multiple Access，时分同步码分多址），3 种 3G 制式的比较如表 8-1 所列。

表 8-1　3G 主要制式比较

制　式	WCDMA	CDMA2000	TD-SCDMA
采用国家	欧洲和日本	美国和韩国	中国
继承基础	GSM	窄带 CDMA	GSM
同步方式	异步	同步	异步
码片速率	3.84 Mchip/s	$N\times 1.2288$ Mchip/s	1.28 Mchip/s
信号带宽	5 MHz	$N\times 1.25$ MHz	1.6 MHz
空中接口	WCDMA	CDMA2000 兼容 IS-95	TD-SCDMA
核心网	GSM MAP	ANSI-41	GSM MAP

TD-SCDMA 标准主要侧重于无线接入网（Radio Access Network，RAN）部分以及终端部分。而 TD-SCDMA 核心网基于 3GPP 标准，和 WCDMA 基本共享一致。

WCDMA 和 TD-SCDMA 在核心网方面的特点是：核心网基于 GSM/GPRS 网络的演进，保持与 GSM/GPRS 网络的兼容性；核心网络可以基于 TDM、ATM 和 IP 技术，并向全 IP 的网络结构演进；核心网络逻辑上分为电路域和分组域两部分，分别完成电路型业务和分组型业务；MAP 技术和 GPRS 隧道技术是移动性管理机制的核心。

（4）第 4 代移动通信系统（4G）

2010 年年底，ITU 将 WiMax、HSPA +、LTE 正式纳入到第四代（4G）移动通信标准里，加上之前就已经确定的 LTE-Advanced 和 WirelessMAN-Advanced 这两种标准，目前 4G 标准已经达到了 5 种。4G 网络旨在能够为我们提供与固定网络宽带一样的光纤级别的网速体验。

长期演进（Long Term Evolution，LTE）项目是 3G 的演进，它改进并增强了 3G 的空中接入技术，采用正交频分复用（Orthogonal Frequency Division Multiplexing，OFDM）和多输入多输出（Multiple Input Multiple Output，MIMO）作为其无线网络演进的唯一标准。主要特点是在 20 MHz 频谱带宽下能够提供下行 100 Mbit/s 与上行 50 Mbit/s 的峰值速率，相对于 3G 网络大大提高了小区的容量，同时将网络延迟大大降低。

LTE-Advanced，从字面上看，LTE-Advanced 就是 LTE 技术的升级版。LTE-Advanced 是一个后向兼容的技术，完全兼容 LTE，是演进而不是革命。

全球微波互联接入（Worldwide Interoperability for Microwave Access，WiMAX）的另一个名字是 IEEE 802.16。WiMAX 所能提供的最高接入速度是 70 Mbit/s。

WirelessMAN-Advanced 就是 WiMax 的升级版，即 IEEE 802.16m 标准。其中，IEEE 802.16m 最高可以提供 1 Gbit/s 无线传输速率，还将兼容未来的 4G 无线网络。

HSPA + 是 HSPA（High Speed Packet Access，高速分组接入）的衍生版，能够在 HSPA 网络上进行改造而升级到该网络，是一种经济而高效的 4G 网络。HSPA 技术包括 HSDPA（High Speed Downlink Packet Access，高速下行链路分组接入技术）和 HSUPA（High Speed Uplink Packet Access，高速上行链路分组接入技术）。

在这 5 种标准中，LTE 的发展最热。LTE 是 3GPP 提出的演进标准，它定义了 LTE FDD 和 LTE TDD 两种方式。TD-LTE 与 LTE FDD 在技术规范上存在较大的共通性和统一性，二者共享相同的二层和三层结构，其物理层主要帧结构相关，关键技术基本一致；二者的区别就在于无线接入部分，空中接口标准不一致。

本章仅介绍2G移动通信系统GSM。2.5G移动通信系统（GPRS）、3G和4G移动通信系统将在第10章中进行详细介绍。

8.2 GSM移动通信网络的结构和接口

8.2.1 GSM移动通信网络的结构

移动通信网络是指移动体之间、移动体与固定用户之间用于建立信息传输通道的通信网络，因而移动通信涉及无线传输、有线传输以及信息的采集、处理和存储等内容，其主要设备应包括无线收发信机、交换控制设备和移动终端设备等。图8-2给出了一个典型的蜂窝移动通信网，网络中的服务区是由若干个六边形小区覆盖而成，并呈蜂窝状。移动通信网是一个完整的信息传输实体，包括移动台（MS）、基站（BS）、移动业务交换中心（MSC）等部分，并可通过接口与公众通信网实现互联。

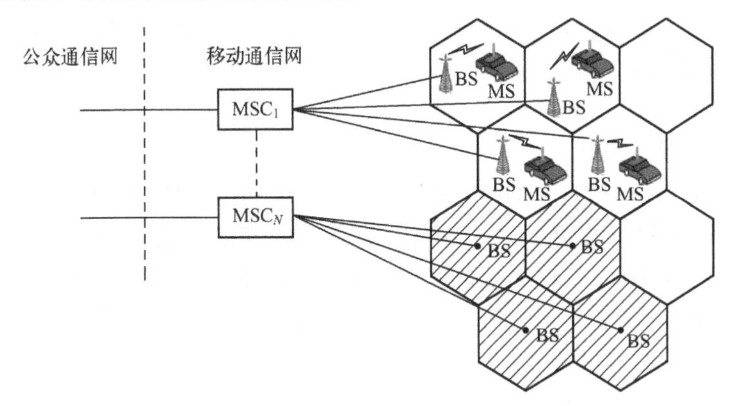

图8-2 典型的蜂窝移动通信网

图8-3为GSM移动通信网络的结构。GSM标准定义的GSM网络由4部分组成：移动台（Mobile Station，MS）、基站系统（Base Station System，BSS）、网络交换系统（Network Switching System，NSS）和操作维护系统（Operations and Maintenance System，OMS）。

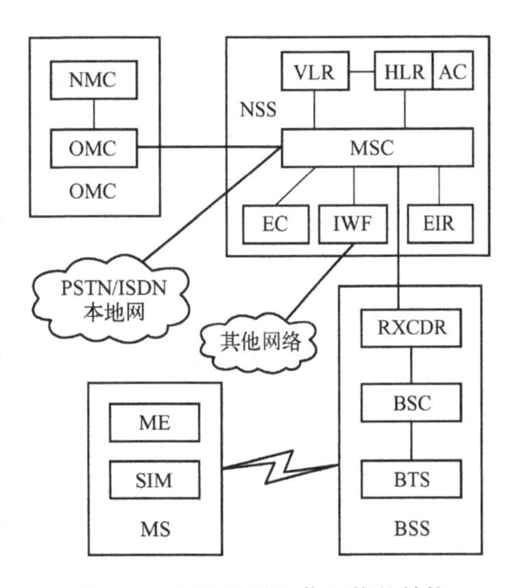

图8-3 GSM移动通信网络的结构

1. 移动台（MS）

MS是用户终端设备，通过无线空中接口Um给用户提供接入网络业务的能力。MS由移动终端设备（Mobile Equipment，ME）和用户识别模块（Subscriber Identity Module，SIM）两部分组成。其中，ME可以完成语音编码、信道编码、加密、调制/解调以及发射和接收功能；SIM卡则存有确认用户身份所需的信息，以及与网络和客户有关的管理数据。移动终端只有插入SIM卡后才能入网，但SIM卡不能作为代金卡使用。

2. 基站系统（BSS）

基站系统（BSS）提供移动台与移动交换中心（Mobile Switching Center，MSC）之间的链路。BSS 由基站收发台（Base Transceiver Station，BTS）、基站控制器（Base Station Controller，BSC）、变码器（Transcoder，XCDR）组成，主要负责无线信号的发送、接收以及无线资源管理等功能。

（1）基站收发台（BTS）

BTS 是 BSS 的无线部分，负责接收和发送无线信号，并提供与 BSC 的连接。BTS 包括无线传输所需要的各种硬件和软件，如发射机、接收机、天线、连接基站控制器的接口电路以及收发台本身所需要的检测和控制装置等。

（2）基站控制器（BSC）

BSC 是 BSS 的控制部分，位于 BTS 和 MSC 之间。一个 BSC 通常控制多个 BTS，主要功能是完成无线网络资源管理、小区配置数据管理、功率控制、定位和切换等功能。

（3）变码器（XCDR）

XCDR 将来自 MSC 的语音或数据输出（64kbit/s PCM）转换成 GSM 规程所规定的格式（16kbit/s），以便更有效地通过空中接口在 BSS 和 MS 之间进行传输（即将 64kbit/s 压缩成 16kbit/s）；反之，可以解压缩。

3. 网络交换系统（NSS）

网络交换系统（NSS）具有 GSM 网络的主要交换功能，还具有用户数据和移动管理所需的数据库。NSS 由移动交换中心（MSC）、访问位置寄存器（VLR）、归属位置寄存器（HLR）、鉴权中心（AUC）、移动设备识别寄存器（EIR）、互通功能部件（IWF）和回声消除器（EC）等组成。

（1）移动交换中心（MSC）

移动交换中心（Mobile Switching Center，MSC）是 GSM 网络系统的核心部件，负责完成呼叫处理和交换控制，实现移动用户的寻呼接入、信道分配、呼叫接续、话务量控制、计费和基站管理等功能，还可以完成 BSS 和 MSC 之间的切换和辅助性的无线资源管理等，并提供连接其他 MSC 和其他公用通信网络（如 PSTN 和 ISDN 等）的链路接口功能。MSC 与其他网络部件协同工作，实现移动用户位置登记、越区切换、自动漫游、用户鉴权和服务类型控制等功能。

（2）归属位置寄存器（HLR）

归属位置寄存器（Home Location Register，HLR）是一种用来存储本地用户参数和当前所处位置信息的数据库，一个 HLR 能够控制若干个移动交换区域。在 GSM 通信网中，通常设置若干个 HLR，每个用户必须在某个 HLR（相当于该用户的原籍）中登记。登记的内容分为两种：一种是永久性的参数，如移动用户号码（MSISDN）、国际移动用户识别码（IMSI）、接入优先等级、预定的业务类型以及保密参数等；另一种是暂时性需要随时更新的参数，即用户当前所处位置的有关参数，即使用户漫游到了 HLR 所服务的区域外，HLR 也要登记由该区传送来的位置信息。这样做的目的是保证当呼叫任一不知处于哪一个地区的移动用户时，均可由该移动用户的 HLR 获知它当时处于哪一个地区，进而建立起通信链路。

相应地，HLR 存储两类数据：一是用户永久性参数信息，包括 MSISDN、IMSI、用户类别、Ki 和补充业务等参数；二是暂时性用户信息，包括当前用户的 MSC/VLR 地址等位置信息、用户状态（登记/已取消登记）、移动用户的漫游号码。

（3）访问位置寄存器（VLR）

访问位置寄存器（Visit Location Register，VLR）是一种存储来访用户信息的数据库。一个 VLR 通常为一个 MSC 控制区服务。当 MS 漫游到新的 MSC 控制区时，它必须向该服务区的 VLR 申请登记，VLR 要从该用户的 HLR 中查询，存储其有关的参数，同时给该用户分配一个新的移动用户漫游号码（MSRN），然后通知其 HLR 修改该用户的位置信息，准备为其他用户呼叫此移动用户提供路由信息。当移动用户由一个 VLR 服务区移动到另一个 VLR 服务区时，HLR 在修改该用户的位置信息后，还要通知原来的 VLR 删除该移动用户的位置信息。因此，VLR 可看作一个动态的数据库。

VLR 存储的信息有：移动台状态（遇忙/空闲/无应答等）、位置区域识别码（LAI）、临时移动用户识别码（TMSI）和移动用户漫游号码（MSRN）。

（4）鉴权中心（AUC）

鉴权中心（AUthentication Center，AUC）的作用是可靠地识别用户的身份，只允许有权用户接入网络并获得服务。由于要求 AUC 必须连续访问和更新系统用户记录，因此，AUC 一般与 HLR 处于同一位置。AUC 产生为确定移动用户身份及对呼叫保密所需的鉴权和加密的 3 参数分别是：随机码（RANDom number，RAND）、符合响应（Signed RESponse，SRES）和密钥（Ciphering Key，Kc）。

（5）移动设备识别寄存器（EIR）

移动设备识别寄存器（Equipment Identity Register，EIR）是存储移动台设备参数的数据库，用于对移动台设备的鉴别和监视，并拒绝非法移动台入网。

EIR 数据库由以下几个国际移动设备识别码（IMEI）表组成：白名单，保存那些已知分配给合法设备的 IMEI；黑名单，保存已挂失或由于某种原因而被拒绝提供业务的移动台的 IMEI；灰名单，保存出现问题（例如，软件故障）的移动台的 IMEI，但这些问题还没有严重到使这些 IMEI 进入黑名单的程度。

（6）互通功能部件（IWF）

互通功能部件（InterWorking Function，IWF）提供使 GSM 系统与当前可用的各种形式的公众和专用数据网络的连接。IWF 的基本功能是：完成数据传输过程的速率匹配；协议的匹配。

（7）回声消除器（EC）

回声消除器（Echo Canceller，EC）用于消除移动网和固定网（PSTN）通话时移动网络的回声。对于全部语音链路，在 MSC 中，与 PSTN 互通部分使用一个 EC。即使在 PSTN 连接距离很短时，GSM 固有的系统延迟也会造成不可接收的回声，因此 NSS 系统需要对回声进行控制。

4. 操作维护系统（OMS）

操作维护系统（OMS）提供在远程管理和维护 GSM 网络的能力。OMS 由网络管理中心（Network Management Center，NMC）和操作维护中心（Operations and Maintenance Center，OMC）两部分组成。NMC 总揽整个网络，处于体系结构的最高层，它从整体上管理网络，提供全局性的网络管理，用于长期性规划。OMC 负责对全网中每个设备实体进行监控和操作，实现对系统内各种部件的功能监视、状态报告、故障诊断、话务量统计和计费数据的记录与传送、性能管理、配置管理和安全管理等功能。

8.2.2 GSM 移动通信网络的接口

GSM 移动通信网络的功能结构如图 8-4 所示。

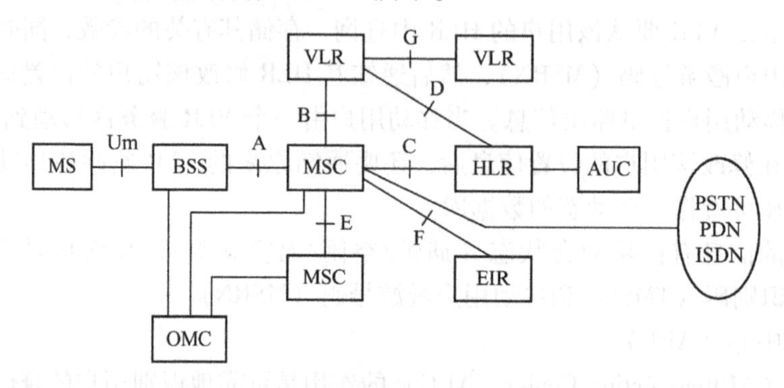

图 8-4 典型的蜂窝移动通信网功能结构

(1) Um 接口

Um 接口又称为空中接口，是移动通信网的主要接口之一。Um 接口传送的信息包括无线资源管理、移动性管理和连接管理等信息。该接口采用的技术决定了移动通信系统的制式。

(2) 系统内部接口

除空中接口外，移动通信网各网络部件之间的接口称为网络内部接口，主要包括：

1) A 接口：是 BSS 和 MSC 之间的接口。该接口传送有关移动呼叫处理、基站管理、MS 管理、无线资源管理等信息，并与 Um 接口互通，在 MSC 和 MS 之间传送信息。该接口采用 No. 7 信令作为控制协议。

2) B 接口：是 MSC 和 VLR 之间的接口。MSC 通过该接口传送漫游用户位置信息，并在呼叫建立时向 VLR 查询漫游用户的有关数据。该接口采用 No. 7 信令的移动应用部分(MAP) 协议规程。由于 MSC 和 VLR 常合设在同一物理设备中，该接口为内部接口。

3) C 接口：是 MSC 和 HLR 之间的接口。MSC 通过该接口向 HLR 查询被叫的选路信息，以便确定呼叫路由，并在呼叫结束时向 HLR 发送计费信息等。该接口采用 MAP 规程。

4) D 接口：是 HLR 和 VLR 之间的接口，主要用于传送移动用户数据、位置和选路信息。该接口采用 MAP 规程。

5) E 接口：是 MSC 之间的接口，主要用于越区切换和话路接续。当通话中的移动用户由一个 MSC 进入另一个 MSC 服务区时，2 个 MSC 需要通过该接口交换信息，由另一个 MSC 接管该用户的通信控制，使移动用户的通信不中断。对于局间话路接续，该接口采用 ISDN 用户部分 (ISUP) 或电话用户部分 (TUP) 信令规程；对于越区 (局) 频道切换的信息传送，采用 MAP 规程。

6) F 接口：是 MSC 和 EIR 之间的接口。MSC 通过该接口向 EIR 查询 MS 的合法性数据。该接口采用 MAP 规程。

7）G 接口：是 VLR 之间的接口。当移动用户由一个 VLR 管辖区进入另一个 VLR 管辖区时，新老 VLR 通过该接口交换必要的控制信息。该接口采用 MAP 协议规程。

（3）移动通信网与其他网络之间的接口

为实现移动通信网与其他网络（如 PSTN/ISDN、PSPDN 等）业务互通的网间接口。

8.3 移动交换的基本原理

8.3.1 编号计划

在移动通信网络中，由于用户的移动性，为了将一个呼叫接至某个移动客户，需要调用相应的实体。因此要正确寻址，编号计划就非常重要。下面就 GSM 移动通信网中用来识别身份的各种号码的编号计划进行介绍。

（1）移动台国际 ISDN 号码（MSISDN）

移动台国际 ISDN 号码（Mobile Station International ISDN Number，MSISDN）是指主叫客户为呼叫移动用户所需拨的号码。号码的结构为：

MSISDN = [CC] + [NDC] + [SN]

其中，CC（Country Code）：国家码。即移动台登记注册的国家码，中国为 86。

NDC（National Destination Code）：国内目的地码，即网路接入号，也就是移动号码的前 3 位。中国移动 GSM 网的接入号为 134 ~ 139,、150 ~ 152、157 ~ 159，中国联通 GSM 网的接入号为 130 ~ 132、155 ~ 156。

SN（Subscriber Number）；用户号码，中国采用等长 8 位编号计划，其中前 4 位为移动用户归属位置寄存器（HLR）的标识码，确定用户归属，精确到地市。

如一个 GSM 移动手机号码为 8613612345678，其中，86 是中国的国家码，136 是 NDC，12345678 是 SN，1234 是 HLR 标识码。

（2）国际移动用户识别码（IMSI）

为了在无线路径和整个 GSM 移动通信网上正确地识别某个移动客户，就必须给移动用户分配一个国际通用的识别码。这个识别码称为国际移动用户识别码（International Mobile Subscriber Identification Number，IMSI），用于 GSM 移动通信网所有信令中，存储在 SIM 卡、HLR、VLR 中。IMSI 号码结构为：

IMSI = [MCC] + [MNC] + [MSIN]

其中，MCC（Mobile Country Code）：移动国家号码，由 3 位数字组成，唯一地识别移动用户所属的国家。中国为 460。

MNC（Mobile Network Code）：移动网号，由 2 位数字组成，用于识别移动用户所归属的移动网络。中国移动的 GSM 网为 00，中国联通的 GSM 网为 01。

MSIN（Mobile Station Identity Number）：移动用户识别码，采用等长 10 位数字构成。唯一地识别国内 GSM 移动通信网中的移动用户。

（3）移动用户漫游号码（MSRN）

被叫客户所归属的 HLR 知道该客户目前是处于哪一个 MSC/VLR 业务区，为了提供给入口 MSC/VLR（GMSC）一个用于选择路由的临时号码，HLR 请求被叫所在业务区的 MSC/

VLR 给该被叫客户分配一个移动用户漫游号码（Mobile Station Roaming Number，MSRN），并将此号码送至 HLR，HLR 收到后再发送给网关 MSC（Gateway MSC，GMSC），GMSC 根据此号码选择路由，将呼叫接至被叫客户目前正在访问的 MSC/VLR 交换局。路由一旦建立，此号码就可立即释放。这种查询、呼叫选择路由功能（即请求一个 MSRN 功能）是 No.7 信令中移动应用部分（MAP）的一个程序，在 GMSC-HLR-MSC/VLR 间的 No.7 信令网中进行传送。

MSRN 的结构与 MSISDN 的结构相似，格式如下：

MSRN =[CC]+[NDC]+[SN]

我国 GSM 移动通信网技术体制规定 139 后第一位为 0 的 MSISDN 号码为 MSRN，即 1390*******。

（4）临时移动用户识别码（TMSI）

为了对 IMSI 保密，MSC/VLR 可给来访移动用户分配一个唯一的临时移动用户识别码（Temporary Mobile Subscriber Identity，TMSI），即为一个由 MSC 自行分配的 4 字节的 BCD 编码，仅限在本 MSC 业务区内使用。

（5）国际移动设备识别码（IMEI）

国际移动设备识别码（International Mobile Equipment Identification，IMEI）唯一地识别一个移动台设备的编码，为一个 15 位的十进制数字，其结构为：

IMEI =[TAC]+[FAC]+[SNR]+[SP]

其中，TAC：型号批准码，由欧洲型号认证中心分配，6 位数字。

FAC：工厂装配码，由厂家编码，表示生产厂家及其装配地，2 位数字。

SNR：序号码，由厂家分配。识别每个 TAC 和 FAC 中的某个设备的，6 位数字。

SP：备用，1 位数字。

（6）位置区识别码（LAI）

位置区识别码（Location Area Identification，LAI）用于移动客户的位置更新，其号码结构是：

LAI =[MCC]+[MNC]+[LAC]

其中，MCC：移动用户国家码，3 位数字，同 IMSI 中的前 3 位数字。

MNC：移动网号，2 位数字，同 IMSI 中的 MNC。

LAC：位置区号码，为一个 2 字节 BCD（Binary Coded Decimal，二进编码十进制）编码，表示为 X1X2X3X4。在一个 GSM 网中可定义 65536 个不同的位置区。

8.3.2 移动呼叫的一般过程

移动通信网呼叫建立过程与固定通信网类似，其主要区别在于：1）移动用户发起呼叫时必须先输入号码，确认不需要修改后才发送；2）在号码发送和呼叫接通之前，MS 与网络之间必须交互控制信息。这些操作是设备自动完成的，无需用户介入，但有一段延时。下面以 GSM 为例介绍移动呼叫的一般过程。

1. MS 初始化

在蜂窝网络中，每个小区都配置一定数量的信道，其中有用于广播系统参数的广播信道，用于信令传送的控制信道和用于用户信息传送的业务信道。MS 开机时通过自动扫描捕获当前所在小区的广播信道，根据系统广播的训练序列完成与基站的同步；然后获得移动网号、基站识别码、位置区识别码等信息。此外，MS 还需获取接入信道、寻呼信道等公共控制信道的标识。上述任务完成后，MS 就监视寻呼信道，处于监听状态。

2. 位置登记与更新

所谓位置登记与更新指的是移动通信网为了跟踪 MS 的位置变化而对其位置信息进行登记、删除和更新的过程。位置信息存储在 HLR 和 VLR 中。

GSM 网络把整个覆盖区域划分为许多位置区，并以不同的位置区标志进行区别，如图 8-5 中的 LA_1、LA_2、LA_3和 LA_4。

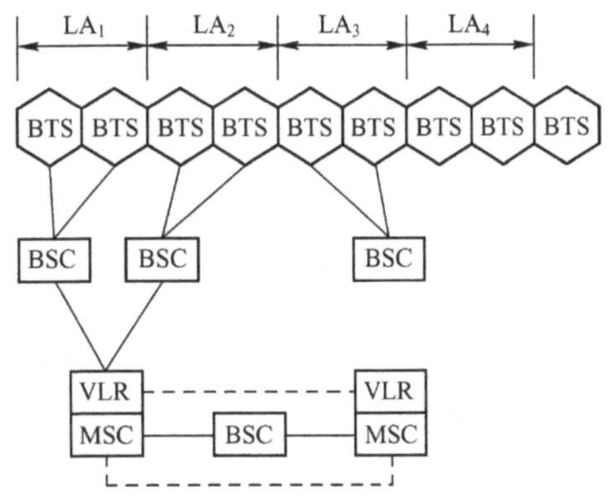

图 8-5　GSM 的位置区

当一个移动用户首次进入 GSM 网络时，它必须通过 MSC 在相应的 HLR 中进行注册，把有关的数据（如 IMSI、MSISDN、位置信息、业务类型等）存放在 HLR 中。

当 MS 从一个位置区进入另一个位置区时，就要向网络报告其位置的移动，使网络能随时登记移动用户的当前位置，网络利用位置信息可以实现对漫游用户的自动接续，将用户的通话、分组数据、短消息和其他业务数据送达漫游用户。

MS 的不断运动将导致其位置的不断变化，MS 通过接收广播控制信道（Broadcast Control Channel，BCCH）可以知道是否进入了新的位置区。如果 LAI 与原 LAI 相同，则意味着 MS 还在原来的位置区，不需要进行位置更新；如果 LAI 与原 LAI 不同，则意味着 MS 已离开了原来的位置区，必须进行位置登记。

为了减少对 HLR 的更新过程，HLR 中只保存用户所在的 MSC/VLR 的信息，而 VLR 中则保存用户更详细的信息（如位置区的信息），因此在每一次位置变化时，VLR 都要进行更新，而只有在 MSC/VLR 发生变化（用户进入新的 MSC/VLR 区）时才更新 HLR 中的信息。

当 MS 用 IMSI 来标识自己时，仅涉及用户新进入区域的 VLR 和用户所注册的 HLR，具体过程如图 8-6 所示。当 MS 进入某个 MSC/VLR 控制的区域时，MS 通过 BS 向 MSC 发出“位置登记请求”信息。如果 MS 用 IMSI 标识自己，则新的 VLR 在收到 MSC“更新位置登记”信息后，可根据 IMSI 直接判断出该 MS 的 HLR 地址。VLR 为该 MS 分配 1 个临时性的漫游号码（MSRN），并向该 HLR 查询 MS 的有关参数，获得成功后，再通过 MSC 和 BSS 向 MS“更新位置登记”的确认信息。HLR 要修改该 MS 原来的移动参数，还要向原来的 VLR 发送“位置信息注销”指令，然后 VLR 通过 MSC 和 BSS 向 BSS 回送确认消息，位置更新过程结束。

如果 MS 发起位置登记请求时利用的是 TMSI，则当前 VLR 在“位置信息注销”指令后，必须向原 VLR 询问该移动用户的 IMSI，若询问操作成功，则当前 VLR 会给该 MS 分配一个新的 TMSI。

位置更新总是由 MS 启动，如果 MS 因故未收到“位置登记请求”确认信息，则说明此次申请失败，可以重复发送 3 次申请，每次间隔至少 10 s。

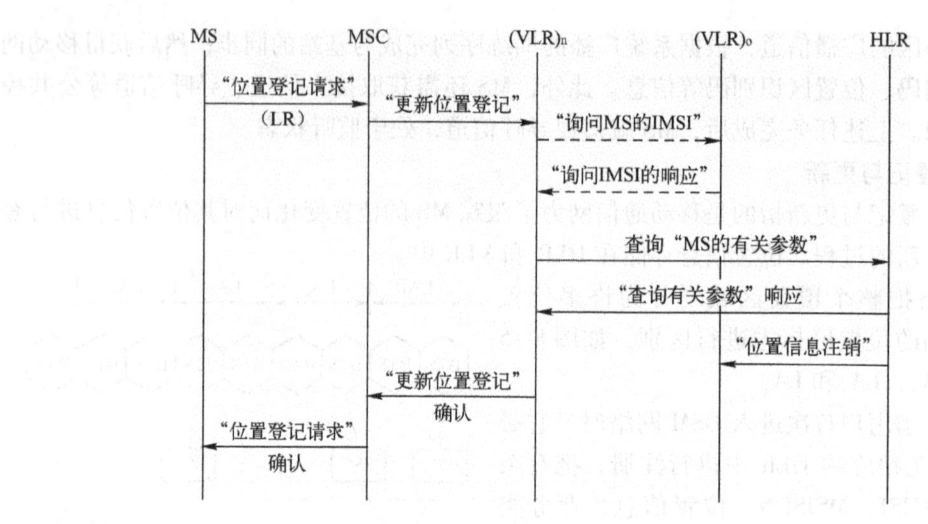

图 8-6　位置登记与更新过程

3. 呼叫接续

（1）移动用户主叫过程

移动用户向固定用户发起呼叫的接续过程如图 8-7 所示，一次成功的移动用户主叫接续过程可分为以下几个步骤。

① 建立 MS 与 BSS 之间的专用控制信道。

MS 先在随机接入信道（Random Access Channel，RACH）上发出“信道分配请求”信息，若 BSS 接收成功，则给该 MS 分配一个专用控制信道（Dedicated Control Channel，DCCH），即在准许接入信道（Access Grant Channel，AGCH）上向 MS 发送“立即分配信道”指令。MS 在发起呼叫的同时设置一定时器，在规定的时间内可重复呼叫，如果按预定的次数重复呼叫后仍收不到 BSS 的应答，则放弃这个呼叫。

② 完成鉴权和有关密码的计算。

MS 收到“立即分配信道”指令后，利用 DCCH 和 BSS 建立起主信令链路，此后，信令在 DCCH 上进行传送。MS 经 BSS 向 MSC 发送“业务请求”信息，MSC 向 VLR 发送“开始接入请求”信令，VLR 收到后通过 MSC 和 BSS 向 MS 发送“鉴权请求”信息。在“鉴权请求”信息中包含有存储的随机数 RAND，BSS 收到后按加密算法算出符号响应（SRES），此结果作为“鉴权响应”信息回送给 MSC。若鉴权通过，承认此 MS 的合法性，VLR 就给 MSC 发送“置密模式”信息，由 MSC 经 BSS 向 MS 发送“置密模式”指令，MS 收到并完成置密后要向 MSC 发送“置密模式完成”的响应信息。经鉴权、置密完成后，VLR 才向 MSC 做出“开始接入请求”应答。

③ 呼叫建立过程。

MS 向 MSC 发出“建立呼叫请求”信息，MSC 收到后向 VLR 发出“要求传送建立呼叫所需信息”指令，如果成功，则 MSC 即向 MS 发送“呼叫进展”指令，并向 BSS 发出分配无线业务信息的“信道指配”信令，要求 BSS 给 MS 分配无线信道。

④ 建立业务信道。

如果 BSS 找到可用的业务信道（Traffic Channel，TCH），即向 MS 发出“信道指配”指令，当 MS 得到 TCH 时，向 BSS 和 MSC 发送“信道指配完成”信息。MSC 在无线链路和地

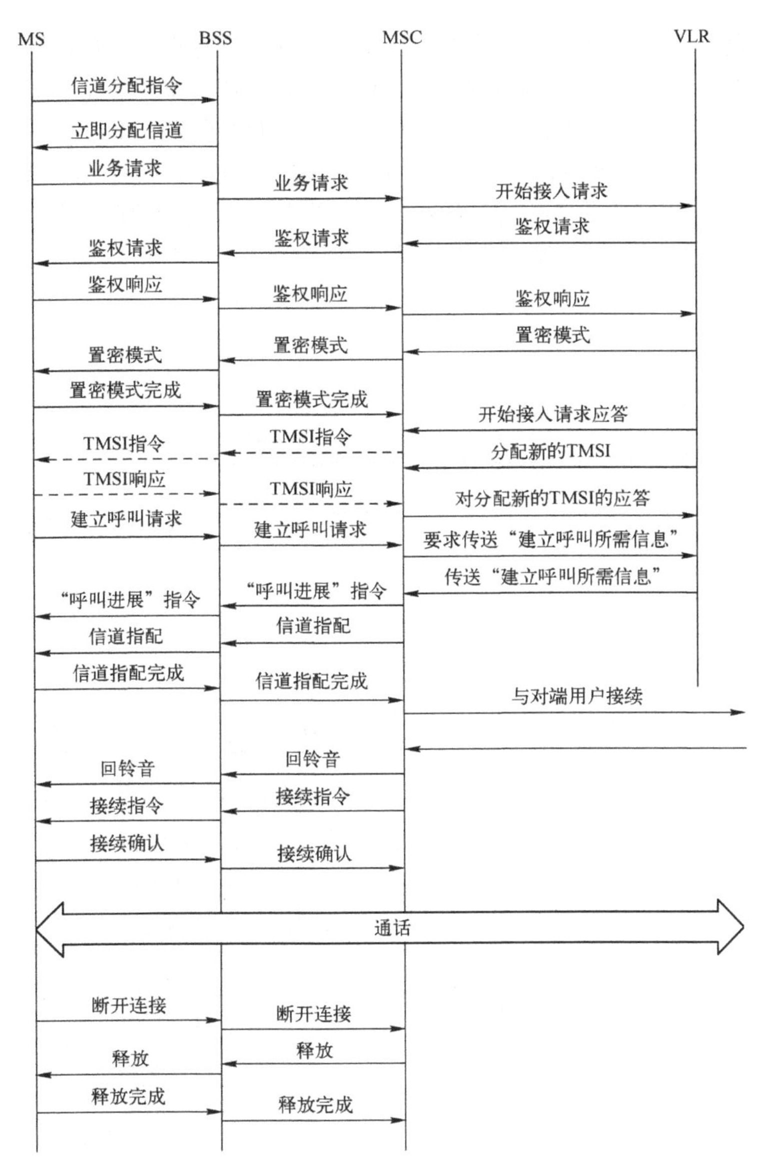

图 8-7　移动用户主叫接续过程

面有线链路建立后，把呼叫接续到固定网络，并与被呼叫的固定用户建立连接，然后给 MS 发送回铃音。被呼叫的用户摘机后，MSC 向 BSS 和 MS 发送“接续”指令，待 MS 发回“接续”确认后即转入通信状态。

⑤ 话终挂机。通话结束，当 MS 挂机时，MS 通过 BSS 向 MSC 发送“断开连接”指令，MSC 收到后，一方面向 BSS 和 MS 发送“释放”信息，另一方面与对方用户所在网络联系，以释放有线或无线资源；MS 收到“释放”信息后，通过 BSS 向 MSC 发送“释放完成”信息，此时通信结束，BSS 和 MS 之间释放所有的无线链路。

(2) 移动用户被叫过程

移动用户被固定用户呼叫时的接续过程如图 8-8 所示。当固定用户向移动用户拨出呼叫号码后，固定网络把呼叫接续到就近的 MSC，此 MSC 在网络中起到入口的作用，记作

GMSC。GMSC 随即向相应的 HLR 查询路由信息，HLR 在其保存的用户位置数据库中查出被呼 MS 所在的地区，并向该区的 VLR 查询该 MS 的漫游号码（MSRN），VLR 把 MS 的 MSRN 送到 HLR，并转发给查询路由信息的 GMSC，GMSC 即把呼叫接续到被呼 MS 所在地区的 MSC，记作 VMSC。由 VMSC 向 VLR 查询有关的“呼叫参数”，获得成功后再向相关的 BSS 发出“寻呼请求”。BSC 根据 MS 所在的小区确定所用的收发台 BTS，在寻呼信道（Paging Channel，PCH）上发送该“寻呼请求”信息。

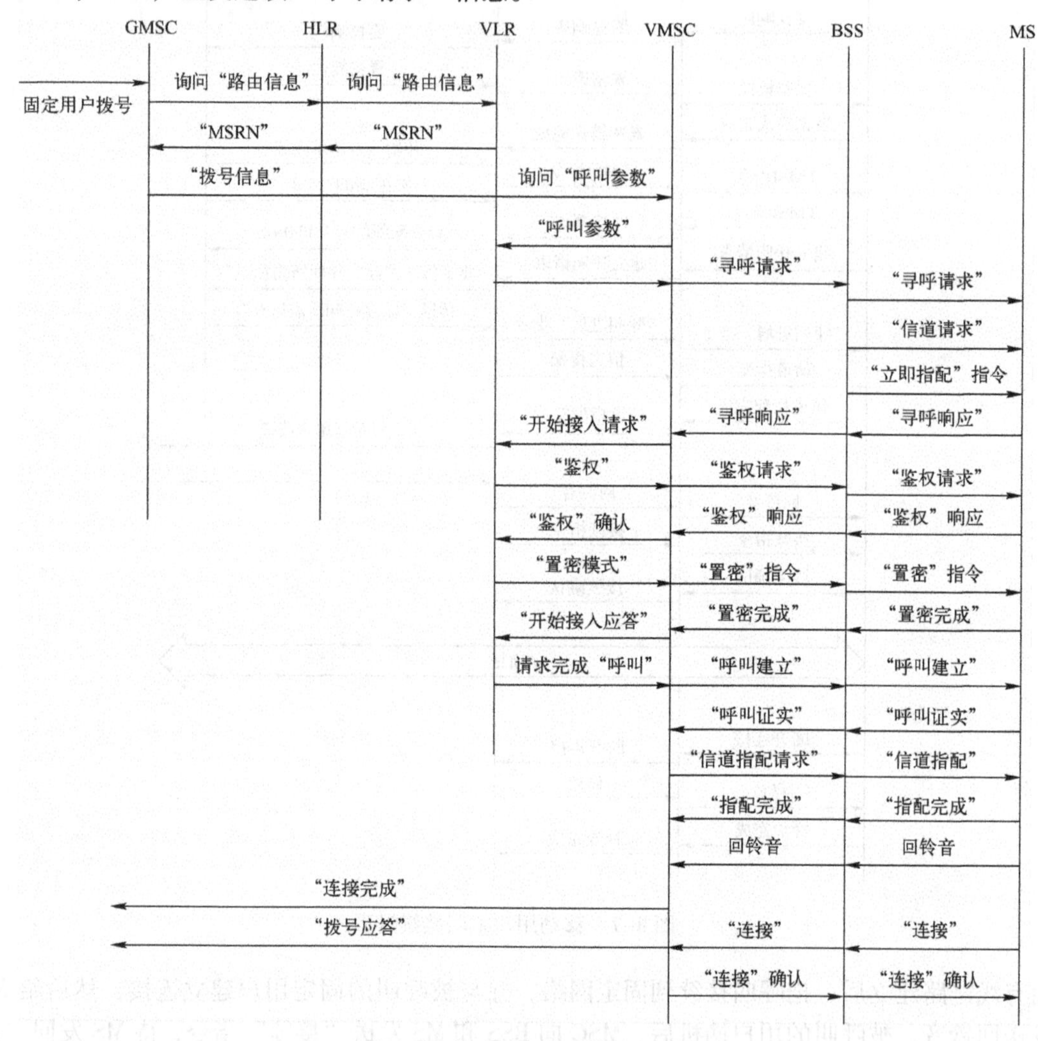

图 8-8　移动用户被叫接续过程

MS 收到“寻呼请求”信息后，在 RACH 向 BSS 发送“信道请求”信息，由 BSS 分配 DCCH，即在公共控制信道（Common Control Channel，CCCH）上给 MS 发送“立即分配”信令。MS 利用分配到的 DCCH 与 BSS 建立起信令链路，然后向访问 MSC（Visited MSC，VMSC）发回“寻呼”响应。

VMSC 收到 MS 的“寻呼响应”后，向 VLR 发送“开始接入请求”信息，接着启动常规的“鉴权”和“置密模式”过程。之后，VLR 向 VMSC 发回“开始接入应答”和“完成呼叫”请求。VMSC 向 BSS 和 MS 发送“呼叫建立”的信令，被叫 MS 收到此信令后向 BSS

和 VMSC 发回“呼叫证实”信息，表明 MS 已进入通信状态。

VMSC 收到 MS 的“呼叫证实”信息后，向 BSS 发出“信道指配请求”信息，要求给 BSS 和 MS 分配 TCH。接着，MS 向 BSS 和 VMSC 发回“信道指配完成”响应和回铃音，于是 VMSC 向固定用户发送“连接完成”信息。

被呼叫用户摘机时向 VMSC 发送“接续”信息，VMSC 主叫用户发送“拨号应答”信息，并向 MS 发送“接续”确认信息。

至此，完成了固定用户呼叫移动用户的整个接续过程。

8.3.3 越区切换与漫游

1. 越区切换

越区切换是指在当通话中的 MS 从一个小区进入另一个小区时，网络能进行实时控制，把 MS 从原小区所用的信道切换到新小区的某一信息，并保证用户通话不中断。如果小区采用扇区定向天线，当 MS 在小区内从一个扇区进入另一个扇区时，也要进行类似的切换。

GSM 系统采用的越区切换方法称为移动台辅助切换（Mobile Assisted Handoff，MAHO）法，其主要指导思想是把越区切换的检测和处理等功能部分地分散到各个 MS，即由 MS 来测量本地 BSS 和周围 BSS 的信号强度，把测得结果送给 MSC 进行分析和处理，从而做出有关越区切换的决策。

GSM 系统的越区切换主要有以下 3 种情况。

（1）同一 BSC 控制区内不同小区之间的切换（包括不同扇区之间的切换）

这种切换是最简单的情况，越区切换由 BSC 控制完成，不需要 MSC 介入，如图 8-9 所示。首先，由 MS 向 BSC 报告原 BSS 和周围 BSS 的信号强度，由 BSC 发出切换命令，MS 切换到新 TCH 后告知 BSC，由 BSC 通知 MSC/VLR 某 MS 已完成此次切换。如果 MS 所在的位置区也发生了变化，则在呼叫完成后还需要进行位置更新。

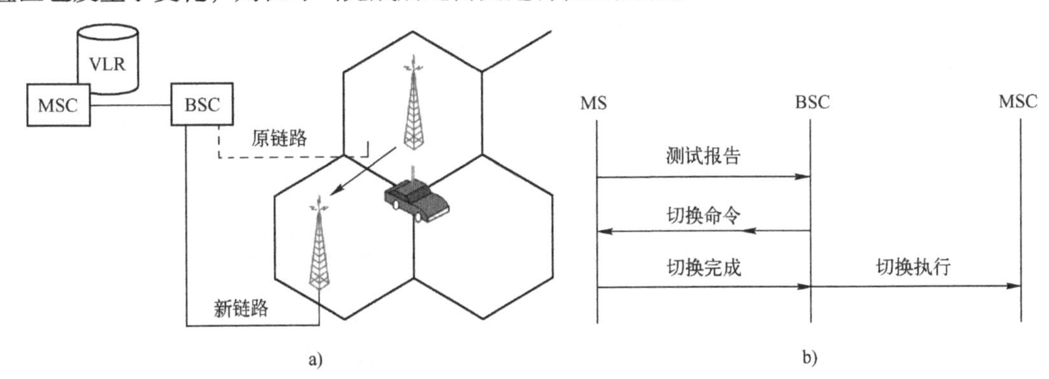

图 8-9　同一 BSC 控制区内不同小区之间的切换
a）控制区示意图　b）切换过程

（2）同一 MSC/VLR 控制区内不同 BSC 间的切换

在这种切换中，越区切换由 MSC 控制完成，如图 8-10 所示。首先由 MS 向原基站控制器（BSC1）报告测试数据，BSC1 向 MSC 发送“切换请求”，再由 MSC 向新基站控制器（BSC2）发送“切换指令”，BSC2 向 MSC 发送“切换证实”信息。然后，MSC 向 BSC1 和 MS 发送“切换命令”，待切换完成后，MSC 向 BSC1 发“清除命令”，释放原占用的信道。

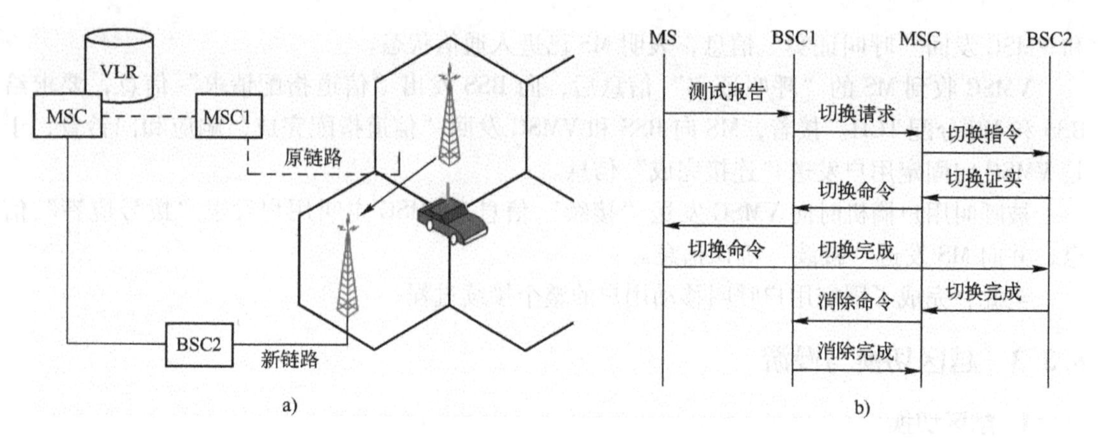

图 8-10　同一 MSC/VLR 控制区内不同 BSC 间的切换

a）控制区示意图　b）切换过程

(3) 不同 MSC/VLR 控制区间的切换

这种切换情况是最复杂的，如图 8-11 所示。当 MS 在通话中发现信号强度过弱，而邻

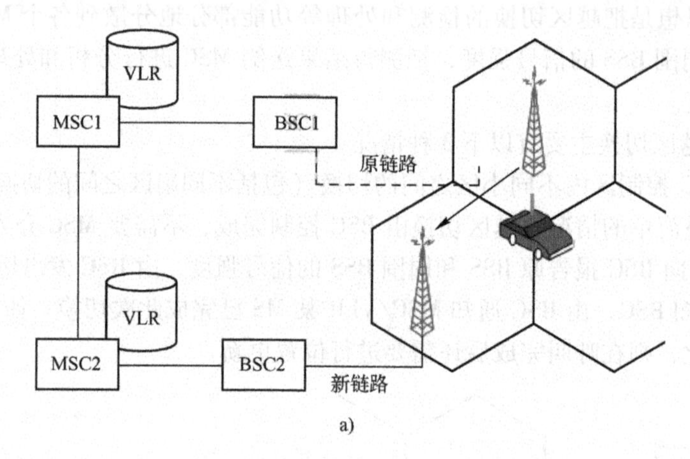

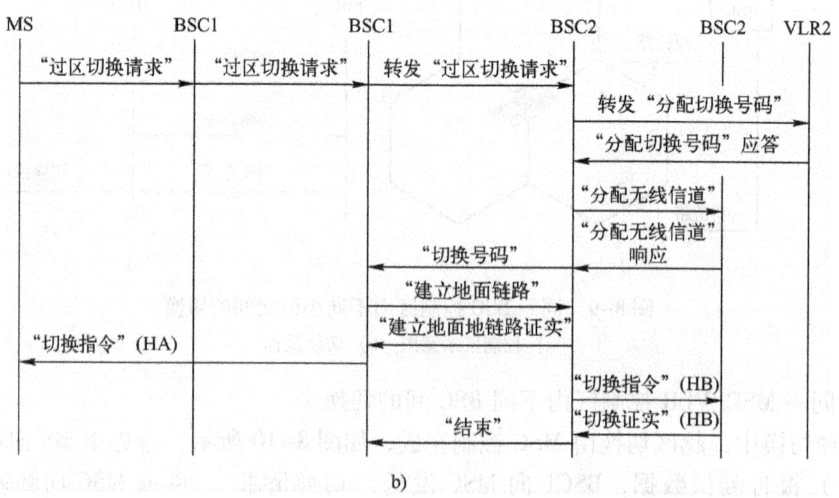

图 8-11　不同 MSC/VLR 控制区内的切换

a）控制区示意图　b）切换过程

近小区信号较强时，即可通过正在服务的 BSS 向正在服务的 MSC1 发出“越区切换请求”，由 MSC1 向另一个新的 MSC2 转发此切换请求。请求信息中包含该 MS 的标志和所要切换到的新 BSS 的标志。MSC2 收到该请求后，通知其相关的 VLR2 给该 MS 分配“切换号码”，并通知新的 BS 分配 TCH，然后向 MSC1 传送“切换号码”。

如果 MSC2 发现无空闲信道可用，即通知 MSC1 结束此次切换过程，此时 MS 使用的通信链路将不被拆除。

MSC1 收到“切换号码”以后，要在 MSC1 和 MSC2 之间建立起“地面有线链路”，然后 MSC2 向 MSC1 发送“链路建立证实”信息，并向 BSC2 发出“切换指令”（HB）。而 MSC1 向 MS 发送“切换指令”（HA），MS 收到后将其 TCH 切换到新指配的 TCH 上。BSC1 向 MSC2 发送“切换证实”信息（HB），MSC2 收到后向 MSC1 发出“结束”信息，MSC1 收到后即可释放原来占用的信道，结束整个切换过程。

2. 漫游

在数字移动通信网中，每个移动用户都有其归属交换局为其提供服务，当移动用户离开其归属交换局服务区进入其他交换局（被访交换局）控制区后，仍能获得移动业务服务的功能就称为漫游。漫游服务包括位置更新、呼叫转移和呼叫建立 3 个过程。

（1）位置更新

位置更新过程如图 8-12 所示。当 MS 从其归属交换局控制区进入新的交换局（被访交换局）控制区时（过程①），在被访交换局控制区的 BSS 的广播控制信道（BCCH）信息中检测到收到的位置区识别码（LAI）与 MS 寄存器中的记录不一致（过程②），此时 MS 通过 BSS 向被访交换局发送 1 个位置更新请求（过程③④）；新的 MSC/VLR 收到请求后向 MS 的本地交换局 MSC/VLR 发出位置更新请求（过程⑤）。本地局收到请求后进行位置更新，并向新的 MSC/VLR 发出更新接受信息（过程⑥）；新的 MSC/VLR 通过其 BSS 向 MS 发送位置更新证实（过程⑦⑧）。本地局还要通知原 MSC/VLR 进行位置删除（过程⑨），原 MSC/VLR 将 VLR 中该 MS 的位置信息删除后，向本地局发送位置信息删除接受信息（过程⑩）。

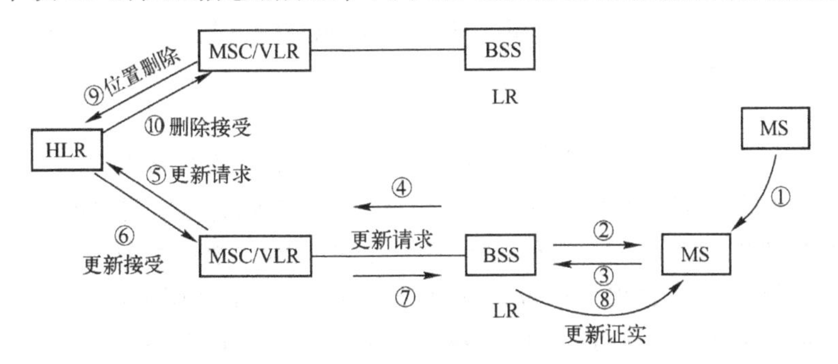

图 8-12　位置更新过程

（2）呼叫转移

当一个固定用户呼叫处于漫游状态的移动用户时，将呼叫转接到漫游移动用户的过程称为呼叫转移过程。固定用户呼叫移动用户时，可通过公众固定网转接到被叫用户归属交换局附近的接口局（GMSC），由 GMSC 向 HLR 查询被叫 MS 当前的 MSC/VLR 位置，并向 VLR 索要该 MS 的漫游号码（MSRN），VLR 将此 MSRN 送入 HLR 并转发给 GMSC，然后 GMSC

根据 MSRN 进行重新接续路由，该路由可以由 GMSC 直接经公众电话网长途局与新的被访交换局进行接续，被访交换局使用临时移动用户识别码（TMSI）与 MS 接续。固定用户对漫游用户的呼叫转移过程如图 8-13 所示。

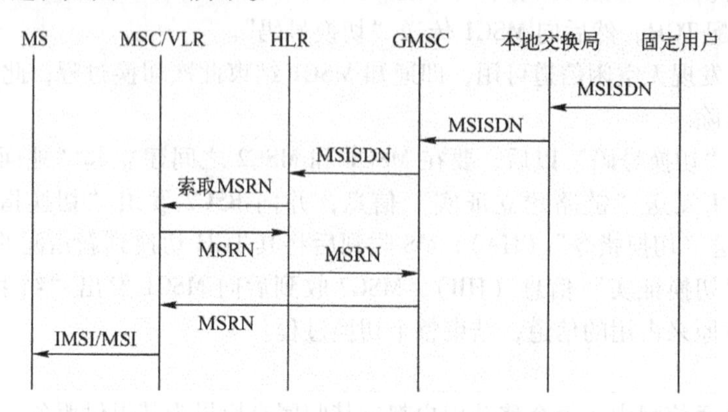

图 8-13　固定用户对漫游用户的呼叫转移过程

（3）呼叫建立

根据在 HLR 中的查询，确定 MS 目前所处的 VLR 区并向 VLR 发出查询信息，被访交换局便可以查出国际移动用户识别码（IMSI），然后在被访交换局的控制区内进行寻呼。当被叫 MS 接收到对其的呼叫时，在 RACH 上向 BSS 发送一个应答信息，当此信息被 BS 正确接收时，BSS 立即在 CCCH 上发送指配信息，随后 MS 便转换到相应的 DCCH 上，建立主信令链路，同时 MS 向 BSS 和被访 MSC 返回寻呼响应。当被访 MSC 接收到来自该 MS 的寻呼响应时，就可以开始进行鉴权和密码参数传送操作。如果一切顺利，即可进行正常的通话。

8.3.4　网络安全

GSM 提供了较完备的网络安全功能，包括用户识别码（IMSI）的保密、用户鉴权和信息在无线信道上的加密。

（1）IMSI 保密

IMSI 是唯一一个识别移动用户的识别码，如果被截获，就会被人跟踪，甚至被人盗用，造成经济损失。为此，GSM 系统可以为每个用户提供 1 个临时移动用户识别码（TMSI）。该编码在用户入网时由 VLR 分配，它和 IMSI 一起存储在 VLR 数据库中，只在访问期间有效。MS 起呼、位置更新或向网络发送报告时将使用该编码，网络对用户进行寻呼时也使用该编码。如果移动用户进入一个新的 VLR 服务区，则需要进行位置更新，位置更新的过程如图 8-14 所示。

新的 VLR 首先根据更新消息中的 TMSI 和 LAI 判定分配该 TMSI 的前一个访问位置寄存器（Previous VLR，PVLR），然后从 PVLR 获取该用户的 IMSI，再根据 IMSI 向 HLR 发出位置更新消息，请求有关的用户数据。与此同时，PVLR 将收回原先分配的 TMSI，当前所在的 VLR 重新给该用户分配新的 TMSI。从上述讨论可知，IMSI 不在空中信道上传送，取而代之的是 TMSI，而 TMSI 是动态变化的，避免了 IMSI 被截获的可能，从而使 IMSI 得到了保护。

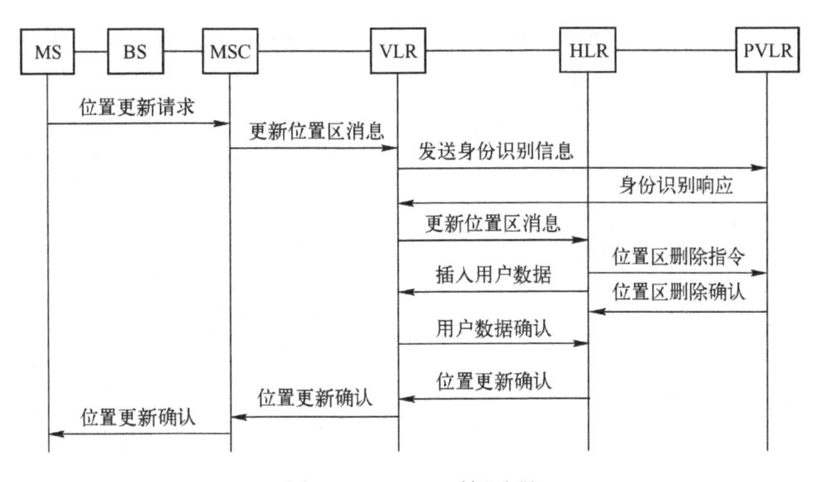

图 8-14　TMSI 更新过程

（2）用户鉴权

GSM 的用户鉴权实际上是一种认证，其目的是以一种可靠的方法确认用户的合法身份，它不依赖于 IMSI 和 IMEI，这是 GSM 区别于其他系统的一个特色。

用户鉴权由鉴权中心（AUthentication Center，AUC）、VLR 和用户配合完成，用户鉴权原理如图 8-15 所示。当用户起呼、被呼或进行位置更新时，VLR 向该移动用户发送一个随机数：用户的 SIM 卡以随机数和鉴权键 Ki 为输入参数运行鉴权算法 A3，得到输出结果，称为符号响应（SRES），回送 VLR。SRES 是一种数字签名，VLR 将此结果和预先算好并暂存在 VLR 的结果进行比较，如果二者相符，则表示鉴权成功。如果 VLR 发现鉴权结果与预期不符，且用户是以 TMSI 发起鉴权的，则可能 TMSI 有误，这时 VLR 可通知用户发送其 TMSI。如果 TMSI 与 IMSI 的对应关系不一致，则以 IMSI 为准再次鉴权。若鉴权再失败，VLR 就要检查用户的合法性。鉴权记录由 VLR 保存。

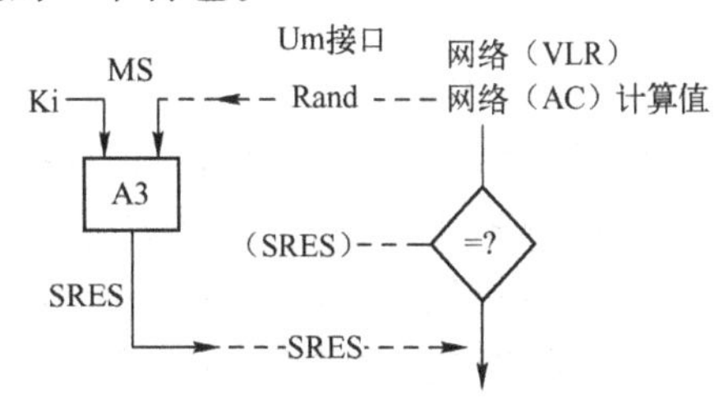

图 8-15　用户鉴权原理

VLR 存储的随机数和符号响应对由 AUC 预先产生并传送到 VLR 中，AUC 中存有用户的 Ki 和相同的算法 A3。VLR 可为每个用户暂存最多 10 对随机数和符号响应对，每执行 1 次鉴权使用 1 对数据，鉴权结束，则这对数据就被销毁。当 VLR 只剩下少量鉴权数据时，就向 AUC 申请，AUC 将向它发送鉴权数据。用户的 Ki 在 SIM 卡和 AUC 中存放，其他网络部件，包括 HLR、VLR 均无此参数，以保证用户安全。

（3）数据加密

数据加密用于确保信令和用户信息在无线链路上的安全传送，用户信息是否需要加密可在起呼时由系统确定。数字通信系统有许多成熟的加密算法，GSM 采用可逆算法 A5 进行加解密。为了提高加密性能，AUC 为每个用户提供若干对 3 参数组（Rand、SRES、Kc）。如图 8-16 所示，在鉴权过程中，当 MS 计算 SRES 时，同时利用 A8 算法计算密钥 Kc。一旦鉴权成功，MSC/VLR 根据系统要求向 BTS 发送加密模式指示，消息中包含加密模式（M），然后 BTS 通知 MS 启动加密操作。MS 根据 Kc 和 TDMA 帧号通过算法 A5 对 M 进行加密，然后将密文传回 BTS，同时报告加密模式完成。BTS 解密后得到明文 M，将其与从 MSC/VLR

收到的 M 进行对比，若相同则加密成功，同时向 MSC/VLR 回送加密完成消息，表明 MS 已成功启用加密，接下来就可以呼叫建立了。

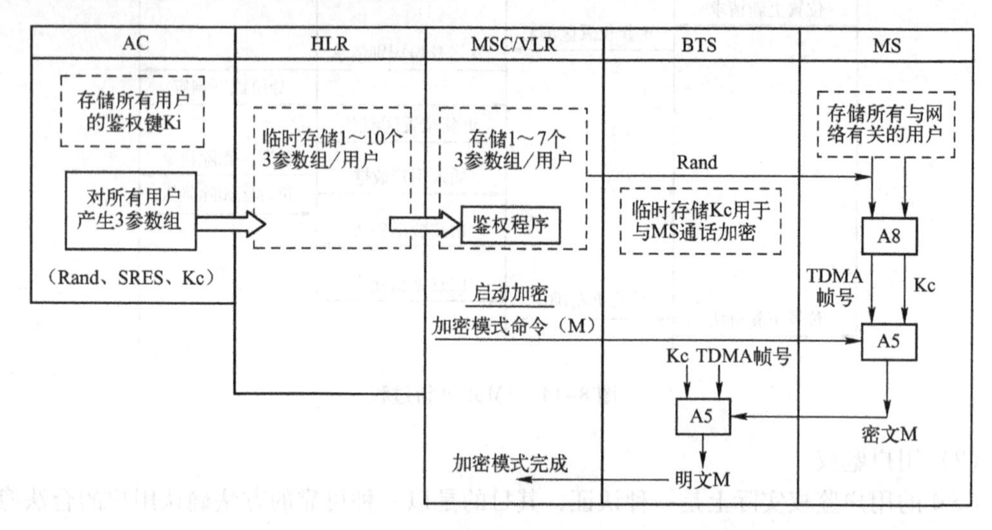

图 8-16　加密过程

（4）MS 识别

MS 识别是通过国际移动用户设备标识码和设备识别寄存器（EIR）完成的，设备识别过程如图 8-17 所示。根据需要，系统可要求 MS 报告其国际移动设备识别码（IMEI），并与 EIR 中存储的数据进行比对，以确定 MS 的合法性。在 EIR 中建有一张“非法 IMEI 列表”，俗称“黑名单”，用以禁止被盗 MS 的使用。整个系统通过建立白名单、黑名单和灰名单来监控 MS 的使用情况，增强系统的安全性，但目前我国的 GSM 系统暂不提供此项功能。

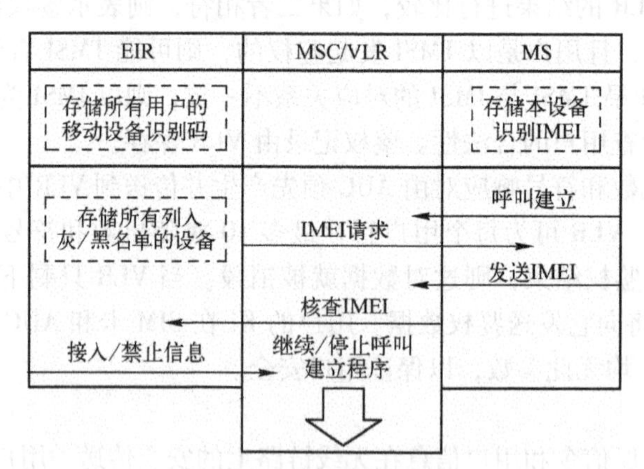

图 8-17　设备识别过程

8.4　移动交换接口与信令

GSM 系统设计的一个重要出发点是支持泛欧漫游和多厂商环境，因此定义了完备的接口和信令，其接口和信令协议结构对后续移动通信标准的制定具有重要影响。

8.4.1 空中接口信令

GSM 系统空中接口继承了 ISDN 用户/网络接口的概念，其控制平面包括 3 个层次：物理层、数据链路层和信令层。

（1）物理层

GSM 无线信道分为业务信道（TCH）和控制信道（Control Channel，CCH）两类。业务信道承载话音编码或用户数据；控制信道用于承载信令或同步数据，GSM 包括 3 种控制信道：广播信道、公共控制信道和专用控制信道。

（2）数据链路层

GSM 空口数据链路层协议称为 Dm 信道链路接入协议（Link Access Protocol on the Dm channel，LAPDm），它是在 LAPD 基础上做少量修改形成的，修改原则是尽量减少不必要的字段以节省信道资源。LAPDm 支持 2 种操作：一是无确认操作，其信息采用无编号信息（UI）帧传输，无流量控制和差错控制功能；二是确认操作，使用多种帧传输第三层信息，可确保传送帧的顺序，具有流量控制和差错控制功能。为此，GSM 定义了多种简化帧格式以适应各种应用。LAPDm 定义了 5 种帧格式，如图 8-18 所示。

A	地址字段	控制字段	长度指示字段	填充字段	
B	地址字段	控制字段	长度指示字段	信息字段	填充字段
A′	地址字段	填充字段			
B′	长度指示字段	信息字段	填充字段		
C					

图 8-18 LAPDm 帧格式

格式 B 是最基本的一种帧，和 LAPD 相同。地址字段增设 1 个业务接入点标识（Service Access Point Identifier，SAPI），用于识别上层应用，如 SAPI = 0 为呼叫控制信令，SAPI = 3 为短消息业务（Short Message Service，SMS）。所谓 SMS 是指在专用控制信道上传送的长度受限的用户信息，类似于 ISDN 中 D 信道上传送的分组数据。系统将其转送至短消息中心，进而转送到目的用户。需要说明的是，SAPI = 0 的帧优先级高于 SAPI = 3 的帧。控制字段定义了信息（I）帧和 UI 帧，I 帧用于专用控制信道，包括独立专用控制信道（Standalone Dedicated Control Channel，SDCCH）、慢辅助控制信道（Slow Associated Control Channel，SACCH）和快速辅助控制信道（Fast Associated Control Channel，FACCH），UI 帧用于除随机接入信道外的所有控制信道。

格式 A 对应 UI 帧和监控（S）帧。

格式 A′和 B′用于 AGCH、PCH 和 BCCH 信道，这些下行信道的信息自动重复发送，无需证实，因此先不需要控制字段。由于所有 MS 都接收这些信道，因此不需要地址字段。A′只起填充作用；B′格式帧传送不需要证实的 UI 帧。

格式 C 仅 1 个字节，专用于 RACH 信道。实际上 C 不是 LAPDm 帧，只是由于接入的信息量少，因此采用了一个最简化的结构。

(3) 信令层

信令层是收、发和处理信令消息的实体，其主要功能是传送控制和管理信息，包括3个功能子层：

1）无线资源管理（Radio Resource Management，RRM）子层：其作用是对无线信道进行分配、释放、切换、性能监视和控制。对于RRM，GSM共定义了8个信令过程。

2）移动性管理（Mobility Management，MM）子层：定义了位置更新、鉴权、周期更新、开机接入、关机退出、TMSI重新分配和设备识别等7个信令过程。

3）连接管理（Connection Management，CM）子层：或称呼叫管理，负责呼叫控制，包括补充业务和短消息业务的控制。由于有MM功能子层的屏蔽，CM子层已感觉不到用户的移动性，其控制机理继承了ISDN的UNI接口原理，包括去话建立、来话建立、呼叫中改变传输模式、MM连接中断后呼叫重建和双音多频（DTMF）传送等5个信令过程。

信令层消息结构如图8-19所示，其中，事务标识（TI）用于区分多个并行的CM连接。TI标志由连接的发起端和目的端设置，起始端TI标志为0，目的端设置为1。TI值由发起端分配，一直保持到连接处理结束。因此，TI标志和TI值结合起来既可以表示方向，又可以区分连接。对于RR和MM实体，由于同时只有一个处理有效，因此，TI对它们没有意义。协议指示语（PD）定义了RR、MM、呼叫控制、SMS业务、补充业务和测试6个协议。消息类型（MT）指示每种协议的具体消息，消息本体由信息单元（IE）组成。

MS起呼时无线接口信令过程如图8-20所示。首先，MS通过RACH发送“信道请求”，申请占用信令信道。如果申请成功，基站经AGCH回送“立即分配”，指派一个独立专用控制信道（SDCCH）。然后，MS转入此信道进行通信。先发送“CM服务请求”消息，告诉

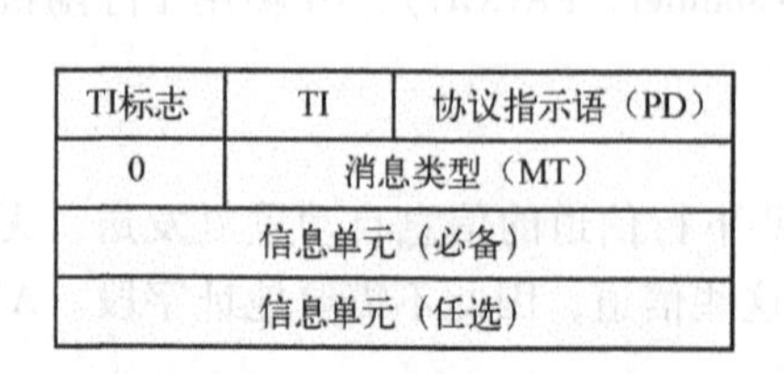

TI标志	TI	协议指示语（PD）
0	消息类型（MT）	
信息单元（必备）		
信息单元（任选）		

图8-19　信令层信令消息结构

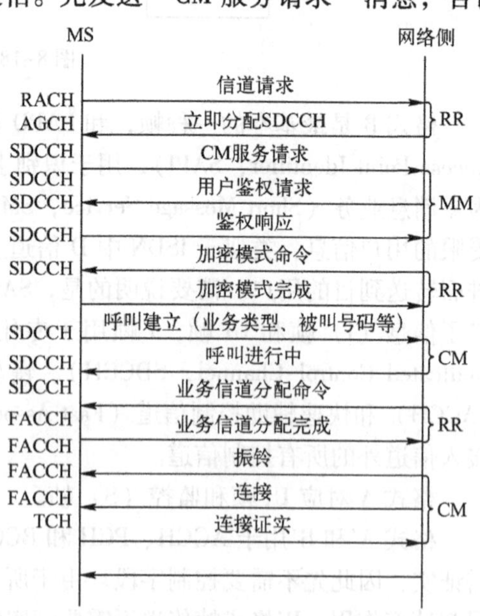

图8-20　呼叫建立信令过程

网络要求 CM 实体提供服务。但 CM 连接必须建立在 RR 和 MM 连接基础上，因此首先执行 MM 和 RR 信令过程。为此，先执行用户鉴权（MM 信令），然后执行加密模式指令（RRM 信令）。MS 发送“加密模式完成”消息后启动加密。若不需加密，则网络将在发送的“加密模式命令”消息中进行指示。接着 MS 发送“呼叫建立”消息，该消息指明业务类型、被叫号码，也可以给出自身的标识和相关信息。MSC 启动呼叫建立进程，并发回“呼叫进行中”消息。同时，网络（一般是 BSC）分配业务信道用于传送用户信息。该 RRM 信令过程包含两个消息：分配命令和分配完成，其中“分配完成”表明 MS 已在新指派的 TCH/FACCH 信道上发送信令，其后的消息转由 FACCH 承载，原先分配的 SDCCH 被释放。当被叫空闲且振铃时，网络向主叫发送“振铃”提示消息，MS 听回铃音。被叫应答后，网络发送“连接”消息，MS 回送“连接证实”。这时，FACCH 任务完成，进入正常通话阶段。值得注意的是，图中网络侧泛指信令消息在网络侧的对应实体，可能位于基站子系统的 BSC 或 MSC 中。

8.4.2 基站接入信令

如图 8-21 所示，基站子系统（BSS）与网络子系统（NSS）的接口称为 A 接口；BSC 与 BTS 之间的接口称为A-bis 接口。A 接口已在 GSM 规范中进行了标准化定义，A-bis 接口未标准化，因此不能支持BSC-BTS 的多厂商设备互连环境。

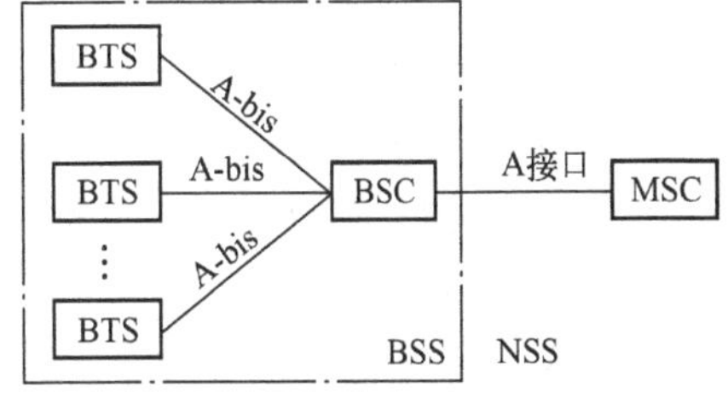

图 8-21　基站系统结构与接口

（1）A-bis 接口信令

A-bis 接口信令同样采用 3 层协议结构，其中，第 2 层采用 LAPD 协议；第 3 层包括业务管理过程、网络管理过程和第 2 层管理过程 3 个实体，其服务访问点标识位 0、62 和 63。第 2 层管理过程已由 LAPD 本身定义；网络管理过程未标准化，这是 A-bis 接口不支持多厂商的主要原因；GSM 标准只定义了业务管理过程。业务管理过程完成两项任务：一是透明传送绝大部分的无线信令，以适配无线和有线接口的差异。所谓透明就是 BTS 对第 3 层消息内容不做处理，仅进行中继；二是对 BTS 的物理和逻辑设备进行管理，管理过程是通过 BSC-BTS 之间的命令和响应消息来完成的，消息的源点和终点就是 BSC 和 BTS，与无线接口消息无对应关系，这类消息统属于不透明消息。

GSM 将 BTS 的管理对象分为 4 类：无线链路层、专用信道、控制信道和收发信台。相应地定义了 4 个子过程：无线链路管理过程负责无线数据链路的建立和释放，以及透明消息的转发；专用信道管理过程负责 TCH、SDCCH 和 SACCH 的激活、释放、性能参数和操作方式控制，以及测量报告等；控制信道管理过程负责不透明消息转发和公共控制信道的负荷控制；收发信台管理过程负责收发信机流量控制和状态报告等。

A-bis 接口信令消息结构如图 8-22 所示，其中，消息鉴别语指示是哪一类管理消息，并指明是否为透明消息；信道号指示信道类型；链路标识进一步指示是哪种专用控制信道。

消息鉴别语	
EM	消息类型
信道号	
链路标识	
其他信息单元	

图 8-22　A-bis 接口信令消息结构

（2）A 接口信令

如图 8-23 所示，A 接口采用 No.7 信令，包括物理层、链路层、网络层（MTP-3 + SCCP）和应用层。A 接口属于点到点接入，网络功能有限，因此 GSM 将应用层作为信令处理的第 3 层。MTP-2/3 + SCCP 作为第 2 层，负责消息的可靠传送。MTP-3 复杂的信令网管理功能基本不用，主要采用其信令消息处理功能。由于 A 接口传送许多与电路无关的消息，因此需要 SCCP 支持，但其 GT 翻译功能基本不用，而是利用子系统号（SSN）来识别第 3 层应用实体。第 3 层应用实体包括以下 3 个：

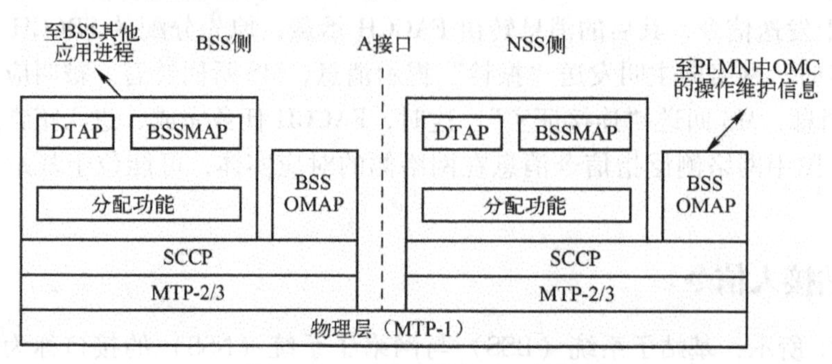

图 8-23　A 接口信令分层结构

1）BSS 操作维护应用部分（BSSOMAP）：用于 BSS 和 MSC 与 OMC 交换维护管理信息。

2）直接传送应用部分（DTAP）：用于透明地传送 MSC 和 MS 之间的消息，包括 CM 和 MM 消息。RR 协议消息终结于 BSS，不再发送到 MSC。

3）BSS 管理应用部分（BSSMAP）：用于 MSC 和 BSS 交换管理信息，对 BSS 进行资源管理、调度、监测、切换控制等。消息源点和终点为 BSS 和 MSC，消息均与 RR 有关。某些 BSSMAP 过程将直接触发 RR 过程，反之，RR 消息也可能触发某些 BSSMAP 过程。GSM 共定义了 18 个 BSSMAP 信令过程。

综上所述，空中接口和基站接入信令协议模型如图 8-24 所示，图中虚线表示对等实体之间的逻辑连接，Um 接口直接和 MS 相连，所有与通信相关的信令信息都源于该接口，因此空中接口 Um 是用户侧最重要的接口。

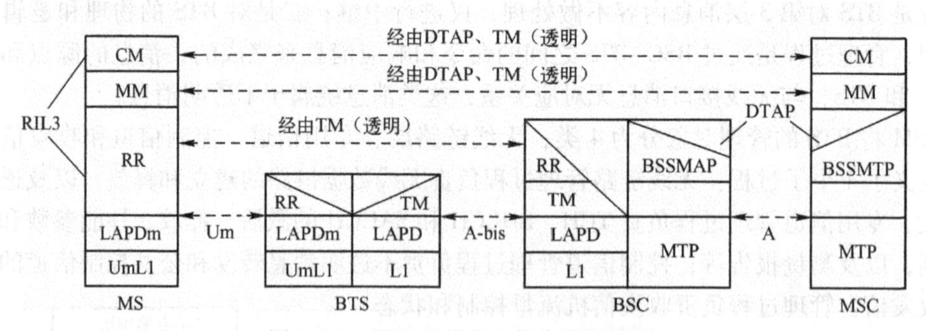

图 8-24　GSM 无线接入信令协议模型

8.4.3　高层应用协议

GSM 高层应用协议为移动应用部分（MAP），MAP 的主要功能是支持 MS 移动性管理、漫游、切换和网络安全。为了实现网络互联，GSM 系统需要在 MSC 和 HLR/AUC、VLR 和

EIR 等网络部件之间频繁地交换数据和指令，这些信息大都与电路无关，因此最适合采用 No. 7 信令传送，MSC 与 MSC 之间以及 MSC 与 PSTN/ISDN 之间关于电路接续的信令则采用 TUP/ISUP。下面简要介绍 MAP 使用 SCCP 和 TCAP 的情况。

（1）SCCP 的使用

在 GSM 移动应用中，MAP 仅使用 SCCP 的无连接协议，MSC/VLR、EIR、HLR/AUC 在信令网中寻址时采用下列两种方式：国内业务采用 GT、SPC、SSN；国际业务采用 GT。GT 为移动用户的 MSISDN 号码；国内 SPC 采用 24 bit 点码；SSN 为使用 MAP 各个功能实体，如 HLR（SSN 编码为 00000110）、VLR（SSN 编码为 00000111）、MSC（SSN 编码为 00001000）、EIR（SSN 编码为 00001001）、AUC（SSN 编码为 00001010）、CAP（CAMEL Application Part，SSN 编码为 00000101）。

SCCP 被叫地址表示语：SSN 表示语为 1（包含 SSN），全局码（GT）表示语为 0100（GT 包括翻译类型、编号计划、编码设计、地址性质），但翻译类型为 00000000（不用）。

路由表示语：我国规定在移动本地网内路由表示语为 1，即按照 MTP 路由标记中的 DPC 和被叫用户地址中的子系统号选路。在不同移动本地网之间（如省内、国内长途呼叫），路由表示语为 0，即按照全局码寻址。

（2）TCAP 的使用

作为 TCAP 的用户，MAP 的通信部分由一组应用服务单元（Application Service Element，ASE）构成，这些 ASE 由操作、差错和一些任选参数组成，该应用服务由应用进程调用并通过成分子层传送至对等实体。图 8-25 所示的是系统 1 与系统 2 中 MAP 应用实体之间通信的逻辑和实际信息流。

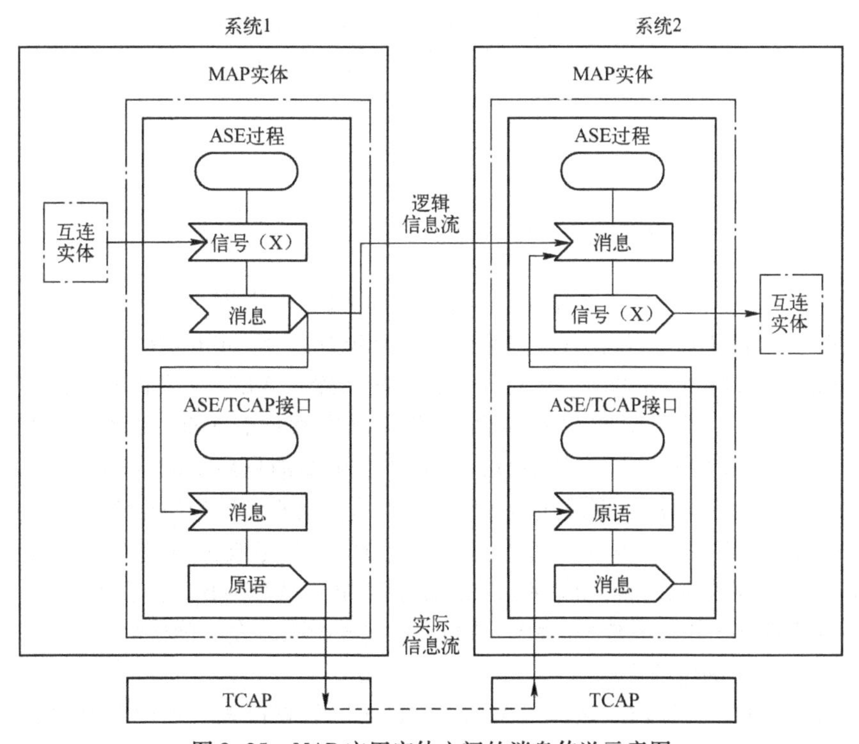

图 8-25　MAP 应用实体之间的消息传送示意图

MAP 消息是由包含在 TCAP 消息中的成分协议数据单元传送的。按照 GSM 要求，MAP 定义了移动性管理、操作维护、呼叫处理、补充业务、短消息业务和 GPRS 业务等几类信令程序。移动性管理程序包括位置管理、切换、故障后复位程序。操作维护程序包括跟踪、用户数据管理、用户识别程序。呼叫处理程序包括查询路由程序。补充业务程序包括基本补充业务处理、登记、删除、去话、询问、调用、口令登录、移动发起非结构化补充数据业务（Unstructured Supplementary Service Data，USSD）和网络发起 USSD 程序。短消息程序包括移动发起、移动终结、短信提醒、短信转发状态等程序。下面主要介绍 4 个典型的信令流程。

1. MS 位置更新信令流程

位置更新包括位置登记与删除。所谓位置登记就是 MS 通过控制信道向 MSC 报告其当前位置。如果 MS 从一个 MSC/VLR 管辖区域进入另一个 MSC/VLR 管辖区域，则其必须向归属 HLR 报告，使 HLR 能随时跟踪 MS 的位置，从而实现对漫游用户的接续。位置登记过程涉及 B 接口和 D 接口，由于 MSC 和 VLR 一般处于一个物理实体中，MSC 和 VLR 之间的接口实际为内部接口，因此下面主要讨论 MSC/VLR 与 HLR 之间的位置登记与删除的信令过程。

（1）基于 IMSI 的位置更新

当进行位置更新时，如果 MS 用其识别码（IMSI）来识别自身，则其位置更新过程只涉及用户新进入区域的 MSC/VLR 和用户归属地的 HLR，其信令过程如图 8-26 所示。

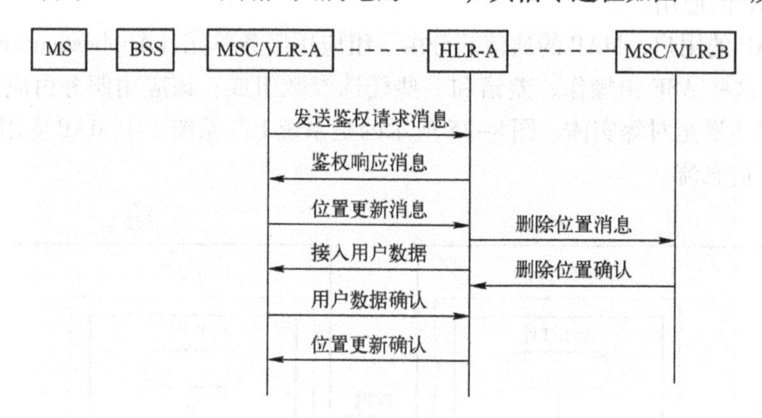

图 8-26　仅涉及 VLR 与 HLR 的位置更新过程

当 MS 进入由 MSC/VLR-A 控制的区域并用其 IMSI 来识别自己时，MSC/VLR-A 根据 IMSI 导出 MS 归属的 HLR，并将其映射为 MS 的 MSISDN，用 MSISDN 作为全局码（GT）对 HLR 进行寻址。在执行位置更新前，首先进行鉴权，MSC/VLR-A 发送鉴权请求消息要求得到 MS 的鉴权参数，HLR 用鉴权响应消息将鉴权参数回送 MSC/VLR-A。鉴权通过后，MSC/VLR-A 向 HLR 发送位置更新消息，收到位置更新消息后，HLR 将 MS 的当前位置记录在数据库中，同时将用户数据发送给 MSC/VLR-A。当收到用户数据确认消息后，HLR 回送接受位置更新确认消息，从而结束位置更新。HLR 在完成位置更新后确定该 MS 进入 MSC/VLR-A 管辖的区域，就向该 MS 原来所在的 MSC/VLR-B 发送删除位置消息，要求 MSC/VLR-B 删除 MS 的相关数据，MSC/VLR-B 完成删除后发送确认消息。

（2）基于 TMSI 的位置更新

MS 从 MSC/VLR-B 管辖区域进入 MSC/VLR-A 的管辖区域，在位置登记时，用户采用 MSC/VLR-B 分配的 TMSI 标识自己，其位置更新过程如图 8-27 所示。

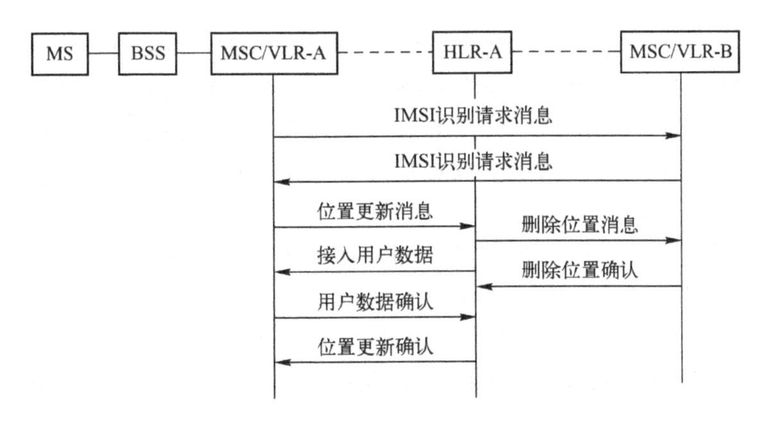

图 8-27　MS 用前一个 VLR 分配的 TMSI 标识自己的位置更新过程

由于 VLR-A 没有 MS 的任何信息，VLR-A 只能从 MS 上报的 LAI 导出 MSC/VLR-B 地址，然后从 MSC/VLR-B 得到 MS 的 IMSI 和相关参数，以便确定其归属地 HLR。如果不能从 MSC/VLR-B 中得到该 MS 的 IMSI，MSC/VLR-A 则需要求 MS 提供 IMSI。然后，MSC/VLR-A 对 MS 进行鉴权，鉴权通过后才向 HLR 发送位置更新请求。后续信令过程同图 8-26 所示。

2. MS 呼叫流程

（1）MS 始呼信令流程

MS 作为主叫呼叫 PSTN 用户时，其呼叫信令过程如图 8-28 所示。图中，对 MSC 与基站子系统的信令进行了简化。

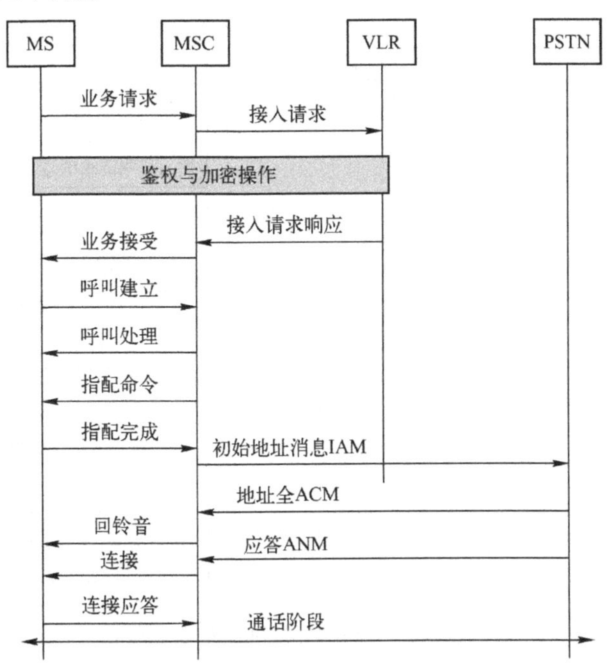

图 8-28　MS 发起呼叫的信令流程

MS 通过 BSS 向 MSC 发起业务请求，MSC 向 VLR 发送处理接入请求。MSC/VLR 首先对 MS 进行鉴权，鉴权通过后启动加密处理。然后，VLR 向 MSC 发送处理接入请求响应消息，

MSC 向 MS 回送业务请求接受消息。MS 接着发送呼叫建立消息，MSC 向 MS 回送呼叫处理消息，表示正在进行处理。MSC 通过指配命令控制 BSS 为 MS 分配业务信道，一旦信道指配完成，MSC 通过 ISUP 信令向 PSTN 发送 IAM 消息，当接收到 ACM 消息后，主叫听回铃音；被叫应答，MSC 收到 ANM 消息后向 MS 发送连接消息，MSC 收到 MS 发出的连接应答后进入通话阶段。

（2）MS 终呼信令流程

以固网用户呼叫 MS 为例，MS 终结呼叫的信令流程如图 8-29 所示。GMSC 收到来自 PSTN 的呼叫请求，根据被叫号码向 MS 归属的 HLR 发送路由询问消息。HLR 查询 MS 目前所在的 VLR，并向 VLR 请求漫游号，当前服务的 VLR 为 MS 分配漫游号，并通过提供漫游号消息回送 HLR。HLR 将漫游号 MSRN 通过路由询问响应消息回送至 GMSC。GMSC 根据 MSRN 将呼叫接续到终端 MSC，终端 MSC 向 VLR 发送入呼叫请求消息。VLR 回送寻呼消息，指示 MSC 寻呼该 MS。MSC 指示 MS 所在位置区基站广播寻呼，MS 应答寻呼后，MSC 向 VLR 发送接入请求消息，要求处理被叫接入业务。VLR 首先对 MS 进行鉴权，鉴权通过后启动加密处理。然后 VLR 向 MSC 回送接入请求应答消息，表明系统接受 MS 作为被叫接入。MSC 向 MS 发送呼叫建立"SETUP"消息，MS 回送呼叫证实，MSC 通过关口局向 PSTN 交换局发送 ACM 消息，同时指示基站系统为被叫分配业务信道。一旦信道指配完成，MSC 即可向被叫发送振铃消息；当被叫应答时，MS 发送连接消息，MSC 经 GMSC 向 PSTN 回送应答消息 ANM，并向被叫回送连接确认消息，至此进入通话阶段。

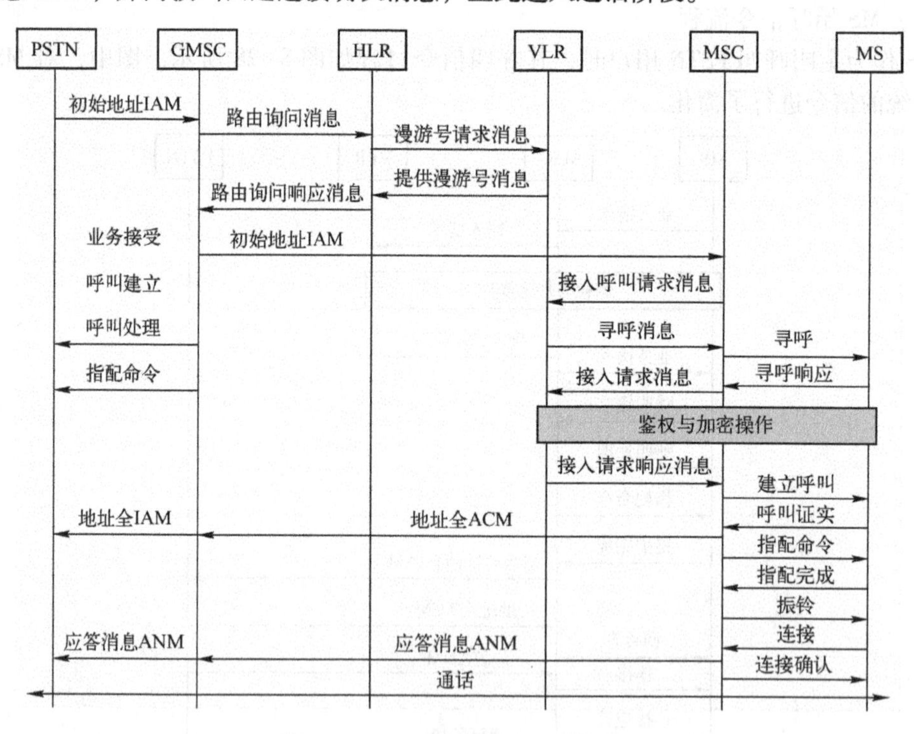

图 8-29　MS 终结呼叫的信令流程

3. 短消息信令流程

（1）短信业务网络结构

如图 8-30 所示，短消息业务网管/互联移动业务交换中心（SMS-G/IWMSC）和短消息中心（Short Message Center，SMC）通常在同一个物理实体内。在这种情况下，一般是由SMC通过PSTN、PSPDN连接各种外部短消息实体。SMS-G/IWMSC是SMC与移动网之间的接口设备，采用标准的MAP信令。而SMC与外部短信实体之间采用SMPP协议，SMS-G/IWMSC从PLMN接收MS发送的短信，并递交给SMC。反过来，SMS-GMSC从SMC接收短信，向被叫MS归属的HLR询问路由信息，并通过被叫MS访问的MSC向MS转发短信。

图8-30　移动网短消息业务网络结构

点到点短消息业务包括两种：MS发起的短信业务（MO）和MS终结的短信业务（MT）。点到点短信的传送由SMC进行中继，SMC的作用就像邮局一样，接收来自各方的邮件，然后对它们进行分拣，再投递到目标用户。SMC的主要功能是接收、存储和转发用户的短消息。通过SMC能够可靠地将消息传送到目的地，如果传送失败，则SMC保存消息直至发送成功为止。短信业务的一个突出特点是：即使MS处于通话状态，仍可收、发短信。

（2）MS发送短消息

如图8-31所示，MS始发短信从MS向访问的MSC发送短消息开始到收到SMC回复发送成功响应为止。MS将短信发送给访问MSC，MSC根据短信中携带的SMC地址（手机入网时就已设置，并非被叫手机地址），将短信递交给IWMSC，由其转交SMC。SMC收到短信后向IWMSC回送确认消息，并依次将确认消息由VMSC/VLR-A转发给发信MS。

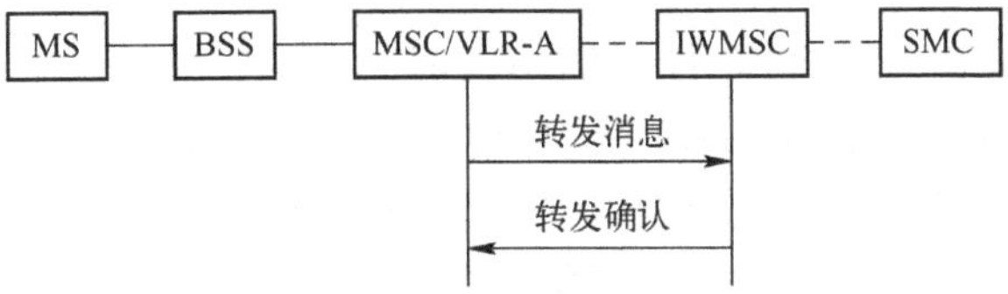

图8-31　始发短消息信令流程

（3）MS接收短消息

如图8-32所示，连接SMC的GMSC-A收到SMC的短息后，根据被叫MS号码（MSISDN）向被叫归属的HLR-A询问路由，HLR-A响应GMSC-A询问，将MS当前访问的MSC-B的号码传送给GMSC-A，然后由GMSC-A向MSC-B发动短消息。如果MSC-B发现该MS无法接通，就在HLR-B中设置短消息等待标志，同时向GMSC-A发送被叫缺席指示（Absent Subscriber），说明由于被叫无法接通，故无法将短信送达。GMSC-A收到消息后向HLR-A发送包含被叫号码和SMC地址的“报告短信递交状态”消息。一旦被叫MS访问的MSC/VLR-B检测到被叫MS可达（在线）时（如被叫响应寻呼或进行位置登记），则向被叫MS归属的HLR-A发送“收信准备就绪（Ready for SM）”消息。接着HLR-A向GMSC-A发送“提醒业务中心（Alert Service Center）”消息，GMSC-A通知SMC并再次接收SMC发出的短消息，然后向HLR-A询问路由信息（Send Routing Info for SM），HLR-A用响应消息将MS当前位置通知GMSC-A，GMSC-A即可向MSC-B再次发送短消息。当消息成功发送到被叫用户时，MSC-B用响应消息报告GMSC-A。至此，短消息成功发送至被叫MS。

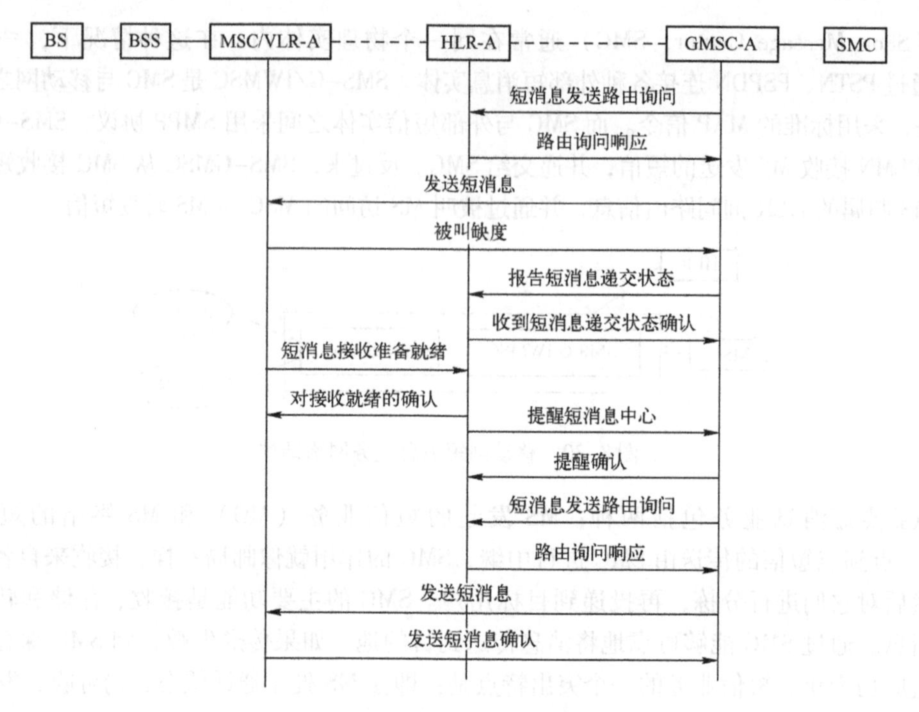

图 8-32 短消息终结信令流程

4. 越区切换信令流程

当 MS 在通话过程中从一个小区移动到另一个 MSC/VLR 控制的小区时，MSC/VLR 之间需要交换有关信令，以便 MS 能够使用新进小区分配的信道继续通信。下面以跨 MSC/VLR 服务区为例介绍信道切换信令过程，如图 8-33 所示。

图 8-33 越区切换信令流程

若 MS 在通话时从 MSC/VLR-A 管辖区域进入 MSC/VLR-B 管辖区域，则 MSC/VLR-A 向 MSC/VLR-B 发送请求越区切换消息。MSC/VLR-B 收到切换请求后为该呼叫分配并保留一个空闲的无线信道，同时为该次切换分配一个切换号码，该号码的作用类似于漫游号码，用于建立 MSC-A 到 MSC-B 的话路。MSC/VLR-B 采用允许切换消息，将分配的切换号码和已经分配的无线信道号传送给 MSC/VLR-A，MSC/VLR-A 收到此消息后通过 ISUP 建立话路。在 IAM 消息中，被叫号码就是切换号码。当 MSC/VLR-B 接收到从 MS 发出的呼叫请求时，采用处理接入信号将该呼叫处理请求透明地传送给 MSC-A。如果需要，则 MSC-A 向 MSC-B 发送转发接入信号，传送需要透明发送给 MSC-B 交换机 A 接口所需的呼叫控制和移动性管理消息。当话路建立后，MSC-A、MSC-B 分别在原信道和新分配信道上向 MS 发送切换指示。

当 MSC-B 收到 MS 送回的证实消息后，即向 MSC-A 发送切换结束信号，表示信道切换成功。通话完毕，若主叫用户先挂机，MSC-A 发送释放请求“REL（ISUP）”将话路释放。MSC-A 向 MSC-B 发送切换结束信号证实，通知切换过程已经结束。呼叫结束后，MSC-B 与 HLR-A 之间完成位置更新操作，MSC/VLR-A 与 HLR-A 之间完成位置删除操作。

8.5 本章知识点小结

移动通信的主要目的是实现任何时间、任何地点与任何通信对象之间进行通信。与固定通信相比，移动通信最主要的特点是电波传播环境复杂和用户的移动性，移动通信网络必须每时每刻确定用户当前所在的位置区，以完成呼叫、接续等功能。由于用户在通话时的移动性，还涉及越区切换和漫游等问题。此外，移动用户与基站之间采用无线接入方式，由于无线频谱资源的有限性，因此如何提高频谱效率是移动通信需要解决的主要问题。

移动通信按照不同使用要求和工作场合可以分为集群移动通信、公用移动通信、卫星移动通信和无绳电话等。

移动通信网络发展的里程碑都是以无线技术的发展为基准的，已经经历了第一代模拟移动通信（1G）、第二代数字移动通信（2G）和第三代移动通信（3G）时代，目前正处于第四代移动通信商用阶段，第五代移动通信也开始进入研究阶段。

一个典型的蜂窝移动通信网包括移动台（MS）、基站系统（BSS）、网络交换系统（NSS）和操作维护系统（OMS）。BSS 由基站收发台（BTS）、基站控制器（BSC）、变码器（Transcoder，XCDR）组成，主要负责无线信号的发送、接收以及无线资源管理等功能。网络交换系统（NSS）具有 GSM 网络的主要交换功能，还具有用户数据和移动管理所需的数据库。MSC 由移动业务交换中心（MSC）、访问位置寄存器（VLR）、归属位置寄存器（HLR）、鉴权中心（AUC）、移动设备识别寄存器（EIR）、互通功能部件（IWF）和回声消除器（EC）等组成。OMS 提供在远程管理和维护 GSM 网络的能力。OMS 由网络管理中心（NMC）和操作维护中心（OMC）两部分组成。

GSM 移动通信网络的接口包括 Um、A、B、C、D、E、F、G 等接口。GSM 移动通信网中用来识别身份的各种号码包括：MSISDN、IMSI、MSRN、TMSI、IMEI 和 LAI，充分理解这些号码在无线通信路由选择中的作用。

本章以基本呼叫过程为主线，介绍了移动呼叫的一般过程：MS 初始化、位置登记与更新、呼叫接续以及切换和漫游、鉴权加密等基本技术。简要介绍了每一项技术的处理流程。对于这些典型的处理流程，应认真掌握。

8.6 习题

1. 什么是移动通信？移动通信具有哪些特点？
2. VLR、HLR 中存储的信息有哪些？为什么有了 HLR 还要设置 VLR？

3. Um 接口传送什么信息？

4. 简述 GSM 系统中移动台主叫的一般呼叫过程。

5. 简要说明越区切换和漫游是怎样完成的。

6. 假设 A、B 都是 MSC，其中与 A 相连的基站有 A1、A2，与 B 相连的基站有 B1、B2，则把 A1 和 B1 组合在一个位置区内、把 A2 和 B2 组合在一个位置区内是否合理？为什么？

7. 简要说明数字移动通信系统的基本组成及各部分作用。

8. 简要说明 GSM 移动交换的信令接口及各个接口使用的信令过程。

9. 简要说明不同 MSC 之间切换的信令流程。

10. 为什么要进行位置更新？

第9章　下一代网络与软交换

下一代网络（NGN）是集语音、数据、图像、视频等多媒体业务于一体的全新网络。软交换是NGN的核心技术。软交换思想是在电信网向下一代网络演进的需求下产生的，它充分吸取了IP、ATM、智能网和TDM等技术的优点，采用开放的分层体系结构，不但实现了网络的融合，更重要的是实现了业务的融合，具有充分的优越性。

本章在介绍下一代网络及软交换概念、产生背景的基础上，介绍了基于软交换的下一代网络的体系结构、基本原理和技术、主要特点和协议，以及软交换的功能与应用，最后介绍了基于软交换的开放业务支撑环境及其组网应用，从而为从事下一代网络的规划设计、标准制订、业务开发和维护管理打下必要的基础。

9.1　软交换概述

从本质上讲，下一代网络（NGN）是基于TDM的PSTN语音网络和基于IP/ATM的分组网络融合的产物，是可以同时提供语音、数据、图像、视频等多种业务的综合性的、全开放的宽带网络平台体系，至少可实现千兆光纤到户。一方面，下一代网络不是现有电信网和IP分组网的简单延伸和叠加，也不是单项节点技术和网络技术，而是整个网络框架的变革，是一种整体解决方案。另一方面，下一代网络的出现与发展不是革命，而是演进，即在继承现有网络优势的基础上实现的平滑过渡。而软交换（Software Switching，SS）是NGN的核心技术。

从发展的角度来看，NGN是从传统的以电路交换为主的PSTN网络逐渐迈向以分组交换为主的网络，它承载了原有PSTN网络的所有业务，把大量的数据传输卸载到IP网络中以减轻PSTN网络的重荷，又以IP技术的新特性增加和增强了许多新老业务。

9.1.1　软交换技术产生的背景

在下一代网络的概念提出之前，基于电路交换的PSTN网络和基于分组交换的数据网络是完全分离的，分别提供语音业务和基本数据业务。这种网络分离、运维分立，使得网络的整体运维成本较高，而且难以提供复杂的融合业务。但是，网络的融合已是大势所趋，在现有基于分组交换的数据网的基础上构建下一代网络已是业界共识。

（1）电话网

电话网的历史最为悠久，其核心是电话交换机，电话交换机经历了磁石式、共电式、步进制、纵横制、程控制5个发展阶段，其差别在于交换机的实现方式发生了改变。程控制电话交换机的出现是一个历史性的变革，它采用了先进的体系结构，其功能可以分为呼叫业务接入、路由选择（交换）和呼叫业务控制3部分，其中的交换和呼叫业务控制功能主要是通过程序软件来实现。但其采用的资源独占的电路交换方式，以及为通信的双方提供的对等的双向64 kbit/s固定带宽通道不适于承载突发数据量大、上下行数据流量差异大的数据业务。

传统的基于 TDM 的 PSTN 电话网，虽然可以提供速率为 64 kbit/s 的业务，但业务和控制都是由交换机来完成的。这种技术虽然保证语音有优良的品质，但对新业务的提供需要较长的周期，面对日益激烈竞争的市场显得力不从心。

（2）数据网

数据网的种类繁多，根据其采用的广域网协议不同，可将其分为 DDN、X.25、帧中继和因特网，由于因特网具有协议简单、终端设备价格低廉，以及基于 IP 的万维网（World Wide Web，WWW）业务的开展，基于 IP 的因特网呈爆炸式发展，一度成为数据网的代名词。

因特网要求用户终端将用户数据信息均封装在 IP 分组中，IP 网的核心设备——路由器仅是完成“尽力而为”的 IP 分组转发的简单工作，它采用资源共享的分组交换方式，根据业务量需要动态地占用上下行传输通道，因此 IP 网实际上仅是一个数据传送网，其本身并不提供任何高层业务控制功能，若在 IP 网上开放语音业务，必须额外增加电话业务的控制设备。

相对于语音通信，基于 IP 的网络通信有着令人难以置信的增长速度，其占用带宽的增加速度比语音通信高得多。IP 通信的高速增长推动着传输和分组交换技术的进步。密集波分复用（DWDM）技术使光纤的通信容量极大地增加，也提高了核心路由器的传输能力。这些技术反过来又降低了 IP 通信传输和交换的成本。在 IP 网络上开展语音业务也同样可以降低成本。因此，分组语音业务得到迅猛发展。

目前电信业务发展迅猛，以互联网为代表的新技术革命正在深刻地改变着传统电信的概念和体系结构，电信界正面临着一场巨大的改变，其特点是：

1）电信业务朝着数字化和宽带化方向发展，网络上数据业务增长率已远远大于语音业务的发展。数字技术的迅速发展和全面采用，使得电话、数据和图像信号都可以通过统一的编码进行传输和交换。同时，光通信技术的发展为综合传送各种业务信息提供了所需带宽和传输质量，是三网合一的理想平台。

2）数据网适合各种类型信息的传送，而且网络资源利用率高。新的语音压缩技术，如 G.723.1 和 G.729A 已经可将语音信号压缩在低于 64 kbit/s 的信道上传送。这种技术已经在 IP 电话、2G 和 3G 移动通信系统中得到广泛应用。用户对带宽和新业务的需求不断增长，未来网络的带宽资源将主要用于数据业务，而语音业务则可用固定不变的甚至更少的带宽。

3）在应用上，各种新业务层出不穷，而传统电信网中交换机将业务提供与呼叫控制紧密结合的特点决定了它对新业务适应能力不够迅速，智能网的推出虽然较好地解决了这一问题，但它仍然以传统电信的模式为基础。

4）计算机技术的发展和计算机互连需求的增加使得基于 IP 或 ATM 的分组交换数据网日益发展壮大，这种分组交换网将适合各种类型信息的传送，为实现语音、数据、视频等多种信息在一个承载网中传送创造了条件，而且网络资源利用率高。统一的 IP 协议的普遍采用，使得各种业务以 IP 为基础能在不同的网络上互通。

电话网和数据网均存在一定的先天缺陷、无法通过简单地改造而成为一个“全业务网”，因此，基于 TDM 的 PSTN 电话网必将和分组交换数据网融合，形成可以传送语音、数据、视频等综合业务的新一代网络，即下一代网络，实现通信网络和业务的融合，而软交换是其核心技术。

9.1.2 软交换的基本概念

传统的基于 TDM 的 PSTN 的系统结构示意图如图 9-1 所示。对应的中心局电路交换机的结构如图 9-2 所示。在该传统的电路交换机中，用于用户和中继等的接入接口模块、呼叫控制、承载建立（数字交换网络）以及业务和应用功能都集中在交换节点上，这给交换机及时引入新业务、选择灵活的承载网络等带来很大的局限性。由于呼叫处理和基于 TDM 的承载建立捆绑在交换机上，使得业务难以灵活选择承载方式。

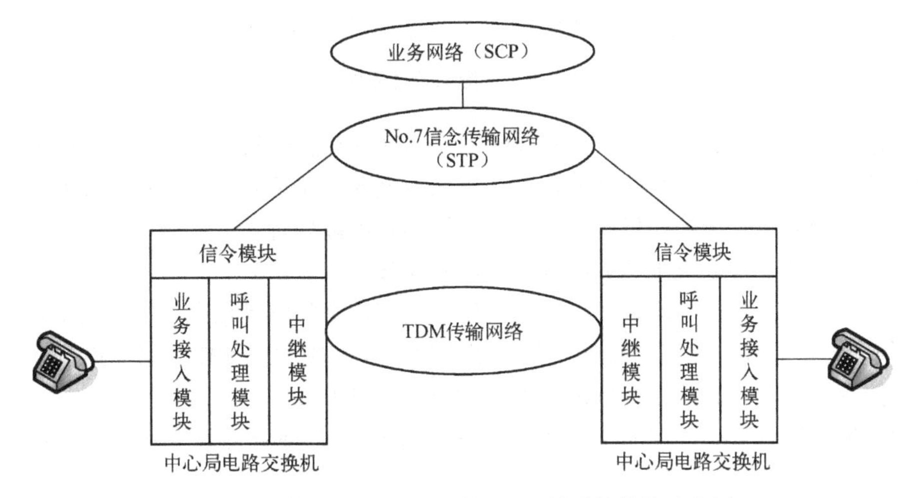

图 9-1 传统的基于 TDM 的 PSTN 的系统结构示意图

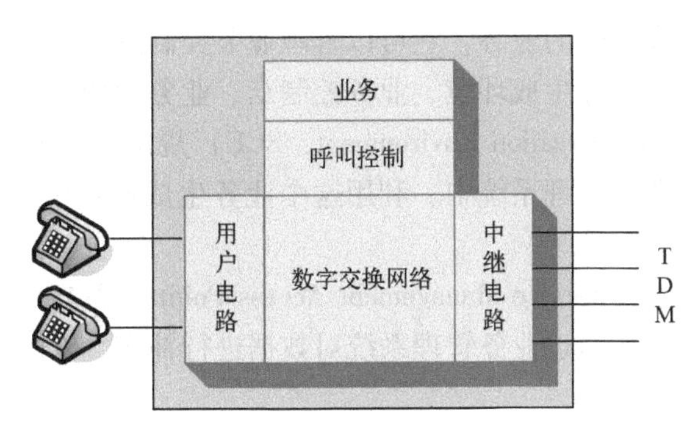

图 9-2 传统的电路交换机的结构

传统的电话业务中，用户的所有信息都存储在其物理接入点所对应的本地交换机上，用户和接入点之间具有严格的一一对应关系，故称之为基于接入用户线的业务。这种结构决定了业务提供由交换系统完成，如缩位拨号、叫醒业务、呼叫转移等。由于交换机数量十分庞大，而且型号各异，交换机的原理、结构、设计方法和软件都各不相同，因此，每增加一种新业务，必须对网络中所有交换机和相关的信令流程作相应的修改，这样做不但工作量大，而且涉及面广。有些交换机在设计上还存在局限性，仅修改软件无法实现新业务；有些交换机即便是能实现新业务，但由于实现的费用高、周期长、可靠性差，因此新业务的推广进程非常缓慢，网络缺乏开放性和灵活性。为了解决上述问题，20 世纪 80 年代后期出现了智能网（Intelligent Network，IN）的概念，其核心思想就是把交换机的交换接续功能与业务控制功能分开。智能网的体系结构如图 9-3 所示。

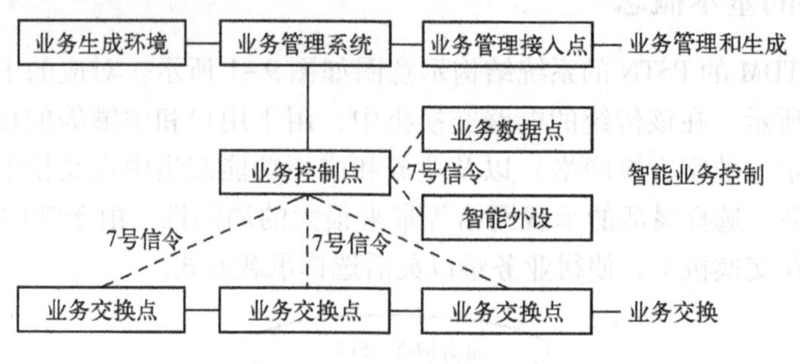

图 9-3　智能网的体系结构

业务控制点（Service Control Point，SCP）是实现智能业务的控制中心。它提供呼叫处理功能，接收业务交换点送来的查询信息，查询数据库，验证后进行地址翻译和指派信息传送，并向业务交换点发出呼叫指令。一个业务控制点可以处理单一的智能网业务，也可以处理多种智能网业务，这取决于开放的各类智能网业务的业务量。

业务交换点（Service Switching Point，SSP）从用户接收驱动信息，检测智能呼叫，并通过 No. 7 信令上报业务控制点，根据业务控制点的指令完成相应动作。用户通过业务交换点接到业务控制点和业务数据点（Service Data Point，SDP）上。

智能外设（Intelligent Peripheral，IP）主要用于传送各种录音通知和接收用户的双音多频信息。

业务管理系统（Service Management System，SMS）是网络的支持系统，能开发和提供智能网业务，并支撑正在运营的业务，它可以管理业务控制点、业务交换点、智能外设。业务管理系统通过数据网与业务生成环境、业务控制点、业务管理接入点连接。

业务生成环境（Service Creation Environment，SCE）规定、开发、测试智能网中所提供的业务，并将其输入到业务管理系统中。利用这个业务生成环境可以方便地开发新的业务，快速提供新的业务。

通过业务管理接入点（Service Management Access Point，SMAP），业务用户可以将管理的信息送到业务管理系统，通过业务管理系统对数据进行补充、修改、增加、删除等，可以使客户自己管理业务。

最初，智能网是建立在传统电路交换网之上的一个附加网络，由于它可以快速、经济、灵活地提供增值业务，因此现在已经发展成可以为各种通信网提供增值业务的网络。增值业务包括：ISDN、B-ISDN 和公共陆地移动网络（Public Land Mobile Network，PLMN）。通常将叠加在 PSTN/ISDN 网上的智能网系统称为固定智能网，叠加在 B-ISDN 上的智能网系统称为宽带智能网，叠加在移动通信网上的智能网系统称为移动智能网。

虽然在引入智能网以后可实现业务控制与业务交换的分离，但连接控制与呼叫控制（包括接入控制）功能仍未分离，不便于网络融合时的综合接入，而且也缺乏开放的应用编程接口（Application Programming Interface，API）。由于智能网存在业务开发和执行环境的封闭性、系统实现依附于具体的承载网络以及业务客户化能力低等许多固有技术缺陷，制约了新业务的开发与提供，已经很难继续满足公众对电信增值业务的新需求。为此，网络需要进一步演进。

如何保持传统电信网的无处不在和高质量、高可靠性，同时又可以将用户转移到其他网络，实现异构网络的无缝连接和更广泛的业务和应用，是业务提供者和网络运营商致力的目标。

首先，实现上述思想的成功方案是 IP 电话（VoIP）。由于 IP 网传输时延不定，QoS 无法保证，为了支持实时电话业务，IETF 定义了实时传输协议（Real-time Transport Protocol，RTP）支持 QoS，定义了资源预留协议（Resource Reservation Protocol，RSVP）为呼叫保留网络资源。此外，IP 网是开放式的网络，为了保证网络安全，必须验证电话用户身份（即鉴权），对重要电话信息必须加密。此外还必须对电话用户通话进行计费。通过一套基于 PC 服务器的呼叫控制软件（Call Server），实现 PBX 功能。对于这样一套设备，系统不需单独铺设网络，而通过与局域网共享来实现管理与维护的统一，综合成本远低于传统的 PBX。

受到 IP PBX 成功的启发，为了将现有的传统 PSTN 电路交换网与 IP/ATM 数据网融合，1997 年由朗讯公司贝尔实验室提出软交换（Software Switching）概念：将传统的交换设备部件化，分为呼叫控制与媒体处理，二者之间采用标准协议，如 MGCP（Media Gateway Control Protocol，媒体网关控制协议）、H248，呼叫控制实际上是运行于通用硬件平台上的纯软件，媒体处理将 TDM 转换为基于 IP 的媒体流。于是，软交换技术应运而生，由于这一体系具有伸缩性强、接口标准、业务开放等特点，发展极为迅速。

以软交换为中心的系统结构如图 9-4 所示。将交换机或网关上的业务接入、呼叫处理、业务控制、承载建立的功能分离出来，分离后的功能分别由不同的实体实现，各实体之间通过开放的、标准的协议进行连接和通信，这种把功能集中变成功能分散的体系结构在提供业务和选择承载网络等方面具有很好的灵活性。软交换采用的是开放的体系结构，分离后的业务逻辑功能将由业务层设备完成，呼叫控制功能将由软交换设备完成，数字交换网络演变为分组交换网络，业务接入功能将由接入层的网关设备（传统电话交换机中的用户电路模块在软交换系统中演变为接入网关，中继电路模块在软交换系统中演变为中继网关）完成。软交换的思想来源于业务可编程、分解网关功能的概念。

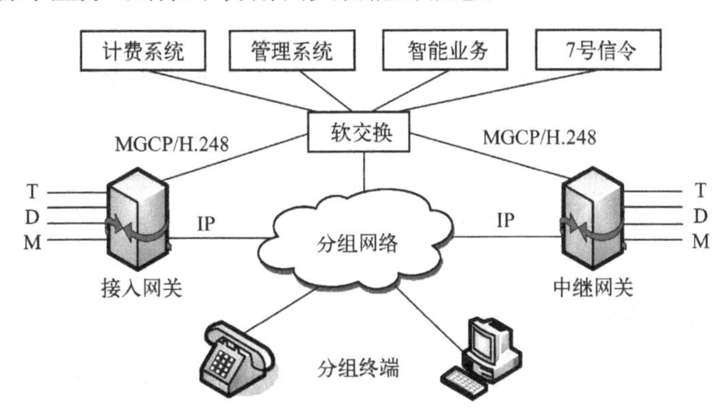

图 9-4　以软交换为中心的系统结构

国际软交换协会（International Softswitch Consortium，ISC）对软交换的定义为:“软交换是提供呼叫控制功能的软件实体”。

中国工业和信息化部电信传输研究所对软交换的定义为：“软交换是网络演进以及下一代分组网络的核心设备之一，它独立于传送网络，主要完成呼叫控制、资源分配、协议处理、路由、认证、计费等主要功能，同时可以向用户提供现有电路交换机所能提供的所有业务，并向第三方提供可编程能力。”

软交换位于下一代网络的控制层，实际上是一个基于软件的分布式交换/控制平台，所完成的功能相当于原有交换机所提供呼叫处理的功能，通过其服务器上的软件，实现对各种媒体设备的控制。同时软交换采用 API 方式提供业务开放接口，方便经济、快捷的引入新业务。这些业务控制已最大限度地转移到业务层。

软交换的基本含义是：将呼叫控制功能从承载和业务中分离出来，通过软件实现基本呼叫控制功能，包括呼叫选路、管理控制、连接控制（建立/拆除会话）和信令互通，从而实现业务与呼叫控制分离、呼叫控制与承载分离，为控制、交换和软件可编程功能建立分离的平面。从而创建一个可伸缩的软件系统，它独立于特定的底层硬件和操作系统，并且能够处理各种各样的通信协议，支持 PSTN、ATM 和 IP 网的互联，支持第三方应用业务开发和部署。软交换有如下几个技术特点：

1）它是一个网络解决方案，而不是像综合交换机那样着眼于节点的解决方案。其演进过程中需要支持的新的网络能力可以由网元（网关、服务器等）实现，软交换则定义网元之间的标准接口。

2）它是一个分布式和集中式相结合的解决方案。原则上所有功能都是在网络中分布实现的，特别是网络互通功能由分布式网关完成，这些网关数量多，功能相对简单，容量各不相同，但是呼叫控制和业务控制功能可集中于少数几个软交换机完成。

3）它是一个软件解决方案，核心在于软交换机中的控制逻辑和网元之间的接口协议，传送层功能由相应的底层网络自行解决，不在软交换的考虑范围之内。由于控制任务专一，软交换的容量可以相当大，有利于对通信业务的有效控制。

自从软交换概念提出以来，我国科研和生产部门也一直紧紧跟踪软交换技术的最新进展，标准化工作也在同步进行。

1999 年下半年，我国网络与交换标准研究组启动了软交换项目的研究。2001 年 12 月，信息产业部科技司印发了参考性技术文件——软交换设备总体技术要求。网络与交换标准研究组在积极制定有关信令网关、媒体网关、相关协议的技术规范及网络开放式体系架构和设备单元的测试规范。

9.2 基于软交换的下一代网络

9.2.1 下一代网络的概念

下一代网络（Next Generation Network，NGN）是 20 世纪 90 年代末期提出的一个概念，广义上的 NGN 是一个非常宽泛的概念，泛指一个不同于现有网络，大量采用当前业界公认的新技术，可以提供语音、数据及多媒体业务，能够实现各网络终端用户之间的业务互通及共享的融合网络。下一代网络包含下一代传送网、下一代承载网、下一代接入网、下一代交换网、下一代互联网和下一代移动网。从传输网络层面看，NGN 是以自动交换光网络（ASON）为核心的下一代智能光传送网络；从承载网层面看，NGN 是以高带宽和 IPv6 为代表的下一代因特网（Next Generation Internet，NGI）；从接入网层面看，NGN 是各种宽带接入网；从网络控制层面看，NGN 是软交换网络；从移动通信网络层面看，NGN 是 3G 与 4G；从业务层面看，NGN 是支持语音、数据、图像、视频等业务，满足移动和固定通信，具有开放性和智能化的多业务网络。总之，下一代网络涵盖了所有的新一代网络技术，是通信新技术的集大成。

NGN 是传统电信技术发展和演进的一个重要里程碑。从网络特征和网络发展上看，它源于传统智能网的业务和呼叫控制相分离的基本理念，并将承载网络分组化、用户接入多样化等网络技术思路在统一的网络体系结构下实现。因此，准确地说，NGN 并不是一场技术革命，而是一种网络体系的革命。它继承了现有电信技术的优势，以软交换为控制核心、以分组交换网络为传输平台、结合多种接入方式（包括固定网、移动网等）的网络体系。

下面是欧洲电信标准学会（European Telecommunications Standards Institute，ETSI）、ITU-T 给出的 NGN 的定义。

（1）ETSI

ETSI 对 NGN 的定义："NGN 是一种规范和部署网络的概念，即通过采用分层、分布和开放业务接口的方式，为业务提供商与运营商提供一种能够通过逐步演进的策略，实现一个具有快速生成、提供、部署和管理新业务的平台。"

（2）ITU-T

2004 年 2 月，ITU-T 在新颁布的 Draft Recommendation Y. NGN-overview 中给出了 NGN 的初步定义："NGN 是一个分组网络，它能够提供包括电信业务在内的多种业务；能够利用多种带宽和具有 QoS 能力的传送技术，实现业务功能与底层传送技术的分离；它提供用户对不同运营商网络的自由地接入；并支持通用移动性，实现用户对业务使用的一致性和统一性。"

鉴于 NGN 的研究在世界各国非常活跃，ITU-T 作为 ITU NGN 研究的主导研究机构，在 2004 年 6 月的 13 组会议上组建了 FGNGN（NGN 专题组），以进一步加强和推动 NGN 的研究。NGN 的目标是：在传输、业务和应用处于相互分离的前提下实现网络的互通，从而使其在全球范围内跨网络支持各种业务。

ITU-T 将 NGN 应具有的基本特征概括为以下几点：多业务（语音与数据、固定与移动、点到点与广播的会聚）、宽带化（具有端到端透明性）、分组化、开放性（控制功能与承载能力分离，业务功能与传送功能分离，用户接入与业务提供分离）、移动性、兼容性（与现有网的互通）。除此之外，安全性和可管理性（包括 QoS 的保证）是电信运营商和用户所普遍关心的，也是 NGN 与目前的因特网的主要区别。

软交换思想是在下一代网络建设的强烈需求下孕育而生。因此，软交换概念一经提出，便得到了业界的广泛认同和重视，国际软交换协会（ISC）的成立使软交换技术得到了迅速发展，软交换相关的标准和协议同时得到了 IETF、ITU-T 和 3GPP 等国际标准化组织的重视。图 9-5 显示了国际上对 NGN 进行研究的主要标准化组织和他们研究的侧重点。

目前，以 ETSI 为代表的欧洲 TISPAN 计划以及 3GPP 提出了基于 IMS 的体系结构，认为 IMS 代表了网络发展的方向，是下一代网络发展的第二阶段。IMS 系统采用 SIP 协议进行端到端的呼叫控制，为同时支持固定和移动接入提供了技术基础，也使得网络融合成为可能。本书将在下一章详细介绍 IMS，本章仅介绍基于软交换的下一代网络，特别是固定网络，软交换是下一代网络发展的第一阶段。

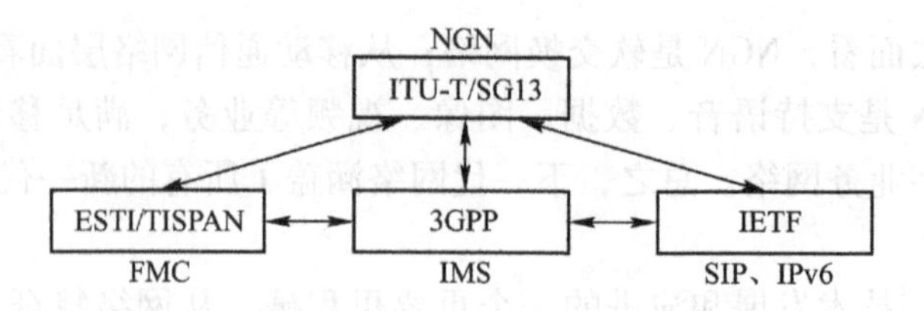

图 9-5　国际上不同组织对 NGN 的研究侧重点

9.2.2　基于软交换的下一代网络的体系结构

现存通信网络在结构上是纵向独立的，即每个网络由特定的网络资源和设备组成，提供特定的功能和业务，自上而下独立形成一个闭合系统。而与此完全不同，NGN 具有横向划分的体系结构，各种异构网络从水平方向划分为不同的功能层次，各层之间遵循开放接口。整个 NGN 体系由多个功能相对单一的实体组成，各实体之间通过开放的接口互相配合和协调。因此与现存通信网络相比，NGN 的体系结构呈现出融合、分层和开放的特点，如图 9-6 所示。

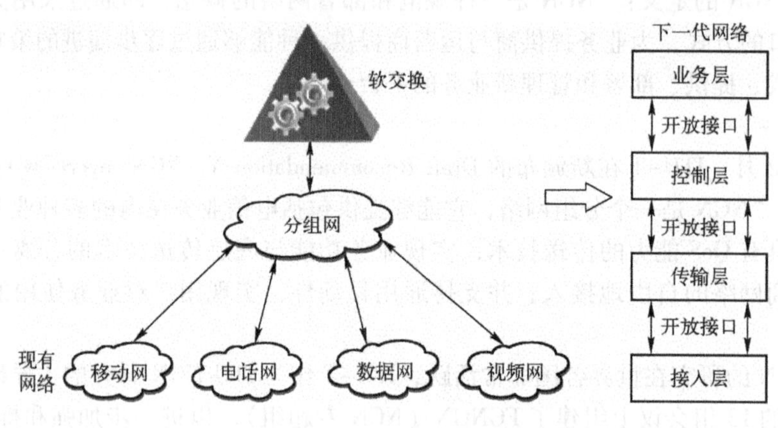

图 9-6　下一代网络的演进思想

依照这些特点，参考国际标准化组织（International Standardization Organization，ISO）定义的 OSI 七层参考模型，NGN 可以从功能上分为 4 个相对独立的层次，从下至上依次是接入层、传输层、控制层和业务层，其中控制层的软交换和业务层的应用服务器是整个 NGN 的核心设备，如图 9-7 所示。传统电话交换机的业务接入功能模块对应于 NGN 的接入层；IP 网络构成了 NGN 的核心传输网络；呼叫处理（交换）功能模块对应于 NGN 的控制层；业务控制模块对应于 NGN 的业务层。NGN 的这种体系结构使承载、呼叫控制、业务相分离，体现了其开放性与灵活性的优势。

（1）接入层

接入层的作用是利用各种接入设备为各类终端设备和网络提供访问 NGN 网络资源的入口功能，负责将不同类型的终端用户接入到核心传输网络，并实现不同信息格式之间的转换。这些功能主要通过各种网关或智能接入设备完成。

需要注意的是，相对基于 IP 承载方式的核心传输网络而言，各种现有的电路交换网络（如 PSTN、PLMN 等）都属于边缘网络，需要通过接入层的不同网关接入 NGN 的体系。网关是完成两个异构网络之间的信息（包括媒体信息和用于控制的信令信息）相互转换的设备。接入层具有丰富的业务接口，如 PSTN、ISDN、xDSL、以太网、CABLE、无线接入等接

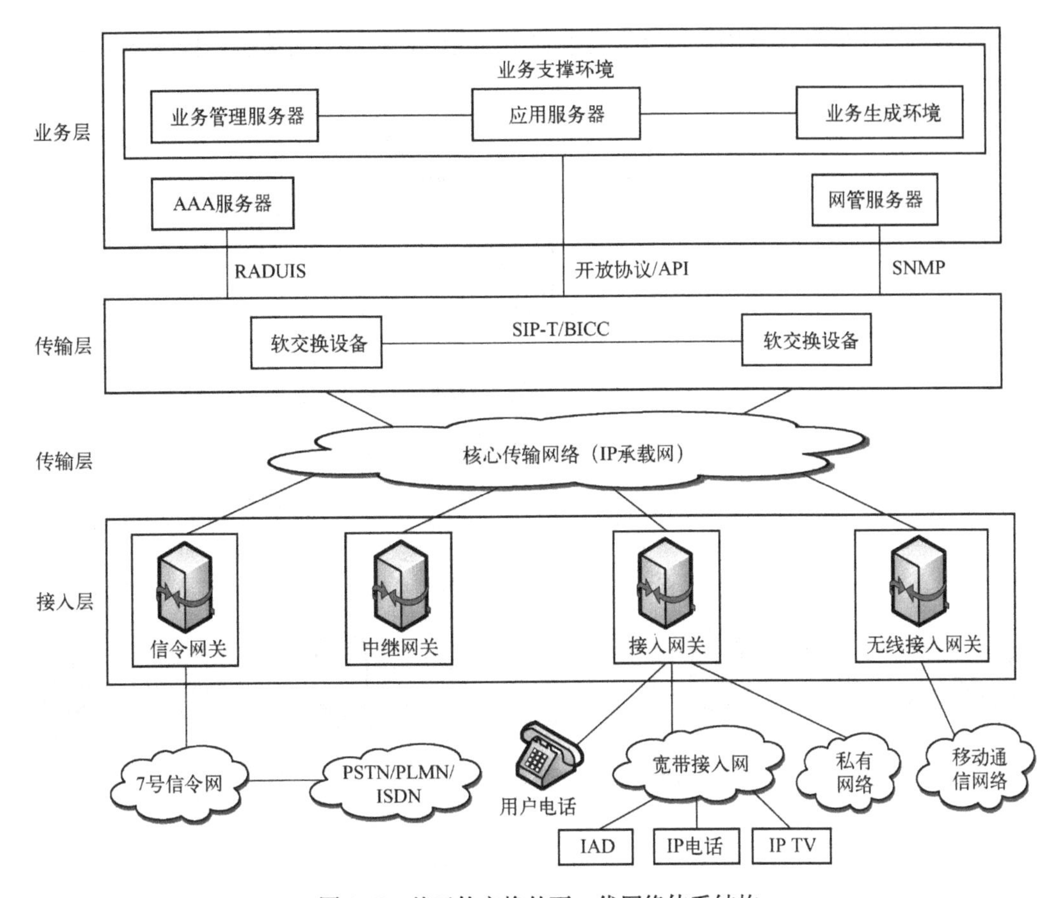

图 9-7　基于软交换的下一代网络体系结构

口。基于软交换的 NGN 体系结构通过接入层屏蔽了用户接入设备的差异性，可以在此之上灵活地开发和生成适用于各种用户的业务。同时，接入层的设备作为独立的网元设备独立发展，它的功能、性能、容量都可以灵活设置，以满足不同用户和环境的需求。

接入层的主要接入设备有：信令网关、中继网关、接入网关和综合接入设备（Integrated Access Device，IAD）等。媒体网关的功能是将一种网络中的媒体转换成另一种网络所要求的媒体格式。媒体网关按所在位置的不同，分为中继网关和接入网关，所以这里直接介绍具体的两种媒体网关。接入层的设备没有呼叫控制的功能，它必须和控制层设备相配合，才能完成所需要的操作。

1）信令网关（Signaling Gateway，SG）：完成电路交换网（基于 MTP）和分组交换网（基于 IP）之间的 No. 7 信令的转换，即完成 No. 7 信令消息与 IP 网络中信令消息的互通，中继 No. 7 信令协议的高层（ISUP、SCCP、TCAP）跨越 IP 网络。

2）中继网关（Trunk Gateway，TG）：代替传统的电信网络的长途局或中继局，完成用户接入网络或终端用户的接入。在软交换的控制下，完成流媒体的转换功能，主要用于中继接入，把语音流从 TDM 转换成 IP 包在 IP 网络上面传送。中继网关的应用示例如图 9-8 所示。

3）接入网关（Access Gateway，AG）：用来连接不同的 IP 网络。例如，不同的运营商有各自不同的私有 IP 网络，而它们的 NGN 往往构建在各自私有的网络上面，不能够直接互通，因此需要接入网关作互联互通。同时，可以携带具体用户，它的下行接口带有电话用户，在软交换的控制下，将用户语音流转换成IP包在IP网络上面传送。接入网关的应用示例如图9-9所示。

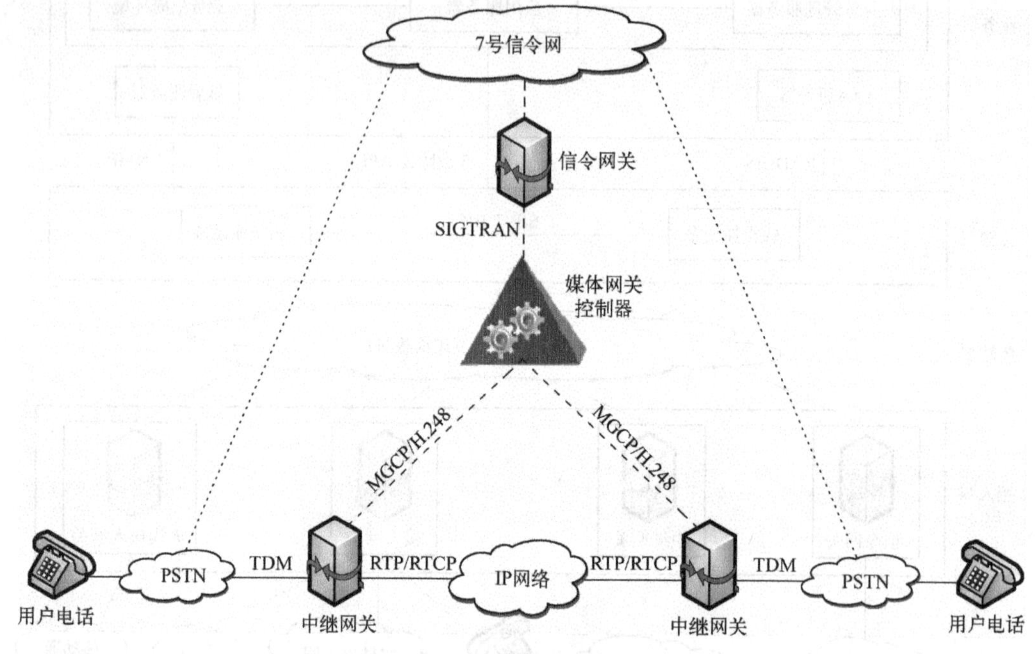

图9-8　中继网关的应用示例

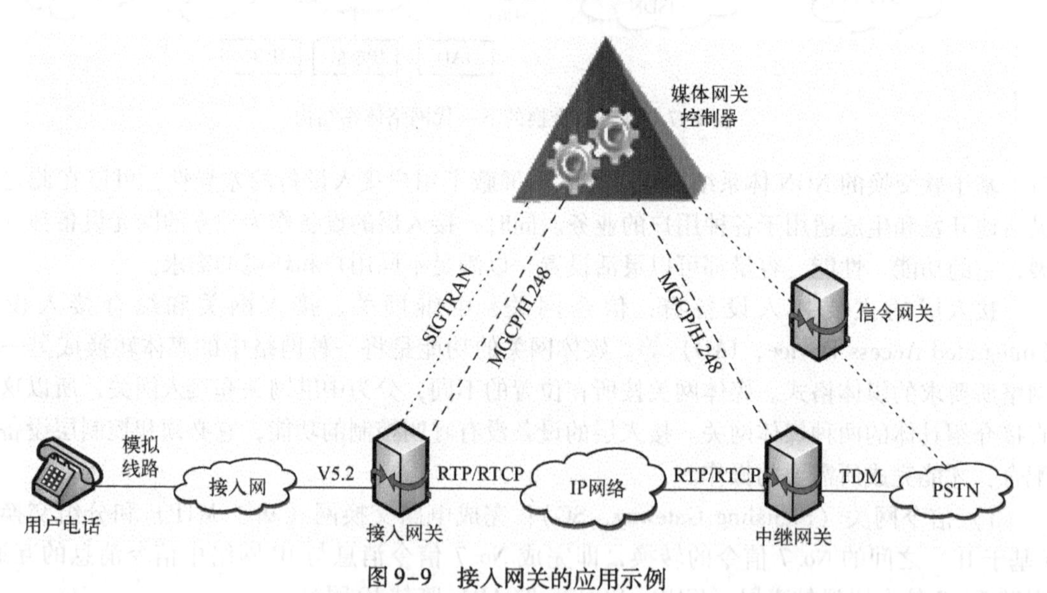

图9-9　接入网关的应用示例

4）综合接入设备（IAD）：适用于小型企业用户与家庭用户的接入网关，属于用户终端产品，为用户综合提供语音、数据、图像等多媒体业务的接入。对于语音的分组业务流的传送方式有多种，主要的两种是数字用户线传语音（Voice over DSL，VoDSL）及VoIP。VoIP接入技术是指IAD的网络侧接口为以太网接口；VoDSL接入技术是指IAD的网络侧采用DSL接入方式，通过DSL接入复用器（DSL Access Multiplexer，DSLAM）接入到网络中。VoIP通过IAD接入NGN的应用示例如图9-10所示。

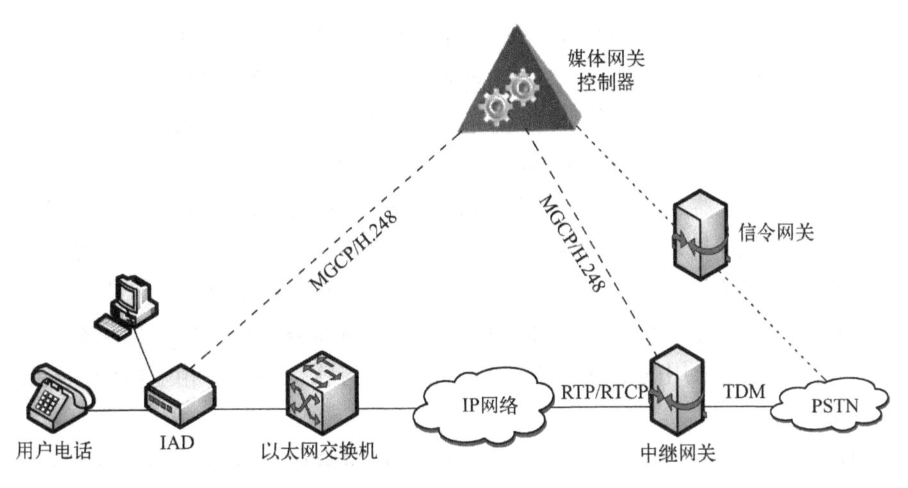

图 9-10　综合接入设备的接入应用示例

5）无线接入媒体网关（Wireless Access Gateway，WAG）：用于将无线接入用户连接至软交换网。

（2）传输层

传输层负责提供各种信令流和媒体流传输的通道，完成信息传输。鉴于 IP 网络能够同时承载语音、数据、视频等多种媒体信息，同时具有协议简单、终端设备对协议的支持性好且价格低廉的优势，因此，NGN 选择了 IP 分组网络作为其承载网络。传输层的作用和功能就是将接入层中的各种媒体网关、控制层中的软交换机、业务应用层中的各种服务器平台等各个 NGN 的网元连接起来。无论是控制信令还是各种媒体信息，都将通过不同种类的媒体网关将媒体流转换成统一格式的 IP 分组，在核心传输网络（IP 网络）进行统一传输。该层的设备主要包括高速路由器、交换机等传输设备。

（3）控制层

控制层主要由媒体网关控制器（Media Gateway Controller，MGC）组成，业界通常将其称为"软交换机"。它提供传统有线网、无线网、No.7 信令网和 IP 网的桥接功能（包括建立电话呼叫和管理通过各种网络的话音和数据业务流量），是软交换技术中的呼叫控制引擎。控制层是 NGN 体系结构的核心控制层次，主要提供呼叫控制、接入协议适配、互联互通等功能，并为业务层提供访问底层各种网络资源的开放接口。该层的主要设备包括媒体网关控制器（MGC）、媒体服务器（Media Server，MS）等。

软交换是 NGN 的核心控制实体，为 NGN 提供具有实时性要求的业务的呼叫控制和连接控制功能，对下支持多种网络协议，对上支持多种业务提供接口，是下一代网络呼叫与控制的核心。软交换通过软件实现基本呼叫控制功能，包括呼叫选路、管理控制、连接控制（建立/拆除会话）和信令互通。与此同时，软交换还将网络资源、网络能力封装起来，通过标准开放的业务接口和业务应用层相连，从而可方便地在网络上快速提供新业务。其基本特征是业务与呼叫控制分离、呼叫控制与承载分离，分离的接口采用标准的协议或 API，从而使得业务真正独立于网络，实现灵活有效地提供业务。

（4）业务层

业务层利用底层的各种网络资源为 NGN 提供各类业务所需的业务逻辑、数据资源和媒体资源，以及网络运营所必需的管理、维护和计费等功能。其主要功能是创建、执行和管理NGN的各项业务，包括多媒体业务、增值业务和第三方业务等。该层的主要设备包括应用服务器（Application Server，AS）、网管服务器（Policy Server）、鉴权、认证和计费服务器（Authentication，Authorization and Accounting Server，AAAS）等。其中最主要的功能实体是应用服务器，应用服务器是NGN中业务的执行场所，利用Parley API技术，提供业务生成环境，向用户提供增值业务、多媒体业务的生成和管理功能。对下支持访问软交换的协议或API，对上可以提供更高层的业务开发接口，以进一步支持业务的开发和定制。运营商、业务开发商、用户可以通过标准化的接口，开发各种实时业务，而不用考虑承载业务的网络形式、终端类型，以及所采用的协议细节。网管服务器与软交换设备相互协作，可以提供更灵活的网络管理业务。

关于NGN中各实体之间的接口问题，我国工业和信息化部也已有了相关的行业标准。在信令方面，电路交换网络中的交换机与软交换之间仍然使用No.7信令（Signaling System No.7，SS7），只是在IP传输网中No.7信令通过信令网关转换成IP承载，遵循IETF制定的SIGTRAN（Signaling Transport，信令传送）协议；软交换与各种媒体网关之间则是ITU-T和IETF共同制定的Megaco/H.248协议；多个软交换设备之间通过IETF制定的SIP-T（SIP for Telephony Protocol）协议或ITU-T制定的BICC（Bearer Independent Call Control，与承载无关的呼叫控制）协议进行通信；而软交换和应用服务器之间的接口有多种选择，可采用IETF制定的SIP，也可以采用开放的API规范，例如由OSA和Parlay组织制定的OSA/Parlay API标准。在媒体方面，媒体网关负责将现有电路交换网络中的语音打包成IP分组，以RTP流的形式在核心IP网上传输。

可见，NGN采用融合、分层、开放的体系结构，将传统电话网络中交换机的功能模块分离成独立的网络实体，各实体间采用开放的协议或API接口，从而打破了传统电信网封闭的格局，实现了多种异构网络间的融合。NGN的体系通过将业务与呼叫控制分离、呼叫控制与承载分离来实现相对独立的业务体系，使得上层业务与底层的异构网络无关，灵活、有效地实现业务的提供，从而能够满足人们多样的、不断发展的业务需求。可以说，NGN完全体现了业务驱动的思想和理念，很好地实现了多网融合，提供了开放灵活的业务提供体系，是对传统电信网络的一次彻底的变革。

9.2.3 下一代网络的特点

（1）采用分层的、全开放的体系结构和标准接口，具有独立的模块化结构

将传统交换机的功能模块分离成为独立的网络部件，各个部件可以按相应的功能划分各自独立发展。部件间的协议接口基于相应的标准。从网络功能层次上看，NGN在垂直方向从上往下依次包括业务层、控制层、传输层和接入层，在水平方向应覆盖核心网、接入网乃至用户驻地网。

NGN强调网络的开放性，其原则包括网络架构、网络设备、网络信令和协议。开放式网络架构能让众多的运营商、制造商和服务提供商方便地进入市场参与竞争，易于生成和运行各种服务，而网络信令和协议的标准化可以实现各种异构网络的互通。NGN的分层组网特点，使得运营商几乎不用考虑到过多的网络规划，仅需根据业务的发展情况，来考虑各接入节点的部署。在组大网方面，无论是容量、维护的方便程度，还是组网效率，NGN同

PSTN 相比也有明显的优势。

（2）下一代网络是业务驱动的网络

NGN 应实现业务与呼叫控制分离、呼叫控制与承载分离。NGN 通过业务与呼叫控制分离以及呼叫控制与承载分离，实现真正的“业务独立于网络”，允许业务和网络独立发展，使得业务供应商和用户能够灵活有效地生成或更新业务，也使得网络具有可持续发展的能力和竞争力。从网络管理上看，由于 NGN 中呼叫控制与传输层和业务层分离，对业务层和传输层的管理边界将更加清晰，而各层的管理也将更加集中灵活。

（3）下一代网络是基于统一协议的分组网络体系

NGN 可使用 IP，使得基于 IP 的业务都能在不同网上实现互通，成为传统电信网、计算机网络和有线电视网三大网络都能接受的通信协议，支持各种业务和用户任意接入。

NGN 是一个基于分组传送的网络，能够承载语音、数据、图像、视频等所有比特流的多业务网，并能通过各种各样的传送特性（实时与非实时、由低到高的数据速率、不同的 QoS、点到点/多播/广播/会话/会议等等）满足多样化、个性化业务需求，使服务质量得到保证，令用户满意。具有开放的业务 API 以及对业务灵活的配置和客户化能力，运营商可以推出新的盈利模式，实现按质论价、优质优价。普通用户可通过智能分组语音终端、多媒体终端接入，通过接入媒体网关、综合接入设备（IAD）来满足用户的语音、数据和视频业务的共存需求。

（4）可与现有网络互通

NGN 是具有后向兼容性、允许平滑演进的网络，通过接入网关、中继网关和信令网关等，可实现与 PSTN、PLMN、IN、Internet 等网络的互通，从而充分挖掘现有网络设施潜力和保护已有投资。

（5）支持移动性

移动电话的大发展充分表明人类对移动性的旺盛需求，电话服务需要移动性，互联网服务同样需要移动性。NGN 的分层组网特点和部件化有利于支持普遍的移动性和漫游性。

（6）电信级的硬件平台

NGN 的业务处理部分运行于通用的电信级硬件平台上，运营商可以通过选购性能优越的硬件平台，来提高处理能力。同样，在这个平台上，摩尔定律所带来的处理性能的持续增长，也将使整个通信产业获益。

9.3 软交换的主要功能和技术优势

9.3.1 软交换的主要功能

软交换是多种逻辑功能实体的集合，各实体之间通过标准的协议进行连接和通信，其主要功能包括以下几部分：呼叫控制功能、业务提供功能、业务交换功能、互通功能、SIP 代理功能、计费功能、操作维护功能、路由地址解析和认证功能、H.248 终端/SIP 终端/MGCP 终端的控制和管理功能，是下一代电信网中语音/数据/视频业务呼叫、控制、业务提供的核心设备，也是目前电路交换网向分组网演进的主要设备之一。固定网络软交换的主要功能如图 9-11 所示。

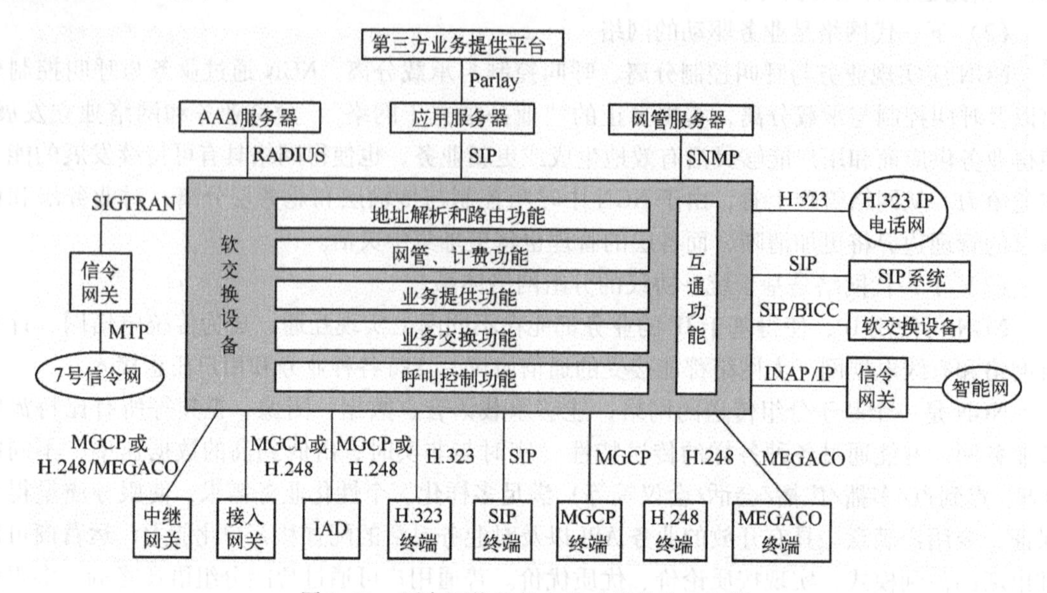

图 9-11　固定网络的软交换功能结构及协议

移动网络软交换的功能结构如图 9-12 所示。

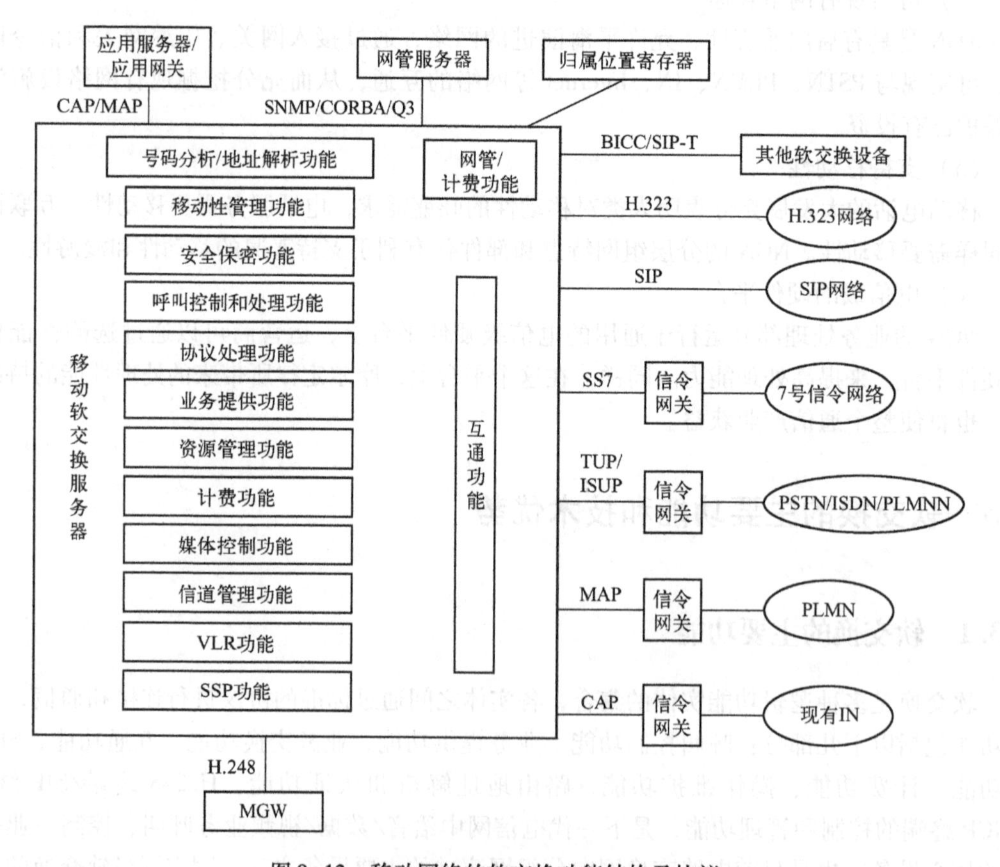

图 9-12　移动网络的软交换功能结构及协议

（1）呼叫控制和处理功能

软交换设备可以为基本呼叫的建立、保持和释放提供控制功能，包括呼叫请求的处理、连接控制、智能呼叫触发检测和资源控制等。可以说呼叫控制功能是整个网络的灵魂。

软交换设备可以提供媒体网关控制功能，控制各种媒体网关及设备，包括：中继网关（如PSTN/ISDN的IP中继媒体网关）、用户接入网关、提供各种无线用户接入的无线媒体网关、数据媒体网关等，完成H.248协议功能。同时还可以直接与H.323终端和SIP客户端终端进行连接，控制IAD/H.323/SIP终端等，提供相应业务。

软交换设备可提供本地电话端局、长途电话交换局及网间接口局的处理功能。

例如：

1）当用户摘机后，媒体网关检测该事件并报告软交换。

2）软交换查询主叫用户数据，进行身份鉴权。

3）若是有权用户，软交换向媒体网关发送拨号计划，要求网关向用户发送拨号音。

4）软交换收到网关送来的被叫号码后，进行被叫号码分析、黑白名单分析等，找到被叫所属的软交换地址，并将呼叫请求转发到被叫软交换设备。

5）软交换控制主、被叫网关选择空闲的媒体资源，完成编码格式及媒体连接地址等的协商。

6）呼叫中，软交换设备可以控制媒体资源服务器提供综合语音响应（Integrated Voice Response，IVR）功能，以完成诸如二次拨号、通知音播放、会议桥、监听等多种业务。

7）若呼叫过程涉及多方成员参与，软交换设备可提供多方呼叫控制功能，包括多方呼叫的特殊逻辑关系、呼叫成员的加入/退出/隔离/旁听以及混音过程的控制等。

8）呼叫过程中，软交换控制网关向用户发送振铃音、回铃音、忙音等音信号。

9）当用户挂机后，媒体网关检测该事件并报告给软交换，软交换设备控制各网关及终端设备进行资源的释放。

（2）业务交换功能

业务交换功能与呼叫控制功能相结合提供了呼叫控制功能和业务控制功能（Service Control Function，SCF）之间进行通信所要求的一组功能。业务交换功能主要包括：

1）业务控制触发的识别以及与业务控制间的通信。

2）管理呼叫控制功能和业务控制功能之间的信令。

3）按要求修改呼叫/连接处理功能，在业务控制功能的控制下处理智能网业务请求。

4）业务交互作用管理。

（3）业务提供功能

由于软交换系统既要兼顾与现有网络业务的互通，又要兼顾下一代网络业务的发展，因此软交换能够提供PSTN/ISDN交换机提供的全部业务，包括基本业务和补充业务；可以与现有智能网配合提供现有智能网提供的业务；可以提供可编程的、逻辑化控制的、开放的API协议，实现与外部业务平台的互联，提供各种多媒体增值业务。

（4）协议功能

软交换设备是一个开放的、多协议实体，采用标准协议与各种媒体网关、终端和网络进行通信，这些协议包括：软交换与信令网关间的接口使用SIGTRAN协议，信令网关与No.7信令网之间采用No.7信令系统的消息传送部分MTP的信令协议；软交换与中继网关间采用

MGCP 或 H. 248/Megaco 协议；软交换与接入网关和 IAD 之间采用 MGCP 或 H. 248 协议；软交换与 H. 323 终端之间采用 H. 323 协议；软交换与 SIP 终端之间采用 SIP 协议；软交换与媒体服务器之间接口采用 MGCP 或 H. 248 协议或 SIP；软交换与智能网 SCP 之间采用 INAP (CAP)；软交换设备与应用服务器间采用 SIP/INAP，业务平台与第三方应用服务器之间的接口可使用 Parlay 协议；软交换设备之间的接口主要实现不同软交换设备间的交互，可使用 SIP-T 和 BICC 协议；媒体网关之间传送采用 RTP/RTCP；软交换与 AAA 服务器之间采用 RADIUS 协议；软交换与网管服务器之间采用 SNMP。

(5) 互联互通功能

可以通过信令网关及中继网关实现与 PSTN 网络、无线市话网络和移动网的互通；可以采用 SIP、SIP-T 或 BICC 协议与其他软交换设备互通；可以通过信令网关实现分组网与现有 7 号信令网的互通；可以通过信令网关与现有智能网互通，为用户提供多种智能业务；可以通过 H. 323 协议实现与现有 H. 323 体系的 IP 电话网的互通；通过网间接口软交换及接口网关设备实现不同运营商之间设备的互通。

(6) 资源管理功能

软交换对系统中的各种资源进行集中的管理，如资源的分配、释放和控制，接收网关的报告，掌握资源当前状态，对使用情况进行统计，以便决定此次呼叫请求是否进行接续等。

(7) 操作维护功能

操作维护系统是软交换设备中负责系统的管理和操作维护的部分，是用户使用、配置、管理、监视软交换的工具集合。

软交换应支持多种配置管理方式，如 SNMP 配置管理、脱机/在线配置、远程配置等方式；应提供数据备份功能、提供命令行和图形界面两种方式对整机数据进行配置、提供数据升级功能等。

软交换应具备完善的故障管理功能，并能根据故障的严重程度分类，以产生不同程度的告警信息。软交换告警内容主要包括：系统资源告警（如系统 CPU 占有率、存储空间占有率、设备倒换等）；各类媒体网关及连接状况告警（如媒体网关工作状态、媒体网关连接状态、媒体网关倒换重启等）；No.7 信令网关告警（如信令链路倒换、No.7 信令路由告警等）以及传输质量告警（如丢报率告警、重发指标越界告警、事务处理出错告警等）。

软交换应能够提供业务统计功能，以反映本设备的业务负荷信息和运行状况。软交换应具有业务量测量和记录功能，业务量的测量项目（即所要统计的内容项，如占用次数、应答话务量等）可根据需要组合，既能单独测量一个项目，也可同时测量几个项目。

软交换业务量统计和测量功能主要包括：可以根据不同接续类型（如国际呼叫、国内长途呼叫、本地呼叫等），进行不同测量项目（如呼叫次数、摘机久不拨号次数、占用次数、接通次数、应答次数、久叫不应次数、被叫忙次数等）的统计和测量；可以按照不同的呼叫类型、目的码等，对不同接续类型的业务量（包括占用业务量、接通业务量、应答业务量等）进行统计和测量。

软交换应具备完善的安全管理功能，对维护员的访问权限应有严格的规定。维护员登录时要求账户和密码，系统对每次访问做记录。根据维护员的需要，系统可以对其权限进行分类，如系统管理员、配置管理员、维护管理员等。

软交换应能够提供标准的人机命令接口，以对设备进行操作维护；不同类型、不同级别的操作员具有不同的人机命令集权限。软交换应提供本地终端、远程维护中心等多种人机接口方式，能记录所有操作员的所有操作日志，具有强大的日志管理功能。

（8）计费功能

软交换应具有采集详细话单及复式计次的功能，并能够按照运营商的需求将话单传送到相应的计费中心。例如在对智能网业务的计费中，由业务控制点（SCP）决定是否计费、计费类别及计费相关信息，由软交换具体进行生成呼叫纪录。当呼叫结束后，软交换将详细计费信息送往计费中心，将与分摊相关的信息送到SCP，由SCP送往业务管理点（Service Management Point，SMP），再送到结算中心，由结算中心进行分摊。在软交换中应有计费类别与具体的费率值的对应表，对于每一计费类别均应有全费、减费功能。全费、减费应能自动转换，具有可用人机命令修改减费日期及时间的能力。

软交换应能够根据不同的计费对象进行计费和信息采集。如对主叫号码计费，当用户接入授权认证通过并开始通话时，由软交换启动计费计数器；当用户拆线或网络拆线时终止计费计数器，并将采集的原始呼叫详细记录（Call Detail Record，CDR）数据送到相应的计费中心，再由该计费中心根据费率生成账单，并汇总上交给相应的结算中心。再如采用账号方式计费时，软交换应具有计费信息传送和实时断线功能。在用户接入授权认证通过后，与软交换连接的计费中心应从用户数据库（漫游用户应在其开户地计费中心查找）提取余额信息并折算成最大可通话时间传给软交换，软交换启动相应的定时器以免用户透支。开始通话时由软交换启动计费计数器，在用户拆线或网络拆线时终止计费计数器。最终由软交换将采集的数据送到相应的计费中心，由该计费中心生成原始CDR，并根据费率生成用户账单并扣除记账卡用户的一定的余额（对漫游用户应将账单送到其开户地相应的计费中心，由它负责扣除记账卡用户的一定的余额），并汇总上交给相应的结算中心。

软交换的计费采集内容与运营商的资费策略密切相关，其主要内容可包括：日期、通话开始时间、通话终止时间、PSTN/ISDN侧接通开始时间、PSTN/ISDN侧释放时间、通话时长、卡号、接入号码、被叫用户号码、主叫用户号码、入字节数、出字节数、业务类别、主叫侧媒体网关/终端的IP地址、被叫侧媒体网关/终端的IP地址、主叫侧软交换设备IP地址、被叫侧软交换设备IP地址、通话终止原因等。

（9）认证与授权功能

软交换应能够与认证中心连接，并可以将所管辖区域内的用户、媒体网关信息（如IP地址及MAC地址等）送往认证中心进行认证与授权，以防止非法用户/设备的接入。

（10）地址解析及路由功能

软交换设备应可以完成E.164地址至IP地址、SIP用户URL编码方式至IP地址的转换功能，同时也可完成重定向的功能。

能够对号码进行路由分析，通过预设的路由原则（如拥塞控制路由原则）找到合适的被叫软交换设备，将呼叫请求送至被叫软交换设备。

（11）语音处理功能

软交换可以控制媒体网关之间语音编码方式的协商过程，语音编码算法至少包括G.711、G.729、G.723等。呼叫建立之前，软交换会分别向主/被叫网关发送可选的（按优先级由高到低的）编码方式列表，网关根据自身情况回送（按优先级由高到低的）编码方式列表，最后双方选取都支持的最高优先级编码方式，完成两个网关之间编码方式的协商。当网络发生拥塞时，软交换会控制网关设备切换至压缩率高的编码方式，减少网络负荷；当网络负荷恢复至正常时，软交换会控制网关设备切换至压缩率低的编码方式，提高业务质量。

软交换可以控制媒体网关是否采用回声抑制功能，提供的协议应至少包括 G. 168 等。

软交换可以向媒体网关提供语音包缓存区的最大 BufferSize，以减少抖动对语音质量带来的影响。同时，可以控制媒体网关的增益的大小，可以控制中继网关是否执行导通检验过程。

(12) 过负荷控制能力

1) 能在系统或网络过负荷时，具有对负荷控制的能力，例如限制某些方向的呼叫或自动逐级限制普通用户的呼出等。

2) 能根据网络拥塞的不同程度进行分级拥塞控制。

3) 能根据资源的使用情况和网络的拥塞情况，动态调整编码方式，并通知网关设备（可选功能）。

4) 能够定义服务质量的门限值并下发给网关设备。

5) 能对话务统计数据和设备运行状态进行分析。

6) 能按百分比根据来话的主叫类别、主叫号码、时间段、入中继群标识来限制至特定出中继、目的码的呼叫量。

7) 能根据来话的主叫类别、主叫号码、时间段、入中继群标识来限制在规定的时间间隔内至特定出中继、目的码允许选择路由的最大试呼次数。

(13) 网间接口局功能

软交换设备可充当网间关口局，具有以下主要功能：多信令点编码、呼叫鉴权、呼叫拦截、黑白名单、主叫号码、被叫号码增删改能力、具有拥塞话务过载保护、出入中继详细计费、可针对各种话务类型和话务源做不同类型的话务疏通控制等。

(14) 与移动业务相关的功能

除了完成固定软交换设备需完成的功能外，软交换还应具备提供无线市话交换局、移动交换局能提供的相关功能，包括用户鉴权、位置查询、号码解析及路由分析、呼叫控制、业务提供、计费等功能。

9.3.2 软交换的技术优势

与传统 TDM 技术相比，采用软交换技术建设的新一代网络具有很多优势，其中成本优势和业务优势较为突出。

1. 成本优势

1) 基于软交换的宽带电话网具有网络结构清晰简洁等特点。相比于传统 PSTN 网络建设过程中需本地端局、汇接局、长途局、信令网、同步网等多类项目的投入，基于软交换的宽带电话网只需一次投入即可在宽带数据网上构建完整的端到端的语音及多媒体网络。

2) PSTN 网因本地端局、汇接局、长途局、信令网、同步网等多类项目的实施，需占用大量机房，并配套进行供电、配线、机房专修等工程的建设。软交换体系的集中控制、分布式体系、以数据网为承载网的特征使得网络的建设占用最少的设备空间，节省大量的配套机房、供电、配线等投资。

3) 构建在宽带数据网上的宽带电话网，充分利用了宽带数据网的资源，大量节投资；对于运营商而言，可大大加快网络建设速度，提高向最终用户提供业务的速度与服务质量。

4）基于软交换的宽带电话网络分布式的体系架构，网络的建设与发展可以根据用户的实际市场需求逐步投入、分步建设、滚动式发展，保证运营商的投资回报，降低了运营商的投资压力与投资风险；软交换是基于 IP 网的，因此控制核心和接入设备可以无限延伸，在初期用户少，分布广的情况下，软交换可以很好地节约成本。

5）终端接入设备可根据网络的实际建设规模投入，可保证实装率接近 100%。

6）完整的统一业务平台可方便地提供各类智能及增值业务，新型智能平台生成业务更加便捷、快速，业务提供成本更加低廉，进一步加强运营商的市场竞争力。

7）以数据网为承载网的融合网络大幅降低了整体网络的运行维护成本。

2. 业务优势

1）在宽带数据网上提供相当于 PSTN 的语音品质，未来甚至可提供比 PSTN 更优的语音质量。

2）在宽带网上方便地提供基本语音业务、标准补充业务、智能业务及各类新型业务。

3）充分柔性、灵活的统一业务平台业务提供速度快、成本低；新业务的增加无需增加太多的网络设备投资。

4）在宽带网上方便地支持视频终端、各类新型智能终端的接入；可以在业务成熟后，在同一网络上方便地为用户提供丰富多彩的多媒体业务服务，避免了传统的因提供单一业务而建设相应网络的弊端；更容易实现语音、数据、传真和视频合一的多媒体通信业务。

5）开放式的体系架构，业务的提供不受区域、设备等的限制，方便的提供传统 PSTN 网络所不能支持的如广域集中用户交换机（Wide Area Centrex，WAC）等业务，为运营商的发展提供了经济、灵活的技术手段。

6）开放式的体系架构，分层的思想，降低了设备提供的门槛，使得更多的人参与系统的开发，将创造丰富多彩的未来。

9.4 支持软交换的主要协议

下一代网络的特点是基于 IP 技术的多厂商、多技术、不同体系结构的复杂融合体，软交换技术在这样一个异构网络中起着极为重要的作用。协议是系统赖以生存的规则，如建立联系、交换数据以及终端会话等，标准化协议是支持通信设备互联互通、提高通信设施效率、保障通信网络服务质量的关键因素。

下一代网络是一个开放的体系结构，各个功能模块之间采用标准的协议进行互通，因此软交换涉及很多的协议，具体可分为如下几种类型：媒体网关控制协议、呼叫控制协议、信令传输适配协议、传输控制协议、业务应用协议、维护管理协议。

（1）媒体网关控制协议

该协议用于软交换设备与各种媒体设备之间，提供用于软交换对媒体网关进行承载控制、资源控制和管理，是一种主/从控制协议体系。主要的媒体网关控制协议有 IETF 制定的 MGCP 和 MEGACO、ITU-T 制定的 H.248。

（2）呼叫控制协议

该协议用于建立呼叫，是对等方式的通信协议，与媒体网关控制协议的主从方式完全不同。主要有：SIP、SIP-T、SIP-I、H.323、ISUP、TUP、BICC、PRI、BRI 等。

(3) 信令传输适配协议

信令传输适配协议简称 SIGTRAN 协议，是将在传统的电路交换网中传送的信令消息转换成在 IP 网络上传送的信令消息时所用的适配协议的总称。主要的 SIGTRAN 协议包括 No. 7 信令的适配协议：M2PA、M2UA、M3UA、SUA/IUA/V5UA。

(4) 传输控制协议

该协议包括流控制传输协议（Stream Control Transmission Protocol，SCTP）、用户数据报协议（User Datagram Protocol，UDP）、TCP、M3UA 等。

(5) 业务应用协议

该协议包括 PARLAY、JAIN、INAP、CAMEL、MAP、RADIUS 等，软交换将用户名和账号等信息发送到 AAA 服务器进行认证、鉴权和计费，采用 RADIUS 协议。

(6) 维护管理协议

该协议包括简单网络管理协议（SNMP）、公共对象请求代理结构（Common Object Request Broker Architecture，CORBA）、通用开放策略服务（Common Open Policy Service，COPS）等。

本节重点介绍在下一代网络中得到广泛应用的 MGCP 协议、H. 248/MEGACO 协议、SIP、H. 323 协议、BICC 协议、SIGTRAN 协议。

9.4.1 媒体网关控制协议（MGCP）

(1) 媒体网关控制协议模型

媒体网关控制协议（Media Gateway Control Protocol，MGCP）是由 IETF 的 MEGACO 工作组制定的媒体网关控制协议，是网关分解的产物。RFC2719 把传统网关分解为媒体网关（MG）、信令网关（SG）和媒体网关控制器（MGC）3 部分，由此产生了媒体网关控制协议。它是简单网关控制协议（Simple Gateway Control Protocol，SGCP）和 IP 设备控制（IP Device Control，IPDC）协议合并的结果。

MGCP 是软交换设备和媒体网关之间或软交换与 MGCP 终端之间的通信协议，用于完成软交换对媒体网关的控制，处理软交换与媒体网关的交互，软交换通过此协议来控制媒体网关或 MGCP 终端上的媒体/控制流的连接、建立、释放，如图 9-13 所示。基于主从工作模式，其协议模型假定由 MGCP 完成所有呼叫控制处理，由媒体网关实现媒体流处理和转换。MGCP 要依赖会话描述协议（Session Description Protocol，SDP）来协商与呼叫有关的参数。

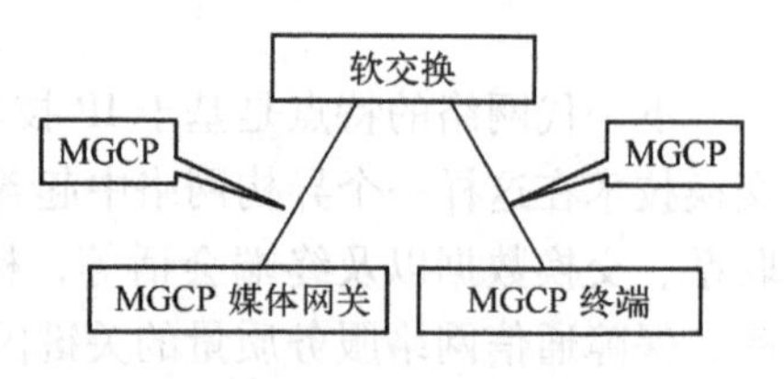

图 9-13　MGCP 应用范围

MGCP 的连接模型包括端点（Endpoint）和连接（Connection）两个构件。其中端点发送或接收数据流，分为网络端点和虚拟端点两类；连接则由软交换控制网关或终端在呼叫所涉及的端点间进行建立，可以是点到点、点到多点连接。一个端点上可以建立多个连接，而不同的连接可以作用于同一个端点上。

在 MGCP 的呼叫控制中有两个重要概念：事件（Event）和信号（Signal）。事件是网关能够侦测出的状态，如电话摘机挂机等。信号是由网关产生的，如拨号音。MGCP 通过检测和判断端点和连接上事件对呼叫过程进行控制，指示端点应该向用户发送或终止何种信号。

例如，当端点检测到用户摘机时，向用户发出拨号音信号。

（2）MGCP 协议栈

MGCP 采用 UDP 进行传输。为防止未经授权的实体利用 MGCP 协议建立非法呼叫，要求 MGCP 的连接建立在安全连接的基础上。当在 IP 网络上传输 MGCP 协议时，需要使用 IP Authentication Header 或 IP Encapsulating Security Payload 协议建立安全连接。MGCP 协议栈如图 9-14 所示。

MGCP
UDP
IP Security
IP
接入层

图 9-14　MGCP 协议栈

（3）MGCP 命令

MGCP 命令包括连接处理和端点处理两类共 9 条命令，分别是端点配置（EndpointConfiguration，EPCF，由软交换发送到媒体网关，用来规定端点接收信号的编码格式）、通报请求（NotificationRequest，RQNT，由软交换向终端设备发送，用于规定终端设备所要监视/报告的终端设备上发生的事件）、通报（Notify，NTFY，由终端向软交换发送，用于终端设备通知软交换所检测到的发生的事件）、创建连接（CreateConnection，CRCX，用于软交换在终端之间建立一个连接）、修改连接（ModifyConnection，MDCX，用于改变连接特征，包括改变连接的本地特征和远端特征）、删除连接（DeleteConnection，DL-CX，此命令可以由终端发出，也可以由软交换发出，用于删除连接，软交换可以同时删除多个连接）、审核端点（AuditEndpoint，AUEP，用于软交换查看端点状态）、审核连接（AuditConnection，AUCX，用于软交换查看与连接相关的参数）和重启进程（RestartIn-Progress，RSIP，用于通知软交换端点退出服务或进入服务）。MGCP 采用文本协议，协议分为命令和响应两类。采用三次握手协议进行证实，每个命令都需要对方响应。命令由命令行和若干参数组成，证实消息带三位数字响应码。

由于 MGCP 比 MAGACO 推出的时间早，因此目前许多厂家开发的终端和媒体网关均支持 MGCP 协议。

9.4.2　H. 248/MEGACO 协议

MEGACO 和 H. 248 协议是 IETF MEGACO 工作组和 ITU-T 第 16 研究组在 MGCP 的基础上分别提出的，是对 MGCP 的改进和进一步完善。两个标准化组织在制定媒体网关控制协议过程中，相互联络和协商，因此 H. 248 和 MEGACO 协议的内容基本相同，只是在协议消息传输语法上有所区别。MGCP 具有实现简单等特点，但其互通性和支持业务的能力有限。而 H. 248/MEGACO 功能灵活、支持业务能力强，且不断有新的附件补充其能力，是目前媒体网关和软交换之间的主流协议。

（1）H. 248/MEGACO 协议模型

H. 248 和 MEGACO 协议均称为媒体网关控制协议，应用在媒体网关和软交换之间、软交换与 H. 248/MEGACO 终端之间，如图 9-15 所示。H. 248/MEGACO 协议的体系结构如图 9-16 所示。

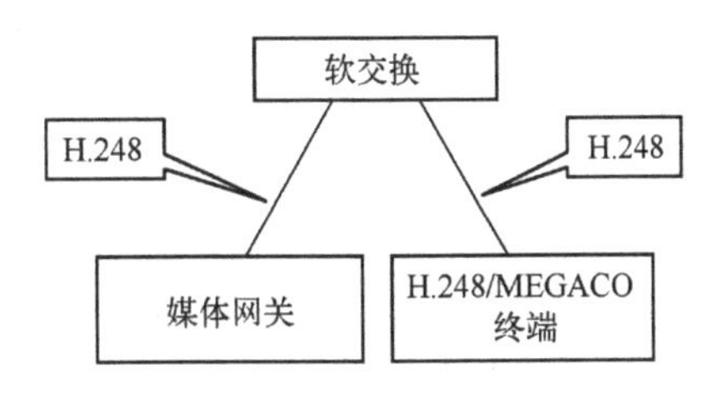

图 9-15　H. 248/MEGACO 协议的应用范围

图中的信令网关处理信令协议和不同协议间的转换。媒体网关控制器利用 H. 248 协议发送各种命令来控制媒体网关。媒体网关在媒体网关控制器的控制下完成媒体通道的建立和终止，并管理媒体通道。按照功能进行划分，H.248/MEGACO 协议媒体网关控制器可划分为服务控制模块、事务处理模块、事件模块和信号处理模块组成。其中，服务控制模块控制媒体网关的服务状态，提供控制顺序表、注册媒体网关等；事务处理模块处理媒体网关中所有事务，包括端点发生的事件和信号；事件模块完成对事件的缓存；信号处理模块接收来自事务处理模块的信号，根据信号对端点进行相应操作。

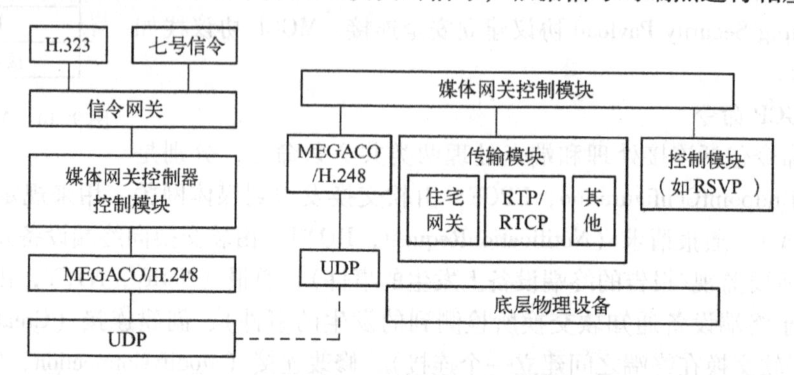

图 9-16　H.248/MEGACO 协议的体系结构

H.248/MEGACO 引入了终结点（Termination）和关联（Context）两个抽象概念。其中终结点用于发送、接收一个或者多个数据流。在一个多媒体会议中，一个终结点可以支持多种媒体，并且发送或者接收多个媒体流。在终结点中，封装了媒体流参数、调制/解调和承载能力等参数；而关联表示一些终结点之间的连接关系，描述的是终结点之间的拓扑结构、媒体混合和交换的实时。有一种特殊的关联称为空关联（Null Context），它是不与任何其他终结点相联系的所有终结点的集合。一个终结点一次只能存在于一个关联之中，一般使用 Add 命令向一个关联中增加终结点，使用 Subtract 命令将一个终结点从一个关联中删除，也可以使用 Move 命令将一个终结点从一个关联转移到另一个关联。终结点可以用特性来进行描述，不同类型的终结点，其特性也不同。因此，H.248 使用了 19 个终结点描述符对于终结点的特性进行描述，描述符由描述符名称和一些参数组成，参数可以有取值，描述符可以作为命令的参数，也可以作为命令的传输结果返回。

（2）H.248/MEGACO 命令

H.248 和 MEGACO 通过 Add（用于向一个关联添加终结点）、Modify（用于修改一个终结点的特性、事件和信号）、Subtract（用于解除一个终结点和它所处的关联之间的联系，同时返回）、Move（用于将一个终结点从一个关联转移到另一个关联）、AuditValue（用于获取终结点的当前特性、事件、信号和统计有关的信息）、AuditCapability（用于获取媒体网关所允许的终结点的特性、事件和信号的所有可能的信息）、Notify（媒体网关使用 Notify 命令向软交换设备报告媒体网关所发生的事件）和 ServiceChange（媒体网关使用该命令向软交换报告一个终结点或者一组终结点将要退出服务，或者刚刚返回服务，也可以使用该命令向软交换进行注册，并且向软交换设备报告媒体网关将要开始或者已经完成了重新启动工作）共 8 个命令完成对终结点和关联之间的操作，从而完成呼叫的建立和释放。

（3）传输机制

H.248 协议的传输机制应当能够支持在媒体网关和软交换之间的所有事务处理的可靠传

输。如果是在 IP 上传输本协议，软交换应当能够实现 TCP 和 UDP/ALE，媒体网关应当能够实现 TCP 或者 UDP/ALE 或者同时支持两者。无论是 TCP 还是 UDP，当使用文本方式进行编码时，协议消息所使用的缺省端口为 2944，当使用二进制方式编码时，协议消息所使用的默认端口为 2945。

9.4.3 会话启动协议（SIP）

会话启动协议（Session Initiation Protocol，SIP）是由 IETF 提出的在 IP 网络上进行多媒体通信的应用层控制协议，其设计思想与 H.248/MEGACO/MGCP 完全不同。它的主要目的是为了解决 IP 网中的信令控制，以及与软交换的通信。SIP 协议采用基于文本格式的客户—服务器方式，以文本的形式表示消息的语法、语义和编码，客户机发起请求，服务器进行响应。SIP 主要用于 SIP 终端和软交换之间、软交换和软交换之间以及软交换与各种应用服务器之间，如图 9-17 所示。

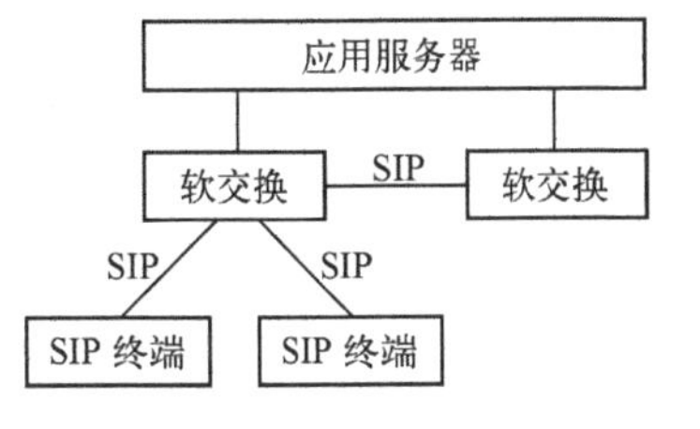

图 9-17 SIP 协议的应用范围

1. SIP 技术特点

SIP 的主要技术特点在于简单，它只包括 7 个主要请求，6 类响应，成功建立一个基本呼叫只需要两个请求消息和一个响应消息；基于文本格式，易实现和调试，便于跟踪和处理。

从协议角度上看，易于扩展和伸缩的特性使 SIP 能够支持许多新业务，对不支持业务信令的透明封装，可以继承多种已有的业务。

从网络架构角度上看，分布式体系结构赋予系统极好的灵活性和高可靠性，终端智能化，网络构成清晰简单，从而将网络设备的复杂性推向边缘，简化网络核心部分。

1）独立于接入：SIP 可用于建立与任何类型的接入网络的会晤，同时还使运营商能够使用其他协议。

2）会话和业务独立：SIP 不限制或定义可以建立的会话类型，使多种媒体类型的多个会话可以在终端设备之间进行交换。

3）协议融合：SIP 可以在无线分组交换域中提供所有业务的融合协议。

2. SIP 的基本功能

1）名字翻译和用户定位：确保呼叫到达位于网络中的被叫方，执行描述信息到定位信息的映射。

2）特征协商：允许与呼叫有关的组在支持的特征上达成一致。

3）呼叫参与者管理：在通话中引入或取消其他用户的连接，转移或保持其他用户的呼叫。

4）呼叫特征改变：用户能在呼叫过程中改变特征。

3. SIP 的体系结构

SIP 结构包括以下 4 个主要部件。

1）用户代理（User Agent）：就是 SIP 终端。按功能分为两类：用户代理客户端（User Agent Client，UAC），负责发起呼叫；用户代理服务器（User Agent Server，UAS），负责接受呼叫并做出响应。

2）代理服务器（Proxy Server）：可以当作一个客户端或者是一个服务器。具有解析能力，负责接收用户代理发来的请求，根据网络策略将请求发给相应的服务器，并根据应答对用户做出响应，也可以将收到的消息改写后再发出。

3）重定向服务器（Redirect Server）：负责规划 SIP 呼叫路由。它将获得的呼叫的下一跳地址信息告诉呼叫方，呼叫方由此地址直接向下一跳发出申请，而重定向服务器则退出这个呼叫控制过程。

4）注册服务器（Register Server）：用来完成 UAS 的登录。在 SIP 系统中所有的 UAS 都要在网络上注册、登录，以便 UAC 通过服务器能找到。它的作用就是接收用户端的请求，完成用户地址的注册。如图 9-18 所示。

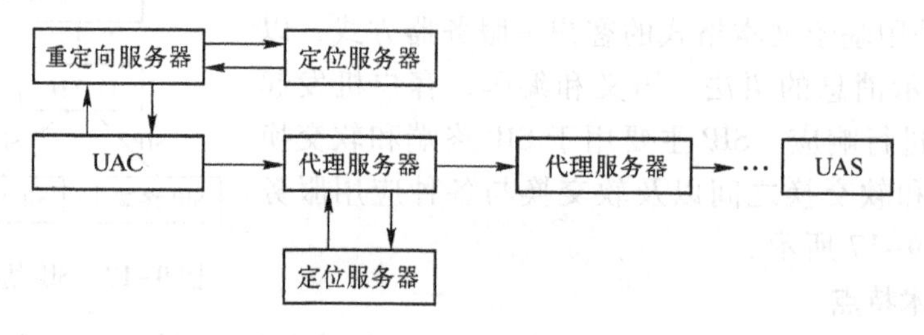

图 9-18　SIP 系统示意图

这几种服务器可共存于一个设备，也可以分别存在。UAC 和 UAS，Proxy Server 和 Redirect Server 在一个呼叫过程中的作用可能分别发生改变。例如，一个用户终端在会话建立时扮演 UAS，而在主动发起拆除连接时，则扮演 UAC。

一个服务器在正常呼叫时作为 Proxy Server，而如果其所管理的用户移动到了别处，或者网络对被呼叫地址有特别策略，则它就成了 Redirect Server，告知呼叫发起者该用户新的位置。

4. SIP 的呼叫建立

（1）SIP 信令

SIP 使用 7 种信令。

① INVITE：用于邀请用户或服务参加一个会话。

② ACK：是对于 INVIT 请求的响应消息的确认。ACK 只和 INVITE 请求一起使用。

③ BYE：用于结束会话。

④ OPTIONS：用于查询服务器的相关信息和功能。

⑤ CANCEL：用于取消正在进行的请求，但不取消已经完成的请求。

⑥ REGISTER：用于客户向注册服务器注册用户位置等消息。

⑦ INFO：是对 SIP 协议的扩展，用于传送会话中产生的与会话相关的控制信息。

（2）3 种呼叫方式

SIP 支持 3 种呼叫方式：由 UAC 向 UAS 直接呼叫；由 UAC 进行重定向呼叫；由代理服务器代表 UAC 向被叫发起呼叫。

SIP 通信采用客户机和服务器的方式进行。客户机和服务器是建有信令关系的两个逻辑实体（应用程序）。前者向后者构建、发送 SIP 请求，后者处理请求，提供服务并回送应答。例如：SIP IP 电话系统的呼叫路由过程是先由用户代理发起和接收呼叫，再由代理服务器对呼叫请求和响应消息进行转发，然后注册服务器接受注册请求并更新定位服务器中用户的地址映射信息。

（3）下一代网络中的SIP地址和路由

SIP URI（Uniform Resource Identifiers）地址为SIP：user@domain形式。如果user是E.164号码，也就是说，为SIP终端分配一个类似PSTN的号码，则主叫软交换机可以根据一般电话号码的规则很容易地得出被叫软交换机的地址。如果domain只是简单的IP地址，则可直接根据该地址将信令消息发至被叫软交换机。对于一般的SIP URI地址，建议利用DNS系统，解析该地址得到该域中SIP代理服务器地址，信令到达该服务器后，再查询该域中的位置登记服务器，即可定位到被叫用户当前所在地址。

5. SIP-T和SIP-I

关于软交换SIP域和传统PSTN的互通问题目前有两个标准体系，即IETF的SIP-T协议族和ITU-T的SIP-I协议族。SIP-T和SIP-I（SIP with Encapsulated ISUP）是SIP协议的扩展，它补充定义了如何利用SIP协议传送电话网络信令、特别是ISUP信令的机制。

SIP-T协议族：采用端到端的方式建立互通模型，为SIP与ISUP的互通提供封装和映射两种方式，但它只关注于基本呼叫的互通，而没有包括补充业务。

SIP-I协议族：包括TRQ. 2815和Q.1912. 5，它采用了许多IETF的标准和草案，同时继承了ITU-T标准清晰准确和详细具体的特点，内容不仅涵盖了基本呼叫的互通，还包括了BICC/ISUP、IP承载传统业务（Classical over IP，CLIP）、主呼线路识别限制（Calling Line Identification Restriction，CLIR）等补充业务的互通，此外还有资源预留、媒体信息的转换等。这使得它的内容比SIP-T更丰富，可操作性更强，是许多国内外电信运营商的选择。

9.4.4 H.323协议

H.323协议由ITU-T创建于1996年，主要用于音频、视频和在IP网络上共享数据的总括标准。1997年底通过了H.323 V2，改名为"基于分组交换网络的多媒体通信终端系统"，1999年5月ITU-T又提出了H.323的第三个版本，H.323标准为LAN、MAN、Intranet和Internet上的多媒体通信应用提供了技术基础和保障。

1. H.323协议的体系结构

图9-19表示了H.323体系结构，在H.323标准中，网络层采用IP协议，负责两个终端之间的数据传输。由于采用无连接的数据包，路由器根据IP地址把数据送到对方，但不保证传输的正确性。传输层采用了TCP和UDP。TCP支持实时性要求不高，而对误码要求高的数据传送，诸如H.245通信协议及H.225呼叫信令的传送等。UDP采取无连接传输方式，用于视音频实时信息流。在应用层中语音编码采用G系列建议，视频编码采用H.260系列建议，视频和音频数据传输采用RTP进行封装，RTP在每个从信源离开的数据包上留下了时间标记以便在接收端正确重放，实时控制协议RTCP主要用于监视带宽和延时，数据应用采用T.120系列协议，H.225.0协议和H.245协议是H.323中的控制管理协议。H.225.0协议用于控制呼叫流程，H.245用于控制媒体信道的占用、释放、参数设定、收发双方的能力协商等。

2. H.323系统的组成

H.323协议的基本框架定义了4种基本功能单元：用户终端、网关（Gateway）、网守（Gatekeeper）和多点控制单元（Multipiont Control Unit，MCU），如图9-20所示。

<table>
<tr><td colspan="2">音/视频应用</td><td colspan="4">终端控制和管理</td><td>数据应用</td></tr>
<tr><td>G.7XX</td><td>H.26X</td><td rowspan="3">RTP/
RTCP</td><td rowspan="3">H.255.0
终端至
网闸信令
（RAS）</td><td rowspan="3">H.255.0
呼叫信令</td><td rowspan="3">H.255.0
媒体信道
控制</td><td rowspan="3">T.120系列</td></tr>
<tr><td colspan="2">加密</td></tr>
<tr><td colspan="2">RTP</td></tr>
<tr><td colspan="4">UDP</td><td colspan="3">TCP</td></tr>
<tr><td colspan="7">IP层</td></tr>
<tr><td colspan="7">接入层</td></tr>
</table>

图 9-19　H. 323 协议的体系结构

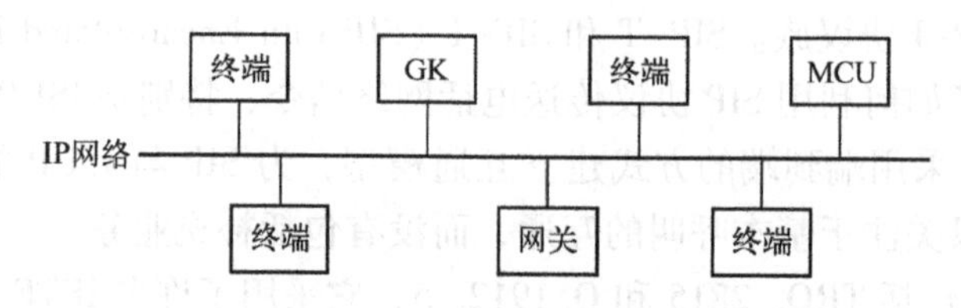

图 9-20　H. 323 系统的组成

（1）用户终端

用户终端能和其他的 H. 323 实体进行实时的、双向的语音和视频通信，它能够实现以下的功能。

① 信令和控制：支持 H. 245 协议，能够实现通道建立和能力协商；支持 Q. 931 协议，能够实现呼叫信令通道；支持 RAS 协议，能够实现与网守的通信。

② 实时通信：支持 RTP/RTCP。

③ 编解码：支持各种主流音频和视频的编解码功能。

（2）网关

网关提供了一种电路交换网络和分组交换网络的连接途径，它在不同的网络上完成呼叫的建立和控制功能。

（3）网守

网守向 H. 323 终端提供呼叫控制服务，完成以下的功能：地址翻译、许可接入会议的控制和管理、带宽控制和管理、呼出管理、域管理等。

（4）多点控制单元

多点控制单元 MCU 完成会议的控制和管理功能，它由多点控制器（MC）和多点处理器（MP）组成。多点控制器提供多点会议的控制功能，在多点会议中，多点控制器和每个 H. 323 终端建立一条 H. 245 控制连接来协商媒体通信类型；多点处理器则提供媒体切换和混合功能。H. 323 支持集中和分散的多点控制和管理工作方式。在集中工作方式中，多点处理器和会议中的每个 H. 323 终端建立媒体通道，把接收到的音频流和视频流进行统一的处理，然后再送回到各个终端。而在分散工作方式中，每个终端都要支持多点处理的功能，并能够实现媒体流的多点传送。

3. 系统控制功能

系统控制功能是 H. 323 终端的核心，它提供了 H. 323 终端正确操作的信令。这些功能包括呼叫控制、能力切换、命令和指示信令以及用于开放和描述逻辑信道内容的报文等。整个系统的控制由 H. 245 控制通道、H. 225. 0 呼叫信令信道以及 RAS 信道提供。

H. 245 控制功能通过 H. 245 控制通道，承担管理 H. 323 系统操作的端到端的控制信息，包括通信能力交换、逻辑信道的开和关、模式优先权请求、流量控制信息及通用命令的指示。H. 245 信令在两个终端之间、一个终端和 MCU 之间建立呼叫。运用 H. 225 呼叫控制信令来建立两个 H. 323 终端间的连接，首先是呼叫通道的开启，然后才是 H. 245 信道和其他逻辑信道的建立。

H. 225. 0 标准描述了无 QoS 保证的 LAN 上媒体流的打包分组与同步传输机制。H. 225. 0 对传输的视频、音频、数据与控制流进行格式化，以便输出到网络接口，同时从网络接口输入报文中补偿接收到的视频、音频、数据与控制流。另外，它还具有逻辑成帧、顺序编号、纠错与检错功能。

9. 4. 5 BICC 协议

与承载无关的呼叫控制（Bearer Independent Call Control，BICC）协议是由 ITU-T 第 11 研究组提出的信令协议，属于应用层控制协议，用于建立、修改和终结呼叫。BICC 协议是直接面向电话业务的应用提出的协议，其主要目的是解决呼叫控制和承载控制分离的问题，使呼叫控制信令可以在各种网络上承载，包括 No. 7 信令网、ATM 网络和 IP 网络。呼叫控制协议基于窄带 ISDN 用户部分（Narrowband ISUP，N-ISUP）信令，沿用 ISUP 中的相关消息，并利用应用传送机制（Application Transport Mechanism，APM）传送 BICC 特定的承载控制信息，可以全方位地承载 PSTN/ISDN 业务，是传统电信网络向综合多业务网络演进的一个重要协议。由于采用了呼叫控制与承载分离的机制，使得异种承载的网络之间的业务互通变得十分简单，只需要完成承载级的互通，业务不用进行任何修改。

BICC 信令节点包括具有承载功能的节点和不具有承载功能的节点，其中具有承载功能的节点称为服务节点，不具有承载功能的节点称为媒介节点。软交换支持服务节点功能。

（1）BICC 协议模型

BICC 模型如图 9-21 所示，其中：BICC 程序框包括信元位置功能（Cell Site Function，CSF）和承载控制功能（Bearer Control Function，BCF），这两个功能分别分布在图中的映射功能和承载控制框中。

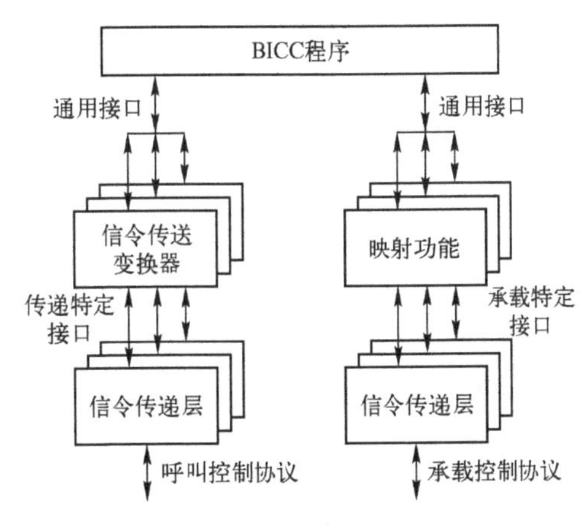

图 9-21　BICC 协议模型

（2）BICC 支持的能力

BICC 支持基本呼叫的信令能力包括：语音 3. 1 kHz 音频，64 kbit/s 不受限、多速率连接类型、$N\times64$ kbit/s 连接类型等。

BICC 是一个成熟的标准协议，技术成熟，能够实现可靠的、实时的、有序的信令传送。

9. 4. 6 SIGTRAN 协议

SIGTRAN 协议栈主要应用于信令网关与软交换设备之间，是在 IP 网络中传送电路交换网络信令协议的堆栈，是由IETF制定的标准。SIGTRAN的功能包括：在可靠的IP传输的基础上，承载高层的信令协议；提供与PSTN接口上相同级别的业务；提供透明传输。其根本功能在于将PSTN中基于TDM的7号信令通过信令网关转换，以IP网作为承载透明传输至软交换设备，由软交换设备完成对7号信令的处理。

SIGTRAN协议栈由3层组成：信令应用层，信令适配层和信令传送层。它的体系结构如图9-22所示。信令传送层完成信令的可靠和高效的传输功能，采用的标准是基于IP协议的流控制传输协议（SCTP）。信令适配层是针对电路交换网络中使用的各种信令协议制定的适配协议，包括：针对七号信令的适配协议M3UA、M2UA、M2PA、SUA，针对ISDN信令的适配协议IUA，针对V5协议的适配协议V5UA等。

（1）SCTP协议

SCTP是由IETF的SIGTRAN工作组开发的应用层数据传输协议，可以在UDP或IP等提供的不可靠传输服务的基础上提供可靠的面向连接的传输服务。由于UDP只能提供数据报的不可靠传输，而TCP严格地按序传输导致时延增大，且无法提供对多宿主机的透明支持，不允许高层应用设定协议控制参数，所以出现了SCTP。SCTP用来在确认方式下，无差错、无重复地传送用户数据；根据通路的MTU的限制，进行用户数据的分段；并在多个流上保证用户消息的顺序递交；把多个用户的消息复用到SCTP的数据块中；利用SCTP偶联的机制来提供网络级的故障情况时用户信息可靠传送的保证，同时SCTP还具有避免拥塞的特点和避免遭受广播和匿名的攻击。SCTP比TCP更加强壮、可靠，被认为是下一代网络可以取代TCP和UDP的传输协议。SCTP可以在IP网上承载No.7信令，完成IP网与现有No.7信令网和智能网的互通。同时SCTP还可以承载H.248、ISDN、SIP、BICC等控制协议，因此可以说，SCTP是IP网上控制协议的主要承载者。

<table>
<tr><td colspan="3">MTP-3用户</td><td>TCAP</td><td>Q931</td><td>V5.2</td><td>信令应用层</td></tr>
<tr><td colspan="2">MTP-3</td><td rowspan="2">M3UA</td><td rowspan="2">M3UA</td><td rowspan="2">IUA</td><td rowspan="2">V5UA</td><td rowspan="2">信令适配层</td></tr>
<tr><td>M2PA</td><td>M2UA</td></tr>
<tr><td colspan="6">SCTP</td><td>信令传送层</td></tr>
<tr><td colspan="6">IP</td><td>IP层</td></tr>
</table>

图9-22　SIGTRAN协议参考模型

（2）SCTP的功能

SCTP传送功能可以分解为几个功能块。

1）偶联的建立和释放。

偶联是由SCTP用户发起请求来启动的，为了避免遭受攻击，在偶联的启动过程中采取了Cookie机制。SCTP提供了完善的偶联关闭程序，它必须根据SCTP用户的请求来执行，当一个端点执行了关闭后，在偶联的两端停止接收用户发送的新数据。

2）流内数据的顺序递交。

SCTP中的流用来指示需要按照顺序递交到高层协议的用户消息的序列，在同一个流中消息要按照其顺序进行递交。偶联中流的数目是可以协商的。用户可以通过流号来进行关联。

3）用户数据分段。

根据网络的情况，SCTP 可以对用户消息进行分段，以确保发送的 SCTP 分组长度能够符合通路的要求，对应地在接收端 SCTP 将分段的消息重组成完整的用户消息。

4）数据接收确认和避免拥塞。

SCTP 为每个用户数据分段或者未分段的消息分配一个传输顺序号码（Transmission Sequence Number，TSN），TSN 独立于在流一级分配的任何流的顺序号码。因此在接收方需要确认所有收到的 TSN，采用这种方法可以把可靠的递交功能与流内的顺序递交功能相分离。该功能可以在定时的接收确认没有收到时，负责对分组数据的重发。

5）块复用。

SCTP 分组中包含一个 SCTP 分组头，之后的数据中可以包含一个或多个用户数据块，每个数据块可以包含用户数据，可以包含 SCTP 的控制信息。这种功能称为块复用。用户可以根据需要选择此项功能。

6）分组的有效性。

每个 SCTP 分组头中包含一个必备的 32 bit 的验证标签字段，验证标签的值由偶联的两端在偶联启动时选择，由发送方设置。如果接收的 SCTP 分组中不包含期望的验证标签，则丢弃该分组。

7）通路管理。

发送方的 SCTP 用户可以使用一组传送地址作为 SCTP 分组的目的地，SCTP 通路管理功能根据 SCTP 用户的指令和当前合理的目的地的可达性状态，为每个发送的 SCTP 分组选择一个目的传送地址。当偶联建立后，通路管理功能为每个 SCTP 端点定义一个首先通路，用来在正常情况下发送 SCTP 分组。在接收端，在处理 SCTP 分组前，通路管理功能用来验证输入的 SCTP 分组是否属于存在的有效偶联。

（3）SIGTRAN 协议栈适配层协议

SIGTRAN 协议栈定义了 6 个适配层协议。

1）MTP-2 用户适配协议（MTP2-User Adaptation Layer，M2UA），该协议允许信令网关向对等的 IPSP 传送 MTP-3 消息，对 No.7 信令网和 IP 网络提供无缝的网管互通功能。

2）MTP-2 用户对等适配协议（MTP2-User Peer-to-Peer Adaptation Layer，M2PA）。M2PA 的用户是 MTP-3，以对等实体模式提供 MTP-2 的业务，是把 7 号信令网 MTP-3 层适配到 SCTP 层的协议，它描述的传输机制可使任何两个 7 号信令网关通过 IP 网上的通信完成 MTP-3 消息处理和信令网管理功能，因此能够在 IP 网连接上提供与 MTP-3 协议的无缝操作。此时软交换应具有一个独立的信令点。M2PA 提供的传输机制支持 IP 网络连接上的 MTP-3 协议对等层的操作。

3）MTP-3 用户适配协议（MTP3-User Adaptation Layer，M3UA）。M3UA 的用户是 SCCP 和 ISUP，该协议允许信令网关向媒体网关控制器或 IP 数据库传送 MTP-3 的用户信息。

4）No.7 信令网 SCCP 用户适配协议（SS7 SCCP-User Adaptation Layer，SUA）。SUA 的用户是 TCAP，主要功能是适配传送 SCCP 的用户信息给 IP 数据库，提供 SCCP 的网管互通功能。

5）ISDN Q.921 用户适配层协议（ISDN Q.921-User Adaptation Layer，IUA）。它的用户是 ISDN 的第三层（Q.931）实体，提供 ISDN 数据链路层业务。

6）V5 用户适配层协议（V5.2-User Adaption Layer，VSUA），提供 V5.2 的业务。

9.5 基于软交换的开放业务支撑环境

以软交换为核心的下一代网络是一种多业务融合的网络，除了提供现有电话网中的基本业务和补充业务之外，还可以提供各种智能网业务。最重要的是下一代网络还将支持各种新型的增值业务（包括第三方业务）。因此对于下一代网络而言，开放式业务支撑环境的建立尤为重要。在下一代网络的体系结构中，业务层包括一个业务支撑环境，业务层能够充分利用下层网络提供的丰富的业务功能，快速向用户提供丰富的、高质量的增值业务。

NGN 提供的业务主要有：

1）PSTN 的语音业务：基本的 PSTN/ISDN 语音业务、标准补充业务、CENTREX 业务和智能业务。

2）与 Internet 相结合的业务：Click to dial、Web Call、即时消息（Instant Messaging，IM）、同步浏览、个人通信管理。

3）多媒体业务：桌面视频呼叫/会议、协同应用、流媒体服务。

4）开放的业务 API：NGN 不仅能够提供上述业务，更重要的是能够提供新业务开发和接入的标准接口。这些接口包括 JAIN、PARLAY、SIP。

9.5.1 应用服务器

应用服务器是业务支撑环境的主体。应用服务器通过开放的协议或 API 与软交换交互，来间接地利用底层的网络资源，从而实现业务与呼叫控制的分离，方便新业务的引入。

1. 应用服务器的功能

应用服务器的主要功能包括：

（1）提供增值业务及其驻留和运行环境。

主要包括业务的性能监测、系统资源监测、系统日志和业务日志、负载控制与平衡、故障处理等功能。这些功能相互配合，共同为业务提供电信级的运行支持。

（2）提供对业务生命周期管理的支持。

主要包括对业务加载、业务激活以及业务卸载等的支持。作为下一代网络中的一种电信级的核心设备，在不影响正在运行业务的前提下，实现业务的动态加载和动态版本更新是必需的关键功能。

（3）提供对第三方业务驻留、运行和管理的支持。

新的业务层出不穷，应用服务器除了需要提供一定的自身业务外，还必须提供对第三方业务的运行管理支持，以保持对业务提供的可扩展性和开放性。

（4）提供基于 Web、结合代理技术的个性化业务。

Internet 成功的一个关键因素是，用户可以通过浏览器方便地使用大量基于 Web 的应用，而代理技术的引入又为用户带来了个性化的业务提供方式。将这两点成功的经验运用到应用服务器的业务提供中，可以为用户提供更具人性化的业务，也完全符合业务提供商的利益。

（5）业务冲突的避免、检测和解决。

随着下一代网络中业务种类和数量的激增，业务间发生冲突的可能性也迅速增加，在这一背景下，业务冲突管理功能显得尤为重要。在具体实施上，为了将复杂的业务冲突管理与业务运行的支持分离开来，可以设置专门用来解决业务冲突的应用服务器。

（6）提供不同层次的业务开发接口。

为了方便第三方业务的开发，应用服务器可以提供多种编程接口，如 Parlay API、SIP Servlet API、SIP CGI API、CPL、VoiceXML 等。

2. 应用服务器的分类

根据应用服务器和软交换之间接口的不同，可以把应用服务器分为 SIP 应用服务器和 Parlay 应用服务器两类，前者与软交换之间采用 SIP 协议进行交互，而后者则将 Parlay API 作为与软交换之间的接口。

（1）SIP 应用服务器

基于 SIP 协议的 API 进行业务开发，可以很容易地利用 E-mail 等 Internet 中特有的业务特性，形成新的业务增长点。IETF 为针对 SIP 应用的开发人员提供了两类业务开发技术：

一类是针对可信度较高用户的 SIP CGI 和 SIP Servlet，并制定了 SIP CGI 和 SIP Servlet API 规范。这两种技术功能较强，但使用不当会给应用服务器带来不安全的因素。

另一类是针对可信度较低普通用户的呼叫处理语言（Call Processing Language，CPL），它是由 IETF 的 IPTEL 工作组制定的一种基于可扩展标记语言（eXtensible Markup Language，XML）的脚本语言，主要用来描述和控制个人化的 Internet 电话业务（包括呼叫策略路由、呼叫筛选、呼叫日志等业务），这种技术功能较弱，但能够保证由普通用户编写的 CPL 业务逻辑不会对应用服务器造成破坏。

图 9-23 所示的应用服务器可以提供对基于 SIP Servlet、SIP CGI、CPL 等多种接口业务的运行支持。底层是 SIP 协议栈，用来提供协议能力。之上引入了一个规则引擎，主要用来处理业务冲突和事件分发。SIP Servlet 引擎提供基于 SIP Servlet 业务的运行环境，SIP CGI 环境则提供对基于 SIP CGI 业务的支持，而 CPL 是对 CPL 业务脚本解释程序。

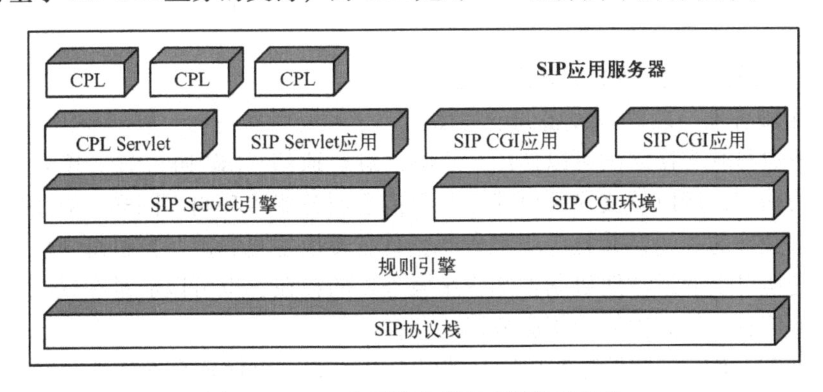

图 9-23　SIP 应用服务器的高层体系结构

（2）基于 Parlay 的应用服务器

Parlay 应用服务器可以提供不同抽象层次的业务开发接口，方便不同能力、不同类型的业务开发者开发丰富多样的业务。例如，可以提供基于 CORBA 的 Parlay API、基于 JAIN SPA 标准的 Java API、基于 JavaBeans 的接口、基于 XML、CPL、VoiceXML 的接口等。

图 9-24 所示的 Parlay 应用服务器不仅支持软交换设备通过 CORBA 总线送上的业务请求，还支持通过 Web 浏览器经超文本传送协议（HyperText Transfer Protocol，HTTP）发来的业务请求，而且用户还可以通过浏览器进行业务的定购、客户化管理。Web Server 是应用服务器的一个组成部分。业务逻辑执行环境提供了基于 Parlay 业务逻辑的运行场所。图中的应用服务器还包含业务管理服务器和业务生成环境的功能，前者负责负载控制、负载平衡、故障管理、业务生命周期管理、业务订购管理、业务客户化管理等工作，后者则利用应用服务器提供的多种业务开发接口，提供图形化工具，方便业务的开发。

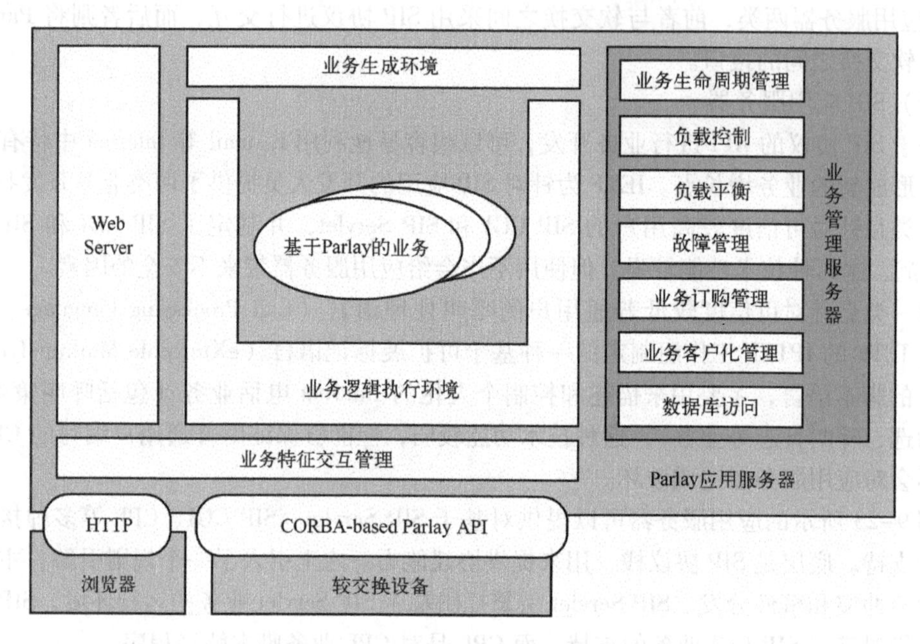

图 9-24　Parlay 应用服务器的体系结构

3. 应用服务器和其他功能实体间的通信

（1）应用服务器与软交换设备间的通信

应用服务器与软交换之间可以使用 SIP 协议进行通信。SIP 协议具有建立、拆除和管理端点间会话的功能，所以软交换可以建立和取消至服务器的呼叫。同样，应用服务器也能建立和取消至软交换的呼叫，并且应用服务器还具有转换主叫和被叫方信息、保持和恢复连接的功能。软交换可以通过注册机制得知应用服务器的存在，也可以通过在软交换上配置应用服务器的地址信息，静态得知应用服务器的存在。

基本的 SIP 功能和扩展的呼叫控制功能结合在一起，可使软交换将呼叫转至应用服务器进行增值业务处理，处理完以后，应用服务器通过软交换将呼叫转回，将自己从呼叫中退出。SIP 可使应用服务器进入所有的呼叫控制活动并能传送、重定向和代理呼叫。由于 SIP 的通用性和灵活性，使得在软交换网络中可以非常有效和容易地实现增值业务。

图 9-25 是 SIP 实现各种增值业务时的控制流程。

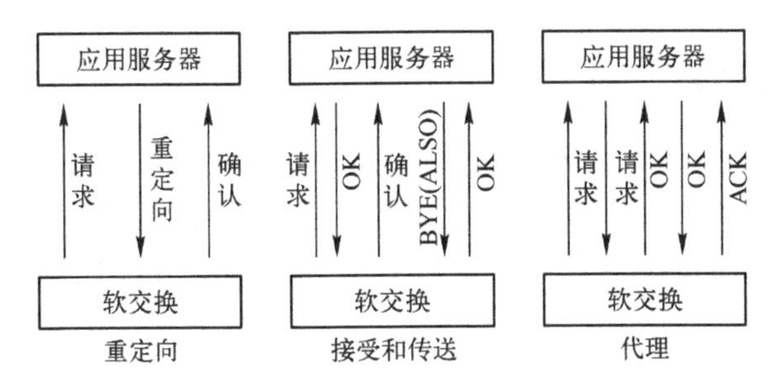

图 9-25　软交换与应用服务器之间的控制流

软交换和应用服务器间控制流交互的一般流程如下：

1）软交换根据触发信息决定是否将呼叫切换至应用服务器进行增值业务处理。触发可基于主叫方地址、被叫方地址或其他的软交换机制。

2）软交换根据触发信息确定应用服务器的地址，并通过发送 SIP 请求信息（包括适当的呼叫信息）将呼叫转至目标应用服务器。

3）目标应用服务器接收到 SIP 请求之后，调用相应的增值业务逻辑。为了实现这一功能，应用服务器可进行不同的动作。

重定向：应用服务器向软交换发送一个新的目的地址，重定向该呼叫（重定向响应中包含新的目的地址）。这种机制可用于面向地址转换和路由业务。

接收和传送：分配媒体资源，命令软交换将至媒体资源的路径连接好（用 OK 响应表示）。用户与媒体资源的交互结束以后，应用服务器可将呼叫传至新的目的地，应用退出呼叫（BYE 的头中包含有新的目地址）。这种机制可用于面向媒体的业务，如卡号和传真存储/转发业务。

代理：通过软交换将呼叫返回，使得应用服务器可以监视所有的并发呼叫事件。此机制可用于面向事件的业务，如记账卡和计时业务。

（2）应用服务器之间的通信

应用服务器之间也使用 SIP 协议进行通信，这使得应用服务器之间也可以交互。这样可以将两个或多个位于不同应用服务器上的业务联系起来，使得业务提供者向用户提供一个完备的、无缝的业务提供解决方案。应用服务器间的交互功能如图 9-26 所示。随着应用服务器可以实现对其他应用服务器的控制，相应的管理服务器间交互的机制就需要引入，这对日益增多的增值业务入网很重要。软交换可把这一功能分派给应用服务器，由应用服务器自己来管理与其他应用服务器的交互。

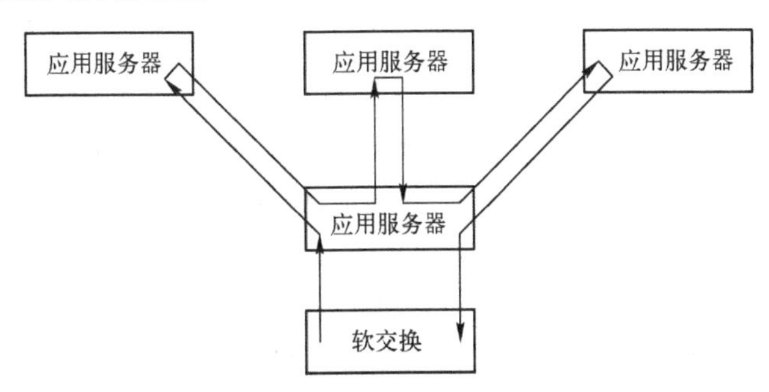

图 9-26　应用服务器之间的功能交互

9.5.2 业务管理服务器

业务管理服务器与应用服务器相配合，主要负责业务的生命周期管理、业务的接入和定购、业务数据和用户数据的管理等。业务管理服务器可以与应用服务器配合存在（见图9-26），也可以通过制定业务管理服务器和应用服务器之间交互的开放接口标准，作为独立的实体存在。

9.5.3 业务生成环境

业务生成环境以应用服务器提供的各种开放API为基础，具有友好的图形化界面，提供完备的业务开发环境、仿真测试环境和冲突检测环境。通过将应用框架/构件技术和脚本技术（如CPL、VoiceXML等）引入到业务生成环境中，简化业务的开发。

9.6 软交换组网技术

互通功能是NGN的主要功能之一。本节简要介绍下一代网络与现有的PSTN/ISDN、H.323网络、SIP网络、No.7信令网等网络之间的互通方式。

9.6.1 下一代网络与PSTN/ISDN的互通

根据NGN所处的位置不同，NGN与PSTN/ISDN互通分为两种情况，一种是NGN位于PSTN/ISDN本地网中的端局，另一种是NGN位于汇接局或长途局，两种网络的互通协议包括H.248、MGCP和SIGTRAN协议等。

（1）NGN位于PSTN/ISDN本地网端局的互通框架结构

当NGN位于PSTN/ISDN本地网中端局的位置时，NGN需要与PSTN/ISDN中的其他端局互通，连接关系如图9-27所示。

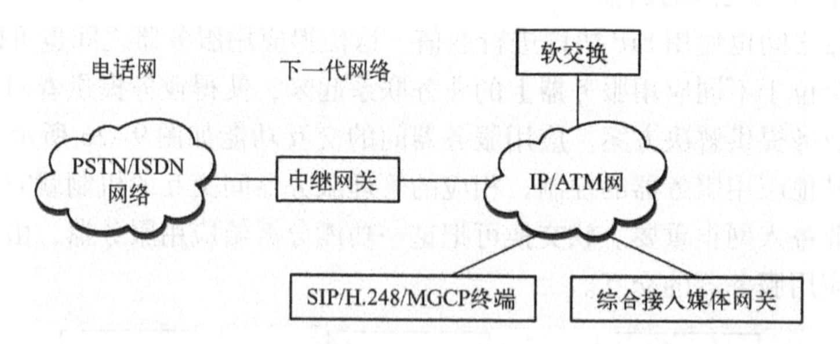

图9-27　下一代网络位于端局时与PSTN/ISDN的互通示意图

图9-27中的综合接入媒体网关用于为各种用户提供多种类型的业务接入，如：模拟用户接入、ISDN接入、V5接入，并接入到IP网或ATM网。中继网关兼容信令网关的功能，也可以是独立的实体。

（2）NGN位于汇接局或长途局时的互通框架结构

当NGN位于汇接局或长途局时，连接了不同的PSTN/ISDN本地网，互通结构如图9-28所示。图中中继网关位于电路交换网和分组网之间，用来终结大量的数字电路。中继网关兼容信令网关的功能，也可以是独立的实体。

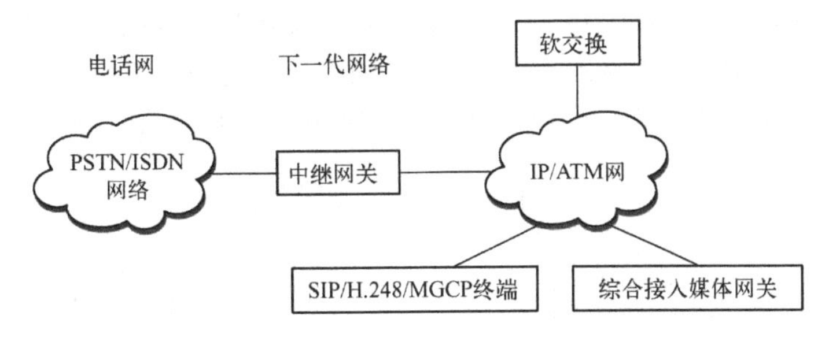

图 9-28　下一代网络位于汇接局或长途局时与 PSTN/ISDN 的互通示意图

9.6.2　下一代网络和 H.323 网络的互通

基于 H.323 协议的 IP 电话网已经被广泛使用，因此在组建以软交换为中心的网络时，要充分考虑与现有网络 H.323 的互联互通，它们的互通主要采用 H.323 协议，如图 9-29 所示。

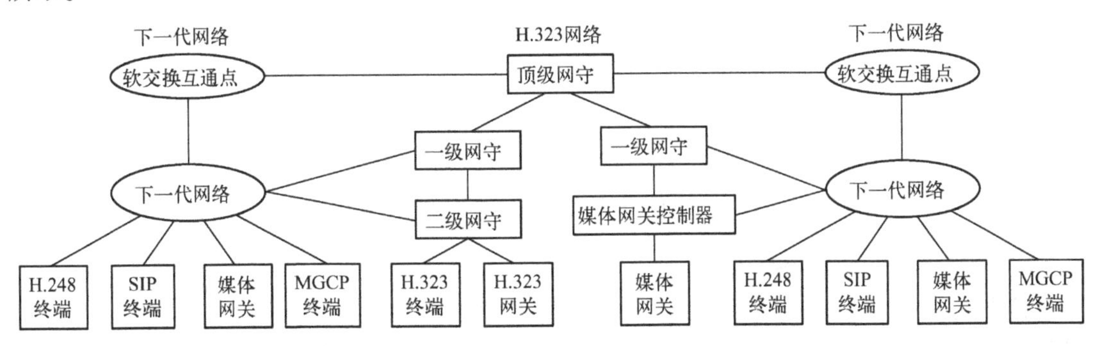

图 9-29　下一代网络与 H.323 网络互通示意图

当 NGN 与 H.323 网分别在不同的运营商时，互通点设置在软交换互通点和顶级网守之间；当 NGN 与 H.323 网在同一运营商时，互通点由各运营商根据网络建设的实际情况来确定。互联点设置在软交换设备与最低级网守之间，即通过软交换与 H.323 体系中的二级或一级（在没有二级网守的情况下）网守完成这两个网络体系之间的互通。

9.6.3　下一代网络与 SIP 网络的互通

当一组 SIP 服务器组成一个独立的采用 SIP 协议的多媒体宽带网络时，NGN 必须能够与 SIP 网络之间互通，主要是完成软交换设备与 SIP 网络中的接口 SIP 服务器互通。为完成 NGN 与 SIP 网络之间的互通，软交换设备应具备以下功能：

1）SIP 用户代理功能：包括 SIP 用户代理服务器和用户代理客户机。主要完成将 PSTN/ISDN 侧的非 SIP 终端向 IP 侧发起 SIP 呼叫请求和对来自 IP 侧的 SIP 呼叫作出响应。

2）SIP 代理功能：转发 SIP 请求和响应消息。

3）支持 SIP-T 协议：实现 PSTN/ISDN 侧的 No.7 信令和 IP 侧的 SIP 信令的映射和转换。

NGN 与 SIP 网络的互通方式有以下 3 种。

（1）PSTN/ISDN-NGN-SIP 网络

该方式表示呼叫自 PSTN/ISDN 网络发起，终结于 SIP 网，如图 9-30 所示。发端的软交换接收来自发端的 PSTN/ISDN 网中的 No. 7 信令消息，使用 SIP-T 协议将 No. 7 信令消息转换为 SIP 消息，通过中间的 SIP 网络直接传送给接收端的 SIP 终端。

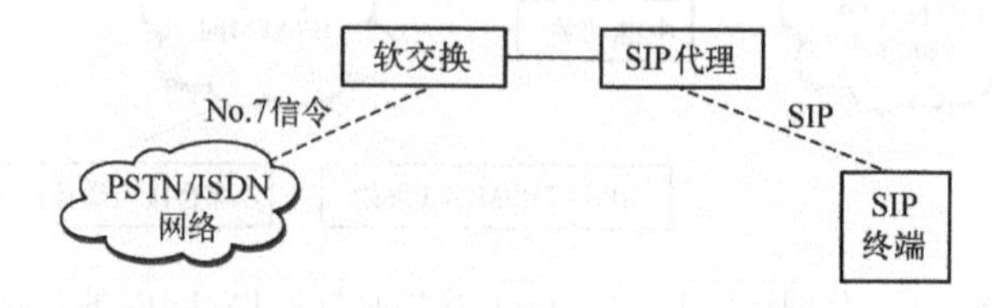

图 9-30　PSTN/ISDN-NGN-SIP 网络互通方式

（2）SIP 网络-NGN-PSTN/ISDN

该方式表示呼叫自 SIP 网络发起，终结于 PSTN/ISDN 网络，如图 9-31 所示。发端的 SIP 终端发出 SIP 消息，经过 SIP 网络将消息发送至接收端的软交换设备，软交换将 SIP 消息转换为 No. 7 信令消息、并发送到接收端的 PSTN/ISDN 网络。

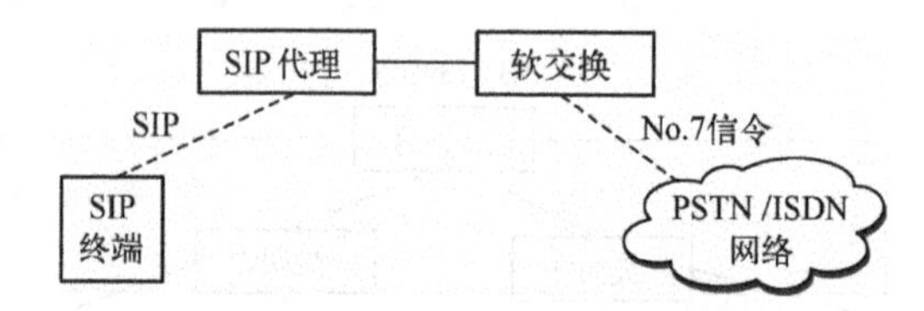

图 9-31　SIP 网络-NGN-PSTN/ISDN 网络互通方式

（3）SIP 网络-NGN-SIP 网络

该方式表示呼叫自 SIP 网络发起，终结于 SIP 网络，如图 9-32 所示。这种形式是完全 SIP 网络的情形，软交换设备完成 SIP 服务器的功能，发端的 SIP 终端发起 SIP 消息，NGN 完成将消息送至接收端的 SIP 终端。

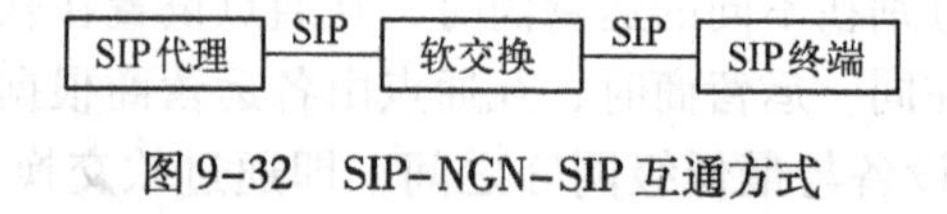

图 9-32　SIP-NGN-SIP 互通方式

9.6.4　下一代网络与 No. 7 信令网的互通

NGN 和长途 PSTN 必须互通，因而要求 No. 7 信令与 NGN 的各种信令协议能够互通，信令网关设备主要完成的功能就是实现信令互通和信令转换。

当在 IP 网络中传送基于消息的信令协议时，其基本框架体系包括对消息的封装分发、端到端的协议机制，以及如何使用 IP 已有的能力来满足信令传送的功能和性能要求。

No. 7 信令网与 IP 互通支持两种方式：信令网关设备作为信令转接点（STP）方式和信令网关设备作为代理信令方式，每种组网方式都有其特定的功能要求。

（1）信令转接点方式的组网结构

信令转接点的组网方式如图 9-33 所示，在信令转接点方式中，信令网关相当于 No. 7 信令网上的一个信令转接点，其功能是根据 DPC 或 DPC/CIC 为分组网和 No. 7 信令网的信令点之间通过信令转接和信令媒体流转换。在这种方式下，信令网关和分组网上的节点均需要分配信令点编码。在信令网关的 No.7 信令网侧支持 MTP-1、MTP-2 和 MTP-3 的功能，并能同时与多个信令点/信令转接点互通，在 NGN 侧，信令网关必须具备 M3UA、M2PA 和 SCTP 功能，并能与多个软交换设备互通。

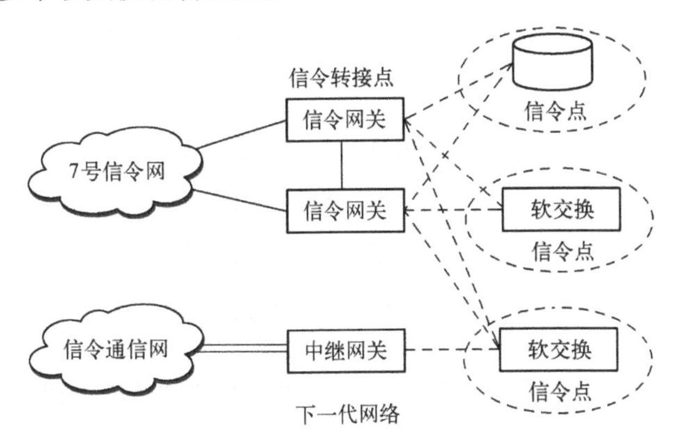

图 9-33　信令转接点的组网示意图

（2）代理信令点方式的组网结构

代理信令点的组网结构如图 9-34 所示，在代理信令点方式中，所有 NGN 上的节点共享一个 No.7 信令点编码，信令网关的功能是根据 OPC 或 OPC/CIC 为 NGN 和信令网上的信令点之间提供信令转接。在信令网关的 No.7 信令网侧支持 MTP-1、MTP-2 和 MTP-3 的功能，并能同时与多个信令点/信令转接点互通，在 NGN 侧，信令网关必须具备 M3UA、M2PA 和 SCTP 功能，并能与多个软交换设备互通。

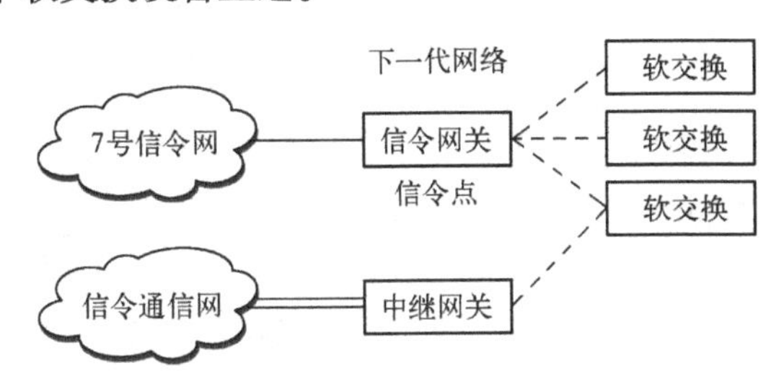

图 9-34　代理信令点的组网示意图

9.6.5　下一代网络与 GSM/CDMA 移动通信网络的互通

现有的 GSM 或 CDMA 的移动通信网络的核心也是电路交换网络，可以通过中继网关与移动网的关口交换机相连接来实现软交换网络与移动网的互通。互通方式也分为软交换位于端局和汇接局两种方式，与前面所描述的软交换与 PSTN/ISDN 的互通基本相同。目前软交换在移功网络中的应用主要是在汇接层面。

9.6.6　下一代网络的组网路由技术

软交换与软交换之间的组网有 3 种结构：软交换平面路由结构、软交换分级路由结构和定位服务器分级路由结构。平面路由结构相对于分级路由结构，路由结构简单，建设成本低，在网络规模较小时采用；当网络规模扩大后，应该采用分级的路由结构。

（1）软交换平面路由结构

所有的软交换处于同一逻辑平面，网络采用了全互连结构，每一台软交换机均掌握全网的路由设置数据，主叫交换机通过一次地址解析就可以定位到目的端软交换机。在这种结构中，网络拓扑一旦发生变化，相应对所有的交换机的路由数据做出更改。软交换平面路由方式如图 9-35 所示。

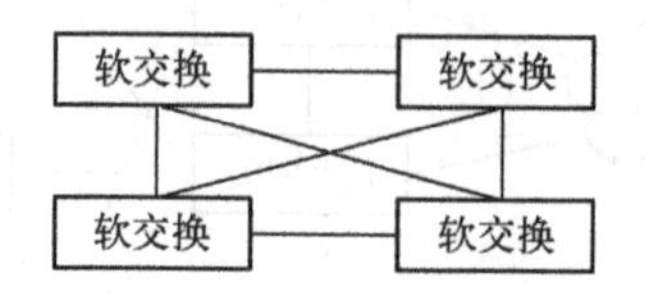

图 9-35　软交换平面路由结构

软交换平面路由结构可以通过局号或区号配置出对端的软交换机，这种结构适合应用于初期规模较小的 NGN。

（2）软交换分级路由结构

随着 NGN 规模的扩大，将软交换机划分为不同层次，实现分级路由。如图 9-36 所示，将 NGN 分为两级，端局软交换和转接软交换，端局软交换提供完整的业务提供功能，而转接软交换只需要提供地址解析和呼叫转接功能。

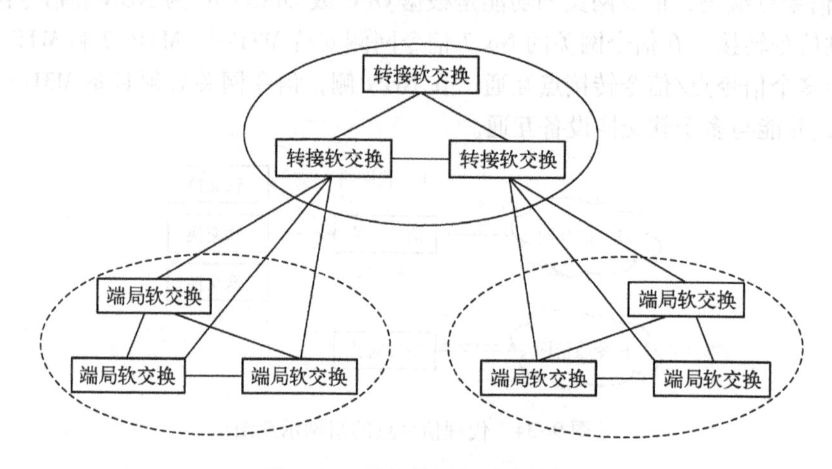

图 9-36　软交换分级路由结构

为实现转接软交换的路由功能，需要为其配置相应的路由信息，一般情况下，路由是静态配置的。在这种结构中，每个软交换的路由信息简单，组网结构清晰，转接软交换通常只具备呼叫控制功能，不具备承载控制功能。但存在的问题是 NGN 本身是 IP 网络，IP 网络是平面网络结构，因而，软交换分级方式是否符合网络的长期发展有待于进一步验证。

（3）定位服务器分级路由

这种方式将 NGN 分为不同的区域，每个区域内的软交换只需要了解本区域内的路由信息，而不同区域之间路由则通过设置定位服务器（Location Server，LS）来实现，在呼叫建立过程中，主叫软交换首先在本地登记中查找被叫软交换，如果不存在，则向定位服务器发出地址解析请求，由 LS 完成对地址解析后即可以直接定位到被叫软交换。随着网络规模的扩大，LS 可以进一步分级部署，定位服务器分级路由结构如图 9-37 所示。

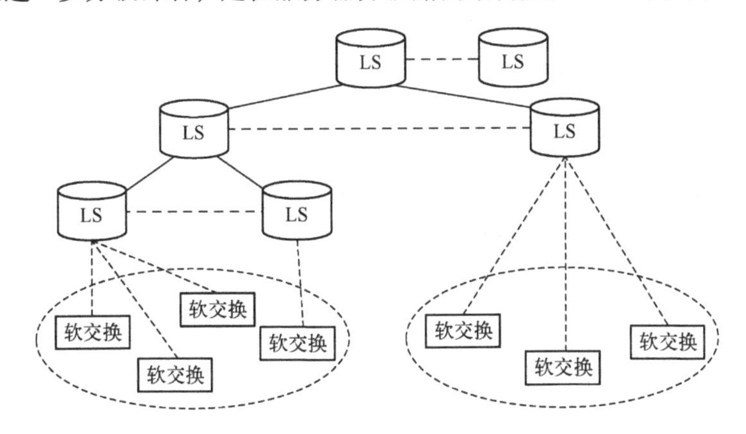

图 9-37　定位服务器分级路由结构

采用这种结构 LS 不进行呼叫信令的转接，只进行地址查询和路由。网络中任何一个软交换均可直接定位到目的端软交换。不存在呼叫信令的逐跳转发。

9.7　本章知识点小结

下一代网络（NGN）是一种开放、综合的网络架构，提供语音、数据和多媒体等业务，NGN 通过优化网络结构，既实现了网络融合，又实现了业务的融合，使得分组交换网络可以实现原有电话网络中的各种业务功能，并且可以在 NGN 内快速提供各种新的业务类型，以满足用户需求。

软交换是 NGN 中的关键技术，NGN 采用分层体系结构，将网络分为业务层、控制层、承载层和接入层 4 层结构，软交换设备位于控制层。它独立于传送网络，主要完成呼叫控制、资源分配、协议处理、路由、认证和计费等功能。软交换的特点如下：业务与呼叫控制分离、呼叫控制与承载分离；接口标准化、部件独立化；核心交换单一化、接入层面多样化；采用开放的 NGN 体系架构。

软交换网络可以通过多种网关设备与其他现有网络相连，包括有 PSTN、No. 7 信令网、智能网和 H. 323 网络等，保证了软交换网络的兼容性。软交换网络是一个开放的体系结构，各个功能模块之间采用标准的协议进行互通，包括 MGCP、H. 248/MEGACO 协议、SIP、H. 323 协议、BICC 协议和 SIGTRAN 协议。

9.8　习题

1. 什么是下一代网络？它的基本特征是什么？
2. 画出 NGN 网络的体系结构，并说明每层完成的功能。
3. 软交换网络的主要设备有哪些？分别完成什么功能？
4. 软交换网络的接口有哪些？分别采用什么协议？

5. 简述软交换的主要功能。
6. 软交换设备有哪些组网方式?
7. 简述软交换与 No. 7 信令网的互通方式。
8. 软交换网络使用了哪些主要协议？分别具有什么功能?
9. 简述 H. 248/MEGACO 协议连接模型。
10. 画出 SIGTRAN 协议参考模型并简要说明。
11. Parlay API 协议的作用是什么？它具有哪几种接口?
12. 画出 H. 323 体系结构并简要说明。
13. 请对比 MGCP 与 H. 248 协议。

第10章　IMS技术

IP多媒体子系统（IP Multimedia Subsystem，IMS）是一种全新的多媒体业务形式，它能够满足现在的终端用户更新颖、更多样化多媒体业务的需求。目前，IMS被认为是下一代网络的核心技术，也是解决移动与固网融合，引入语音、数据、视频三重融合等差异化业务的重要方式。

本章首先介绍了IMS提出的背景、IMS的概念、特点以及与软交换之间的关系。然后，介绍了IMS核心网的标准化进程。其次，介绍了IMS的网络架构，主要包括IMS的功能实体、接口及其主要协议。最后，介绍了IMS用户编号方案和IMS的典型流程。

10.1　IMS的概念与背景

移动通信和宽带技术的发展给整个电信行业带来了前所未有的机遇和挑战。所有的电信运营商都在思考这样一些问题：如何减少建网投资、降低运行维护费用，怎样顺应向下一代网络转型的历史潮流开发出更加丰富多彩的业务应用，从而打造可持续盈利的运营模式。当前以电路交换为主的移动通信网络已经无法满足移动通信宽带化、智能化的业务和运营要求，在这一背景下移动软交换这种先进构架在移动网络核心层面应运而生。

移动软交换相比传统电路交换的优越性主要是容量大、处理能力强，可以有效简化网络结构，降低交换局数目；支持扁平化组网和IP承载，可极大地提高网络传输效率，大幅降低运营成本；同时，控制层与承载层的分离架构设计，使得组网及部署更加灵活，并具有更高效的设备资源利用率和网络效率。

随着全球越来越多的主流运营商开始全面引入移动软交换技术，核心网新一轮的演进已经进入实质性阶段。软交换最初是为固网NGN演进而引入的，是为分组语音目的而设计的技术实践手段，它借用了传统电信领域PSTN网中的“硬”交换机的概念，所不同的是强调其基于分组网且呼叫控制与媒体传输承载相分离的含义。软交换机是以呼叫控制与媒体相分离的、基于标准的、开放的系统结构。除此之外，软交换机与PSTN的“硬”交换机还有许多共同的属性。例如，它们都是相对集中控制和管理的系统设备，其系统中保存了所有面向用户的数据及其呼叫状态信息。这一点使得软交换机受到电信运营商的特别重视，因为只有这样才能满足电信运营要求对IP分组网的端点接入和与PSTN互联互通实施有效的呼叫业务控制和运维管理。

通过统一的、基于IP的传输基础结构，可以将软交换机配合其他的IP技术和数据应用技术构造一个系统来支持多媒体和其他智能业务。可以将这样的系统称为软交换机系统。广义来讲，软交换机系统是呼叫、媒体和业务控制多种逻辑功能实体的集合。

自从以GPRS为代表的分组域概念推出后，出现了多种移动数据业务，但最初的几个版本中，对数据业务和应用的提供没有定义统一的网络架构，因此，到了第三代（3G）移动通信网络的R5版本，为了解决如何为移动数据用户提供IP多媒体业务，提出了IMS的概念。也就是说，IMS 是为了 IP 多媒体业务所提出，因此，从理论上来说，R4 到 R5 主要是在提供的业务上，而不是在网络架构上的变化。

10.1.1 IMS 的概念

IP 多媒体子系统（IP Multimedia Subsystem，IMS）是叠加在分组交换（PS）域上的用于支持多媒体业务的子系统，目的是在基于全 IP 的网络上为移动用户提供多媒体业务。IP 是指 IMS 可以实现基于 IP 的传输、基于 IP 的会话控制和基于 IP 的业务实现，实现承载、业务与控制的分离。这里的多媒体是指语音、数据、视频、图片、文本等多种媒体的组合，可以支持多种接入方式，各种不同能力终端。子系统是指 IMS 依赖于现有网络技术和设备，最大程度重用现有网络系统，其中，无线网络把 PS/GPRS 网络作为承载网络，固定网络把基于固定接入 IP 系统作为承载网络。IMS 是由 3GPP 在 Release 5（R5）版本提出的支持 IP 多媒体业务的子系统，并在 R6 与 R7 版本中得到了进一步完善。它的核心特点是采用 SIP 和与接入无关性。IMS 将移动通信网技术与互联网有机结合起来，形成一个具有电信级 QoS 保证，能够对业务进行有效而灵活的计费且提供各类融合网络业务的 IP 多媒体子系统。IMS 的第一个版本是基于 GPRS/UMTS 网络，随后发布的版本与接入无关，可基于 WLAN、xDSL、电缆调制解调器（Cable Modem）等方式接入。IMS 是一个在分组域上的多媒体控制/呼叫控制平台，支持会话类和非会话类多媒体业务，为未来的多媒体应用提供一个通用的业务使能平台，它是向全 IP 网络业务提供体系演进的重要一步。

10.1.2 IMS 的特点

IMS 的主要特点如下。

（1）接入无关性

IMS 网络的通信终端通过 IP 连通接入网络（IP Connection Access Network，IP-CAN）与网络连通。只要是 IP 接入，不管是固定还是移动，都可以使用 IMS 业务，支持多种固定/移动接入方式的融合，提供优越的融合特性。支持无缝的移动性和业务连续性，为全业务运营提供了便利。

核心功能与接入技术无关。支持 WLAN、WiMAX、xDSL 等不同的接入技术的结果会产生不同的 IP-CAN 类型。正是这种端到端的 IP 连通性，使得 IMS 真正与接入无关，不再承担媒体控制器的角色，不需要通过控制综合接入设备、接入网关等实现对不同类型终端的接入适配和媒体控制。在 IMS 网络中，IMS 与 IP-CAN 的关系主要体现在 QoS 和计费方面，但并不关心底层接入技术的差异。

（2）归属地控制

呼叫控制和业务控制都由归属网络完成，保证业务提供的一致性，易于实现私有业务扩展，促进归属运营商积极提供吸引客户的服务，区别于软交换拜访地控制。

（3）基于 SIP 的会话控制

IMS 的核心功能实体是呼叫会话控制功能（CSCF）实体，并向上层的服务平台提供标准的接口，使业务独立于呼叫控制。为了实现接入的独立性及 Internet 互操作的平滑性，IMS 尽量采用与 IETF 一致的 Internet 标准，采用基于 IETF 定义的 SIP 的会话控制能力，并进行了移动特性方面的扩展。IMS 网络的终端与网络都支持 SIP，SIP 成为 IMS 域唯一的会话控制协议。这一特点实现了端到端的SIP信令互通，网络中不再与软交换技术那样，需要支持多种不同的呼叫信令，例如ISUP/TUP、BICC等。这一特性也顺应了终端智能化的网络发展趋势，使网络的业务提供和发布具有更大的灵活性。支持OTA的智能手机为快速、灵活的部署业务提供了可能。

（4）业务与控制、控制与承载分离

3GPP采用分层的方法来进行IMS体系设计，这意味着传输和承载服务被从IMS信令网和会话管理服务中分离出去，更高层的服务都运行在IMS信令网之上。打破竖井式业务部署模式，业务与控制完全分离，有利于灵活、快速地提供各种业务应用，更利于业务融合，实现开放的业务提供模式。

（5）提供丰富而动态的组合业务

IMS在个人业务实现方面采用比传统网络更加面对用户的方法。IMS给用户带来的一个直接的好处，就是实现了端到端的IP多媒体通信。与传统的多媒体业务是人到内容或人到服务器的通信方式不同，IMS是直接的人到人的多媒体通信方式。同时，IMS具有在多媒体会话和呼叫过程中增加、修改和删除会话和业务的能力，并且还可以对不同的业务进行区分和计费的能力。因此对用户而言，IMS业务以高度个性化和可管理的方式支持个人与个人以及个人与信息内容之间的多媒体通信，包括语音、文本、图片和视频或这些媒体的组合。

（6）统一策略控制和安全机制

IMS采用统一的QoS和计费策略控制机制。多种安全接入机制共存，并逐渐向Fully IMS机制过渡；部署安全域间信令保护机制；部署网络拓扑隐藏机制。

10.1.3 IMS与软交换技术的比较

IMS和软交换都基于IP分组网，都实现了控制与承载的分离，大部分的协议都相似或者完全相同，许多网关设备和终端设备可以通用。IMS和软交换最大的区别在于以下几个方面。

（1）在软交换控制与承载分离的基础上，IMS更进一步地实现了呼叫控制层和业务控制层的分离。软交换虽然将大部分增值业务分离出来放到了业务层，但其自身仍然保留了一些补充业务。IMS进一步将保留的业务放在了业务层的应用服务器中，做到了呼叫控制和业务的彻底分离。

（2）IMS起源于移动通信网络的应用，因此充分考虑了对移动性的支持，并增加了外置数据库——归属用户服务器（HSS），用于用户鉴权和保护用户业务触发规则。

（3）IMS全部采用SIP作为呼叫控制和业务控制的信令，而在软交换中，SIP只是可用于呼叫控制的多种协议的一种，更多的使用MGCP和H.248协议。

总体来讲，IMS和软交换的区别主要是在网络构架上。软交换网络体系基于主从控制的特点，使得其与具体的接入手段关系密切，而IMS体系由于终端与核心侧采用基于IP承载的SIP协议，IP技术与承载媒体无关的特性使得IMS体系可以支持各类接入方式，从而使得IMS的应用范围从最初始的移动网逐步扩大到固定领域。此外，由于IMS体系架构可以支持移动性管理并且具有一定的QoS保障机制，因此，IMS技术相比于软交换的优势还体现在宽带用户的漫游管理和QoS保障方面。

10.1.4 IMS 与现有通信系统之间的关系

IMS 与现有通信系统之间的关系如图 10-1 所示。

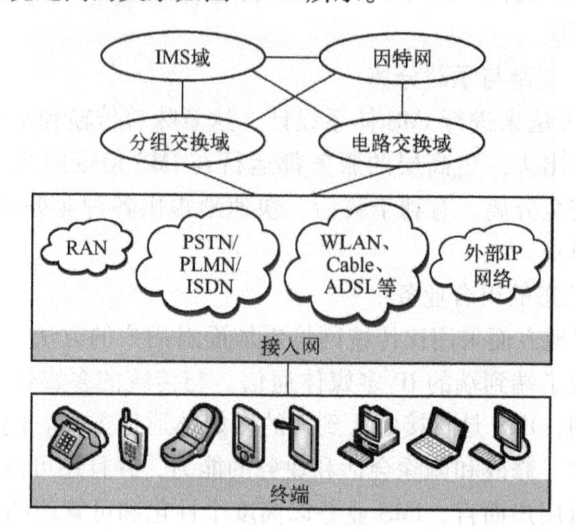

图 10-1 IMS 与现有通信系统之间的关系

10.2 IMS 的标准化进程

移动通信网络的系统架构依次分为用户终端、无线接入网和核心网。核心网又分为归属网络、拜访网络和传送网络 3 类，如图 10-2 所示。IMS 的标准化进程主要指核心网的演进过程。移动核心网络是由一系列完成用户位置管理、网络功能和业务控制等功能的物理实体组成，物理实体包括（G）MSC、HLR、SCP、SMC、GSN 等。

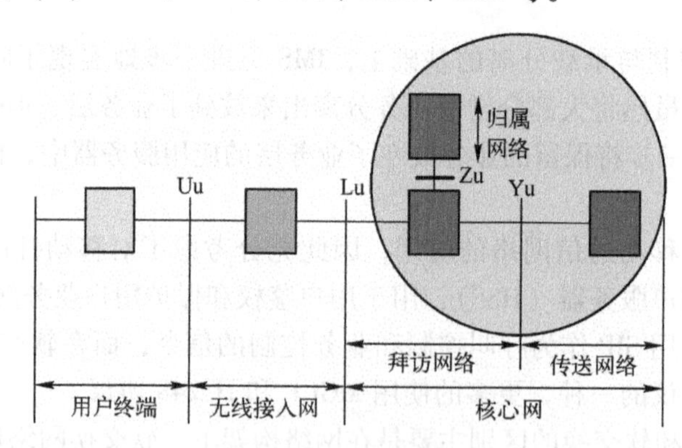

图 10-2 核心网络的定义

IMS 是一个独立于接入技术的基于 IP 的标准体系，它与现存的语音和数据网络都可以互通，不论是固定网络用户（例如 PSTN、ISDN、因特网等）还是移动用户（例如 GSM、CDMA、LTE-Advanced 等）。IMS 的体系使得通过各种类型的客户端都可以建立起对等的 IP 通信，并可以获得所需要的服务质量。除会话管理之外，IMS 体系还涉及完成业务提供所必需的功能（例如注册、安全、计费、承载控制、漫游等）。总之，IMS 形成了 IP 核心网的核心。

1. 2G 移动通信网络

基于电路交换的 2G（GSM）移动通信网络如图 10-3 所示。图中各实体的详细说明见第 8 章。

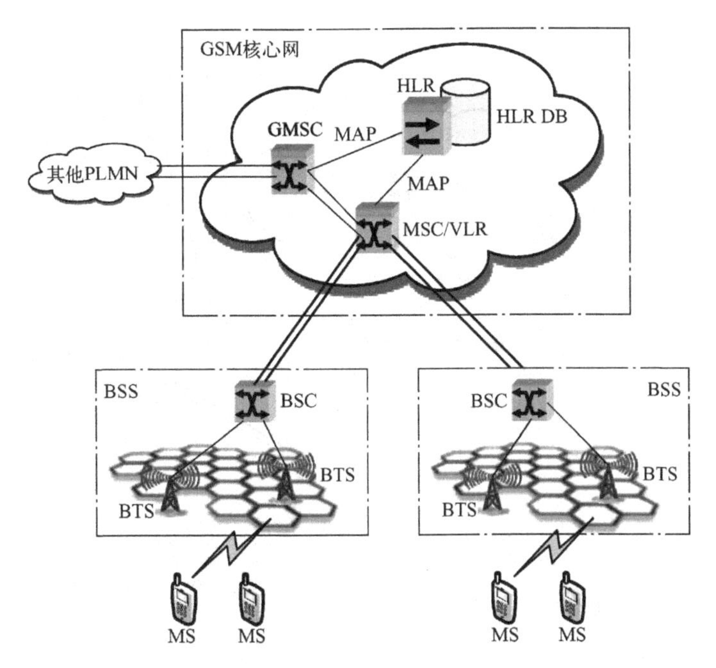

图 10-3　基于电路交换的 2G（GSM）移动通信网络

2. 2.5G 移动通信网络

随着语音业务的普及与成熟，通信市场的不断扩大，用户的需求不断提高，不仅希望网络能支持语音业务，还希望能得到数据业务的服务。GSM 虽然也支持数据业务，但速率太低，费用太高。为了满足用户需求，同时扩大自己的业务，运营商选择了在原有系统的基础上添加有限的设备来实现 2.5G 技术——通用分组无线业务（General Packet Radio Service，GPRS）。GPRS 能提供比现有 GSM 网 9.6 kbit/s 更高的数据速率。由于在 GPRS 系统中采用了新的信道编码方式，一个信道的最大速率可以达到 21.4 kbit/s；而在 GPRS 系统中，可以把原来在 GSM 系统中分配给 8 个用户的无线资源分配给一个用户使用；这样每个用户可用的最高数据速率为 21.4 kbit/s × 8 = 171.2 kbit/s（理论值）。

GPRS 采用分组交换技术（多个用户占用一个无线资源或一个用户占用多个无线资源），替代了 GSM 中使用的电路交换技术（一个用户占用一个无线资源）。引入 GPRS 系统可充分利用 GSM 系统在非繁忙时的空闲资源。所以，GPRS 系统提高了无线资源的利用率，从而降低了用户所需费用。

GPRS 采用与 GSM 相同的频段、频带宽度、突发结构、无线调制标准、跳频规则以及相同的 TDMA 帧结构。GPRS 网络是在 GSM 语音业务的基础上，增加了高速数据的处理部分。因此，在 GSM 系统的基础上构建 GPRS 系统时，GSM 系统中的绝大部分部件都不需要进行硬件改动，只需进行软件升级。

引入分组交换的 GPRS 移动通信网络如图 10-4 所示。GPRS 是基于 GSM 系统的无线分组交换技术，提供端到端的无线 IP 连接，以实现从网络到移动用户的端到端的数据应用。在接入部分增加了基于分组的无线接口 Gb，在核心网上增加了 SGSN 和 GGSN 用于分组数据交换和传输。

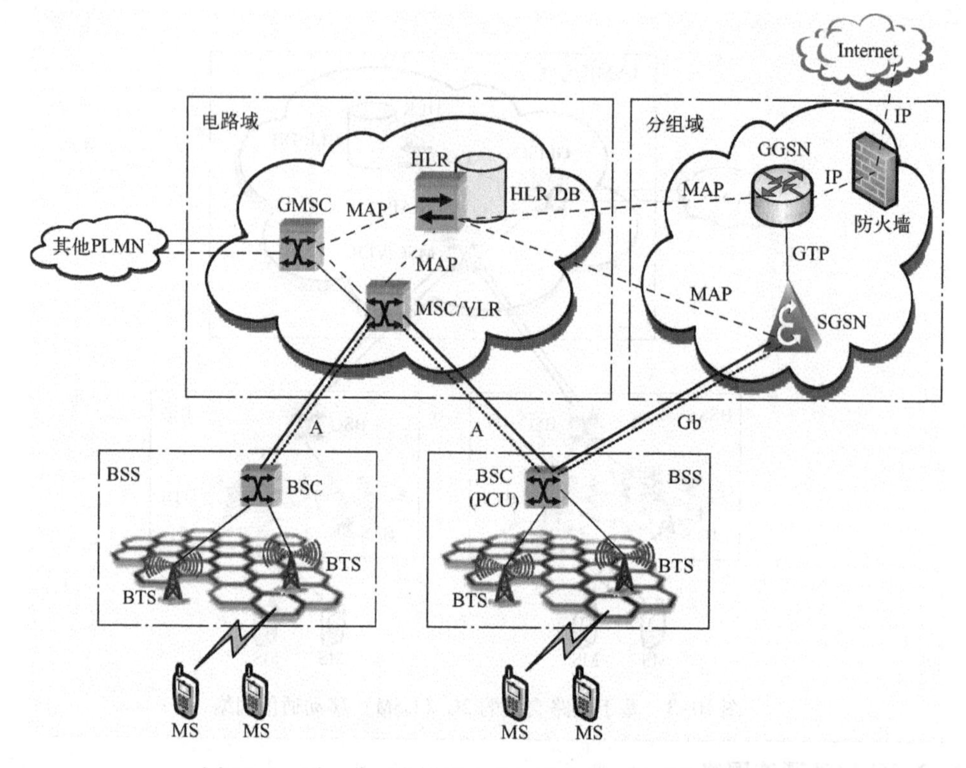

图 10-4　引入分组交换的 2.5G（GPRS）移动通信网络

服务 GPRS 支持节点（Service GPRS Support Node，SGSN）在移动通信系统的分组交换域中提供移动性管理、安全性、接入控制、分组的路由寻址和转发等功能，为用户提供 GPRS 服务。其与电路交互域中 MSC/VLR 的位置和功能类似。

网关 GPRS 支持节点（Gateway GPRS Support Node，GGSN）是 GPRS 网络与外部分组数据网络（如 Internet 等）之间的网关，完成不同网络之间分组数据格式、信令协议和地址信息的转换功能。GGSN 还存储 GPRS 网络用户的 IP 地址信息，完成路由计算和更新功能。

SCF（业务控制功能）完成对移动智能网中智能业务的控制。

3. 3G 移动通信网络

3G 移动通信网络采用 3GPP 负责制定的通用体系结构——UMTS（Universal Mobile Telecommunication System，通用移动通信系统），使用 WCDMA 空中接口技术实现。由于 TD-SCDMA 与 WCDMA 在核心网技术方面共享一致，所以 UMTS 核心网同样适用于 TD-SCDMA 网络。UMTS 核心网基于 GSM/GPRS 网络的演进，保持与 GSM/GPRS 网络的兼容性。

3GPP 组织自 1998 年 12 月成立以来，一直致力于基于 WCDMA 的技术规范的制定和完善。它制定的 3G 规范包括 R99、R4、R5、R6、R7、R8、R9。

本节通过 3GPP 标准演进来说明 3G 核心网的演进过程，3GPP 的 UMTS 标准化工作历程如下。表 10-1 总结了 3GPP 版本演进过程中核心网电路交换域和分组交换域发展的特点。

表 10-1　3GPP 版本演进

3GPP 版本	冻结时间	核心网电路交换域特点	核心网分组交换域特点
R99	2000 年 3 月	① GSM 核心网相同，采用 TDM 组网 ② 接入网已分组化的 AAL2 语音仍需经过编/解码转换器转化为 64 kbit/s TDM 语音，传输资源利用率低	与 GPRS 核心网基本相同，无根本性改变
R4	2001 年 3 月	① 利用了软交换思想，实现了呼叫控制和承载的分离 ② 基于 IP/ATM 组网时可采用 TrFO，节省传输资源	和 R99 GPRS 核心网基本相同
R5	2002 年 3 月冻结，之后有改动	对电路域不作要求	① 分组域上叠加了 IMS 域（呼叫控制和媒体网关控制进一步分离），支持端到端的 VoIP ② 由于以分组域作为承载传输，更好地实施对多媒体业务的控制
R6	2004 年	对电路域不作要求	① WLAN 可以通过 PDG 接入到 IMS ② 完善网络互通和安全性等方面的内容，同时制定 IMS 消息类业务相关的规范
R7	2006 年	对电路域不作要求	IMS 支持 xDSL 和 Cable 接入方式
R8	2009 年 3 月	无	① 开展了 SAE 标准化工作，核心分组域为 EPC，控制面与用户面分离 ② 开展了 Common IMS 议题
R9	2010 年	无	SAE 紧急呼叫、增强型 MBMS、基于控制面的定位业务等

（1）R99

1999 年年底，3GPP 通过了 Release 99 版（R99），其网络结构主要是基于演进的 GPRS 网络，无线子系统与核心网接口基于 ATM，2000 年 3 月基本冻结。R99 体系结构分为电路交换域和分组交换域。核心网因为考虑向下兼容，其发展滞后于接入网，接入网引入全新的 UMTS 陆地无线接入网（UMTS Terrestrial Radio Access Network，UTRAN），提高频谱利用率和数据传输能力。接入网已分组化的 AAL2 语音仍须经过编/解码转换器转化为 64 kbit/s TDM 语音，降低了语音质量；核心网的传输资源利用率低。从 GPRS 到 3 G 的 R99，主要是在提供的业务上有所变化，而在网络架构上没有什么变化。3 G（R99）引入全新的无线接入网络 UTRAN，提高频谱利用率和数据传输能力，如图 10-5 所示。在接入部分增加了基于 ATM 的 Iu-CS 接口和基于 ATM 或 IP 的 Iu-PS 接口。

按照网络结构的划分，3 G（R99）协议体系分为核心网 CS（电路域）接口协议、核心网 PS（分组域）接口协议、2 G 无线接入网接口协议和 3 G 无线接入网（UTRAN）接口协议。表 10-2～表 10-5 分类介绍了 3 G（R99）接口、协议和功能。

表 10-2　3 G（R99）CS 接口及协议

接口名称	连接实体	信令协议	功能
Iu-CS	RNC-MSC	RANAP	RNS 管理、呼叫处理和移动性管理
A	BSC-MSC	BSSAP	BSS 管理、呼叫处理和移动性管理

（续）

接口名称	连接实体	信令协议	功能
B	MSC-VLR	MAP	MSC 从 VLR 中获得用户信息
C	MSC-HLR	MAP	当 MS 被呼时，HLR 传送路由信息；短信业务
D	VLR-HLR	MAP	鉴权、位置更新、在呼叫建立时检索用户数据、补充业务和 VLR 恢复
E	MSC-MSC	MAP	切换、MSC 间切换后的呼叫控制和短信业务
F	MSC-EIR	MAP	MSC 与 EIR 交换与 IMEI 有关的信息，检查 IMEI 的合法性
G	VLR-VLR	MAP	位置更新：当 MS 漫游到一个新的 VLR 后向前 VLR 索取 IMSI；鉴权：将鉴权参数由先前 VLR 传送给当前的 VLR
H	HLR-AUC	–	当 HLR 接收到一个请求用户鉴权和加密数据的消息时，如 HLR 没有这些信息，则向 AUC 请求这些数据
–	MSC-SCP	CAP	实现电路域的智能业务
–	MSC-PSTN MSC-ISDN	ISUP/ TUP	实现 MSC 与 PSTN/ISDN 间的互通

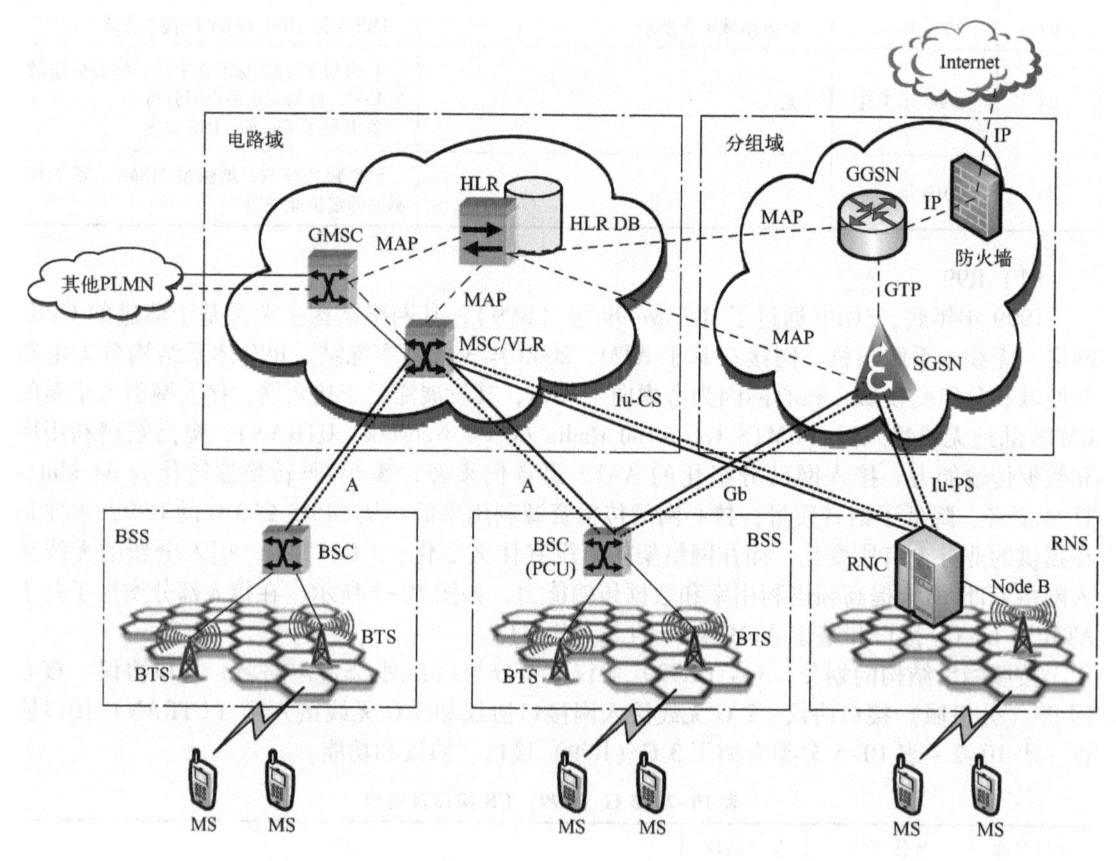

图 10-5　引入全新的无线接入网络 UTRAN 的 3 G（R99）

表 10-3　3 G（R99）PS 接口及协议

接口名称	连接实体	信令协议	功能
Iu-PS	RNC-SGSN	RANAP	RNS 管理、会话管理和移动性管理
Ga	GSN-CG	GTP '	GTP '基于 UDP/IP 或者 TCP/IP 协议栈，主要完成计费信息的输出功能
Gb	SGSN-BSC	BSSGP	小区、PCU 及路由区等的管理功能
Gc	GGSN-HLR	MAP	GGSN 通过 Gc 接口到 HLR 查询用户相关信息
Gd	SGSN-SMS	MAP	实现短信的收发功能
Ge	SGSN-SCP	CAP	实现分组域的智能业务
Gf	SGSN-EIR	MAP	SGSN 和 EIR 交换与 IMEI 有关的信息，检查 IMEI 的合法性
Gi	GGSN-PDN	TCP/IP	实现外部分组网络的互联
Gp	GSN-GSN（Inter PLMN）	GTP	基于 GTP 实现隧道传输功能，包括信令面 GTP-C 和用户面 GTP-U　GTP-C 完成隧道的管理和其他信令消息的传输功能，GTP-U 传输用户面的数据包
Gn	GSN-GSN（Intra PLMN）	GTP	
Gr	SGSN-HLR	MAP	鉴权、路由区更新、在会话建立时检索用户数据及 SGSN 恢复
Gs	SGSN-MSC	BSSAP^{+}	SGSN 可通过 Gs 接口向 MSC/VLR 发送 MS 位置信息或接收到来自 MSC/VLR 的寻呼信息

表 10-4　2 G 无线接入网（BSS）接口协议

接口名称	连接实体	信令协议	接口描述
Abis	BTS-BSC	LAPD	BSS 内接口
Um	MS-BTS	LAPDm	称为空中接口

表 10-5　3 G 无线接入网（UTRAN）接口协议

接口名称	连接实体	信令协议	接口描述
Iub	Node B-RNC	NBAP	无线网络子系统（RNS）内接口
Iur	RNC-RNC	RNSAP	在不同的 RNC 之间进行软切换时，移动台所有数据都是通过 Iur 接口从正在工作的 RNC 传到候选 RNC
Uu	UE-RNS		空中接口，UMTS 系统中最重要的开放接口

（2）R4

3 G R4 版本于 2001 年 3 月完成，它的电路域采用移动软交换技术，MSC 被拆分为 MSC Server 和媒体网关（Media GateWay，MGW）两部分，开始实施向 ALL IP 网络的过渡，实现了 MGW 和媒体网关控制器（Media Gateway Controller，MGC）相分离，即电路交换域引入控制和承载的分离结构。由于优化了语音编/解码转换器，改善了 WCDMA 系统网络内部语音分组包的时延，提高了语音质量，编/解码转换又只需在与 PSTN 互通的网关上实现，提高了核心网传输资源的利用率。电路域采用移动软交换技术的 3 G（R4），如图 10-6 所示。

（3）R5

R5 核心网增加了 IMS，实现了呼叫会话控制功能（CSCF）实体和媒体网关控制功能（Media Gateway Control Function，MGCF）实体在物理上的分离。它以分组域作为承载传输，

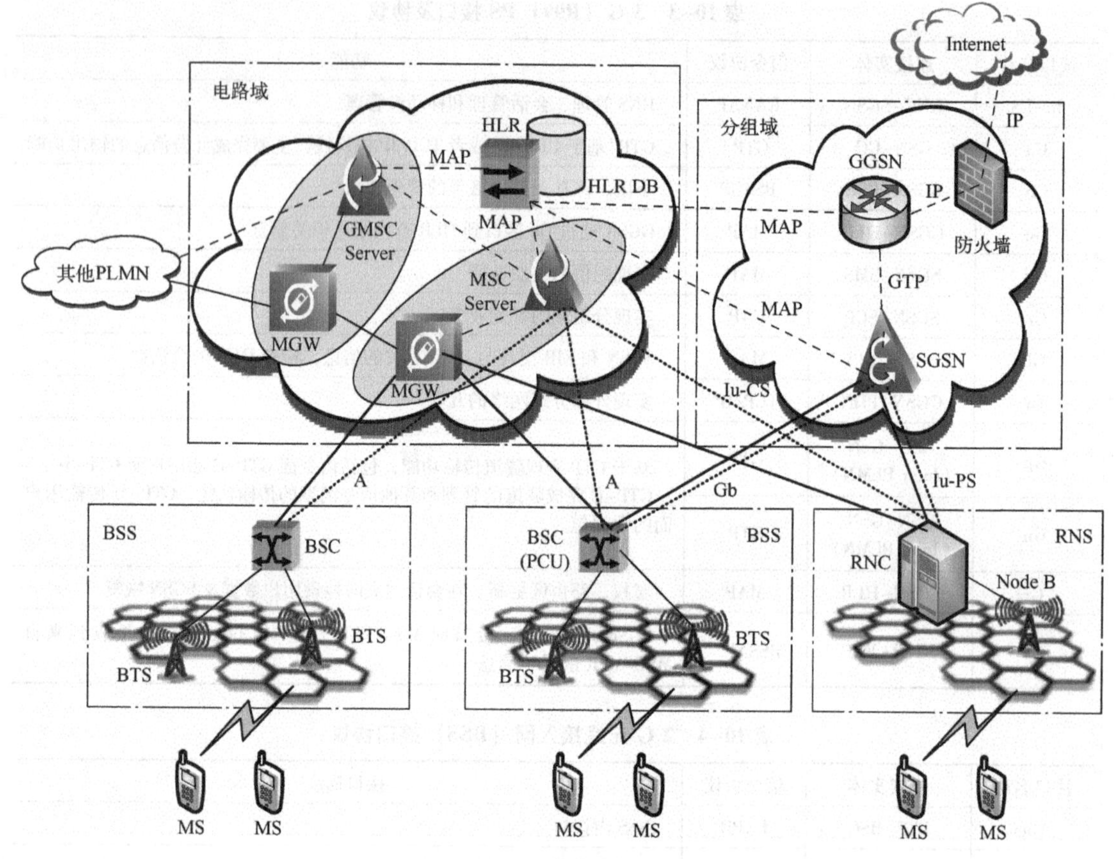

图 10-6　电路域采用移动软交换技术的 3 G（R4）

更好地实施了对多媒体业务的控制。引入 IMS 域的 3 G（R5）如图 10-7 所示。IMS 是一个叠加在分组交换域上的用于支持多媒体业务的子系统，提供控制功能，分组交换域作为承载传输业务，实现承载、控制与业务的分离。

（4）R6

R6 与 R5 采用相同的网络结构，在 R6 中，WLAN 可以通过分组数据网关（Packet Data Gateway，PDG）接入到 IMS。本阶段的研究工作主要完善网络互通和安全性等方面的内容，同时制定 IMS 消息类业务相关的规范。

引入 WLAN 接入的 3 G（R6）如图 10-8 所示。

（5）R7

在 R7 中增加了固定宽带接入方式，如 xDSL 和 Cable 等。

功能增强：

- CSI（Combination of CS and IMS services）：研究如何将电路交换域承载和 IMS 结合起来为用户提供统一的业务，电路交换域传送实时业务，IMS 分组域传送非实时业务。
- VCC（Voice Call Continuity）：解决电路交换域和 IMS 域之间语音业务切换的连续性问题。
- SMSIP：研究如何通过 IPCAN 来提供短消息/多媒体消息业务。
- FBI：IMS 如何支持固定接入，借鉴 TISPAN 的研究成果。

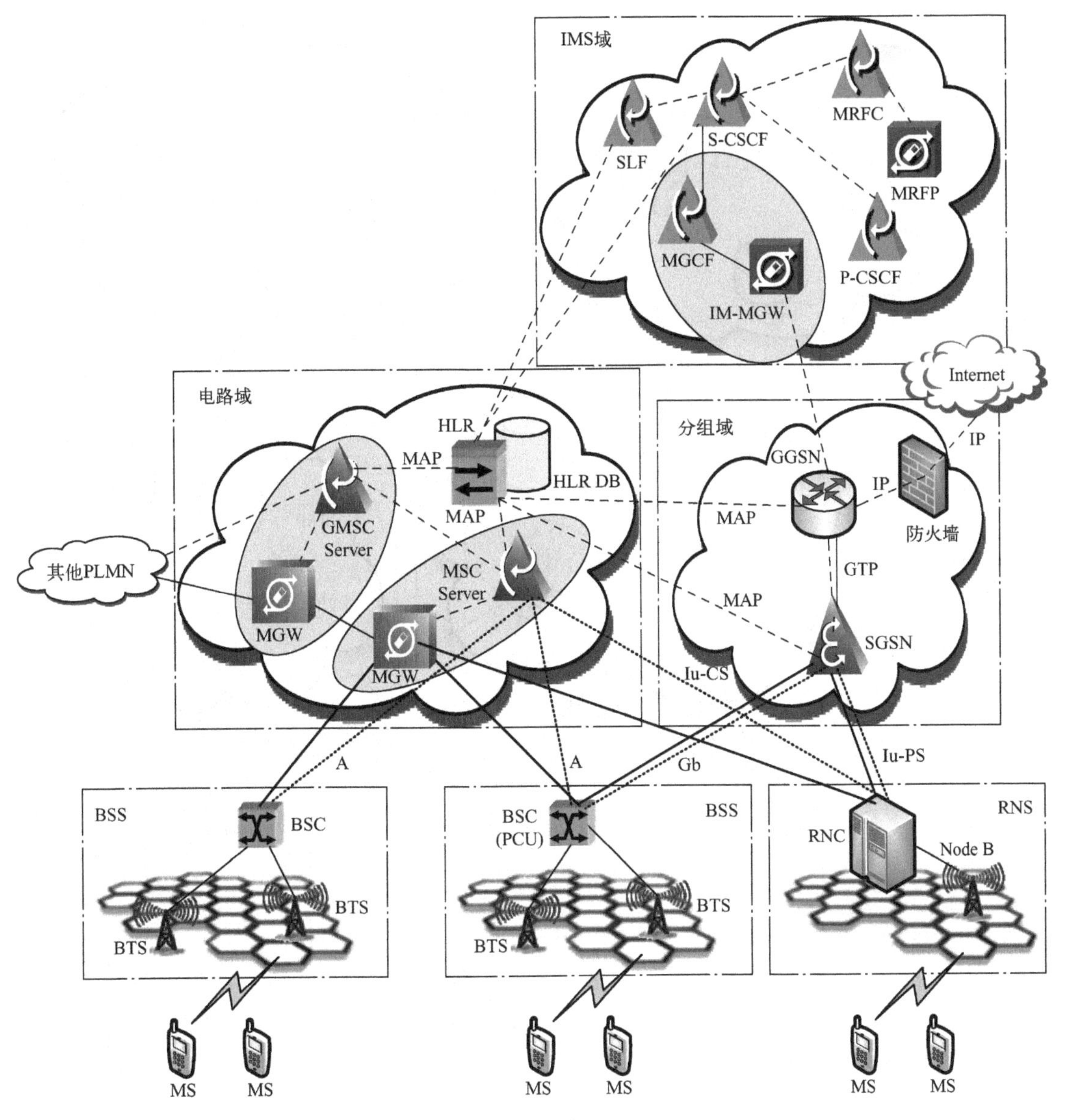

图 10-7　引入 IMS 域的 3 G（R5）

- LCS3：如何在 WLAN 接入 IMS 的系统中提供定位业务。
- E2EQos：研究端到端的 QoS 机制，研究 IMS 中计费和策略控制框架的合并。
- EC：研究通过 IMS 如何提供紧急呼叫业务。

（6）R8

R8 中开展了两项非常重要的标准化项目：LTE（Long Term Evolution，3GPP 系统的长期演进）和 SAE（System Architecture Evolution，3GPP 系统架构演进），以满足长期电信网络的发展需要。LTE 主要侧重点在提高空口速率，提高接续速度，NodeB 和无线网络控制器（Radio Network Controller，RNC）的功能合并。SAE 主要侧重于核心网络的功能拆分，提供多种接入方式之间的漫游。核心网无电路域，只有分组域演进型的分组核心网（Evolved

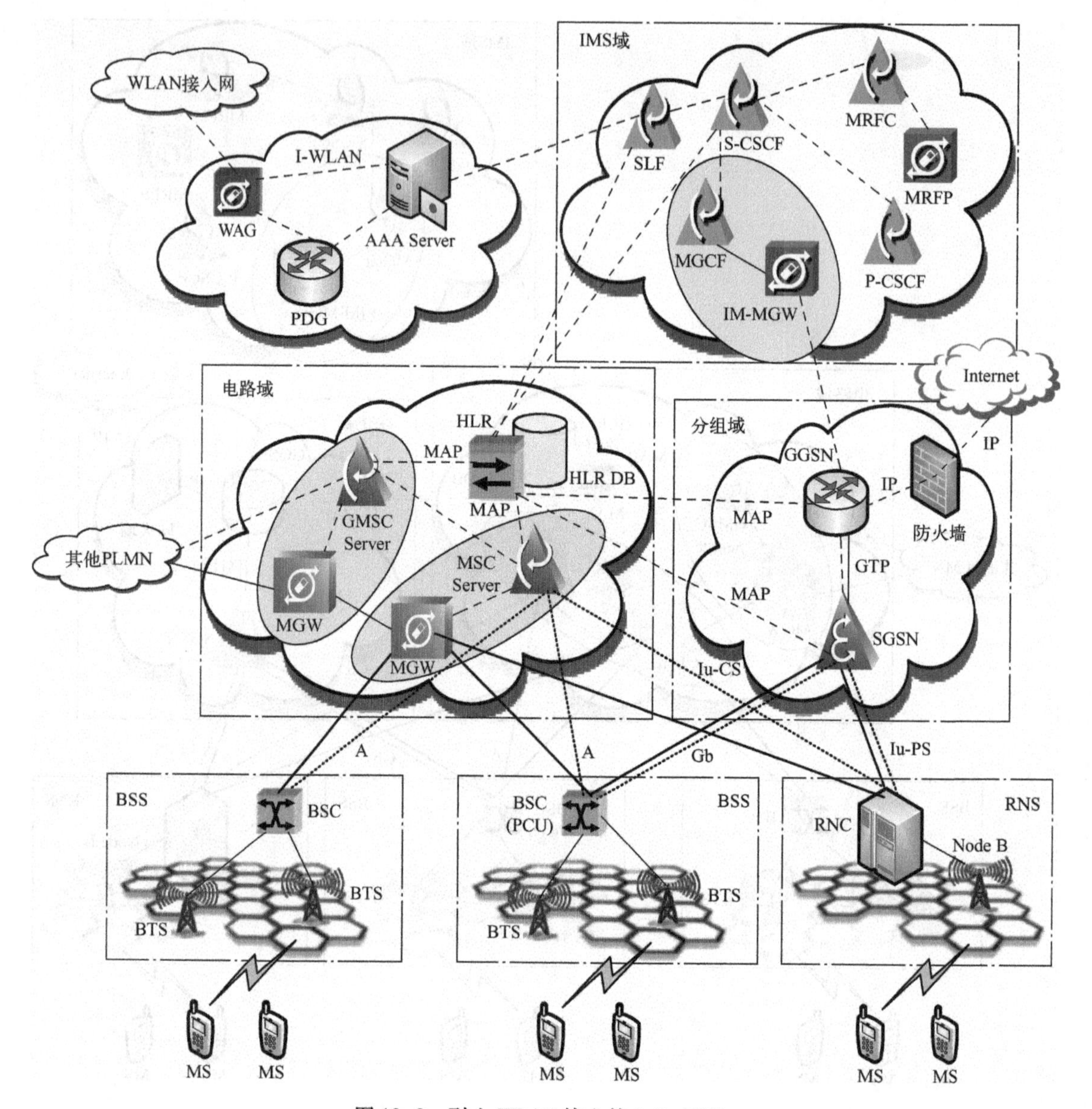

图 10-8　引入 WLAN 接入的 3 G（R6）

Packet Core，EPC），并且控制面与用户面分离。除此之外，Common IMS 也是 R8 阶段的另一个重要议题。

（7）R9

针对 SAE 紧急呼叫、增强型 MBMS（E-MBMS）和基于控制面的定位业务等课题的标准化，还开展了多 PDN 接入与 IP 流的移动性、Home eNodeB 安全性，以及 LTE 技术的进一步演进和增强的研究和标准化工作。

图 10-9 直观地展示了 GSM/GPRS/3G/LTE 核心网发展历程。3 G（R99）电路域核心网基本与 GSM 核心网相同，3 G（R4）电路域核心网实现呼叫控制和承载的分离，分组域核心网基本与 GPRS 核心网相同。3 G（R5）以后，3 G 核心网的电路域不再有发展，而发展变化是以 IMS 为核心在分组域展开的。分组域除了承担原有的提供分组数据业务以外，还

需要为 IMS 提供承载。即 3 G（R5）后，核心网由电路域、分组域、IMS 域组成。R8 开始了 LTE 和 SAE 的标准化，LTE 核心网不再有电路域，只有分组域 EPC，语音业务可以通过分组域上的 IMS 业务网提供。

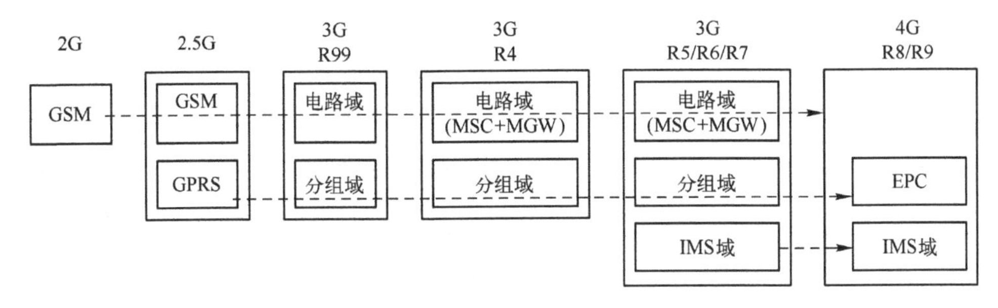

图 10-9　GSM/GPRS/3G/LTE 核心网发展历程

但是，3GPP 在 R4 开始引入软交换，网络架构有了较大的变化，提出了与承载无关的电路交换核心网。其电路域的核心网不再基于 TDM 的电路交换方式，而是基于分组域相同的 IP 骨干网；同时，引入了 MSC 服务器和媒体网关（MGW）来替代传统的 MSC，实现承载和控制分离，以便在 R4 版本的网络中提供语音业务。所以，R99 到 R4 是网络架构上的变化，但在提供的业务上是没有区别，引入的 MSC 服务器也只是为了语音业务而设计。

IMS 最初出现于 3GPP 研究的 R5 版本 3 G 系统中。随着时间的进一步推移，以及无线和终端全 IP 化的出现，R4 网络中的 MSC 服务器架构将逐步退出，取而代之的是 IMS 网络的扩大和扩张。这就是 R6、R7 及其以后版本中研究的内容，将对 IMS 的内容进一步完善和改进。

10.3　IMS 的网络架构

IMS 的网络架构与软交换技术相似，采用业务控制与呼叫控制相分离，呼叫控制与承载能力相分离的分层体系架构，便于网络演进和业务部署。IMS 是一种对接入层、承载层、会话控制层、业务/应用层提供相应控制但独立于各种接入技术的多媒体业务的体系架构。IMS 的网络架构如图 10-10 所示。

10.3.1　IMS 功能实体分类

IMS 的主要功能实体包括呼叫会话控制功能（Call Session Control Function，CSCF）实体、归属用户服务器（Home Subscriber Server，HSS）、媒体网关控制功能（Media Gateway Control Function，MGCF）、媒体网关（Media GateWay，MGW）等。IMS 功能实体的分类见表 10-6 所列。

表 10-6　IMS 的主要功能实体分类

功能	IMS 的功能实体
呼叫会话控制和路由	S-CSCF、I-CSCF、P-CSCF
用户数据管理、认证鉴权（数据库）	HSS、SLF
互通功能实体	BGCF、MGCF、IM-MGW、SGW

（续）

功能	IMS 的功能实体
业务控制	SIP-AS、OSA-AS、IMS-SSF
媒体资源	MRFC、MRFP
支撑实体	THIG、SEG
其他功能实体	SBC、DNS 服务器、ENUM 服务器、DHCP 服务器、NAT/ALG 设备、PDF&PEP

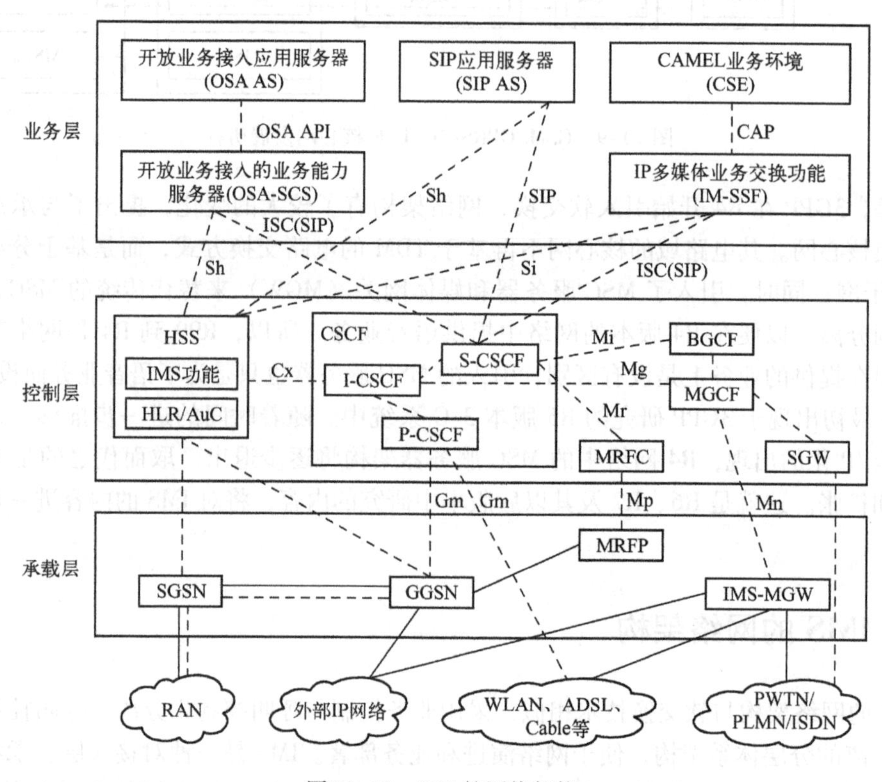

图 10-10　IMS 的网络架构

1. 呼叫会话控制功能实体（CSCF）

呼叫会话控制功能（CSCF）是 IMS 系统中完成呼叫控制功能的核心组件，其主要功能包括信令路由、会话管理、资源分配、安全认证、业务触发、计费控制。

按其位置和功能划分，CSCF 有三种类型，分别为服务呼叫会话控制功能（Serving-CSCF，S-CSCF）、查询呼叫会话控制功能（Interrogating-CSCF，I-CSCF）、代理呼叫会话控制功能（Proxy-CSCF，P-CSCF）。S/I/P-CSCF 在物理实体上完全可以是合一的，在实际组网时，其划分和部署需综合考虑对 IMS 业务接入方式、CSCF 的容量、能力及用户业务量需求等因素。

（1）S-CSCF

S-CSCF 在 IMS 核心网中处于核心的控制地位，负责对 UE 的注册鉴权和会话控制，执行针对主叫端及被叫端 IMS 用户的基本会话路由功能，并根据用户签约的 IMS 触发规则，在条件满足时进行到应用服务器（Application Server，AS）的增值业务路由触发及业务控制交互。S-CSCF 主要完成用户的注册及鉴权控制、业务授权、业务触发、业务路由、计费等功能。

（2）I-CSCF

I-CSCF 是 IMS 归属网络的入口点，提供本域用户服务节点分配、路由查询以及 IMS 域间拓扑隐藏功能。在 IMS 注册过程中，I-CSCF 通过查询 HSS，为用户选择一个 S-CSCF。在呼叫过程中，去往 IMS 网络的呼叫首先路由到 I-CSCF，由 I-CSCF 从 HSS 获取用户所注册的 S-CSCF 路由地址信息，将消息路由到 S-CSCF。在 IMS 会话跨不同运营商时，可通过对 SIP 地址信息的加密/解密实现对 I-CSCF 所在运营商的网络拓扑隐藏，即支持可选的所谓网络拓扑隐藏网关（Topology Hiding Inter-network Gateway，THIG）功能。对未注册被叫 IMS 用户，I-CSCF 可以选择一个临时 S-CSCF 负责后继的路由处理，转 CS 或 IMS 语音邮箱等。负责 IMS 相关计费话单产生，将计费请求（Accounting Request，ACR）通过 Diameter 协议送往 CCF。

（3）P-CSCF

P-CSCF 是 IMS 中与用户的第一个连接点，所有 IMS 终端发起和终止于 IMS 终端的会话消息都要通过 P-CSCF。P-CSCF 的功能有：用户 IMS 业务的代理、与接入网络无关的用户鉴权、IPSec 管理、网络防攻击与安全保护、为节约无线网络资源进行 SIP 信令压缩与解压、用户的漫游控制、通过策略决策功能（Policy Decision Function，PDF）进行承载面的网络地址转换（Network Address Translation，NAT）、QoS 功能等。

提供代理（Proxy）功能，即接受业务请求并转接到其归属地的 S-CSCF（根据登记时记录的信息）或 I-CSCF（根据 SIP UA 携带的归属域名）；P-CSCF 也可提供用户代理（User Agent，UA）功能，即在异常情况下中断和独立产生 SIP 会话。负责与 IMS SIP 终端之间可选的 SIP 消息压缩/解压缩，提高无线接入空口带宽的利用率。在会话建立过程中解析用户面 SDP 信息，通过 Diameter 与 QoS 策略执行实体 PDF 的交互，将 QoS 承载需求（带宽，时延/抖动级别等）知会 PDF，再由 PDF 通过 COPS 将 QoS 策略决定最终下发到 IP 接入汇聚层设备或边缘路由器进行策略执行，最终为 IMS 业务所使用的本地接入网 IP QoS 资源提供认证授权功能，实现 IMS 业务的端到端 QoS 服务保障。在会话释放时通知 PDF 在 IP 承载控制层释放相应资源占用信息。负责 IMS 会话相关计费话单产生，将接入网与 IMS 计费信息相关联，并将呼叫详细记录（CDR）通过 Diameter 送往条件呼叫前转（Conditional Call Forwarding，CCF）。作为 SIP UA 处理异常情况下的会话终结及相应 SIP 消息生成。

2. 用户数据管理、认证鉴权（数据库）实体

（1）归属用户服务器（HSS）

HSS 是归属网络中保存 IMS 用户的签约信息，包括基本标识、路由信息以及业务签约信息等集中综合数据库，位于 IMS 核心网络架构的最顶层，HSS 中保存的主要信息包括：IMS 用户标识、号码和地址信息；IMS 用户安全信息：用户网络接入认证的密钥信息；IMS 用户的路由信息：HSS 支持用户的注册，并且存储用户的位置信息；IMS 用户的业务签约信息：包括其他应用服务器的增值业务数据。

HSS 的主要功能如下：HSS 存储运营商开户时设定的上述 IMS 签约信息，同时支持通过与业务管理系统的接口由运营商或终端用户对签约数据进行的定制和修改；HSS 提供与 I-

CSCF 间基于 Diameter 协议的 Cx 接口，在 IMS 注册过程中，I-CSCF 则可通过该接口获取用户所要求的 S-CSCF 能力信息，由此作为该用户服务 S-CSCF 的依据，并为 IMS 用户被叫流程提供查询被叫路由（S-CSCF 域名或地址信息）的服务；HSS 通过与 S-CSCF 间基于 Diameter 协议的 Cx 接口实现 IMS 注册过程中对 S-CSCF 域名路由信息的登记，并支持通过该接口将基本 IMS 签约信息下载到 S-CSCF；HSS 依据用户安全下文信息进行鉴权元组计算并通过基于 Diameter 协议的 Cx 接口为 S-CSCF 提供用户/网络鉴权所需的鉴权元组信息。HSS 提供与 SIP AS 间基于 Diameter 协议的 Sh 接口，为增值业务提供签约数据、并且 HSS 负责对特定签约用户 AS 增值业务数据的透明存储，但语义上不做解析。

（2）用户定位功能（Subscription Locator Function，SLF）

在运营商内设置多个 HSS 的情况下，I-CSCF 在登记注册及事务建立过程中通过 SLF 获得用户签约数据所在的 HSS 域名，可与 HSS 合设。在一个单 HSS 的 IMS 系统中，不需要 SLF。

3. 互通功能实体

（1）出口网关控制功能（Breakout Gateway Control Function，BGCF）实体

BGCF 根据互通规则配置或被叫分析，为 IMS 到 PSTN/CS 的呼叫选择 MGCF，从而实现 MGCF 路由的自动获取。BGCF 的功能包括：为被叫出 IMS 网络（如：PSTN/CS）选择适当的出口点；若被叫和 IMS 同网，则选择本网的一个 MGCF；若被叫非本网，则交给另一个网络接口的 BGCF；需要维护或访问网络接口拓扑信息、出口策略数据库。

（2）媒体网关控制功能（Media Gateway Control Function，MGCF）实体

MGCF 实现 IMS 核心控制面与 PSTN 或 PLMN CS 网络的交互，支持 ISUP/BICC 与 SIP 的协议交互及呼叫互通，通过 H. 248 控制 IM-MGW 完成 PSTN 或电路域 TDM 承载与 IMS 域用户面 RTP 的实时转换。在 IMS 侧实现与 I/S-CSCF 互通，在 PSTN 或电路域侧实现 SIP 到 BICC/ISUP 的转换。

（3）IMS 媒体网关功能（IMS-Media Gateway Function，IM-MGW）实体

IM-MGW 完成 IMS 与 PSTN 及电路域用户面宽窄带承载互通及必要的 Codec 编解码变换。

MGCF 和 IM-MGW 是 IMS 与 PSTN 或 CS 域互通的功能实体，MGCF 负责控制信令的互通，而 IM-MGW 负责控制媒体流的互通。

（4）信令网关功能（SGW）实体

信令网关实现 SIP 与 No. 7 信令之间的转换，支持 SIGTRAN。

4. 业务提供和控制实体

为了适应下一代网络业务与控制分离的原则，IMS 必须提供开放的接口来接入各种业务服务器，允许各种业务提供商通过标准的接口来向网络提供服务。应用服务器（AS）是一个提供增值多媒体业务的 SIP 实体。IMS 的业务提供和控制主要由 AS 完成，为 IMS 用户提供增值业务，可以位于用户归属网，也可以由第三方提供。应用服务器包括 SIP 应用服务器（SIP AS）、IP 多媒体业务交换功能（IP Multimedia-Service Switching Function，IM-SSF）和开放业务接入的业务能力服务器（Open Service Access-Service Capability Servers，OSA-SCS）三类，分别用来支持运营商 IMS 网络直接提供的 SIP 业务、CAMEL 业务环境（CSE）提供的传统移动智能网业务和第三方提供的业务。第三方可以是一个网络或者仅是一个单独的应

用服务器。AS 可以作用和影响 SIP 会话，代表运营商的网络支持此业务。

（1）SIP AS：是业务的存放及执行者，它可以基于业务影响一个 SIP 对话。由于 IP 多媒体业务控制（IP multimedia Service Control，ISC）接口采用了 SIP，所以它可以直接与 S-CSCF 相连，减少了信令的转换过程。SIP 应用服务器主要是为因特网业务服务，这种结构使因特网业务可以直接移植到通信网中。

（2）IM-SSF：一种特殊类型的应用服务器。它是 SIP 和 CAMEL（移动网络定制增强逻辑服务器）的互通模块，用来负责基于 CAMEL 智能网的特性（如触发检测点、CAMEL 服务交换的有限状态机等），它提供一个 CAP 接口。CAMEL 业务是传统的智能业务。在智能网中，它是通过 CAP 协议接入到网络中的，为了使 CAMEL 业务接入到 IMS 中，在 CAMEL 服务器与 S-CSCF 之间需要一个功能实体来完成 CAP 协议与 SIP 协议的转换，该功能由 IMS-SSF 完成。IM-SSF 允许 gsmSCF（GSM 服务控制功能）来控制 IMS 会话。

IM-SSF 是 IMS 域向传统智能网提供业务能力的一个接口实体。它完成 SIP 信令与 CAP 信令的转换。它支持 CAMEL 业务环境（CSE）中开发的继承业务。

（3）OSA-SCS：负责为第三方提供到 OSA 框架应用服务器的接口，并为第三方能够安全接入 IMS 子系统提供标准方式。对于 OSA 应用服务器，用户可以根据标准的 API（如 Parlay）在该服务器上进行增值业务开发，不用了解底层的网络，极大地缩短了业务的开发周期。OSA-SCS 是 IMS 域向 OSA-AS 提供业务能力的一个接口实体。它完成 SIP 信令到 OSA API 的转换。

通过使用 OSA，运营商能够利用诸如呼叫控制、用户交互、用户状态、数据通话控制、终端性能、账户管理、计费和策略关联等业务能力特征进行业务的开发。OSA 结构的附加好处是，它可以用作以安全的方式提供第三方 AS 给 IMS 的标准化机制，因为 OSA 自身就包含了初始接入、鉴权、授权、注册和发现等特征（S-CSCF 不能为第三方直接安全地接入到 IMS 提供鉴权和安全功能）。由于对 OSA 业务的支持是基于运营商的选择，而不是从结构上就要求在多个实体内支持 OSA 协议和特征，因此 OSA-SCS 用来终止来自 S-CSCF 的 SIP 信令。

5. 媒体资源实体

（1）媒体资源控制功能实体

MRFC（Multimedia Resource Function Controller，MRFC）通过 H.248 控制 MRFP 中的媒体资源，解析来自其他 S-CSCF 及应用服务器的 SIP 资源控制命令，转换为对 MRFP 的对应控制命令并产生相应计费信息。

（2）媒体资源处理功能实体

MRFP（Multimedia Resource Function Processor，MRFP）作为网络公共资源，在 MRFC 控制下提供资源服务，包括媒体流混合（多方会议）、多媒体信息播放（放音、流媒体）、媒体内容解析处理（码变换、语音识别等）。

6. 支撑实体

1）网络拓扑隐藏网关（Topology Hiding Inter-network Gateway，THIG）。

2）安全网关（Security Gateway，SEG）。

3）策略决策功能（Policy Decision Function，PDF）。

7. 其他功能实体

（1）会话边界控制器（Session Border Controller，SBC）

SBC 位于 IMS 核心网络边缘，作为 IMS 核心网的信令代理和媒体代理，主要目的是隔离接入网和 IMS 核心网，实现公私网穿越、NAT 穿越、防火墙穿越、QoS 控制、网络安全等功能。

（2）域名系统（Domain Name System，DNS）服务器

负责URL地址到IP地址的解析，可以直接借助Internet公网上的分层DNS服务器，也可直接在网内新建DNS服务器。SIP URL是通过SIP呼叫他人的SIP地址方案，即一个SIP URL就是一个用户的SIP电话号码，SIP URL格式与电子邮件地址一样。

（3）电话号码映射（E.164 Number URI Mapping，ENUM）服务器

负责电话号码到URL的转换，一般需IMS运营商新建。

（4）动态主机配置协议（Dynamic Host Configuration Protocol，DHCP）服务器

在标准服务功能的基础上，增加在动态分配IP地址过程中向IMS终端指定P-CSCF的URL地址的处理。

（5）NAT/ALG设备

NAT（Network Address Translation，网络地址转换）/ALG（Application Level Gateway，应用层网关）设备负责将IMS SIP信令地址及SIP信令所包含的SDP地址信息进行转换或解析，从而实现SIP控制面板UDP/IP公私网地址及相应承载面RTP/IP公私网地址变换。

（6）PDF&PEP

策略决策功能（Policy Decision Function，PDF）根据应用层相关信息进行承载资源的授权决策，将其映射到IP QoS参数传送给GGSN中的策略执行点（Policy Enforcement Point，PEP），完成QoS资源的控制处理，为IMS业务提供QoS保证。

10.3.2 IMS的接口

本节介绍前面描述的网络实体是如何相互连接到一起的，以及使用什么协议。IMS的协议和接口如图10-11所示，接口功能见表10-7所列。

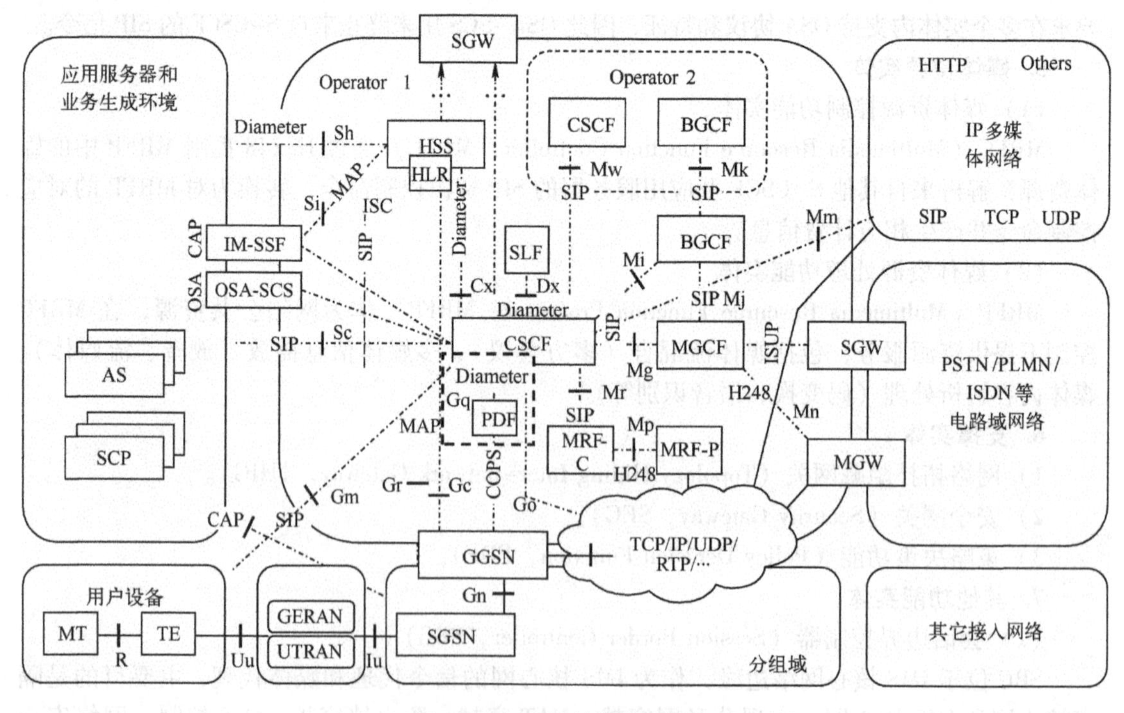

图10-11 IMS的协议和接口

表 10-7　IMS 的接口功能

序号	接口	功能描述	接口协议
1	Cx	用于 I-CSCF、S-CSCF 和 HSS 之间的通信，用于位置管理、用户数据处理和认证	Diameter
2	Dh	用于 AS 与 SLF 之间的通信，用于 HSS 定向	Diameter
3	Dx	用于 I-CSCF、S-CSCF 和 SLF 之间的通信，用于 HSS 定向	Diameter
4	Gm	用于 UE 和 P-CSCF 之间的通信，完成注册、呼叫控制、事务处理等功能	SIP
5	Go	用于 PDF 与 GGSN 之间的通信，交换与策略相关的信息，如媒体授权和计费关联	COPS（R5）、Diameter（R6 及其以上版本）
6	Gq	用于 P-CSCF 与 PDF 之间通信，用于传输会话信息	Diameter
7	ISC	用于 S-CSCF 与 AS 之间的通信，提供 IMS 业务控制机制的重要接口，传送 AS 提供的业务相关的 SIP 消息	SIP
8	Mg	用于 S-CSCF 与 MGCF 之间通信，负责将边缘功能 MGCF 连接到 IMS 上	SIP
9	Ma	用于 I-CSCF 与 AS 之间的通信	SIP
10	Mi	用于 S-CSCF 与 BGCF 之间的通信，是 IMS 域内部与电路交换域互通的通道	SIP
11	Mj	用于同一网络中 MGCF 与 BGCF 之间的通信，是 IMS 域内部与电路交换域互通的通道	SIP
12	Mk	用于不同网络中 BGCF 之间的通信。当 BGCF 从 Mi 接口收到会话信令时，它会选择进行出局的电路域。如果出局在其他网络进行，那它使用 Mk 接口来将会话转发给其他网络中的 BGCF	SIP
13	Mm	用于 IMS 和外部 IP 网络之间的通信，Mm 接口使得 I-CSCF 能够从另外的 SIP 服务器或者终端接收会话请求。类似的，S-CSCF 使用 Mm 接口来将 IMS UE 发起的请求转发到其他多媒体网络	SIP
14	Mn	用于 MGCF 与 IM-MGW 之间通信，用于控制用户平面资源	H. 248
15	Mp	用于 MRFC 与 MRFP 之间的通信，支持 MRFC 对 MRFP 提供的资源的控制	H. 248
16	Mr	用于 S-CSCF 与 MRFC 之间通信，支持 S-CSCF 与 MRFC 之间的交互，是 IMS 域内实现多方会议的通道	SIP
17	Mw	用于 P-CSCF、I-CSCF 与 S-CSCF 之间的通信，完成注册、呼叫控制、事务处理等功能	SIP
18	Rf	用于 AS、P/S/I-CSCF、BGCF、MGCF、MRFC 与 CCF 进行离线计费	Diameter
19	Ro	用于 AS、MRFC、S-CSCF 与 OCS 进行在线计费	Diameter
20	Sh	用于 SIP AS、OSA-SCS 和 HSS 之间的通信，完成数据处理和订阅通知	Diameter
21	Si	用于 HSS 和 IM-SSF 之间的通信，传输 CAMEL 订阅关系信息	MAP
22	Ut	用于 UE 与 SIP 应用服务器之间的通信，它使得用户能够安全的管理和配置他们在 AS 上的服务相关的信息。用户能够使用 Ut 接口来创建公共业务标识符（PSI），例如资源列表，并能够管理业务使用的授权策略。使用 Ut 接口的业务的例子是在线业务和会议业务	HTTP

10.3.3 IMS 的主要协议

IMS 业务的开放性和实用性是通过一系列协议来支持实现的。IMS 主要用到了 SIP 协议、Diameter 协议、通用开放策略服务（Common Open Policy Service，COPS）协议和 H. 248 协议。

（1）SIP 协议

SIP 协议是由 IETF 制定的一个在 IP 网络上进行多媒体通信的应用层控制协议，它被用来创建、修改和终结一个或多个参与者参与的会话进程。这些会话包括 Internet 多媒体会议、Internet 电话、远程教育以及远程医疗等，在第 9 章已进行了详细介绍。SIP 协议具有简单、易于扩展、便于实现等诸多优点，是下一代网络和 IMS 中的重要协议。IMS 对 SIP 协议进行了扩展，增加了 SIP 压缩（SigComp）、增强了安全和路由功能，定义了专用于 3GPP IMS 的 SIP 头，详细信息参见 RFC3455。定义的主要功能接口如下：

NNI 接口：在 P/I/S-CSCF 之间，CSCF 与 BGCF/MGCF/MRFC 等实体间，BGCF 与 BGCF/MGCF 之间，包括 Mw、Mm、Mr、Mg、Mi、Mj、Mk 等。

UNI 接口：UE 和 P-CSCF 之间，完成用户接入、注册、会话控制、SIP 压缩等。

ISC 接口：S-CSCF 与 IMS AS 之间，用于业务控制。

（2）Diameter 协议

鉴权、认证和计费（Authentication，Authorization and Accounting，AAA）体制是网络运营的基础。Diameter 协议是由 IETF 基于 RADIUS（Remote Authentication Dial In User Service，远程拨入用户认证服务）开发的认证、授权和计费的协议。Diameter 协议包括基本协议、NAS（Network Access Service，网络接入服务）协议、EAP（Extensible Authentication Protocol，可扩展认证协议）、MIP（Mobile IP，移动 IP）、CMS（Cryptographic Message Syntax，密码消息语法）协议等。Diameter 协议支持移动 IP、NAS 请求和移动代理的认证、授权和计费工作，协议的实现与 RADIUS 类似。定义的主要功能接口如下：Cx 接口、Sh 接口、Dx 接口、Dh 接口和 Gq 接口。

（3）COPS 协议

COPS 协议是 IETF 开发的一种简单的查询和响应协议，主要用于策略服务器（策略决策点 PDP）与其客户机（策略执行点 PEP）之间交换策略信息。策略客户机的一个典型例子是 RSVP 路由器，它主要行使基于策略的允许控制功能。在每个受控管理域中至少有一个策略服务器。

COPS 协议具有设计简单且易于扩展的特点，其主要特征如下：

1）COPS 采用客户机/服务器模式，即 PEP 向远程 PDP 发送请求、更新和删除信息，然后 PDP 返回决定给 PEP。

2）COPS 使用传输层协议 TCP 以便为客户机和服务器提供可靠信息交换。

3）COPS 是可扩展的，它能够自我识别，并在不需要修改 COPS 协议本身的情况下支持不同特定客户机信息。COPS 是为策略的通用管理、配置和执行而创建的。

4）COPS 为认证、中继保护和信息完整性提供了信息级别的安全性。COPS 也能使用已有安全协议，如 IPSEC 或 TLS（Transport Layer Security，安全传输层协议），以认证和确保 PEP 和 PDP 之间的信道。

5）COPS 有两个主要状态：客户机和服务器共享请求/决策状态，可能是内部互相联系的来自各种不同事件（请求/决策）的状态。

6）COPS 允许服务器将配置信息加载到客户机上，然后在不再使用的情况下允许服务器将其从客户机中删除。

（4）H.248 协议

H.248 协议是 IETF、ITU-T 制定的媒体网关控制协议，用于 MGC 和 MGW 之间的通信，实现 MGC 对 MGW 控制的一个非对等协议。

10.4　IMS 用户编号方案

IMS 网络是全 IP 的网络，是 NGN 网络的延伸和发展。但在 IMS 网络中，已经不存在 PSTN 或 NGN 网络中信令点或 GT 的概念。为了适应全 IP 的网络，同时满足 IMS 用户灵活的特性，IMS 对用户和设备的标识进行了较大的改进，IMS 网络中的标识包括 IMS 用户标识、IMS 业务标识、IMS 网络实体标识。通常使用 URI 方式进行标识。URI 是由 RFC 2396 进行了定义，通过一些简单字符串来识别一个抽象或者物理资源，用来唯一标识某类统一资源的标识符。TEL-URI 和 SIP-URI 是 IMS 网络中常用的两种 URI 方式，分别通过 TEL 号码方式、SIP 号码方式对用户或网络资源进行标识。

10.4.1　用户标识

IMS 是全 IP 的网络，IMS 用户会拥有与此对应易于路由的 SIP 号码。同时，为了继承用户的拨打习惯，IMS 用户也需要分配一个 TEL 格式的号码。因此，IMS 用户可以通过 TEL-URI 方式或 SIP-URI 方式进行标识。一般，一个 IMS 用户可以拥有 1 个 TEL-URI 号码，1 个或多个 SIP-URI 号码。从功能逻辑上，IMS 用户标识还可以分为：IP 多媒体私有用户标识（IP Multimedia Private Identity，IMPI）、IP 多媒体公共用户标识（IP Multimedia Public I-dentity，IMPU）。一个 IMS 用户可以有多个公共用户标识和多个私有用户标识。

1. 私有用户标识（IMPI）

私有用户标识是由归属网络运营商分配给 IMS 用户的身份标识，用于管理、注册、授权、计费等目的，具有全球唯一性。准确地说，IMPI 标识的是用户和归属网络的签约，而不是用户，代表着一个终端，在归属网络用户签约有效期内有效。一个 IMS 用户可以有一个或多个私有用户标识。IMPI 类似于移动网络中的 IMSI 号码或固定网络中的物理号码。其对用户而言是不可知的，仅仅存储在 ISIM 卡中，只用于签约标识和鉴权目的，不用于 SIP 请求的路由，因此，IMPI 只采用 SIP-URI 方式标识。

SIP-URI 方式格式上以“sip:”开头，使用“sip：用户名@归属网络域名”或“sip：用户号码@归属网络域名”方式进行标识。习惯上常采用“sip：用户号码@归属网络域名”的方式。其中，用户号码是分配给用户的 E.164 号码，用户名可以是全数字的用户号码，也可以字母开头的用户名。如归属网络域名是 ims.bj.chinamobile.com 的一个 IMS 用户，它的号码是 01012345678，那么对应该用户的私有标识则是“sip：+861012345678@ims.bj.chinamobile.com”。

2. 公共用户标识（IMPU）

公共用户标识是用户对外公布的标识，用于和其他用户进行通信。一个 IMS 用户可以有一个或多个公有用户标识。类似于移动网络中的 MSISDN 号码或固定网络中的逻辑号码。在 IMS 中，ISIM 中至少需要保存一个 IMPU，IMPU 用于路由 SIP 信令。IMPU 可以采用 TEL-URI 或 SIP-URI 方式标识。

TEL-URI 方式格式上采用 E.164 编号，以“tel：”开头，使用“tel：用户号码”方式进行标识。一般来说，用户号码采用 E.164 格式的编码规则，可以采用网号或局号的方式。如 tel：+861012345678、tel：+8613912345678，都是常用的 TEL-URI 格式。SIP-URI 方式同上所述。如果采用 TEL-URI 拨打 IMS 用户时，由于 TEL-URI 不能用于路由，CSCF 还需要首先通过 ENUM/DNS 进行查询，把 TEL-URI 转换成用户对应的 SIP-URI 进行路由。

3. 私有用户标识和公共用户标识的关系

由于 IMS 支持的业务灵活，单一的标识已经不能适应业务的发展。因此，IMS 中的用户可以有多个标识。IMS 私有用户标识和公共用户标识可以是多对多的关系。其关系可以从图 10-12看出。

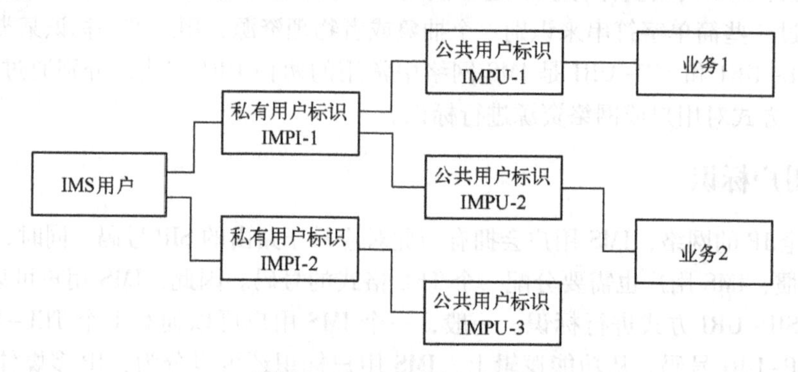

图 10-12　IMS 标识示意图

一个私有用户标识可以对应 1 个或多个公共用户标识。当一个 IMPI 对应多个 IMPU 时，即类似一机多号。这时，不同的 IMPU 表示的是不同的个性化业务。如一个 IMS 用户上班时间使用 IMPU1，私人时间使用 IMPU2，对外客户使用 IMPU3 等，不同的号码都可以注册到同一个终端上。

多个私有用户标识也可以同时对应 1 个公共用户标识，类似于一号多机。如果一个 IMPU 被多个地方的 IMPI 进行了注册，那么，该用户的 IMPU 做被叫时，所有的注册了该 IMPU 的终端都会同时振铃。但只要有一个接起，其他的终端就会停止振铃。这样，很容易就实现了固网中的一号多机业务。这也就是 IMS 中的 fork 机制。

4. 隐形注册

IMS 用户之间进行通信时，首先需要进行注册。由于 IMS 用户的 IMPI 和 IMPU 之间可能存在多对多的关系。为简化流程，提高注册效率，采用了隐式注册的方式。在 HSS 中为用户定义了多个隐式注册集。当一个 IMPI 关联多个 IMPU，且多个 IMPU 处于相同的隐式注册集中时，只要有其中的一个 IMPU 进行了一次 IMS 注册，那么该 IMPU 所在的隐式注册集中其他所有 IMPU 就同时完成注册。这就是隐式注册。

如图 10-12 中的 IMPU1、IMPU2 同属一个隐式注册集。只要 IMPU1 或 IMPU2 有一个注册，那么 IMPU1、IMPU2 就同时注册成功。

10.4.2 公共业务标识

随着标准在线业务、短信息业务、会议业务和群组能力的引入，很显然需要有标识符来标识 AS 上的业务和群组。用作这些目的的标识符同时也要能被动态地创建，也就是说用户可以按需在 AS 上创建，而不需要在使用前先注册。因此，3G（R6）引入了公共业务标识（Public Service Identities，PSI）。公共业务标识在标识上和用户标识很类似，但它标识的是 IMS 网络中的一种业务，或是一个 AS 上为某种业务所创建的特定资源，而不是标识一个用户。PSI 可以采用 SIP-URI 或者 TEL-URI 的格式。与公共用户标识不同，PSI 没有关联的私有用户标识。由于 PSI 可以直接对 AS 进行解析，因此 I-CSCF 便可以直接与 AS 进行接口，将以 PSI 标记的 SIP 请求发送给 AS。PSI 无需注册，可静态配置或者终端与 AS 动态协商生成。IMS 用户可以直接通过发起对 PSI 的请求，实现该业务。假如北京视频会议的公共业务标识是“12345678”或“bjsp@bj.chinamobile.com”，那么，IMS 用户可直接拨打“12345678”或“bjsp@bj.chinamobile.com”发起视频会议业务。

10.4.3 网络实体标识

除了用户外，处理 SIP 路由的网络节点也需要有一个有效 SIP URI 以便能被标识。IMS 网络实体标识用于 IMS 网络实体间的路由及寻址。IMS 网络中的 CSCF、BGCF、MGCF 等网络实体设备需要分配 URI 来标识。由于是全 IP 网络，为了路由方便，IMS 网络实体都采用 SIP-URI 方式来进行标识。网络实体标识 SIP-URI 用于在 SIP 消息的消息头字段中标识这些网络节点。为了易于标识，常采用网络实体功能的方式进行标识，如“cscf@bj.chinamobile.com”。

10.4.4 标识符模块

1. IP 多媒体业务标识符模块

IP 多媒体业务标识符模块（IP Multimedia Services Identity Module，ISIM）是一个驻留在通用集成电路卡（Universal Integrated Circuit Card，UICC）上的一个程序，而 UICC 是一个可以插入和从 UE 上拔出的物理上安全的设备。UICC 上可能有一个或者多个应用程序。ISIM 本身保存运营商提供的特定于 IMS 的订阅者数据。保存的数据可被分为如图 10-13 所示的 6 组。其中多数的数据需要在用户进行 IMS 注册时被用到。

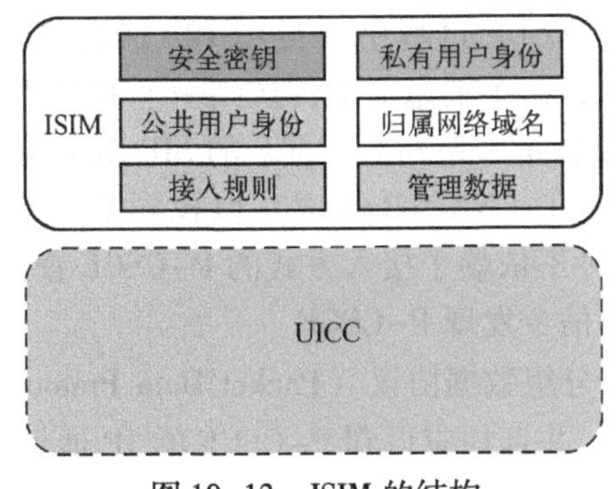

图 10-13 ISIM 的结构

1）安全密钥（Security Keys）由完整性密钥、加密密钥和密钥组标识符组成。完整性密钥被用来提供 SIP 信令的完整性保护。加密密钥用来提供 SIP 信令的保密性保护。

2）私有用户标识符（Private User Identity）仅包含了用户的私有用户标识符。它被用在注册请求中来标识用户的订阅。

3）公共用户标识符（Public User Identity）包含一个或多个用户的公共用户标识符。它被用在注册请求中来标识被注册的标识符，以及被用来请求和其他用户通信。

4）归属网络域名（Home Network Domain Name）由所属地网络接入点的名字组成。它被用于注册消息中把消息路由到归属网络。

5）管理数据（Administrative Data）包含各种数据，它们可以被订阅者用来进行 IMS 操作，或者被设备制造商用来执行自己的自动测试。

6）接入规则（Access Rule Reference）被用来保存一些信息：访问 ISIM 时哪个个人身份证号需要被验证。

2. 通用订阅者标识符模块（USIM）

通用订阅者标识符模块（Universal Subscriber Identity Module，USIM）是被用来唯一地标识一个访问 PS 域的订阅者。类似于 ISIM，USIM 程序作为一块存储区驻留在 UICC 上，以保存订阅和订阅者相关的信息。另外，它还可能包含那些使用了在 USIM 程序工具箱中定义的特性的程序。USIM 包含以下的数据：用于访问 PS 域的安全性参数、IMSI、允许的访问点名字列表等信息。

10.5 IMS 的典型流程

下面通过 3 种典型的通信流程来分析 IMS 中各个实体的协作过程。

10.5.1 P-CSCF 发现流程

为了能和 IMS 网络通信，用户设备（UE）至少需要知道 P-CSCF 的一个 IP 地址，UE 找到这些地址的机制被称作 P-CSCF 发现。3GPP 标准化了两个 P-CSCF 发现的机制：使用动态主机配置协议（DHCP）和域名系统（DNS）发现、使用 PDP 关联（PDP Context）激活信令发现。另外，还可以在 UE 中配置 P-CSCF 的名称或者 IP 地址。

（1）使用 DHCP 和 DNS 发现 P-CSCF

使用 DHCP 和 DNS 发现 P-CSCF 如图 10-14 所示。IP-CAN 作为 DHCP 中继代理，通过 DHCP 机制给出 P-CSCF 的域名或 IP 地址。

在 DHCP 和 DNS 发现 P-CSCF 过程中（见图 10-14），UE 向 IP 连接性接入网（例如 GPRS）发送一个 DHCP 请求，这个消息又被传送到一个 DHCP 服务器。UE 可以请求一系列 P-CSCF 的 SIP 服务器域名或者是一系列 P-CSCF 的 SIP 服务器 IPv6 地址。当域名返回了以后，UE 需要进行一次 DNS 查询（NAPTR/SRV）以找到 P-CSCF 的一个 IP 地址。DHCP 和 DNS 发现 P-CSCF 机制是一种不依赖于接入方式的 P-CSCF 查找方式。

（2）使用 PDP 关联激活信令发现 P-CSCF

在 GPRS 过程中，UE 在分组数据协议（Packet Data Protocol，PDP）关联激活请求中包含了 P-CSCF 地址请求标记，并且相应得到 P-CSCF 的 IP 地址。使用 PDP 关联激活信令发现 P-CSCF 如图 10-15 所示。

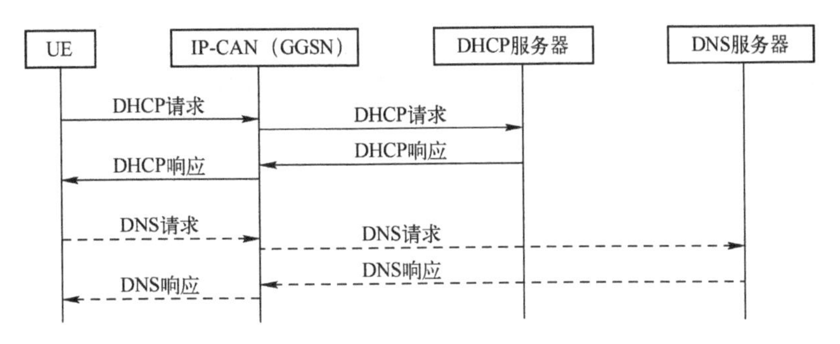

图 10-14　使用 DHCP 和 DNS 发现 P-CSCF

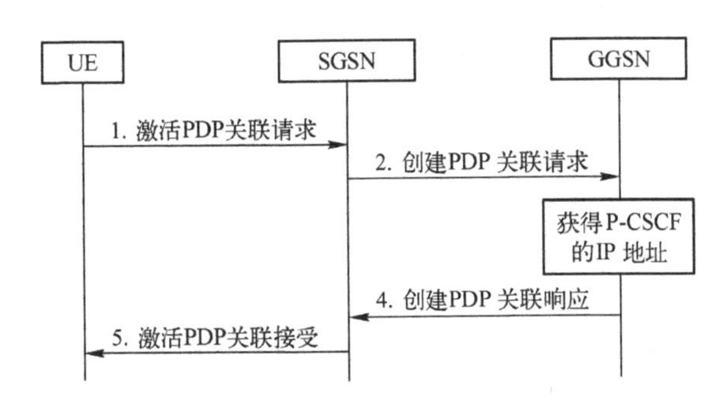

图 10-15　使用 PDP 关联激活信令发现 P-CSCF

10.5.2　IMS 用户注册流程

1. 用户初始注册

注册使得 UE 能够使用 IMS 的服务。在进行注册之前，UE 必须先获得 IP 连接，并发现 IMS 网络的接入点，例如 P-CSCF。在 GPRS 接入的情况下，UE 执行 GPRS 连接过程，并为 SIP 信令激活 PDP 关联。

IMS 的用户初始注册流程如图 10-16 所示。

1）UE 向找到的 P-CSCF 发送一个 SIP REGISTER 的注册请求消息。这个请求消息包含：一个需要被注册的用户标识符和归属网络域名（I-CSCF 的地址）。P-CSCF 对这个 REGISTER 请求进行处理，并使用提供的归属网络域名来解析出 I-CSCF 的一个 IP 地址。

2）P-CSCF 把注册消息转发给 I-CSCF。

3）I-CSCF 接着会查询 HSS，查询 S-CSCF 信息，为 UE 选择一个 S-CSCF。

4）为 UE 分配已选择的 S-CSCF。

5）在完成 S-CSCF 分配之后，I-CSCF 把这个 REGISTER 请求转发给选择的 S-CSCF。

6）S-CSCF 向 HSS 请求下载 UE 的认证数据。

7）S-CSCF 从 HSS 得到 UE 的认证数据。

8）S-CSCF 会发现用户没有被授权，因此它会从 HSS 获取认证数据并用“401 未授权”应答来质疑用户。

9）I-CSCF 把“401 未授权”质疑用户消息转发给 P-CSCF。

10）P-CSCF 把“401 未授权”质疑用户消息转发给 UE。

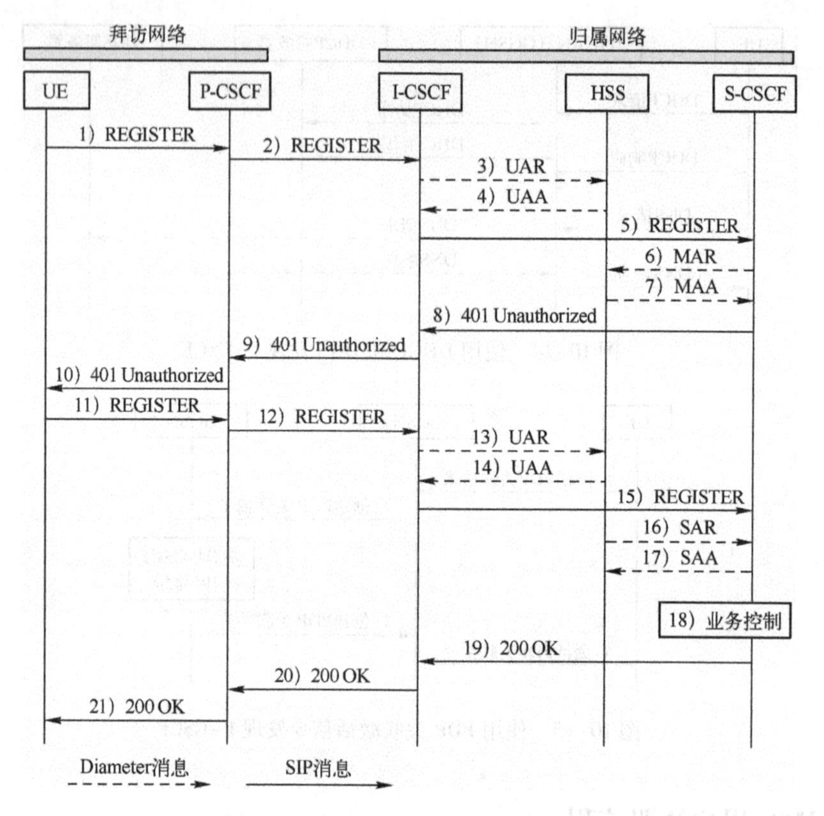

图 10-16　IMS 的用户初始注册流程

11）UE 会计算出这个质疑的应答并给 P-CSCF 发送一个新的包含这个应答的 REGISTER。

12）P-CSCF 会再一次找到 I-CSCF。

13）I-CSCF 接着会查询 HSS，查询 S-CSCF 信息，并对其进行响应。

14）I-CSCF 会再一次找到该 S-CSCF。

15）I-CSCF 把包含这个应答的 REGISTER 请求转发给 S-CSCF。

16）S-CSCF 最终会检查这个应答，如果正确则 S-CSCF 通知 HSS 存储 UE 的注册信息。

17）如果这个应答正确，则 S-CSCF 从 HSS 下载 UE 的用户和业务信息。

18）根据业务信息进行业务控制。

19）如果这个应答正确，则给 I-CSCF 发送一个"200 OK"表示接受这个注册。

20）I-CSCF 把"200 OK"消息转发给 P-CSCF。

21）P-CSCF 把"200 OK"消息转发给 UE，完成注册。

一旦 UE 成功被授权，UE 就能够发起和接受会话了。在注册的过程中，UE 和 P-CSCF 都会知道网络中的哪个 S-CSCF 将会为 UE 提供服务。

2. 用户刷新注册/注销

UE 有责任保持这个注册，这是通过定期的刷新注册来实现的。如果 UE 没有刷新注册，则 S-CSCF 会在注册到期后移除注册信息，并且不会发出通知。当 UE 想从 IMS 网络中注销时，它可以通过简单地发送一个注册有效期为 0 的 REGISTER 就可以实现，如图 10-17 所示。

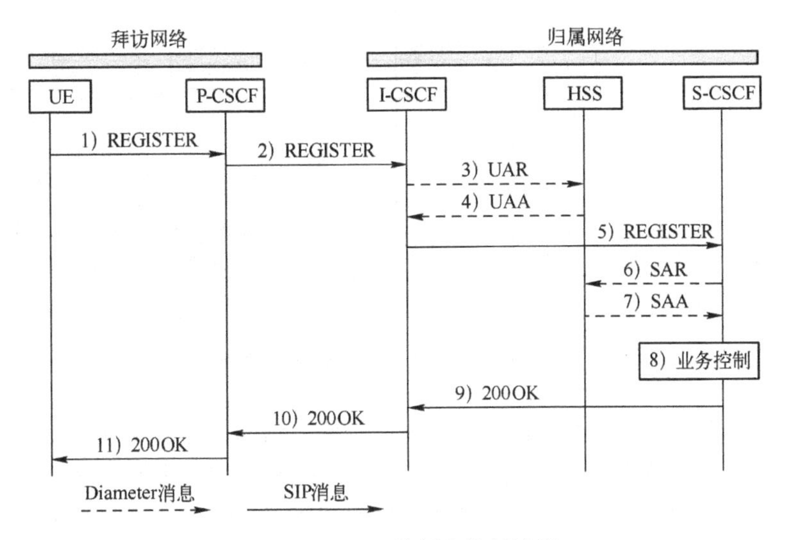

图 10-17　IMS 的用户注销流程

注册前、注册期间和注册后实体中存储的信息如表 10-8 所列。

表 10-8　注册前、注册期间和注册后实体中存储的信息

实体	注册前	注册期间	注册后
UE	P-CSCF 地址、归属域名称、证书、公共用户标识符、私有用户标识符	P-CSCF 地址、归属域名称、证书、公共用户标识符、私有用户标识符、安全关联	P-CSCF 地址、归属域名称、证书、公共用户标识符（含隐性注册的公共用户标识符）、私有用户标识符、安全关联、业务路由信息（S-CSCF）
P-CSCF	没有保存的信息	初始网络入口点、UE 的 IP 地址、UE 的公共用户标识符和私有用户标识符、安全关联	最终网络入口点（S-CSCF）、UE 的 IP 地址、已注册的公共用户标识符（含隐性注册的公共用户标识符）、私有用户标识符、安全关联、CCF 的地址
I-CSCF	HSS 或 SLF 的地址	HSS 或 SLF 的入口、P-CSCF 地址、S-CSCF 地址	HSS 或 SLF 的地址
S-CSCF	HSS 或 SLF 的地址	HSS 地址/名称、用户配置数据、P-CSCF 地址/名称、公共/私有用户标识符、UE 的 IP 地址	HSS 地址/名称、用户配置数据、P-CSCF 地址/名称、公共/私有用户标识符、UE 的 IP 地址
HSS	用户配置数据、认证数据、S-CSCF 选择参数	用户配置数据、S-CSCF 地址、网络标识	包括更新过注册状态的公共用户标识符的用户配置数据、S-CSCF 的名称

10.5.3　IMS 基本会话建立流程

IMS 基本会话建立流程如图 10-18 所示。

当用户 A 想和用户 B 建立会话时，用户 A 产生一个 SIP INVITE 请求，并通过 Gm 接口

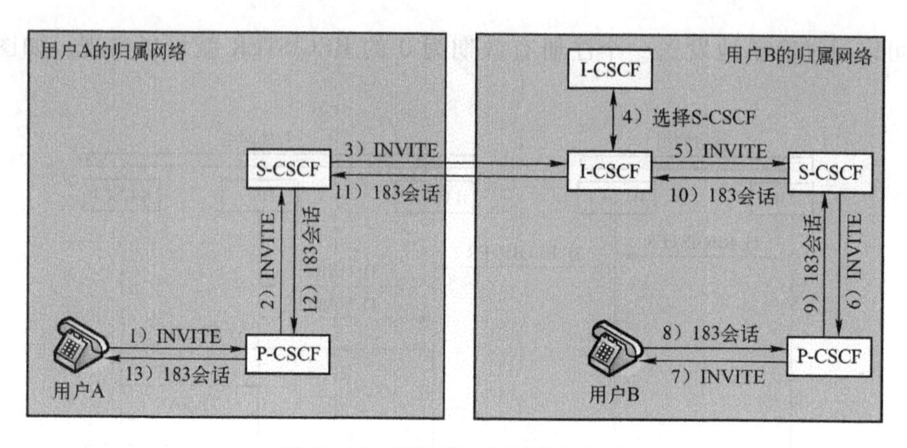

图 10-18　IMS 基本会话建立流程

发送到 P-CSCF。P-CSCF 对这个请求进行一定处理。例如，它解压这个请求并通过 Mw 接口转发给 S-CSCF 之前先验证主叫的用户标识符。S-CSCF 进一步处理这个请求和执行服务控制，这可能包含和 AS 的交互，但是最终会根据 SIP INVITE 消息中的被叫用户标识符来决定出被叫所属的网络。被叫网络中的 I-CSCF 会通过 Mw 接口接收到这个请求，并且通过 Cx 接口联系到 HSS 以获取为被叫提供服务的 S-CSCF。这个请求又通过 Mw 接口发送到被叫的 S-CSCF。这个 S-CSCF 负责处理接收到的会话，这可能包含和 AS 的交互，并最终会通过 Mw 接口发送给 P-CSCF。在进一步处理之后（例如压缩和私密检查），P-CSCF 通过 Gm 接口将 INVITE 请求转发给了 UE B。用户 B 产生一个应答消息，183 会话进行中（183 Session Progress），这个应答沿着刚才建立好的路径（也就是，UE B -> P-CSCF -> S-CSCF -> I-CSCF -> S-CSCF -> P-CSCF -> UE A）反方向发送到用户 A。在更多的几次来回消息交互后，两个用户都完成了会话的建立，并可以开始真正的上层应用服务了。在会话建立的过程中，运营商可能会控制用来传输媒体的承载通道。

10.6　本章知识点小结

目前，IMS 被认为是下一代网络的核心技术，也是解决移动与固网融合，引入语音、数据、视频三重融合等差异化业务的重要方式。IMS 是叠加在分组交换域上的用于支持多媒体业务的子系统，目的是在基于全 IP 的网络上为移动用户提供多媒体业务。

IMS 的主要特点如下：接入无关性；归属地控制；基于 SIP 的会话控制；业务与控制、控制与承载分离；提供丰富而动态的组合业务；统一策略控制和安全机制。

IMS 的标准化进程主要指核心网的演进过程。移动核心网络是由一系列完成用户位置管理、网络功能和业务控制等功能的物理实体组成，物理实体包括（G）MSC、HLR、SCP、SMC、GSN 等。

IMS 的网络架构与软交换技术相似，采用业务控制与呼叫控制相分离，呼叫控制与承载能力相分离的分层体系架构，便于网络演进和业务部署。IMS 的主要功能实体包括呼叫会话控制功能（CSCF）实体、归属用户服务器（HSS）、媒体网关控制功能（MGCF）、媒体网关（MGW）等。IMS 业务的开放性和实用性是通过一系列协议来支持实现的。IMS 主要用到了 SIP、Diameter 协议、COPS 协议和 H. 248 协议。

TEL-URI 和 SIP-URI 是 IMS 网络中常用的两种 URI 方式，分别通过 TEL 号码方式、SIP 号码方式对用户或网络资源进行标识。SIP-URI 方式格式上以“sip:”开头，使用“sip：用户名@归属网络域名”或“sip：用户号码@归属网络域名”方式进行标识。习惯上常采用“sip：用户号码@归属网络域名”的方式。TEL-URI 方式格式上采用 E. 164 编号，以“tel:”开头，使用“tel：用户号码”方式进行标识。

10.7 习题

1. 简述 IMS 与软交换的联系和区别。
2. IMS 的主要特点是什么？
3. 在 IMS 的网络架构中，简述各层的主要功能实体及其功能。
4. 简述 IMS 的标准化进程。
5. 简述 IMS 网络架构的构成。
6. IMS 用户编号方案中包含哪几类标识？

附录　中英文对照表

3GPP	The Third Generation Partnership Project	第三代合作伙伴计划组织
AAA	Authentication，Authorization and Accounting	鉴权、认证和计费
AAAS	Authentication，Authorization and Accounting Server	鉴权、认证和计费服务器
AAL	ATM Adaptation Layer	ATM 适配层
ABR	Available Bit Rate	可用比特率
ACR	Accounting Request	计费请求
ADSL	Asymmetric Digital Subscriber Line	非对称数字用户线
AG	Access Gateway	接入网关
AGCH	Access Grant Channel	准许接入信道
ALG	Application Level Gateway	应用层网关
AMI	Alternative Mark Inversion	传号交替取反
AMPS	Advanced Mobile Phone System	高级移动电话系统
ANSI	American National Standard Institute	美国国家标准化组织
API	Application Programming Interface	应用编程接口
APM	Application Transport Mechanism	应用传送机制
ARIS	Aggregate Route-Based IP Switching	基于聚合路由的 IP 交换
ARP	Address Resolution Protocol	地址解析协议
ARPA	Advanced Research Project Agency	高级研究计划局
ARQ	Automatic Request for Repetition	自动重发请求
AS	Application Server	应用服务器
ASE	Application Service Element	应用服务单元
ASON	Automatically Switched Optical Network	自动交换光网络
ATD	Asynchronous Time Division	异步时分
ATDM	Asynchronous Time-Division Multiplexing	异步时分复用
ATM	Asynchronous Transfer Mode	异步传输模式
ATM-LSR	ATM Label Switched Router	ATM 标记交换路由器
AUC	AUthentication Center	鉴权中心
AWG	Arrayed Waveguide Grating	阵列波导光栅
BBN	Batcher Bitonic Sort Banyan Network	排序-BANYAN 网络
BCCH	Broadcast Control Channel	广播控制信道
BCD	Binary Coded Decimal	二-十进制编码
BCF	Bearer Control Function	承载控制功能
BECN	Backward Explicit Congestion Notification	后向显式拥塞通知
BGCF	Breakout Gateway Control Function	出口网关控制功能
BGP	Border Gateway Protocol	边界网关协议
BHCA	Busy-Hour Call Attempt	最大忙时试呼次数
BIB	Backward Indicator Bit	后向指示比特
BICC	Bearer Independent Call Control	与承载无关的呼叫控制

B-ISDN	Broadband-Integrated Service Digital Network	宽带综合业务数字网
BPPS	Bit Parallel Packet Switching	并行比特分组交换
BRI	Basic Rate Interface	基本速率接口
BSC	Base Station Controller	基站控制器
BSN	Backward Sequence Number	后向序号
BSPS	Bit Sequence Packet Switching	比特序列分组交换
BSS	Base Station System	基站系统
BTS	Base Transceiver Station	基站收发台
BUS	Broadcast and Unknown Server	广播与未知地址服务器
CAMEL	Customized Applications for Mobile Enhanced Logic	用于移动增强逻辑的用户应用
CAP	CAMEL Application Part	CAMEL 应用部分
CAS	Channel Associated Signaling	随路信令
CATV	CAble TeleVision	光纤有线电视
CBR	Constant Bit Rate	恒定比特率
CC	Country Code	国家码
CCCH	Common Control Channel	公共控制信道
CCF	Conditional Call Forwarding	条件呼叫前转
CCH	Control Channel	控制信道
CCI	Connection Control Interface	连接控制接口
CCITT	International Telegraph and Telephone Consultative Committee	国际电报电话咨询委员会
CCS	Common Channel Signaling	公共信道信令，共路信令
CDMA	Code Division Multiple Access	码分多址接入
CDMA2000	Code Division Multiple Access 2000	码分多址 2000
CDR	Call Detail Record	呼叫详细记录
CGI	Common Gateway Interface	通用网关接口
CIC	Circuit Identification Code	电路识别码
CIPOA	Classical IP over ATM	ATM 承载传统 IP
CIR	Committed Information Rate	承诺信息速率
CLF	Clear-Forward Signal	前向拆线信号
CLIP	CLassical over IP	IP 承载传统业务
CLIR	Calling Line Identification Restriction	主呼线路识别限制
CLP	Cell Loss Priority	信元丢弃优先级
CLR	Cell Loss Ratio	信元丢失率
CM	Control Memory	控制存储器
CM	Connection Management	连接管理
CMS	Cryptographic Message Syntax	密码消息语法
COPS	Common Open Policy Service	通用开放策略服务
CORBA	Common Object Request Broker Architecture	公共对象请求代理结构
CPE	Customer Premises Equipment	用户驻地设备
CPL	Call Processing Language	呼叫处理语言
CPN	Customer Premises Network	用户驻地网
CRC	Cyclical Redundancy Correction	循环冗余校验
CS	Circuit Switching	电路交换
CS	Convergence Sublayer	会聚子层
CSCF	Call Session Control Function	呼叫会话控制功能
CSF	Cell Site Function	信元位置功能
CSR	Cell Switching Router	信元交换
CTM	Circuit Transfer Mode	电路传送模式
DCCH	Dedicated Control Channel	专用控制信道
DCE	Data Circuit Terminating Equipment	数据电路端接设备

DCN	Data Communication Network	数据通信网
DCSL	Data Convergence Sublayer	数据汇聚子层
DDN	Digital Data Network	数字数据网
DFC	Difference Frequency Converter	差频转换器
DG	Datagram	数据报
DHCP	Dynamic Host Configuration Protocol	动态主机配置协议
DLCI	Data Link Connection Identifier	数据链路连接标识符
DM	Disconnected Mode	断开方式
DNS	Domain Name System	域名系统
DPC	Destination Point Code	目的信令点编码
DSE	Digital Switching Element	数字交换单元
DSL	Digital Subscriber Line	数字用户线
DSLAM	DSL Access Multiplexer	DSL 接入复用器
DSN	Digital Switching Network	数字交换网络
DSS1	Digital Subscriber Signaling No. 1	1 号数字用户信令
DTE	Data Terminating Equipment	数据终端设备
DTMF	Dual Tone Multi-Frequency	双音多频
DUP	Data User Part	数据用户部分
DWDM	Dense Wavelength Division Multiplexing	密集波分复用
DXC	Digital Cross Connection system	数字交叉连接设备
EAP	Extensible Authentication Protocol	可扩展认证协议
EC	Echo Canceller	回声消除器
EIR	Equipment Identity Register	移动设备识别寄存器
E-MBMS	Enhanced Multimedia Broadcast Multicast Service	增强型多媒体广播组播业务
ENUM	E. 164 Number URI Mapping	电话号码映射
EPC	Evolved Packet Core	演进型的分组核心网
ETSI	European Telecommunications Standards Institute	欧洲电信标准学会
FACCH	Fast Associated Control Channel	快速辅助控制信道
FCS	Fast Circuit Switching	快速电路交换
FCS	Frame Check Sequence	帧校验序列
FDD	Frequency Division Duplex	频分双工
FDM	Frequency Division Multiplexing	频分多路复用
FDMA	Frequency Division Multiple Access	频分多址接入
FEC	Forwarding Equivalence Class	转发等价类
FECN	Forward Explicit Congestion Notification	前向显式拥塞通知
FIB	Forward Indicator Bit	前向指示比特
FIB	Forwarding Infornatian Base	转发信息库
FISU	Fill-In Signaling Unit	填充信令单元
FPS	Fast Packet Switching	快速分组交换
FR	Frame Relay	帧中继
FRAD	Frame Relay Assembler/Disassembler	帧中继装拆设备
FRMR	FRaMe Reject	帧拒绝
FRN	Frame Relay Network	帧中继网
FS	Frame Switching	帧交换
FSN	Forward Sequence Number	前向序号
FSN	Forward Sequence Number	前向序号
FTP	File Transfer Protocol	文件传输协议
FTTB	Fiber To The Building	光纤到楼宇
FTTC	Fiber To The Curb	光纤到路边

FTTH	Fiber To The Home	光纤到户
GFC	General Flow Control	通用流量控制
GFI	Generic Format Identifier	通用格式识别符
GGSN	Gateway GPRS Support Node	网关 GPRS 支持节点
GMSC	Gateway MSC	网关 MSC
GPRS	General Packet Radio Service	通用分组无线业务
GSM	Global System for Mobile Communications	全球移动通信系统
HDB3	High Density Bipolar of Order 3	三阶高密度双极性码
HDLC	High-level Data Link Control	高级数据链路控制规程
HDSL	High bit rate Digital Subscriber Line	高比特率数字用户线
HEC	Header Error Control	信头差错控制
HFC	Hybrid of Fiber and Coax	光纤同轴电缆混合网
HLR	Home Location Register	归属位置寄存器
HOL	Head-of-Line blocking	队头阻塞
HSDPA	High Speed Downlink Packet Access	高速下行链路分组接入技术
HSPA	High Speed Packet Access	高速分组接入
HSS	Home Subscriber Server	归属用户服务器
HSTP	High Signaling Transfer Point	高等级的信令转接点
HSUPA	High Speed Uplink Packet Access	高速上行链路分组接入技术
HTTP	HyperText Transfer Protocol	超文本传送协议
IAD	Integrated Access Device	综合接入设备
IAM	Initial Address Message	初始地址消息
IASG	Internet Address Sub-Group	因特网地址子群组
I-CSCF	Interrogating-CSCF	查询呼叫会话控制功能
IDN	Integrated Digital Network	综合数字网
IEEE	Institute of Electrical and Electronics Engineers	电子与电气工程师协会
IETF	Internet Engineering Task Force	因特网工程任务组
IGP	Interior Gateway Protocol	内部网关协议
IGRP	Interior Gateway Routing Protocol	内部网关路由协议
IM	Instant Messaging	即时消息
IMEI	International Mobile Equipment Identification	国际移动设备识别码
IM-MGW	IMS-Media Gateway Function	IMS 媒体网关功能
IMPI	IP Multimedia Private Identity	IP 多媒体私有用户标识
IMPU	IP Multimedia Public Identity	IP 多媒体公共用户标识
IMS	IP Multimedia Subsystem	IP 多媒体子系统
IMSI	International Mobile Subscriber Identification Number	国际移动用户识别码
IM-SSF	IP Multimedia-Service Switching Function	IP 多媒体业务交换功能
IMT-2000	International Mobile Telecommunication System-2000	国际移动电话系统-2000
IN	Intelligent Network	智能网
INAP	Intelligent Network Application Protocol	智能网应用协议
IP	Internet Protocol	因特网协议
IP	Intelligent Peripheral	智能外设
IP-CAN	IP Connection Access Network	IP 连通接入网络
IPDC	IP Device Control	IP 设备控制
IPOA	IP over ATM	ATM 网络承载 IP
IPv4	IP version 4	第四版 IP
IPv6	IP version 6	第六版 IP
ISC	International Softswitch Consortium	国际软交换协会
ISC	IP multimedia Service Control	IP 多媒体业务控制
ISDN	Integrated Service Digital Network	综合业务数字网

ISIM	IP Multimedia Services Identity Module	IP 多媒体业务标识符模块
ISO	International Standardization Organization	国际标准化组织
ISP	International Signaling Point	国际信令点
ISPC	International Signaling Point Code	国际信令点编码
ISUP	ISDN User Part	ISDN 用户部分
ITT	International Telephone and Telegraph Corporation	国际电话电报公司
ITU	International Telecommunication Union	国际电信联盟
ITU-T	ITU-Telecommunication standardization sector	国际电信联盟电信标准化组
IUA	ISDN Q. 921-User Adaptation Layer	ISDN Q. 921 用户适配层协议
IVR	Integrated Voice Response	综合语音响应
IWF	InterWorking Function	互通功能部件
Kc	Ciphering Key	密钥
LAI	Location Area Identification	位置区识别码
LAN	Local Area Network	局域网
LANE	LAN Emulation Over ATM	局域网仿真
LAP	Link Access Protocol	链路接入协议
LAPB	Link Access Procedure Balanced	平衡型链路接入规程
LAPD	Link Access Procedure-D channel	D 信道链路接入规程
LAPDm	Link Access Protocol on the Dm channel	Dm 信道链路接入协议
LAPF	Link Access Procedure to Frame Mode Bearer Services	帧方式承载业务数据链路层规程
LCGN	Logical Channel Group Number	逻辑信道组号
LCI	Logical Channel Identifier	逻辑信道标识符
LCN	Logical Channel Number	逻辑信道号
LD	Laser Disk	激光视盘
LDMS	Laser Distance Measuring System	激光测距系统
LDP	Label Distribution Protocol	标记分发协议
LED	Light Emitting Diode	发光二极管
LER	Label Edge Router	标记边缘路由器
LES	LANE Server	LAN 仿真服务器
LFIB	Label Forwarding Information Base	标记转发信息库
LI	Length Indicator	长度指示码
LIB	Label Information Base	标记信息库
LIS	Logical IP Subnet	逻辑 IP 子网
LLC	Logical Link Control	逻辑链路控制
LS	Location Server	定位服务器
LSL	Link Sublayer	链路子层
LSP	Label Switched Path	标记交换路径
LSR	Label Switching Router	标记交换路由器
LSSU	Link State Signaling Unit	链路状态信令单元
LSTP	Low Signaling Transfer Point	低等级的信令转接点
LT	Line Terminal	线路终端
LTE	Long Term Evolution	长期演进
M2PA	MTP2-User Peer-to-Peer Adaptation Layer	MTP-2 用户对等适配协议
M2UA	MTP2-User Adaptation Layer	MTP-2 用户适配协议
M3UA	MTP3-User Adaptation Layer	MTP-3 用户适配协议
MAC	Medium Access Control	媒体访问控制
MAHO	Mobile Assisted Handoff	移动台辅助切换
MAN	Metropolitan Area Network	城域网
MAP	Mobile Application Part	移动应用部分
MCC	Mobile Country Code	移动国家号码

MCU	Multipiont Control Unit	多点控制单元
ME	Mobile Equipment	移动终端设备
MFC	Multi-Frequency Compelled signaling	多频互控信令
MGC	Media Gateway Controller	媒体网关控制器
MGCF	Media Gateway Control Function	媒体网关控制功能
MGCP	Media Gateway Control Protocol	媒体网关控制协议
MGW	Media GateWay	媒体网关
MIMO	Multiple Input Multiple Output	多输入多输出
MIN	Multistage Interconnection Network	多级互联网络
MIP	Mobile IP	移动 IP
MLP	Multi-Link Protocot	多链路协议
MM	Mobility Management	移动性管理
MMDS	Multichannel Microwave Distribution System	多频道微波分配系统
MNC	Mobile Network Code	移动网号
MPLS	Multi-Protocol Label Switching	多协议标记交换
MPOA	Multi-Protocol Over ATM	ATM 上的多协议
MRCS	Multi-Rate Circuit Switching	多速率电路交换
MRFC	Multimedia Resource Function Controller	媒体资源控制功能
MRFP	Multimedia Resource Function Processor	媒体资源处理功能
MS	Mobile Station	移动台
MS	Media Server	媒体服务器
MSC	Mobile Switching Center	移动交换中心
MSIN	Mobile Station Identity Number	移动用户识别码
MSISDN	Mobile Station International ISDN Number	移动台国际 ISDN 号码
MSRN	Mobile Station Roaming Number	移动用户漫游号码
MSU	Message Signaling Unit	消息信令单元
MTP	Message Transfer Part	消息传送部分
NAS	Network Access Service	网络接入服务
NAT	Network Address Translation	网络地址转换
NCC	Network Control Center	网络控制中心
NDC	National Destination Code	国内终点号码
NDC	National Destination Code	国内目的地码
NGI	Next Generation Internet	下一代因特网
NGN	Next Generation Network	下一代网络
NHRP	Next Hop Resolution Protocol	下一跳解析协议
N-ISDN	Narrowband-Integrated Service Digital Network	窄带综合业务数字网
N-ISUP	Narrowband ISUP	窄带 ISDN 用户部分
NM	Network Management	网络管理
NMC	Network Management Center	网络管理中心
NMS	Network Management System	网络管理系统
NNI	Network Node Interface	网络节点接口
NPT	Non-Packet Terminal	非分组终端
nrt-VBR	Non-Real-Time Variable Bit Rate	非实时可变比特率
NRZ	Non-Return Zero Code	单极性不归零码
NSF	National Science Foundation	美国国家科学基金会
NSL	Network Sublayer	网络子层
NSP	Network Serviee Part	网络业务部分
NSS	Network Switching System	网络交换系统
NT	Network Terminal (Termination)	网络终端
NUI	Network User Identifier	网络用户识别

OADM	Optical Add and Drop Multiplexer	光分插复用器
OAM	Operations, Administration and Maintenance	操作、管理和维护
OBS	Optical Burst	光突发交换
OC	Oriented Connection	面向连接的方式
OCDMA	Optical CDMA	光码分复用
OCS	Optical Circuit Switching	光路交换
OFDM	Orthogonal Frequency Division Multiplexing	正交频分复用
OMAP	Operations and Maintenance Application Part	操作维护管理应用部分
OMC	Operations and Maintenance Center	操作维护中心
OMS	Operations and Maintenance System	操作维护系统
OPC	Originating Point Code	源信令点编码
OPS	Optical Packet Switching	光分组交换
OSA	Open Service Architecture	开放业务体系结构
OSA-SCS	Open Service Access-Service Capability Servers	开放业务接入的业务能力服务器
OSI	Open System Interconnection	开放系统互连
OSPF	Open Shortest Path First	开放最短路径优先
OSPF	Open Shortest Path First	开放式最短路径优先
OTN	Optical Transport Network	光传送网
OTP	Optical Transparent Packet	光透明分组
OXC	Optical Cross Connect	光交叉连接
OXC	Optical Cross Connector	光交叉连接器
P2P	Point to Point	点到点通信
PABX	Private Automatic Branch Exchange	用户专用自动小交换机
PAD	Packet Assemble and Disassemble	分组装拆设备
PBX	Private Branch (Telephone) Exchange	专用小交换机，用户小交换机
PCH	Paging Channel	寻呼信道
PCM	Pulse Code Modulation	脉冲编码调制
P-CSCF	Proxy-CSCF	代理呼叫会话控制功能
PDF	Policy Decision Function	策略决策功能
PDG	Packet Data Gateway	分组数据网关
PDN	Packet Data Network	分组数据网
PDP	Packet Data Protocol	分组数据协议
PDU	Protocol Data Unit	协议数据单元
PEP	Policy Enforcement Point	策略执行点
PLMN	Public Land Mobile Network	公共陆地移动网络
PM	Physical Media Sub-layer	物理媒体子层
POTS	Plain Ordinary Telephone Switching	普通电话交换
PPP	Point to Point Protocol	点对点协议
PRI	Primary Rate Interface	一次群速率接口
PROM	Programmable Read_ only Memory	可编程序的只读存储器
PS	Packet Switching	分组交换
PSE	Packet Switching Exchange	分组交换机
PSI	Public Service Identities	公共服务标识
PSPDN	Packet Switched Public Data Network	公用分组交换网
PSTN	Public Switched Telephone Network	公用电话交换网
PT	Packet Terminal	分组终端
PTI	Payload Type Identifier	净荷类型标识符
PTI	Packet Type Identifier	分组类型标识符
PTM	Packet Transfer Mode	分组传送模式
PVC	Permanent Virtual Circuit	永久虚电路

PVLR	Previous VLR	前一个访问位置寄存器
QoS	Quality of Service	服务质量
RACH	Random Access Channel	随机接入信道
RADIUS	Remote Authentication Dial In User Service	远程拨入用户认证服务
RAN	Radio Access Network	无线接入网
RAND	RANDom number	随机码
RAS	Remote Access Service	远程接入服务
RCU	Remote Control Unit	远程集中器
RIP	Routing Information Protocol	路由信息协议
RNC	Radio Network Controller	无线网络控制器
RNR	Receive Not Ready	接收未准备就绪
RR	Receive Ready	接收准备就绪
RRM	Radio Resource Management	无线资源管理
RSVP	Resource Reservation Protocol	资源预留协议
RTCP	Real-Time Control Protocol	实时控制协议
RTP	Real-time Transport Protocol	实时传输协议
rt-VBR	Real-Time Variable Bit Rate	实时可变比特率
S	Space Switch	空间接线器
SAAL	Signaling ATM Adaptation Layer	信令适配层
SABM	Set Asynchronous Balanced Mode	置异步平衡方式
SABME	Set Asynchronous Balanced Mode Extended	置扩展的异步平衡方式
SACCH	Slow Associated Control Channel	慢辅助控制信道
SAE	System Architecture Evolution	3GPP 系统架构演进
SAPI	Service Access Point Identifier	业务接入点标识
SAR	Segmentation and Reassembly Sublayer	拆装子层
SBC	Session Border Controller	会话边界控制器
SCCP	Signaling Connection and Control Part	信令连接控制部分
SCE	Service Creation Environment	业务生成环境
SCF	Service Control Function	业务控制功能
SCP	Service Control Point	业务控制点
SCR	Sustainable Cell Rate	可维持信元速率
S-CSCF	Serving-CSCF	服务呼叫会话控制功能
SCTP	Stream Control Transmission Protocol	流控制传输协议
SDCCH	Standalone Dedicated Control Channel	独立专用控制信道
SDH	Synchronous Digital Hierarchy	同步数字系列
SDL	Specification and Description Language	说明和描述语言
SDM	Space Division Multiplexing	空分多路复用
SDP	Service Data Point	业务数据点
SDP	Session Description Protocol	会话描述协议
SDXC	SDH Digital CroSs-Connect	SDH 数字交叉连接设备
SE	Switch Element	交换单元
SEG	Security Gateway	安全网关
SF	Status Field	状态字段
SG	Signaling Gateway	信令网关
SGCP	Simple Gateway Control Protocol	简单网关控制协议
SGSN	Service GPRS Support Node	服务 GPRS 支持节点
SI	Service Indicator	业务指示语
SIF	Signaling Information Field	信令信息字段
SIGTRAN	Signaling Transport	信令传送
SIM	Subscriber Identity Module	用户识别模块

SIO	Service Information Octet	业务信息八位位组
SIP	Session Initiation Protocol	会话启动协议
SIP-I	SIP with Encapsulated ISUP	用于ISDN的SIP
SIP-T	SIP for Telephony Protocol	用于电话的SIP
SLA	Service Level Agreement	服务等级协定
SLC	Signaling Link Code	信令链路编码
SLF	Subscription Locator Function	用户定位功能
SLIC	Subscriber Line Interface Circuit	用户线接口电路
SLP	Single Link Procedure	单链路规程
SLS	Signaling Link Selection	信令链路选择
SM	Speech Memory	话音存储器
SMAP	Service Management Access Point	业务管理接入点
SMC	Short Message Center	短消息中心
SMP	Service Management Point	业务管理点
SMS	Short Message Service	短消息业务
SMS	Service Management System	业务管理系统
SN	Service Node	业务节点
SN	Subscriber Number	用户号码
SNAP	SubNetwork Access Protocol	子网接入协议
SNMP	Simple Network Management Protocol	简单网络管理协议
SOA	Semiconductor Optical Amplifier	半导体光放大器
SONET	Synchronous Optical NETwork	同步光纤网
SP	Signaling Point	信令点
SPC	Stored Programme Control	存储程序控制
SRES	Signed RESponse	符合响应
SS	Space Switch	空间接线器
SS	Software Switching	软交换
SS7	Signaling System No. 7	7号信令
SSCF	Service Specific Convergence Sublayer	业务特定协调功能
SSCOP	Service Specific Connection Oriented Protocol	业务特定面向连接协议
SSF	Sub-Service Field	子业务字段
SSP	Service Switching Point	业务交换点
STD	Synchronous Time Division	同步时分
STDM	Synchronous Time-Division Multiplexing	同步时分复用
STDM	Statistic Time-Division Multiplexing	统计时分复用
STP	Signaling Transfer Point	信令转接点
STP	Shielded Twisted Pair	屏蔽双绞线
SU	Signaling Unit	信令单元
SU	Signaling Unit	信令单元
SUA	SS7 SCCP-User Adaptation Layer	No. 7信令网SCCP用户适配协议
SVC	Switched Virtual Circuit	交换虚电路
TA	Terminal Adaptor	终端适配器
TACS	Total Access Communication System	全入网移动通信系统
TACS	Total Access Communication System	全接入通信系统
TC	Transmission Convergence	传输汇聚
TC	Transaction Capability	事务处理能力部分
TCAP	Transaction Capability Application Part	事务处理能力应用部分
TCH	Traffic Channel	业务信道
TCP	Transmission Control Protocol	传输控制协议
TDM	Time Division Multiplexing	时分多路复用

TDMA	Time Division Multiple Access	时分多址接入
TDP	Tag Distribution Protocol	标签分发协议
TD-SCDMA	Time Division-Synchronous Code Division Multiple Access	时分同步码分多址
TE	Terminal Equipment	终端设备
TER	Tag Edge Routers	标签边缘路由器
TG	Trunk Gateway	中继网关
THIG	Topology Hiding Inter-network Gateway	网络拓扑隐藏网关
TIB	Tag Information Base	标签信息库
TISPAN	Telecommunication and Internet Converged Services and Protocols for Advanced Net	电信和互联网融合业务及高级网络协议
TLS	Transport Layer Security	安全传输层协议
TMN	Telecommunication Management Network	电信管理网
TMSI	Temporary Mobile Subscriber Identity	临时移动用户识别码
TS	Time Slot	时隙
TS	Time Switch	时间接线器
TSN	Transmission Sequence Number	传输顺序号码
TSR	Tag Switch Routers	标签交换路由器
T-S-T	Time-Space-Time Switching Network	时分-空分-时分交换网络
TUP	Telephone User Part	电话用户部分
UA	Unnumbered Acknowledgement	无编号确认（帧）
UA	User Agent	用户代理
UAC	User Agent Client	用户代理客户端
UAS	User Agent Server	用户代理服务器
UBR	Unspecified Bit Rate	未指定比特率
UDP	User Datagram Protocol	用户数据报协议
UICC	Universal Integrated Circuit Card	通用集成电路卡
UMTS	Universal Mobile Telecommunication System	通用移动通信系统
UNI	User Network Interface	用户网络接口
UP	User Part	用户部分
UP	User Plane	用户面
URI	Uniform Resource Identifiers	统一资源标识符
URL	Uniform Resource Locator	统一资源定位符
USIM	Universal Subscriber Identity Module	通用订阅者标识符模块
USSD	Unstructured Supplementary Service Data	非结构化补充数据业务
UTP	Unshielded Twisted Pair	非屏蔽双绞线
UTRAN	UMTS Terrestrial Radio Access Network	UMTS 陆地无线接入网
VC	Virtual Channel	虚信道
VC	Virtual Circuit	虚电路
VC	Virtual Connection	虚连接
VCC	Virtual Circuit Connection	虚电路连接
VCC	Virtual Channel Connection	虚信道连接
VCI	Virtual Channel Identifier	虚信道标识符
VDSL	Very high speed Digital Subscriber Line	甚高速数字用户线
VLR	Visit Location Register	访问位置寄存器
VLSI	Very Large Scale Integration	超大规模集成电路

VMSC	Visited MSC	访问 MSC
VoDSL	Voice over DSL	数字用户线传话音
VoIP	Voice over Internet Protocol	基于 IP 的语音传输
VP	Virtual Path	虚通道，虚路径
VPC	Virtual Path Connection	虚通道连接
VPI	Virtual Path Identifier	虚通道标识符
VSUA	V5. 2-User Adaption Layer	V5 用户适配层协议
WAC	Wide Area Centrex	广域集中用户交换机
WAG	Wireless Access Gateway	无线接入媒体网关
WAN	Wide Area Network	广域网
WCDMA	Wideband CDMA	宽带码分多址
WCSL	Wavelength Channel Sublayer	波长汇聚子层
WDM	Wavelength Division Multiplexing	光波分复用
WDM	Wavelength Division Multiplexing	波分复用
WiMAX	Worldwide Interoperability for Microwave Access	全球微波互联接入
WLAN	Wireless Local Area Network	无线局域网
WPAN	Wireless Personal Area Network	无线个人区域网
WWW	World Wide Web	万维网
XCDR	Transcoder	变码器
xDSL	Digital Subscriber Line	各种数字用户线
XML	eXtensible Markup Language	可扩展标记语言

参考文献

[1] 范兴娟，张震强，韩静，等．程控交换与软交换技术[M]．北京：北京邮电大学出版社，2011.

[2] 糜正琨，杨国民．交换技术[M]．北京：清华大学出版社，2006.

[3] 张中荃．现代交换技术[M]．3 版．北京：人民邮电出版社，2013.

[4] 金惠文，陈建亚，纪红，等．现代交换原理[M]．3 版．北京：电子工业出版社，2011.

[5] 桂海源，张碧玲．现代交换原理[M]．4 版．北京：人民邮电出版社，2013.

[6] 张毅，余翔，韦世红，等．现代交换原理[M]．北京：科学出版社，2012.

[7] 罗国明，沈庆国，张曙光，等．现代交换原理与技术[M]．3 版．北京：电子工业出版社，2014.

[8] 陈永彬．现代交换原理与技术[M]．2 版．北京：人民邮电出版社，2013.

[9] 卞佳丽，等．现代交换原理与通信网技术[M]．北京：北京邮电大学出版社，2005.

[10] 陈建亚，余浩，王振凯．现代交换原理[M]．北京：北京邮电大学出版社，2006.

[11] 叶敏．程控数字交换与交换网[M]．北京：北京邮电大学出版社，2003.

[12] 刘增基，鲍民权，邱智亮．交换原理与技术[M]．北京：人民邮电出版社，2007.

[13] 陈锡生，糜正琨．现代电信交换[M]．北京：北京邮电大学出版社，1999.

[14] 王喆，罗进文．现代通信交换技术[M]．北京：人民邮电出版社，2008.

[15] 张继荣，屈军锁，杨武军．现代交换技术[M]．西安：西安电子科技大学出版社，2004.

[16] 穆维新，等．现代通信交换[M]．2 版．北京：电子工业出版社，2015.

[17] 郑少仁，罗国明，沈庆国，等．现代交换原理与技术[M]．北京：电子工业出版社，2006.

[18] ITU-T Recommendation X. 25，Interface Between Data Terminal Equipment（DTE）and Data Circuit-termination Equipment（DCE）for Terminals Operating in the Packet Mode on Public Data Networks[S]．Blue Book Vol. VIII. 2，1998.

[19] Modarressi A R，Skoog R A. An Overview of Signaling System No. 7[J]．Proceedings of the IEEE，1992，80（4）：590 -606.

[20] Clarke P G，Wadsworth C A. CCITT Signaling System No. 7：Signaling Connection Control Part [J]．British Telecommunications Engineering，1988，7：32 -45.

[21] Johnson T W，Law B，Anius P. CCITT Signaling System No. 7：Transaction Capabilities [J]．British Telecommunications Engineering，1988，7：56 -65.

[22] CCITT Recommendations. Signaling System No. 7[S]．CCITT Blue Book，1988，01：7 -9.

[23] 中华人民共和国邮电部．中国国内电话网 No. 7 信令方式技术规范（暂行规定）[S]．1990.

[24] 中华人民共和国邮电部．No. 7 信令网相关技术体制（暂行规定）[S]．1993.

[25] 桂海源，骆亚国．No. 7 信令系统[M]．北京：北京邮电大学出版社，1999.

[26] 杨晋儒，吴立贞，等．No. 7 信令系统技术手册（修订本）[M]．北京：人民邮电出版社，2001.

[27] 赵宏波，卜益民，陈凤娟．现代通信技术概论[M]．北京：北京邮电大学出版社，2003.

[28] 刘少亭，卢建军，李国民．现代信息网[M]．北京：人民邮电出版社，2000.

[29] 达新宇．现代通信新技术[M]．西安：西安电子科技大学出版社，2001.

[30] Martin De Prycker. 异步传递方式宽带 ISDN 技术[M]．程时瑞，刘斌译．北京：人民邮电出版社，2001.

[31] 王承恕．通信网基础[M]．北京：人民邮电出版社，1999.
[32] 程时瑞．综合业务数字网[M]．北京：人民邮电出版社，1993.
[33] 李津生，洪佩琳．下一代 Internet 的网络技术[M]．北京：人民邮电出版社，2001.
[34] ITU-T Recommendation I. 150. B-ISDN Asynchronous Transfer Mode Functional Characteristics[S]，1995.
[35] ITU-T Recommendation I. 361. B-ISDN ATM Layer Specification[S]，1995.
[36] Schulzrinne H，Rosenberg J. Internet Telephony：Architecture and Protocols—an IETF Perspective[J]. Computer Networks，1999，31（3）：237 -255.
[37] Kumar B. Broadband Communication：a Professional' S Guide to ATM. Frame Relay[M]. New York：McGraw-Hill，Inc.，1995.
[38] Handel R，Hube M N，Schroder S. ATM Networks-Concepts，Protocols and Applications [M]. New York：Addison-Wesley，1994.
[39] 毛京丽，董跃武．现代通信网[M]．北京：北京邮电大学出版社，2013.
[40] 李敏，方磊，孔令通．互联网络中的数据通信交换技术研究[J]．中国新通信，2014，16（10）：1 -4.
[41] 徐祥征，曹忠民．大学计算机网络公共基础教程[M]．北京：清华大学出版社，2006.
[42] ATM 上的多协议（MPOA）模型 [EB/OL]．http://net.zdnet.com.cn/network_security_zone/2007/0916/509944.shtml. 2007.9
[43] 加西亚，维得加加．通信网：基本概念与主体结构[M]．王海涛，李建华等译．北京：清华大学出版社，2005.
[44] 赵慧玲，叶华，等．以软交换为核心的下一代网络技术[M]．北京：人民邮电出版社，2002.
[45] Franklin D. Ohrtman，JR. 软交换技术[M]．李晓东，徐刚译．北京：电子工业出版社，2004.
[46] 糜正琨，王文鼐．软交换技术与协议[M]．北京：人民邮电出版社，2003.
[47] ITU-T. Draft Recommendation Y. NGN-overview，General Overview of NGN Functions and Characteristics [S]. 2004.
[48] 中兴通讯学院．对话下一代网络[M]．北京：人民邮电出版社，2010.
[49] 杨放春．下一代网络中的关键技术[J]．北京：北京邮电大学学报，2003，26（3）：1 -8.
[50] 桂海源，张碧玲．软交换与 NGN[M]．北京：人民邮电出版社，2009.
[51] ITU-T Recommendation Q. 1901. Bearer Independent Call Control Protocol[S]. 1999.
[52] IETF RFC 3372. Session Initiation Protocol for Telephones（SIP-T）：Context and Architectures[S]. 2002.
[53] The Parlay Group，Parlay API 4.0 Specification[EB/OL]. http://www.parlay.org/specs/，2002.
[54] IETF RFC 3550，RTP：A Transport Protocol for Real-Time Applications[S]. 2003.
[55] Gou X，Jin W，Zhao Dent based softswitch [C]．IEEE/WIC/ACM International Conference on Intelligent Agent Technology 2004，Beijing，China，2004：341 -344.
[56] Williams S. The softswitch advantage[J]. IEE Review，2002，48（4）：25 -31.
[57] 杨放春，孙其博．软交换与 IMS 技术[M]．北京：北京邮电大学出版社，2007.
[58] Chao H J，Lam C H，Oki E. Broadband Packet Switching Technologies：A Practical Guide to ATM Switches and IP Routers[M]. New York：John Wiley & Sons，Inc.，2001.
[59] Hucaby D. CCNP Routing and Switching SWITCH 300 - 115 Official Cert Guide[M]. Indianapolis，IN：Cisco Press，2014.
[60] Menga J. CCNP Self-Study CCNP Practical Studies：Switching[M]. Indianapolis，IN：Cisco Press，2003.
[61] Eberspacher J，Vogel H-J，Christian Bettstetter. GSM Switching，Services and Protocols[M]. 2rd. Chichester：John Wiley & Sons，Inc.，2001.
[62] Elhanany I，Hamdi M. High-performance Packet Switching Architectures [M]. Germany：Springer-Verlag London Limited，2007.

[63] Jason P J, Vinod M V. Optical Burst Switched Networks [M] . Germany: Springer – Verlag London Limited, 2005.

[64] Gallaher R. MPLS Training Guide: Building Multi-Protocol Label Switching Networks [M]. Massachusetts: Syngress Publishing, 2003.

[65] Morrow M, Sayeed A. MPLS and Next-Generation Networks: Foundations for NGN and Enterprise Virtualization [M]. Indianapolis, IN: Cisco Press, 2006.

[66] Camarillo G, Miguel A. Garcia-Martin. The 3G IP Multimedia Subsystem (IMS): Merging the Internet and the Cellular Worlds (Third Edition) [M]. Chichester: John Wiley & Sons, Inc. , 2008.

[66] Poikselka M, Mayer G. THE IMS-IP Multimedia Concepts and Services (Third Edition) [M]. Chichester: John Wiley & Sons, Inc. , 2009.

[67] Syed A Ahson, Mohammad Ilyas. IP Multimedia Subsystem (IMS) Handbook [M]. Boca Raton: CRC Press, 2009.

[68] Copeland R. Converging NGN Wireline and Mobile 3G Networks with IMS [M] . Boca Raton: CRC Press, 2009.

[69] Russell T. THE IP MULTIMEDIA SUBSYSTEM (IMS) Session Control and Other Network Operations [M]. New York: The McGraw-Hill Companies, 2008.

[70] Janevski T. NGN Architectures, Protocols and Services [M]. Chichester: John Wiley & Sons, Inc. , 2014.